《浙江植物志（新编）》编辑委员会 编著

浙江植物志 新编

Flora of Zhejiang

（New Edition）

第八卷　紫葳科—菊科

Volume 8

Bignoniaceae—Asteraceae

浙江科学技术出版社

图书在版编目(CIP)数据

浙江植物志：新编. 第八卷/《浙江植物志（新编）》编辑委员会编著. — 杭州：浙江科学技术出版社，2021.8
ISBN 978-7-5341-9681-2

Ⅰ.①浙… Ⅱ.①浙… Ⅲ.①植物志－浙江 Ⅳ.① Q948.525.5

中国版本图书馆CIP数据核字（2021）第114778号

书　　名	浙江植物志（新编）·第八卷
编　　著	《浙江植物志（新编）》编辑委员会
出版发行	浙江科学技术出版社 杭州市体育场路347号　邮政编码：310006 编辑部电话：0571-85152719 销售部电话：0571-85176040 网址：www.zkpress.com
排　　版	杭州万方图书有限公司
印　　刷	浙江新华数码印务有限公司
经　　销	全国各地新华书店
开　　本	889mm×1194mm　1/16　　印　张　34.5
字　　数	790千字
版　　次	2021年8月第1版　　2021年8月第1次印刷
书　　号	ISBN 978-7-5341-9681-2　　定　价　350.00元
审 图 号	浙S（2019）11号

版权所有　翻印必究

（图书出现倒装、缺页等印装质量问题，本社销售部负责调换）

策划组稿　章建林　詹　喜　　**责任编辑**　詹　喜　罗　璀
责任校对　赵　艳　　　　　　　**封面设计**　金　晖
责任印务　叶文炀

【内容提要】

本卷记载浙江省野生或习见栽培的被子植物（紫葳科至菊科）9科，186属，457种（不计种下分类群，但浙江无原种的种下分类群以种计）。其中包括本志作者自《浙江植物志（新编）》项目启动以来发表的新分类群（新种、新亚种和新变种）14个，新组合5个，新名称1个，学名作新异名处理的5个，浙江分布新记录种（含亚种和变种）8个，订正了7个以往的错误鉴定种。每种植物有中名、拉丁学名、形态描述、产地、生境、分布、用途等记述，98％以上的种类附有野外实地拍摄的彩色图片。

本卷可供农业、林业、园艺、医药、环保等行业的科技人员、管理人员及广大植物爱好者参考，也可作各类院校植物学、农学、林学、园艺学、药学、生态学等相关专业的辅助教材。

Summary

In this volume, 457 species belonging to 186 genera in 9 families (from Bignoniaceae to Asteraceae) are recorded, which are wild and commonly cultivated species in Zhejiang Province. The species covered in this volume include 14 new taxa (including species, subspecies and variety), 5 new combinations, 1 new name, 5 scientific names reduced to synonyms, 8 species newly recorded in Zhejiang. 7 formerly mis-identified species were clarified. Each species contains Chinese name, scientific name, morphological description, locality, habitat, distribution and economic usage etc. More than 98% species were provided with colorful photographs photoed from field-survey.

This book can be used as a reference for scientists and technicians, managers and plant hobbyists of agriculture, forestry, horticulture, medicine and pharmacy and environmental protection and other relative fields, as well as assist textbook for botany, agriculture, forestry, horticulture, pharmacy and ecology, etc.

《浙江植物志(新编)》编辑委员会

主　　　任　胡　侠（2018年12月起在任）
　　　　　　林云举（2014年11月至2018年12月在任）
副　主　任　吴　鸿　杨幼平　王章明（常务）　陆献峰
　　　　　　于明坚　江　波　吾中良　章滨森
委　　　员　柳新红　陈华新　朱光权　丁良冬　孙晓霞

主　　　编　李根有　丁炳扬
副　主　编　金孝锋　陈征海　张方钢　金水虎
编　　　委　李根有　丁炳扬　金孝锋　陈征海　张方钢
　　　　　　金水虎　柳新红　赵云鹏

顾　　　问　郑朝宗　裘宝林

组 织 编 著　浙江省林业局
　　　　　　浙江省植物学会

Editorial Board of Flora of Zhejiang (New Edition)

Directors

    Hu Xia (Served from December 2018)

    Lin Yunju (Served from November 2014 to December 2018)

Vice directors

Wu Hong	Yang Youping	Wang Zhangming
Lu Xianfeng	Yu Mingjian	Jiang Bo
Wu Zhongliang	Zhang Binsen	

Committee members

Liu Xinhong	Chen Huaxin	Zhu Guangquan
Ding Liangdong	Sun Xiaoxia	

Editors-in-chief

    Li Genyou   Ding Bingyang

Associate editors-in-chief

Jin Xiaofeng	Chen Zhenghai	Zhang Fanggang
Jin Shuihu		

Editorial board

Li Genyou	Ding Bingyang	Jin Xiaofeng
Chen Zhenghai	Zhang Fanggang	Jin Shuihu
Liu Xinhong	Zhao Yunpeng	

Advisers

    Zheng Chaozong   Qiu Baolin

Organizers

    Zhejiang Administration of Forestry

    Botanical Society of Zhejiang

本卷编著者及分工

卷 主 编　金孝锋
卷副主编　徐跃良　鲁益飞　胡江琴
编 著 者　**紫葳科、狸藻科、假繁缕科、败酱科、川续断科**
　　　　　胡江琴（杭州师范大学）
　　　　　桔梗科
　　　　　孙文燕、金孝锋（杭州师范大学）
　　　　　茜草科
　　　　　徐跃良（浙江自然博物院）
　　　　　陈建华（浙江师范大学）
　　　　　忍冬科
　　　　　陈征海（浙江省森林资源监测中心）
　　　　　菊科（紫菀族、泽兰族）
　　　　　鲁益飞（浙江大学）
　　　　　菊科（千里光族、斑鸠菊族、帚菊木族、旋覆花族、鼠麴草族、金盏菊族）
　　　　　徐跃良（浙江自然博物院）
　　　　　菊科（向日葵族、春黄菊族、山黄菊族、蓝刺头族、刺苞菊族、飞廉族、菊苣族）
　　　　　金孝锋（杭州师范大学）

Authors and Division

Volume editor-in-chief

Jin Xiaofeng

Volume associate editors-in-chief

Xu Yueliang, Lu Yifei and Hu Jiangqin

Authors

Bignoniaceae, Lentibulariaceae, Theligonaceae, Valerianaceae, Dipsacaceae

Hu Jiangqin (Hangzhou Normal University)

Campanulaceae

Sun Wenyan (Hangzhou Normal University)

Jin Xiaofeng (Hangzhou Normal University)

Rubiaceae

Xu Yueliang (Zhejiang Museum of Natural History)

Chen Jianhua (Zhejiang Normal University)

Caprifoliaceae

Chen Zhenghai (Zhejiang Monitoring Centre for Forest Resources)

Asteraceae (Astereae, Eupatorieae)

Lu Yifei (Zhejiang University)

Asteraceae (Senecioneae, Vernonieae, Mutisieae, Inuleae, Gnaphalieae, Calenduleae)

Xu Yueliang (Zhejiang Museum of Natural History)

Asteraceae (Heliantheae, Anthemideae, Athroismeae, Echinopeae, Carlineae, Cardueae, Cichorieae)

Jin Xiaofeng (Hangzhou Normal University)

序 一

浙江植物学专家前辈历经10年的辛勤努力，于1993年出版了8卷《浙江植物志》（7卷加总论卷）。该志记载了浙江野生与习见栽培的维管植物共231科，1372属，4444种（含种下等级）。该志编撰严谨，图文并茂，荣获第二届国家图书奖（1995），不仅深受社会各界欢迎，出现了一书难求的现象，还成为浙江乃至周边省份科研、科普、教学、生产的必备参考书，在浙江省的经济建设、生态保护等方面发挥了非常重要的作用。

《浙江植物志》出版之后的20多年中，随着经济的飞速发展，省外及国外一些植物物种被大量引入，同时浙江新一代植物学工作者在继承前辈严谨工作作风的基础上，不懈努力，深入调查，又发现了众多的植物新分类群和分布新记录。而这些资料均分散在各种期刊和著作中，不利于各行各业应用。因此，《浙江植物志（新编）》的出版顺应了时代的发展和社会的需求，意义重大。

《浙江植物志（新编）》对原志书进行了全面的、系统的补充修订，并在被子植物部分采用了当代著名的四大被子植物分类系统之一的克朗奎斯特（Cronquist）分类系统（1988）；本志书用精美的彩色照片代替了原来的线描图，使之更具直观性和实用性，这在省级植物志书中是非常有特色的。

全套志书由原来的8卷增加至10卷；收录种类比原志书有了大量增加，其中有近年发现的新分类群100余个，新记录科3个，新记录属80多个，新记录种400多个，同时增加了很多物种的新分布点；对原记载的植物逐种进行了考证，对不少植物学名根据新的资料予以了更正，对一些原来鉴定错误或经调查已无栽培的种类进行了更正与删减，充分汲取了植物分类的最新研究成果，使之更具科学性和准确性。

由此可见，本套志书在学术水平上又有了较大的提升，充分体现出了编撰志书为地方经济建设及基层大众服务的初衷。相信本套志书出版之后，定会为浙江省的植物学研究、教学、科普以及植物资源的开发利用与保护等发挥重要作用。

我注意到，在从事植物经典分类人才越来越稀缺的今天，在经济较发达的浙江，仍有一批中青年植物学者执着地坚守在基础研究的岗位上，这让我尤为高兴。

在本套志书编撰之初，我与浙江同行就有了密切的书信联系和问题交流，并自始至终给予了特别关注。得知本套志书即将陆续出版，甚感欣慰，特予作序。

中国科学院植物研究所研究员
中国科学院院士 
2019年5月于北京

序 二

浙江地处我国东南沿海，陆域面积不大，但自然条件优越，植物资源丰富，人文底蕴深厚，有钟观光、钱崇澍、李善兰等植物学先驱，并涌现出了陈嵘、张肇骞、钟补求、蔡希陶、王伏雄、吴中伦、梁希、杨衔晋、林刚、陈诗、陈谋、贺贤育等林学家、植物分类学家和采集家，成为我国近代植物学的重要发源地之一。独特的区域优势和丰富的植物资源，吸引了众多国内外学者来浙江开展采集和研究工作，除浙江籍人士外，还有胡先骕、秦仁昌、郑万钧、陈焕镛、裴鉴、唐进、耿以礼、郑勉、裴佩熹、J. Cunningham、R. Fortune、E. Faber、F.B. Forbes、W.B. Hemsley、S. Matsuda、C.S. Sargent、H. Migo、A.N. Steward等，为浙江的植物资源调查和分类研究奠定了基础。

1993年，本人有幸受邀参加"浙江植物资源调查研究及《浙江植物志》编著"成果评审会，方云亿、章绍尧等浙江老一辈植物分类学家踏实严谨、精益求精的科研作风给我留下了深刻印象。项目成果获得了浙江省科技进步奖一等奖（1994），《浙江植物志》还获得第二届国家图书奖（1995）和第七届全国优秀科技图书一等奖（1995），成为省级植物志的典范。《中国植物志》于2004年全部出版，有人认为植物分类学家从此已无用武之地。殊不知，由于历史原因，就整体而言，我国植物分类学还处在描述阶段。浙江省的植物分类学者认识到这一点，他们承前启后，不仅自己奋斗，还培养人才，为这一领域注入了活力。浙江省的植物资源调查研究工作方兴未艾，相继出版了《浙江种子植物检索鉴定手册》等专著，积累了丰富翔实的新资料，结出了新成果。

《浙江植物志（新编）》由浙江省27家单位的50余位专家参与编研工作。通过大规模和系统的野外考察、标本采集、照片拍摄，收录的种类大幅增加，其中有近年发现的新记录科3个，新记录属80多个，新记录种400多个，充实了浙江乃至全国植物区系地理的内容；全书85%以上的种类配有实地拍摄的彩色照片，图文并茂。与《浙江植物志》相比，《浙江植物志（新编）》种类收录更齐全，分类处理更合理，兼顾科学性、可读性、实用性和鉴赏性。在此，我对本志编著者和浙江科学技术出版社相关人员所付出的心血表示感谢，也希望浙江的植物分类工作者再接再厉，继续开展更深入的植物资源调查和研究，在分类修订、生物多样性编目、物种形成、系统发生和进化、亲缘地理等方面取得新的更大的成绩。

是为序。

中国植物学会名誉理事长
中国科学院院士　洪德元
2019年6月于北京

前　言

浙江位于中国东南沿海，长江三角洲南翼，东临东海，南接福建，西与安徽、江西相连，北与上海、江苏接壤，地理坐标为 27°02′～31°11′N，118°01′～123°10′E。陆地面积10.55万平方千米，约占全国的1.1%，是我国陆地面积较小的省份。全省以山地丘陵为主，素有"七山一水二分田"之说。因地处中亚热带，全省气候温和，雨量充沛，山脉纵横，丘陵起伏，河谷、平原、盆地交错分布，海岸曲折，岛屿众多，自然环境复杂多样，利于各类植物繁衍生息，加之地史古老，孕育并保存了丰富的植物种类，享有"东南植物宝库"之美誉。

浙江境内的植物标本采集与调查工作始于18世纪初期。随着杭、甬等地通商口岸的开放，J. Cunningham、R. Fortune、E. Faber等10多个国家的50多位学者先后进入浙江的舟山、宁波、杭州、台州等地开展植物标本的采集和调查工作，对早期植物科学的传播及植物分类资料的积累起到了重要作用。在我国最早科学系统地开展植物标本采集的是钟观光（北仑），之后在浙江涌现出了一批我国近代植物分类学家和采集家，如钱崇澍（海宁）、陈嵘（安吉）、钟补勤（北仑）、钟稼勤（北仑）、钟补求（北仑）、林刚（平阳）、陈诗（诸暨）、陈谋（诸暨）、吴中伦（诸暨）、贺贤育（镇海）、张肇骞（永嘉）等。我国许多著名植物分类学家也曾先后来浙江进行采集、研究，如胡先骕、秦仁昌、郑万钧、耿以礼、唐进、裴鉴、郑勉、裴佩熹等。因此，浙江也成为我国近代植物分类研究的发祥地之一。中华人民共和国成立后，浙江省人民政府对植物资源的普查工作非常重视，陆续组织开展了一些专题性或区域性的植物资源普查工作，积累了大量的标本和资料，为植物志书的编写奠定了良好的基础。

1982年，浙江省科委下达了089号文件，组织省内19家大专院校、科研单位的50余位科研、教学专家，开展了《浙江植物志》的编著工作。他们通过野外考察、标本查阅、资料整理、潜心编撰，历经十载寒暑，出版了洋洋8卷巨著。全志共记载浙江野生及习见栽培植物231科，1372属，3897种，30亚种，391变种，126变型，第一次全面系统地展示了浙江植物资源的全貌。该项目成果荣获浙江省科学技术进步奖一等奖（1994）。《浙江植物志》还获得第二届国家图书奖（1995）及第七届全国优秀科技图书一等奖（1995）。长期以来，作为省内外植物专业人士、学生及社会有关人员必不可少的权威工具书，《浙江植物志》在浙江省的经济和生态建设方面发挥了极为重要的作用。

《浙江植物志》出版后的20多年中，社会、经济、文化、环境等方面均发生了翻天覆地的变化，植物种类、相关信息也相应地产生了巨大的改变。随着交通状况不断改善和植物分类知识的广泛普及，在年青一代专业人员的不懈努力下，植物调查和研究工作更为全面和深入，新发现也逐渐增多。据初步统计，在本项目进行之前就已发现新种

（含种下等级）或新记录种350多个；在此期间，国内外植物分类和系统进化等方面的研究也取得了长足发展，被 Flora of China 和其他文献归并的有300余种，分类等级或学名改变的有300多种；与此同时，很多历史上曾经引种的植物已经消失，而在走向国际化的进程中，更多与农业、林业、园林、医药相关的新资源植物又被不断地引进栽培，种类变动的数量高达本志书记载总数的近1/4。

近些年来，在浙江各级政府的高度重视下，植物资源调查研究工作的开展如火如荼、方兴未艾。在本志编撰前及期间，浙江的科研团队相继出版了《温州植物志》（5卷）、《杭州植物志》（3卷）、《宁波植物图鉴》（5卷）等区域性志书，以及一批实用性图鉴或专著，如《浙江种子植物检索鉴定手册》、《浙江野菜100种精选图谱》系列丛书、《浙江省常见树种彩色图鉴》、《宁波珍稀植物》、《宁波滨海植物》、《玉环木本植物图谱》、《台州乡土树种识别与应用》、《慈溪乡土树种彩色图谱》、《莫干山区乡土树种》等；各地已建或新建自然保护区的资源普查工作陆续开展，出版了《天目山植物志》（4卷）、《清凉峰植物》、《清凉峰木本植物志》（2卷）、《百山祖的野生植物》等专著和科学考察报告，积累的新资料越来越丰富。党的十八大后，中共浙江省委、省人民政府统筹推进"五位一体"总体布局，十分重视生态建设和植物资源保护工作。在新形势下，迫切需要厘清浙江省植物种类、分布、生存状况及开发利用价值，为森林、湿地、物种三条"生态保护红线"的研究与监测提供信息丰富、数据准确、功能完善的基础资料。如今，社会安宁，经济繁荣，修志时机已充分成熟，工作基础也已相对夯实。因此，为适应新形势的快速变化，尽早编撰一部能反映浙江植物资源现状的志书已是大势所趋和当务之急。

经过一段时间的酝酿和筹备，2014年年底，由浙江省林业局（原浙江省林业厅）与浙江省植物学会联合组织成立了《浙江植物志（新编）》编委会，聚集全省27家教学、科研、生产单位的50余位专家和学者，正式启动了"浙江省野生植物资源调查、建档、编纂及《浙江植物志》（第二版）编著"项目（浙江省财政项目，编号：335010-2015-0005）。

5年来，编委会召开了10余次全体或扩大会议，制订和完善了编写大纲和细则，并提出全部采用彩色照片及系统更先进、种类更齐全、资料更丰富、数据更准确、使用更方便的要求；组织了数百次规模不等的野外科学考察活动，时间覆盖一年四季，地点遍及全省各地，拍摄了100余万幅植物种类和生境彩色照片，采集标本5000余号，发现了众多的植物新类群和省级以上分布新记录植物，获取了大量植物新分布点及新用途等重要信息；参编者查阅了大量文献资料，以及省内外各大植物标本馆、中国数字植物标本馆（CVH）、国家标本资源共享平台（NSII）的大量相关标本，对不少有疑问的植物类群和学名进行了认真考证，发表研究论文上百篇，取得了丰硕的成果。

本套志书共10卷，收录的种类原则上为浙江省境内野生、归化、逸生及当下习见栽培的植物。具体收录的种类和内容如下：第一卷为概论（包括自然概况、采集和研究简史、植物区系、资源植物），蕨类植物门，石杉科至满江红科，计50科；第二卷为裸子植物门，苏铁科至红豆杉科，计10科，被子植物门，木兰科至荨麻科，计33科；第三卷为胡桃科至杨柳科，计36科；第四卷为白花菜科至蔷薇科，计17科；第五卷为含羞草科至茶茱萸科，计26科；第六卷为黄杨科至夹竹桃科，计27科；第七卷为萝藦科至胡麻科，计19科；第八卷为紫葳科至菊科，计9科；第九卷为泽泻科至禾本科，计17科；第十卷为莎草科至兰科，计18科。

本志的编写及出版工作得到了社会各界的大力支持和热切关注。中国科学院植物研究所王文采院士、洪德元院士自始至终给予了倾情关注和悉心指导；郑朝宗教授、裘宝林教授不顾年老体迈，欣然受邀担任本志顾问，并多次亲临现场指导、细心审阅资料；许多参与《浙江植物志》编著工作的省内老一辈植物分类学家为本志的编写建言献策，并寄予热切厚望；浙江科学技术出版社本着公益精神，不求赢利，为高质量出版本志，与编委会进行了密切合作；省内外植物分类专家及爱好者为本志无私提供了相关信息和高质量照片；江苏省中国科学院植物研究所标本馆（NAS）、中国科学院昆明植物研究所标本馆（KUN）、中国科学院西北高原生物研究所植物标本馆（HNWP）、中国科学院植物研究所标本馆（PE）、中国科学院华南植物园标本馆（IBSC）、中国科学院沈阳应用生态研究所东北生物标本馆（IFP）、安徽师范大学生命科学学院生物标本馆植物标本室（ANUB），以及杭州植物园植物标本馆（HHBG）、浙江农林大学植物标本馆（ZJFC）、浙江自然博物院植物标本馆（ZM）、浙江大学植物标本馆（HZU）、杭州师范大学植物标本馆（HTC）、温州大学植物标本馆（WZU）等为本志作者查阅标本给予了极大方便；全省各县（市、区）及自然保护区等单位的领导和技术人员在植物资源考察过程中给予了大力支持；原浙江省林业厅厅长林云举、副厅长王章明一直将本项目作为重要工作来抓，对编写过程中遇到的困难和问题都给予了及时解决；浙江省野生动植物保护管理总站吾中良站长、章滨森站长、陈华新副站长，浙江省林业科学研究院江波院长，浙江省森林资源监测中心汪奎宏主任以及本志编委会办公室的柳新红、朱光权、陈友吾、孙晓霞等同志在本志的调查和编写过程中做了大量组织、协调和日常管理工作。所有这一切，都为本志编研工作的顺利开展和完成提供了强有力的保障。谨在此一并致以诚挚的谢意！

由于编著者研究水平、编研时间所限，志书中难免存在不足之处，恳盼读者不吝指正。

《浙江植物志（新编）》编辑委员会

执笔：李根有

2019年4月30日

编写说明

1. 本志收录的种类原则上为浙江省境内野生、归化、逸生及当下习见栽培的维管植物。蕨类植物采用秦仁昌分类系统(1978)；裸子植物采用郑万钧分类系统(1978)；被子植物采用克朗奎斯特(Cronquist)分类系统(1988)，但对个别科做了适当调整，如芍药科(根据王文采先生意见，移至毛茛科之后)、禾本科(因考虑分卷平衡原因，与莎草科位置对调)等。

2. 本志收载的种下等级包括亚种和变种，变型不单独著录，只在种下讨论中予以附记，列出名称(中名、拉丁名)和主要鉴别特征。对于栽培植物的品种通常不作划分。在种类统计上以种系为单位，即浙江无模式亚种(变种)的亚种(变种)以种计数［1个种系下不止1个亚种(变种)的只计1个］，其余亚种(变种)不作计数。

3. 本志对浙江省自然分布种类省内产地情况的著录，除全省均有分布的外，尽可能反映其产地信息。为节省篇幅，以地级市为单位编写，如某市大部分县(县级市和区)有产的只写出该地级市名称；对于不是大部分县(县级市和区)有产的则直接列出县(县级市和区)名称(与地级市间用"及"连接)；对于一些老市区间难以明确划分界线的简称为"市区"。产地名称和范围的行政区划资料截至2014年，但为更好地反映植物分布的自然属性，部分市区仍作独立产地予以记载。具体如下：

湖州：湖州市区(吴兴、南浔)、长兴、安吉、德清。

嘉兴：嘉兴市区(南湖、秀洲)、嘉善、平湖、桐乡、海盐、海宁。

杭州：杭州市区(上城、下城、江干、拱墅、西湖、余杭)、萧山(含滨江)、富阳、临安、桐庐、建德、淳安。

绍兴：绍兴市区(越城、柯桥)、上虞、诸暨、嵊州、新昌。

宁波：宁波市区(海曙、江东、江北、镇海、北仑)、鄞州、慈溪、余姚、奉化、象山、宁海。

舟山：定海、普陀、岱山、嵊泗。

衢州：衢州市区(柯城、衢江)、开化、常山、江山、龙游。

金华：金华市区(婺城、金东)、浦江、兰溪、义乌、东阳、磐安、永康、武义。

台州：台州市区(椒江、路桥、黄岩)、天台、三门、临海、仙居、温岭、玉环。

丽水：莲都、缙云、遂昌、松阳、龙泉、庆元、云和、景宁、青田。

温州：温州市区(鹿城、龙湾、瓯海)、洞头、乐清、永嘉、瑞安、文成、平阳、苍南、泰顺。

4. 本志对浙江省分布的植物种类国内分布情况的著录，除全国均有分布的外，分大区（东北、华北、华东、华中、华南、西南、西北）和省（自治区、直辖市）两级编写，如大区内大部分省（自治区、直辖市）有分布的只写出该大区名称；对于不是大部分省（自治区、直辖市）有分布的则直接列出省（自治区、直辖市）名称，与大区间用"及"连接。分布区名称和范围以2014年的行政区划为依据，但为更好地反映植物分布的自然属性，对部分地区做了适当调整。具体如下：

东北：黑龙江、吉林、辽宁。
华北：内蒙古、河北（含北京、天津）、山西、山东。
华东：江苏（含上海）、安徽、浙江、江西、福建。
华中：河南、湖北、湖南。
华南：台湾、广东（含香港、澳门）、海南、广西。
西南：四川（含重庆）、贵州、云南、西藏。
西北：陕西、宁夏、甘肃、青海、新疆。

目 录

一五九	紫葳科	Bignoniaceae	1
一六〇	狸藻科	Lentibulariaceae	10
一六一	桔梗科	Campanulaceae	17
一六二	茜草科	Rubiaceae	39
一六三	假繁缕科	Theligonaceae	111
一六四	忍冬科	Caprifoliaceae	113
一六五	败酱科	Valerianaceae	190
一六六	川续断科	Dipsacaceae	197
一六七	菊科	Asteraceae	205

中名索引 …… 502

拉丁名索引 …… 512

附录 …… 530

一五九　紫葳科 Bignoniaceae

落叶或常绿乔木、灌木、木质藤本，稀为草本。常具各式卷须及气生根。叶对生，稀轮生；单叶或羽状复叶；无托叶。花两性，两侧对称，组成顶生或腋生的聚伞花序、总状花序或圆锥花序；花萼钟状或筒状，先端平截或具2~5齿；花冠合瓣，钟状或漏斗状，5裂，常偏斜，或呈二唇形，上唇2裂，下唇3裂，裂片常呈覆瓦状排列，有时呈镊合状排列；雄蕊与花冠裂片同数，互生，能育雄蕊4，有时2或5，着生于冠筒上，花丝基部稍增粗，被毛，花药2室，纵裂，成对靠合或叉开；花盘垫状、环状或杯状；子房上位，2室，稀1室，或因隔膜发达成4室，中轴胎座或侧膜胎座，胚珠多数，花柱细长，柱头2裂。蒴果，室背或室间开裂。种子多数，扁平，通常具翅或两端有束毛，无胚乳。

约120属，650多种，广泛分布于热带、亚热带地区，少数延伸到温带地区。我国连同引种栽培的有近30属，50余种，南北各地均有分布；浙江有5属，9种。

本科许多种具鲜艳夺目、大而美丽的花，常作为观赏植物栽培。

分属检索表

1. 落叶乔木；叶为单叶；能育雄蕊2 ·· 1.梓属 Catalpa
1. 蔓性披散灌木或藤本，有时为乔木，常绿或落叶；奇数羽状复叶，或一回至三回羽状复叶；能育雄蕊4。
　　2. 乔木或小乔木（浙江栽培者较矮小）；一回至三回羽状复叶 ············ 2.菜豆树属 Radermachera
　　2. 蔓性披散灌木或藤本；奇数羽状复叶。
　　　　3. 常绿蔓性披散小灌木；雄蕊和花柱均伸出花冠筒外 ················· 3.硬骨凌霄属 Tecomaria
　　　　3. 落叶木质藤本；雄蕊和花柱均内藏。
　　　　　　4. 植株常具气生根；小叶片边缘具齿；花鲜红色或橙红色 ············ 4.凌霄属 Campsis
　　　　　　4. 植株无气生根；小叶片近全缘；花白色或粉红色 ············ 5.粉花凌霄属 Pandorea

1 梓属 Catalpa Scop.

落叶乔木。单叶对生，稀3叶轮生；叶片全缘，基出脉3或5，下面脉腋间通常具紫色腺点。花两性，多数组成顶生的圆锥花序或伞房状总状花序；花萼二唇形或不规则开裂；花冠钟状，二唇形，上唇2裂，下唇3裂；能育雄蕊2，内藏，着生于花冠基部，退化雄蕊2或3；花盘明显；子房2室，具多数胚珠。蒴果细长柱形，成熟时室背开裂成2瓣。种子多数，球形，薄膜状，两端具束毛。

约13种，分布于北美、东亚及西印度群岛。我国有4种，各地均有分布；浙江连同栽培的有4种。

分种检索表

1. 圆锥花序；花淡黄色或白色。
    2. 花淡黄色；叶片宽卵形或近圆形；蒴果直径5～7mm；种子较小，宽约3mm ……… **1.梓树 C. ovata**
    2. 花白色；叶片卵状心形至卵状长圆形；蒴果直径10～12mm；种子较大，宽6～10mm ……………………………………………………………………………………………… **2.黄金树 C. speciosa**
1. 伞房状总状花序；花淡红色至淡紫色。
    3. 花序具3～12花，偶具二次分枝 ……………………………………………… **3.楸树 C. bungei**
    3. 花序具7～15花，具二次分枝 ……………………………………………… **4.滇楸 C. fargesii**

1. 梓树 （图8-1）
Catalpa ovata G. Don

落叶乔木，高10～15m。树皮灰褐色，纵裂，嫩枝无毛或具疏柔毛。叶对生或近对生，有时轮生；叶片宽卵形或近圆形，长10～30cm，宽7～25cm，先端渐尖，基部圆形或心形，全缘或浅波状，常3浅裂，两面均粗糙，微被柔毛或无毛，侧脉4～6对，基部掌状脉5～7；叶柄长6～18cm。圆锥花序顶生；花序梗微被疏毛；花萼绿色或紫色，花蕾时圆球形，二唇开裂；花冠钟状，淡黄色，长约2cm，内面具2黄色线纹及紫色斑点；能育雄蕊2，花丝着生于花冠筒上，花药叉开，退化雄蕊3；子房上位，棒状，花柱丝形，柱头2裂。蒴果长圆柱形，下垂，长20～30cm，直径5～7mm。种子长椭圆形，长6～8mm，宽约3mm，两端具平展的长柔毛。花期5—6月，果期8—10月。

产于安吉、杭州市区、建德、余姚、普陀、开化、龙游、磐安、武义、天台等地，野生或栽培。生于村边，公路边常有栽培。分布于东北、华北、华东、西北及河南、四川。全省各地均有栽培。

根皮及树皮可入药，称"梓白皮"，有清热解毒的功效；种子亦可入药，有利尿的功效；栽培历史悠久，常作行道树。

图8-1 梓树

2. 黄金树 （图8-2）
Catalpa speciosa (Warder ex Barney) Engelm.

落叶乔木，高6～15m。树皮厚，红褐色，呈厚鳞片状开裂。小枝无毛。叶对生；叶片卵状心形至卵状长圆形，长15～30cm，宽10～20cm，先端长渐尖，基部截形至浅心形，上面亮绿色，无毛或仅脉上略被毛，下面密被短柔毛，基出脉3，脉腋间具绿色腺斑；叶柄长10～15cm。圆锥花序顶生，长达15cm，花少数；苞片2，长3～4mm；花萼2裂，裂片舟形，先端不分裂，无毛；花冠白色，长4～5cm，喉部具2黄色条纹及紫色细斑点；能育雄蕊2。蒴果细圆柱形，黑色，长30～55cm，直径10～12mm，2瓣开裂。种子长圆锥形，长25～35mm，宽6～10mm，两端具极细的白色丝状毛。花期5—6月，果期8—9月。

原产于美国中部、东部。华北、华东、华南及云南、陕西、新疆等地均有栽培。杭州市区、临安、奉化、普陀、天台等地有引种栽培。

图8-2 黄金树

3. 楸树 （图8-3）
Catalpa bungei C.A. Mey.

落叶乔木，高8～12m。树干通直，树冠狭而长。树皮灰褐色或黑褐色，浅纵裂，片状脱落。小枝无毛，具黄褐色皮孔。叶对生；叶片三角状卵形或卵状椭圆形，长6～15cm，宽达8cm，先端渐尖，基部截形、宽楔形或心形，全缘，有时基部边缘有1～4对尖齿或裂片，无毛，下面叶脉间具圆形腺体；叶柄长2～8cm。伞房状总状花序顶生，具3～12花；花萼花蕾时圆球形，二唇开裂，顶端具2尖齿；花冠淡红色，长3～3.5cm，内面具2黄色条纹及暗紫色斑点。蒴果细圆

图8-3 楸树

柱形，长25～50cm。种子狭长椭球形，直径约2mm，两端具长毛。花期4—6月，果期6—10月。

分布于华北、华东、华中及陕西、甘肃等地，也常见栽培。嘉兴及杭州市区、临安、桐庐、建德、诸暨、衢州市区、武义、临海等地有栽培，安吉似有野生状态者。

为优良的材用树种，也可作行道树；叶、茎皮、果实、种子可入药，有排脓生肌、清热解毒、清热利尿等功效。

4. 滇楸 （图8-4）

Catalpa fargesii Bureau — *C. fargesii* form. *duclouxii* (Dode) Gilmour — *C. duclouxii* Dode

落叶乔木，高达20m。小枝无毛。叶对生；叶片卵形或三角状卵形，长13～20cm，宽10～13cm，先端渐尖，基部截形、宽楔形或微心形，全缘，两面无毛，侧脉4或5对，基出脉3；

图8-4 滇楸

一五九 紫葳科 Bignoniaceae

叶柄长3～10cm，无毛。伞房状总状花序顶生，具7～15花；花萼2裂，裂片卵圆形；花冠钟状，淡红色至淡紫色，长约3.2cm，内面具紫色斑点；能育雄蕊2，内藏，退化雄蕊3。蒴果细圆柱形，下垂，长达50cm。种子狭长椭球形，两端具丝状长毛。花期4—5月，果期6—11月。

分布于华中及山东、广东、广西、四川、贵州、云南、陕西、甘肃等地，也常见栽培。景宁等地有栽培。

❷ 菜豆树属 Radermachera Zoll. et Moritzi

直立乔木，有时较矮小。当年生嫩枝具黏液。叶对生；一回至三回羽状复叶；小叶全缘，具柄。聚伞圆锥花序顶生或侧生；具苞片及小苞片；花萼芽时封闭，钟状，顶端5裂或平截；花冠漏斗状钟形或高脚碟形，冠筒短或长，檐部微呈二唇形，裂片5，圆形，平展；雄蕊4，二强，内藏，退化雄蕊常存在；花盘环状，稍肉质；子房圆柱形，具多数胚珠，花柱细长，柱头舌状，2裂。蒴果细长圆柱形，有时扭转。种子多数，2列，扁平，两端具白色透明的膜质翅。

约16种，分布于亚洲热带地区。我国有7种，主要分布于华南、西南；浙江栽培1种。

菜豆树 （图8-5）
Radermachera sinica (Hance) Hemsl.

落叶小乔木（盆栽时常矮小）。叶对生；二回羽状复叶，有时为三回羽状复叶；叶轴长约30cm，无毛；小叶片卵形至卵状披针形，长4～7cm，宽2～3.5cm，先端尾状渐尖，基部宽楔形，全缘，两面无毛，侧脉5或6对，侧生小叶柄长5mm以下，顶生小叶柄长1～2cm。圆锥花序顶生，直立；花序梗无毛；苞片条状披针形，长达10cm，早落；小苞片条形，长4～6cm；花萼花蕾时封闭，锥形，内具白色乳汁，萼齿5，卵状披针形；花冠漏斗状钟形，白色或淡黄色，长约6cm，5裂，裂片圆形；雄蕊4，二强，光滑，退化雄蕊存在；子房2室，花柱外露，柱头2裂。蒴果细长圆柱形，稍弯曲，下垂，果皮薄革质。种子椭球形，连翅长约2cm，宽约5mm。花期5—6月，果期8—10月。

图8-5 菜豆树

产于华南、西南。东南亚也有。本省常见栽培,温州及玉环亦见能露地栽培开花者。

本种也称"幸福树",多见于室内盆栽。

3 硬骨凌霄属 Tecomaria Spach

常绿蔓生灌木。枝柔弱,常匍匐于地上,节上生根。叶对生;奇数羽状复叶;小叶具锯齿。圆锥花序或总状花序顶生;花萼钟状,5裂;花冠筒状或漏斗状,稍弯曲,二唇形,黄色、橙色或红色;能育雄蕊4,伸出花冠筒外,药室下垂、叉开;花盘杯状;子房2室,每室具4列胚珠。蒴果细条形,压扁,成熟时室背开裂。种子具膜质翅。

约2种,产于南美洲。我国引入栽培1种;浙江也有栽培。

硬骨凌霄 (图8-6)
Tecomaria capensis (Thunb.) Spach

常绿、披散灌木,高1～2m。枝细长,绿褐色,常有小瘤状突起。叶对生;奇数羽状复叶;小叶7～9,侧生小叶近无柄,顶生小叶柄不足1cm;小叶片卵形至宽椭圆形,长1～2.5cm,先端急尖或渐尖,基部楔形,多少偏斜,边缘具不规则的钝头粗锯齿,两面无毛或下面脉腋内被绵毛。总状花序顶生;花萼钟形,萼筒短,5裂,裂片三角形;花冠漏斗状,弯曲,橙红色或鲜红色,具深红色纵条纹,长4～5cm,二唇形;能育雄蕊4,伸出花冠筒外;子房长圆柱形,花柱细长,伸出花冠外。蒴果长2.5～5cm。花期春季,果期夏季。

原产于南美洲。我国南方有栽培。杭州、舟山、台州、温州常见栽培。

为庭园观赏植物。

图8-6 硬骨凌霄

4 凌霄属 Campsis Lour.

落叶攀缘木质藤本。茎灰白色，常具气生根。叶对生；奇数羽状复叶；小叶具短柄和锯齿。聚伞或圆锥花序顶生；花大；花萼钟形，革质，不等5裂，有时深达中部；花冠钟状漏斗形，在萼之上肿大，稍呈二唇形，橙色或橙红色，裂片5，大而开展，花蕾时呈覆瓦状排列；能育雄蕊4，二强，内藏；子房2室，基部具花盘。蒴果，成熟时室背开裂。种子多数，扁平，具膜质翅。

2种，1种分布于北美，1种分布于我国和日本。浙江有2种。

1. 凌霄 （图8-7）
Campsis grandiflora (Thunb.) K. Schum.

落叶攀缘藤本。茎表皮脱落，枯褐色，具气生根或无。叶对生；奇数羽状复叶；叶轴长4～13cm；小叶7～9；小叶柄长5～10mm；小叶片卵形至卵状披针形，长3～7cm，宽1.5～3cm，先端长渐尖，基部宽楔形，两侧不等大，边缘具粗锯齿，侧脉6或7对，两面无毛，2枚小叶柄间具淡黄色柔毛。圆锥花序顶生，具疏散的花；花序轴长15～20cm；花萼钟状，长约3cm，5裂至中部，裂片披针形；花冠钟状漏斗形，长约5cm，直径约7cm，内面鲜红色，外面橙黄色，5裂，裂片近等大，半圆形，扁平而直立；雄蕊着生于冠筒近基部，花丝细长，花药"丁"字形着生；花柱细长条形，柱头扁平，2裂。蒴果长如豆荚，顶端钝。种子多数。花期5—8月，果期10—11月。

产于淳安、金华市区（婺城）、景宁、文成，全省各地广泛栽培。分布于河北、山东、山西、福建、广东、广西，全国各地常见栽培。

为庭园垂直绿化树种；根可入药，有治风湿痛、跌打损伤等功效；花亦可入药，阴干后有通经利尿的功效。

图8-7 凌霄

2. 美国凌霄 厚萼凌霄 （图8-8）
Campsis radicans (L.) Seem.

落叶攀缘藤本，长可达10m。具气生根。叶对生；奇数羽状复叶；小叶9~11；小叶片椭圆形至卵状椭圆形，长3.5~6.5cm，宽2~4cm，先端尾状渐尖，基部楔形，边缘具锯齿，上面深绿色，无毛，下面淡绿色，被短柔毛，或至少沿中脉被短柔毛，具短柄。圆锥花序短，顶生；花萼钟状，长约2cm，5裂至1/3处，裂片卵状三角形，向外微卷，无突起的纵肋；花冠漏斗状钟形，长6~9cm，直径4cm，橙红色至鲜红色。蒴果长圆柱形，长8~12cm，顶端具喙尖，具柄，沿缝线具龙骨状突起。种子多数。花期7—10月，果期11月。

原产于美洲。我国南方地区栽培作庭园观赏植物。杭嘉湖平原、宁波及诸暨也常有栽培。

花可代"凌霄花"入药，功效同凌霄花类。

与凌霄的区别在于本种小叶9~11，小叶片下面被短柔毛，至少沿中脉被短柔毛；花萼裂至1/3处，裂片短，卵状三角形。

图8-8　美国凌霄

5 粉花凌霄属 Pandorea Spach

落叶木质藤本。无气生根。叶对生；奇数羽状复叶；小叶常全缘，或具锯齿。花排成圆锥花序顶生；花大，白色或粉红色；花萼小，钟状，5齿裂，裂片不等或近相等；花冠漏斗状钟形，裂片呈覆瓦状排列，裂片5，大而开展；能育雄蕊4，内藏；花盘环状；子房2室。果为蒴果，长椭球形，木质。种子多数，阔椭圆形，扁平，具翅。

约9种，分布于马来西亚至大洋洲。我国引种栽培1种；浙江也有。

粉花凌霄 （图8-9）
Pandorea jasminoides (Lindl.) K. Schum.

落叶木质藤本。茎圆柱形，微具棱，幼时黄绿色，多皮孔，老时灰褐色。叶对生；奇数羽状复叶；叶轴7～10cm；小叶7～9；小叶柄2～4cm；小叶片卵形至卵状披针形，长3～5cm，宽1.3～2cm，先端渐尖，基部楔形，两侧不等大，近全缘，侧脉5或6对，两面无毛；叶柄和小叶柄无毛。疏散的圆锥花序具2～12花，顶生；花序轴长5～10cm；花萼钟状，长约2cm，5裂至1/3～1/2处，裂片三角状卵形，先端长渐尖；花冠钟状漏斗形，长5～5.5cm，直径约5cm，内面粉紫红色，外面粉白色，5裂，裂片近等大，卵圆形，具紫红色条纹，冠筒内面疏被白色长柔毛；能育雄蕊4，着生于冠筒近基部，花丝细长，与冠筒合生部分被白色柔毛，花药"丁"字形着生；花柱细长，柱头扁平，2裂，舌状。蒴果，本省未见。花期9—10月。

原产于马来西亚至大洋洲。我国南方地区有引种栽培。杭州市区、临安等地有栽培。

图8-9　粉花凌霄

一六〇　狸藻科 Lentibulariaceae

　　一年生或多年生食虫植物，水生、沼生或陆生附生。无真正的根。茎及分枝常变态成根状茎、匍匐枝、叶器和假根。大多无真叶而具叶器，叶器基生而呈莲座状或互生于匍匐枝上（沼生种类的叶器于开花前消失），全缘，或一回至多回深裂，末回裂片细如毛发。捕虫囊生于叶器、匍匐枝及假根上，卵球形或球形。总状花序，有时仅具单花；花序梗直立或缠绕，具鳞片或无；具苞片，小苞片成对生于苞片内侧，或无；花两侧对称；花萼2、4或5裂，裂片呈镊合状排列，宿存，结果后增大；花冠二唇形，上唇全缘，或2、3浅裂，下唇全缘，或2～6浅裂，裂片呈覆瓦状排列，有时在喉部隆起成浅囊状的喉凸，基部下延成距；雄蕊2，生于冠筒基部，花丝短，常弯曲，花药背着，2药室极叉开；雌蕊具2心皮，子房上位，1室，特立中央胎座或基底胎座，胚珠2至多数，花柱通常极短，柱头二唇形。蒴果，室背或兼室间开裂、周裂或不规则开裂，稀不裂。种子多数，细小，无胚乳。

　　3属，约290种，广泛分布于全球，尤以热带地区为多。我国有2属，27种，南北各地均有分布；浙江有1属，7种。

狸藻属　Utricularia L.

　　属的特征基本与科同，其花萼2深裂，花冠喉凸常隆起成浅囊状，喉部多少闭合，特立中央胎座。

　　约220种，全球广泛分布，但以热带地区居多。我国有25种，主要分布于南方各地；浙江有7种。

分种检索表

1. 沼生、湿生或陆生附生小草本；叶器条形、条状匙形、狭倒卵状匙形至倒卵形，或圆形，全缘，无毛，花时常不存在，或有时存在；具小苞片。
    2. 苞片基部着生；花冠黄色 ··· **1. 挖耳草　U. bifida**
    2. 苞片中部着生；花冠蓝紫色、淡紫色或白色。
        3. 叶器条形至狭倒卵状匙形，具1脉；鳞片多数；花萼裂片近相等。
            4. 花冠蓝紫色，上唇具钩状突起 ··· **2. 钩突挖耳草　U. warburgii**
            4. 花冠白色，上唇无钩状突起 ··· **3. 短梗挖耳草　U. caerulea**
        3. 叶器圆形或倒卵形，脉分枝；鳞片少数；花萼上唇远较下唇大 ········ **4. 圆叶挖耳草　U. striatula**
1. 水生草本；叶器一回至数回分裂，末回裂片的先端及边缘常具细刚毛，花时宿存；无小苞片。
    5. 苞片基部非耳状；花冠长4～6mm ··· **5. 少花狸藻　U. gibba**

5. 苞片基部耳状（但黄花狸藻 U. aurea 非耳状）；花冠长 10~25mm。

 6. 匍匐枝及其分枝顶端于秋季产生冬芽；花序梗具 1~3 鳞片；苞片基部耳状；种皮表面具网状突起………………………………………………………………………………………… **6. 南方狸藻 U. australis**

 6. 植物体无冬芽；花序梗无鳞片；苞片基部非耳状；种皮表面具不明显的细网状突起…… **7. 黄花狸藻 U. aurea**

1. 挖耳草（图 8-10）
Utricularia bifida L.

一年生陆生直立小草本。假根少数，丝状，具多数乳头状分枝。匍匐枝少数，丝状，具分枝。叶器生于匍匐枝上，常花时凋萎，条状匙形，先端急尖或钝，无毛，具 1 脉。捕虫囊生于叶器及匍匐枝上，球形，侧扁，具柄。总状花序直立，长 2~30cm，中部以上具 3~8 朵疏离的花；花序梗具 1~5 鳞片；苞片与鳞片相似，基部着生，宽卵状长圆形，先端钝；小苞片条状披针形；花梗长 2~3mm，具翅，直立，果时向下弯曲；花萼 2 裂达近基部，上唇裂片较大，宽卵形，果时增大，包围蒴果，无毛；花冠黄色，长 6~10mm，二唇形，上唇狭长圆形或长卵形，反曲，下唇近圆形，较长，喉凸隆起成浅囊状；距钻形，与花萼近等长；花丝近伸直，药室于顶端汇合；子房卵球形，花柱短，柱头二唇形。蒴果长约 3mm，宽椭球形，背腹扁，室背开裂。种子多数，卵球形或长球形，种皮无毛，具网状突起。花果期 8—10 月。

产于丽水及杭州市区、临安、诸暨、普陀、定海、开化、天台、温岭、乐清、瑞安、平阳、文成、泰顺。生于海拔 300~1200m 的山坡湿地中、水田边、潮湿岩石上。分布于华东、华中、华南及山东、云南。东亚、东南亚至大洋洲也有。

图 8-10 挖耳草

2. 钩突挖耳草 (图8-11)

Utricularia warburgii K.I. Geobel —— *U. caerulea* auct. non L.

一年生陆生纤细草本。假根少数至多数，丝状，分枝或不分枝。匍匐枝丝状，具分枝。叶器基生而呈莲座状和散生于匍匐枝上，常开花前凋萎，狭倒卵状匙形，先端圆，无毛。捕虫囊散生于匍匐枝及侧生于叶器上，卵球形，侧扁，具柄。总状花序直立，长5～40cm，中部以上具1至10余朵疏离或密集的花；花序梗具1～12鳞片；苞片与鳞片同形，中部着生；花梗长0.2～1mm，花时直立，果时开展或反折；花萼2裂达近基部，裂片不等，无毛；花冠蓝紫色，喉部常具黄斑，长4～10mm，二唇形，上唇狭卵状长圆形，具钩状突起，下唇较大，近圆形，全缘，喉凸隆起；距狭圆锥形；花丝伸直，药室汇合；子房球形，花柱短，柱头二唇形，上唇极小，近三角形。蒴果球形或椭球形，长2～3mm，室背开裂。种子多数，种皮无毛，具散生的乳头状突起和稍突起的网纹。花果期4—9月。

产于丽水、温州及杭州市区、临安、诸暨、武义、磐安、天台、临海、台州市区（黄岩）、温岭。生于海拔150～1650m的山坡湿地和溪水边潮湿的石头上。分布于华东及四川。模式标本采自宁波。

本种以往被误定为短梗挖耳草，但其花冠淡蓝紫色，上唇具钩状突起而有别于短梗挖耳草。

图8-11 钩突挖耳草

3. 短梗挖耳草 （图8-12）
Utricularia caerulea L.

一年生陆生纤细草本。假根少数，丝状，分枝或不分枝。匍匐枝丝状，具分枝。叶器基生而呈莲座状和散生于匍匐枝上，开花前凋萎，条形或条状倒卵形。捕虫囊散生于匍匐枝及侧生于叶器上，卵球形，侧扁。总状花序直立，长5～35cm，中部以上具2～4朵疏离的花；花序梗具2～10鳞片；苞片与鳞片同形，中部着生；花梗长0.2～1mm，花时直立，果时反折；花萼2深裂达基部，上、下唇不等长；花

图8-12 短梗挖耳草

冠白色，喉部常具黄斑，长4～10mm，二唇形，下唇较大，宽卵形，全缘，喉凸隆起；距狭圆锥形；花丝伸直，药室汇合；子房球形，花柱短，柱头二唇形，上唇极小，三角形。蒴果球形或椭球形，长2～3mm，室背开裂。种子多数，近椭球形，种皮无毛，具散生乳头状突起和稍突起的网纹。花果期7—9月。

产于永康、景宁、苍南（莒溪）、泰顺。生于林下潮湿的岩石上。分布于华南及山东、贵州、云南。东亚、东南亚至澳大利亚、非洲及太平洋岛屿也有。

与钩突挖耳草的区别在于本种花冠白色，上唇无钩状突起。

4. 圆叶挖耳草 （图8-13）
Utricularia striatula Sm. — *U. orbiculata* Wall. ex A. DC.

一年生陆生小草本。假根少数，丝状，不分枝。匍匐枝丝状，具分枝。叶器多数，花时宿存，基生而呈莲座状和散生于匍匐枝上，倒卵形或圆形，无毛，具二叉分枝的脉，柄长1.5～5mm。捕虫囊多数，散生于匍匐枝上，斜卵球形，侧扁，具柄。总状花序直立，高5～10cm，通常具3～7花；花序梗具少数鳞片；苞片、小苞片与鳞片相似，中部着生；花梗长2～6mm，花时开展，花后多少反折；花萼2裂达基部，上唇远较下唇大；花冠淡紫色或白色，喉部具黄斑，长3～10mm，二唇形，上唇小，远比萼片短，先端微凹，下唇圆形，先端3～5浅裂，喉凸稍隆起；距钻形，常弯曲，与下唇近等长或稍长；花丝细，药室近分离；子房球形，花柱短，柱头下唇半圆形，上唇消失而呈截形。蒴果斜倒卵状球形，背腹扁，室背开裂。种子少数，种皮具纵向延长的网褶和倒钩毛。花果期7—10月。

产于临安、开化、江山、磐安、临海、仙居、缙云、遂昌、龙泉、庆元、景宁、乐清、永嘉、文成、泰顺。生于海拔600～1500m的潮湿岩石上。分布于华东、华中、华南及云南、西藏。东亚、东南亚至太平洋岛屿、非洲热带地区及印度洋岛屿也有。

图8-13　圆叶挖耳草

5. 少花狸藻 （图8-14）

Utricularia gibba L. — *U. exoleta* R. Br.

一年生沉水草本。假根少数，具短的总状分枝。匍匐枝丝状，多分枝。叶器多数，互生于匍匐枝上，一回或二回二歧状深裂，末回裂片毛发状，无毛或生细刚毛。捕虫囊多数，侧生于叶器裂片上，斜卵球形，侧扁，具柄。总状花序直立，伸出水面，高2～12cm，中部以上具1～3花；花序梗具1鳞片；苞片与鳞片相似，基部着生；无小苞片；花梗丝状，近直立，长3～4mm；花萼2裂达基部，裂片近相等，果时不增大；花冠黄色，长4～6mm，二唇形，上唇较萼片长，下唇与上唇相似，喉凸隆起成浅囊状；距细筒形，伸直，略长于下唇；花丝弯曲，药室汇合；子房

一六〇　狸藻科 Lentibulariaceae

球形，花柱短而显著，柱头下唇半圆形，上唇短，钝形。蒴果球形，直径约3mm，无毛，室背开裂。种子少，双凸镜状，环生宽翅，翅缘波状，种皮密生细小网状突起。花果期6—11月。

产于杭州市区（杭州植物园）、衢州市区（衢江）、兰溪、缙云（大洋山）。生于池塘、河道或水田中。分布于华东、华中、华南及云南。东亚、东南亚至大洋洲、非洲热带地区、欧洲及印度洋岛屿均有分布。

图8-14　少花狸藻

6. 南方狸藻 （图8-15）
Utricularia australis R. Br.

一年生水生草本。假根2～4，生于花序梗基部上方，具总状分枝。匍匐枝顶端于秋季产

图8-15　南方狸藻

生淡紫色冬芽。叶器多数，互生，多回二歧状分裂，末回裂片丝状或毛发状。捕虫囊通常多数，侧生于叶器裂片上，斜卵球形，侧扁，具短梗。总状花序直立，高3～8cm，中部以上具3～8朵疏离的花；花序梗圆柱形，具1～3鳞片；苞片与鳞片相似，基部着生，基部耳状；无小苞片；花梗长10～25mm，花后下弯；花萼2裂达基部，裂片卵状长圆形，近相等；花冠黄色，长12～25mm，上唇长于萼片，下唇远较上唇大，横椭圆形，先端圆形；花丝细，弯曲，药室汇合；子房球形，花柱与子房近等长，柱头下唇半圆形，边缘流苏状。蒴果球形，直径3～4mm，顶端具丝状宿存花柱，周裂。种子压扁，无毛，边缘具6角和细小网状突起。花果期7—10月。

产于杭州、湖州及普陀、庆元、乐清。生于池塘、河道中。分布于华东、华中、华南及云南、西藏、陕西。东亚、东南亚至大洋洲和太平洋岛屿、非洲、欧洲也有。

7. 黄花狸藻 （图8-16）
Utricularia aurea Lour.

一年生水生草本。假根通常不存在，存在时生于花序梗基部，扁平并膨大。匍匐枝圆柱形，具分枝。叶器多数，互生，三回或四回深裂达基部，裂片羽状深裂或二歧状深裂，末回裂片丝状，具细刚毛。捕虫囊通常多数，侧生于叶器裂片上，斜卵球形，侧扁，具短梗。总状花序直立，高5～25cm，中部以上具3～6花；花序梗圆柱形，无鳞片；苞片基部着生，基部非耳状；无小苞片；花梗长4～20mm，花后下弯；花萼2裂达基部，裂片近相等，上唇果时增大；花冠黄色，长10～15mm，喉部有时具橙红色条纹，下唇较大，喉凸隆起成浅囊状；距筒状，较下唇短；花丝细，药室汇合；子房球形，密生腺点，无毛，花柱长为子房的一半，柱头下唇边缘具缘毛，上唇极短，钝形。蒴果球形，直径约5mm，顶端具喙状宿存花柱，周裂。种子多数，压扁，具5或6角和细小网状突起，角上具狭棱翅。花果期6—11月。

产于湖州市区、德清、嘉兴市区、海盐、杭州市区、建德、慈溪、普陀、磐安、临海、玉环、龙泉、庆元、乐清、瑞安、文成。生于池塘、水田或河道中。分布于华东、华中、华南及山东、贵州、云南。东亚、东南亚至大洋洲也有。

图8-16 黄花狸藻

一六一　桔梗科 Campanulaceae

　　一年生或多年生草本，稀为灌木，直立或蔓性、缠绕或呈攀缘状，常有乳汁。叶互生或对生，稀为轮生；叶片全缘或具锯齿，稀分裂；无托叶。花两性，辐射对称或两侧对称，腋生或顶生，常排列成聚伞花序，有时由聚伞花序演变为假总状，或排列成圆锥状，有时单生；无苞片；花萼4～6裂，常宿存，花蕾时呈镊合状排列；花冠筒状、钟状、辐状或二唇状，4～6裂，裂片花蕾时呈镊合状排列；雄蕊5，与花冠裂片互生，通常着生于花盘边缘，稀着生于冠筒上，花药分离或结合，纵裂；子房下位或半下位，稀上位，2～5室，每室具多数胚珠，中轴胎座，花柱圆柱状，柱头2～5裂。果常为蒴果，顶端瓣裂，或在侧面孔裂，少为浆果。种子多数，具胚乳，扁平或三角状，有时具翅。

　　68属，2300种以上，全球广泛分布，温带和亚热带地区种类较多。我国有16属，159种，南北各地均有分布；浙江有11属，20种。

　　有的分类系统将半边莲属 *Lobelia* 和铜锤玉带草属 *Pratia* 归入半边莲科 Lobeliaceae。

分属检索表

1. 花冠整齐，辐射对称；雄蕊分离。
   - 2. 果为浆果；子房和果实顶端近平截。
     - 3. 缠绕草本；花萼裂片全缘 ·················· **1.金钱豹属 Campanumoea**
     - 3. 直立或蔓性草本；花萼裂片边缘具齿，稀全缘 ·················· **2.轮钟花属 Cyclocodon**
   - 2. 果为蒴果；子房和果实顶端圆锥状（稀在风铃草属 *Campanula* 平截）。
     - 4. 蒴果顶端开裂。
       - 5. 茎细长，缠绕或直立草本；柱头裂片卵形至椭圆形 ·················· **3.党参属 Codonopsis**
       - 5. 茎短，直立或匍匐状草本；柱头裂片狭，条形。
         - 6. 花冠宽漏斗状钟形；柱头5裂；蒴果裂瓣与花萼裂片对生 ·················· **4.桔梗属 Platycodon**
         - 6. 花冠钟形；柱头2～5裂；蒴果裂瓣与花萼裂片互生 ·················· **5.蓝花参属 Wahlenbergia**
     - 4. 蒴果不裂，或由基部不规则开裂，或孔裂。
       - 7. 花柱基部为杯状至圆筒状花盘包围；花冠5浅裂 ·················· **6.沙参属 Adenophora**
       - 7. 花柱基部无花盘；花冠5浅裂或中裂。
         - 8. 匍匐或披散状小草本；蒴果不开裂或基部不规则撕裂，呈袋形，薄膜质 ·················· **7.袋果草属 Peracarpa**
         - 8. 直立草本；蒴果瓣裂或孔裂。
           - 9. 花冠钟形，浅裂至中裂；蒴果倒卵球形或圆筒形，由基部向上或在萼齿侧面瓣裂 ·················· **8.风铃草属 Campanula**
           - 9. 花冠辐状，深裂几达基部；蒴果近圆柱形或棍棒状，上端侧面2或3孔裂 ·················· **9.异檐花属 Triodanis**

1.花冠不整齐,两侧对称;雄蕊花丝彼此连合,或部分连合。

    10.茎平卧或匍匐,有时直立;果为浆果 ··· **10.铜锤玉带草属 Pratia**

    10.茎直立,上升或匍匐状;果为蒴果,2瓣裂 ······································· **11.半边莲属 Lobelia**

1 金钱豹属 Campanumoea Blume

多年生草本。根粗壮,胡萝卜状。茎缠绕。叶对生或互生。花单生于叶腋或顶生,有时与叶对生或3朵在枝顶集成聚伞花序;具花梗;花萼筒短,4～7裂,宿存;花冠宽钟形,5裂,稀6裂;雄蕊5,着生于冠筒基部,花丝有毛或无毛;子房下位或半下位,3～6室,胚珠多数,花柱圆柱状,有毛或无毛,柱头3～6裂。果为浆果,球状,先端平。种子多数,小。

2种,分布于东亚和东南亚。我国2种均产,分布于南方各地;浙江有1种。

小花金钱豹 （图8-17）

Campanumoea javanica Blume subsp. **japonica** (Makino) Hong — *C. javanica* var. *japonica* Makino

多年生缠绕草本。根胡萝卜状。茎细长,圆柱形,具乳汁。叶对生或互生;叶片卵状心形,长3～8cm,宽2.5～6cm,先端急尖,基部心形,边缘具浅钝锯齿,无毛;具长叶柄。花大,单生于叶腋;花梗长1.5～4cm;花萼无毛,5深裂,裂片三角状披针形,长8～18mm;花冠钟形,长

图8-17 小花金钱豹

10～13mm，黄色或淡黄绿色，5裂至中部，裂片卵状三角形；雄蕊5，花丝细条形，基部变宽；子房下位，花柱无毛，柱头球状，4裂。浆果近球形，直径1～1.2cm，黑紫色。种子多数，卵球形。花果期8—9月。

产于淳安、诸暨、衢州市区（衢江）、遂昌、龙泉、庆元、景宁、文成、平阳、泰顺。生于海拔600m以下的林下路边、山坡杂草丛中或阴湿处。分布于华东、华中、华南等地。日本也有。

根可入药，有补虚益气、润肺生津等功效，可代"党参"用。

模式亚种金钱豹 C. javanica Blume subsp. javanica 花冠大，长2～3cm；浆果直径1.5～2cm。分布于华南、西南各地。东亚、东南亚也有。

❷ 轮钟花属 Cyclocodon Griff. ex Hook. f. et Thomson

一年生或多年生草本。茎直立或蔓性，多分枝。叶对生，稀轮生。花单生，顶生、腋生、与叶对生或排列成二歧聚伞花序；小苞片丝状或叶状，或无小苞片；花萼部分合生，或几完全分离，4～6裂，裂片近全缘或边缘具分枝状细长齿；花冠管状，4～6裂；雄蕊4～6，着生于冠筒基部，基部变宽，呈片状，花丝有毛或无毛；子房下位或半下位，3～6室，胚珠极多，柱头4～6裂。果为浆果，近球形，先端平。种子多数。

3种，分布于东亚及菲律宾至新几内亚岛。我国有3种，主要分布于华中、华南至西南各地；浙江有1种。

长叶轮钟草 （图8-18）

Cyclocodon lancifolius (Roxb.) Kurz — *Campanula lancifolia* Roxb. — *Campanumoea lancifolia* (Roxb.) Merr.

多年生草本。茎直立或蔓性，高可达1m，无毛，分枝多而长，平展或下垂。叶对生，稀3叶

图8-18 长叶轮钟草

轮生；叶片卵形至披针形，长5～13cm，宽1～5cm，先端渐尖，基部圆形至楔形，边缘具细尖齿、锯齿或圆齿，两面无毛；具短柄。花通常单朵顶生兼腋生，有时3朵排列成聚伞花序；花梗或花序梗长1～10cm，花梗中上部或花基部具1对丝状小苞片；花萼仅贴生至子房下部，5或6裂，裂片丝状或细条形，边缘具分枝状细长齿；花冠白色或淡红色，宽钟形，长约1cm，5或6裂，裂片卵形至卵状三角形；雄蕊5或6，花丝与花药近等长，花丝基部宽而呈片状，边缘具长柔毛；花柱有毛或无毛，柱头5或6裂。浆果近球状，5或6室，成熟时呈紫黑色，直径5～10mm。种子多数，椭球形。花果期7—10月。

产于莲都、遂昌、龙泉、庆元、云和、景宁、文成、泰顺。生于海拔250～500m的山坡林下、溪沟边阴湿处。分布于华东、华中、华南、西南。东南亚也有。

根可入药，有益气补虚、祛瘀止痛等功效。

❸ 党参属 Codonopsis Wall.

多年生草本，具乳汁。根常肥大，圆柱状、纺锤状、块状卵球形、球形或念珠状，肉质或木质。茎直立或缠绕、攀缘、倾斜、向上伸展或平卧。叶互生、对生、簇生或假轮生。花单生于叶腋、顶生或与叶对生；花萼5裂，筒部与子房贴生，常具10明显脉；花冠宽钟状或辐状，红紫色、蓝紫色、蓝白色、黄绿色或绿色，常有明显花脉或晕斑，5裂，裂片花蕾时呈镊合状排列；雄蕊5，花丝基部常扩大，无毛或多少被毛，花药基着；子房下位或近下位，通常3室，中轴胎座，肉质，每室具多数胚珠，花柱无毛或有毛，柱头膨大，通常3裂。蒴果圆锥状，成熟后通常顶端室背3瓣裂。种子多数，稍扁，光滑。

42种，分布于东亚、南亚和中亚。我国有40种，全国各地均有分布，但主产于西南；浙江有2种，其中栽培1种。

1. 羊乳 （图8-19）

Codonopsis lanceolata (Siebold et Zucc.) Trautv. —— *Campanumoea lanceolata* Siebold et Zucc.

多年生缠绕植物。根倒卵状纺锤形。茎光滑，无毛，稀疏被柔毛。叶在主茎上互生，叶片披针形或菱状狭卵形，长0.8～1.4cm，宽3～7mm；在小枝顶端通常2～4叶簇生，而近对生或轮生状，叶片菱状卵形、狭卵形或椭圆形，长3～10cm，宽1.5～4cm，先端急尖或钝，基部渐狭，通常全缘或具疏波状锯齿，两面常无毛；叶柄长1～5mm。花单生，或成对生于小枝顶端；花梗长1～9cm；花萼贴生于子房中部，筒部半球形，裂片卵状三角形，长2～2.5cm，宽0.5～1cm，全缘；花冠宽钟状，长2～4cm，黄绿色或乳白色，内有紫色斑，5浅裂，裂片三角形，反卷；花盘肉质，无毛，深绿色；花丝钻状，基部微扩大，长4～6mm；子房半下位，柱头3裂。蒴果下部半球状，上部具喙，直径2～2.5cm，具宿萼，上部3瓣裂。种子多数，卵球形，棕色，具翅。花果期

9—10月。

产于杭州、绍兴、宁波、衢州、金华、台州、丽水、温州及长兴、湖州市区(吴兴)、安吉。生于海拔1400m以下的山坡路边、林下沟边、林缘灌丛中、荒地或草丛中。分布于东北、华北、华中、华东和华南。日本、朝鲜半岛及俄罗斯远东地区也有。

根可入药，有催乳、益气等功效。

图8-19 羊乳

2. 党参（图8-20）

Codonopsis pilosula (Franch.) Nannf. — *Campanumoea pilosula* Franch.

多年生缠绕植物。根胡萝卜状，圆柱形，长约30cm，常在中部分枝。茎长而多分枝，无毛。叶互生；叶片卵形或狭卵形，长1～6.5cm，宽0.6～5cm，先端急尖，基部圆形，边缘具波状钝齿，两面具密或稀的短伏毛；叶柄长0.5～2.5cm，常疏生开展的短毛。花1～3朵生于分枝顶端；花萼贴生至子房中部，无毛，5裂，裂片狭长圆形或长圆状披针形，长1.4～1.8cm；花冠宽钟状，淡黄绿色，内面有明显紫斑，长2～2.4cm，无毛，5浅裂，裂片三角形，先端急尖；雄蕊5，花丝基部微扩大；子房半下位，3室，柱头具白色刺毛。蒴果下部半球形，上部圆锥形，3瓣裂，具宿萼。种子多数，卵球形，棕黄色，光滑无毛。花果期夏、秋季。

分布于俄罗斯、蒙古、朝鲜半岛。东北、华北、西北、西南各地均有分布。杭州市区、临安、磐安、武义、天台、龙泉等地有栽培。

根可入药，有补中益气、生津等功效，为著名的中药材。

图 8-20 党参

与羊乳的区别在于本种根圆柱形,长约 30cm;叶互生,叶片卵形或狭卵形;花 1～3 朵生于分枝顶端,花冠淡黄绿色。

4 桔梗属 Platycodon A. DC.

多年生草本。根胡萝卜状。茎直立,无毛,具白色乳汁。叶轮生或互生。花大,单生,少数朵生于枝顶;花萼 5 裂,裂片狭,先端急尖;花冠宽漏斗状钟形,5 裂;雄蕊 5,离生,花丝基部扩大成片状,彼此相连,且在扩大部分生有毛;花盘无;子房半下位,5 室,胚珠多数,柱头 5 裂。蒴果倒卵球形,顶端室背 5 裂,裂瓣与花萼裂片对生。种子多数,黑色,一端斜截,一端急尖,侧面具 1 棱。

仅 1 种,分布于东亚,亦广泛栽培。我国南北各地均有分布;浙江也有。

桔梗(图 8-21)

Platycodon grandiflorus (Jacq.) A. DC. — *Campanula grandiflora* Jacq.

多年生草本,全体无毛。根圆柱形,肉质。茎直立,高 20～80cm,不分枝,极少上部分枝。叶轮生,或部分轮生至互生;叶片卵形、卵状椭圆形至披针形,长 2～7cm,宽 1.5～3cm,先端急尖,基部宽楔形至圆钝,边缘具细锯齿,上面绿色,无毛,下面被白粉,有时脉上具短毛或疣突状毛;叶柄无或极短。花顶生,单一或数朵排列成假总状,有时花序分枝而呈圆锥状;花萼筒部半圆球状或圆球状倒圆锥形,被白粉,裂片三角形或狭三角形,有时齿状;花冠大,长 1.5～4cm,直径 3～5cm,蓝色或紫色,裂片三角形,先端急尖;雄蕊 5,花丝基部扩大成片状;

花盘无；子房半下位，柱头5裂。蒴果球形、球状倒圆锥形或倒卵球形，直径约1cm。花果期8—10月。

产于湖州市区、临安、淳安、嵊州、宁波市区（北仑）、慈溪、新昌、象山、定海、开化、磐安、仙居、缙云、松阳、青田，亦常有栽培。生于海拔100～1500m的路边、山坡上、林下或草丛、灌丛中。

根可入药，有宣肺、散寒、祛痰等功效；花大美丽，可供观赏；种子可榨油。

图 8-21　桔梗

5 蓝花参属　Wahlenbergia Schrad. ex Roth

一年生或多年生草本，稀为亚灌木或灌木。茎直立或匍匐状。叶互生或对生；叶片全缘或具锯齿；常无柄。花顶生，或与叶对生，单一，或排列成圆锥状，或簇生；花萼贴生于子房顶端，萼筒钟形或倒圆锥状，5裂；花冠钟状，有时近辐状，5裂；雄蕊5，花丝近基部扩大，花药长椭圆形，分离；子房下位，2～5室，胚珠多数，花柱细长，柱头2～5裂。蒴果顶端室背开裂成2～5瓣，裂瓣与花萼裂片互生。种子多数，细小。

约260种，主要分布于南半球。我国有2种，分布于华东、华中、华南至西南；浙江有1种。

蓝花参（图8-22）

Wahlenbergia marginata (Thunb.) A. DC. — *Campanula marginata* Thunb.

多年生草本。根细长，白色，胡萝卜状，直径达4mm。茎自基部多分枝，直立或向上伸展，高20～40cm，无毛或下部疏生长硬毛，具白色乳汁。叶互生；叶片倒披针形至条状披针形，长

1～3cm，宽2～4mm，先端短尖，基部楔形至圆形，全缘或呈波状或具疏锯齿，无毛或疏生长硬毛；无叶柄。花顶生或腋生，具长花梗，单生或几朵排列成圆锥状；花萼筒部倒卵状圆锥形，5深裂，裂片条状披针形，长2～3mm，直立；花冠钟形，蓝色，稀白色，长5～8mm，5深裂，裂片椭圆形；雄蕊5，花丝基部3裂，有缘毛。蒴果倒圆锥状，长5～7mm，直径3～4mm，具10不明显纵肋，基部渐狭成果颈。种子长圆球状，光滑，黄棕色。花果期2—5月。

产于全省各地。生于海拔550m以下的路边草丛中、山坡林下、荒地上、溪沟边。分布于我国南方各地。东亚、东南亚、南亚至太平洋岛屿也有。

根可入药，有治小儿疳积、支气管炎等功效。

图8-22 蓝花参

6 沙参属 Adenophora Fisch.

多年生草本，具白色乳汁。根胡萝卜状，分叉或不分叉。茎直立，单一或自基部分枝。叶互生，少轮生或对生；叶片全缘或具齿，有毛或无毛；具柄或无柄。花通常大，下垂，多数排列成顶生疏松的假总状花序或圆锥状花序；花萼钟状，与子房结合，有毛或无毛，5裂，裂片披针状细条形或钻形，全缘或齿裂；花冠钟状，蓝色、蓝紫色或白色，5浅裂，裂片先端尖；雄蕊5，与花冠离生，花丝基部扩大成片状，具软毛，彼此近连合，围成筒状，包着花盘；花盘通常筒状或杯状，围于花柱基部；子房下位，3室，花柱比花冠短或长，具短柔毛，柱头3裂，裂片狭长而反卷。蒴果由基部3瓣裂。种子多数，扁平，具1狭棱或带翅的棱。

62种，主要分布于东亚。我国有38种，分布于南北各地；浙江有5种。

一六一 桔梗科 Campanulaceae

分种检索表

1. 茎生叶具明显叶柄；叶片基部心形或截形，不下延 ······ **1. 荠苨 A. trachelioides**
1. 茎生叶无柄，或具短柄；叶片基部楔形下延，或圆钝。
    2. 花柱远超出花冠。
        3. 花盘细筒状，高2～4mm；叶3～6枚轮生，或互生、近对生；花序分枝常轮生，或互生 ······ **2. 轮叶沙参 A. tetraphylla**
        3. 花盘短筒形，高1～1.5mm；叶与花序分枝均互生 ······ **3. 中华沙参 A. sinensis**
    2. 花柱与花冠近等长，或稍长于花冠。
        4. 花萼裂片长卵形，多少相互重叠；叶片基部楔形下延，无柄或具短柄 ······ **4. 华东杏叶沙参 A. petiolata subsp. huadungensis**
        4. 花萼裂片钻形或条状披针形，不重叠；叶片基部楔形或圆钝，无柄 ······ **5. 沙参 A. stricta**

1. 荠苨 （图8-23）

Adenophora trachelioides Maxim.

多年生草本。茎直立，高40～90cm，无毛，常呈"之"字形曲折，有时具分枝。基生叶叶片心状肾形，宽超过长；茎生叶叶片心状卵形或三角状卵形，长4～12cm，宽2.5～6.5cm，先

图8-23 荠苨

端渐尖，基部心形或截形，不下延，边缘具单锯齿或重锯齿，无毛，或仅沿叶脉疏生短硬毛；叶柄长1.4～4.5cm。花序分枝平展，组成大或狭的圆锥状花序；花萼筒部倒三角状圆锥形，5裂，裂片长椭圆形或披针形，无毛，长7～8.5mm；花冠钟状，蓝色、蓝紫色或白色，长2～2.5cm，无毛，5裂，裂片宽三角状半圆形，先端急尖；雄蕊5，花丝下部宽，密具缘毛；花盘短筒状，高2～3mm，无毛；花柱与花冠近等长。蒴果卵状圆锥形，长约7mm，直径约5mm。种子黄棕色，两端黑色，长圆球形，稍扁，具1棱，棱外缘黄白色。花果期8—9月。

产于杭州市区、临安、建德、宁波市区（北仑）、象山、临海。生于林缘路边或山坡草丛中。分布于辽宁、内蒙古、河北、山东、江苏、安徽。

根可入药，有祛痰镇咳的功效。

2. 轮叶沙参 （图8-24）

Adenophora tetraphylla (Thunb.) Fisch. — *Campanula tetraphylla* Thunb. — *A. verticillata* Fisch.

多年生草本。根圆锥形，有横纹。茎直立，高可达1m，不分枝，无毛或近无毛。茎生叶3～6枚轮生，叶片卵圆形至条状披针形，长2～14cm，宽达2.5cm，先端短尖，基部狭窄，边缘具锯齿，两面疏生短柔毛；无柄或有不明显叶柄。花序狭圆锥状，长可达35cm，分枝轮生；花下垂；花萼无毛，筒部倒圆锥状，5裂，裂片钻状，长1～2.5mm，全缘；花冠筒状钟形，口部稍缢缩，蓝色或蓝紫色，长7～11mm，无毛，5浅裂，裂片短，三角形，长约2mm；雄蕊5，稍伸出，花丝基部变宽，边缘具密柔毛；花盘细筒状，高2～4mm；花柱伸出花冠外。蒴果球状圆锥形或卵圆状圆锥形，长5～7mm，直径4～5mm。种子黄棕色，长圆状圆锥形，稍扁，具1棱，并由棱扩展成1条白带。花果期7—10月。

图8-24　轮叶沙参

产于临安、建德、嵊州、宁波市区（北仑）、鄞州、奉化、宁海、象山、开化、东阳、磐安、武义、台州市区、天台、临海、缙云、遂昌、松阳、龙泉、庆元、景宁、青田、乐清、平阳、文成、泰顺。生于海拔300～1600m的山坡路边、沟边草丛、灌丛中或荒草地上。分布于东北、华北、华东及广东、广西、四川、贵州、云南。日本、俄罗斯、越南、老挝、朝鲜半岛也有。

根含三萜皂苷成分，可入药，有清热养阴、润肺止咳等功效。

2a. 浙南沙参 （图8-25）
var. **austrozhejiangensis** W.Y. Sun et Y.F. Lu

与轮叶沙参的主要区别在于本变种叶常互生或近对生，叶片更狭，宽3～12mm，条状披针形、条形或披针形；花序分枝亦常互生。花果期8—10月。

产于遂昌、龙泉、庆元、泰顺。生于海拔950～1900m的林下灌丛、山坡草丛中或林缘路边。模式标本采自龙泉（凤阳山）。

图8-25 浙南沙参

3. 中华沙参 （图8-26）
Adenophora sinensis A. DC.

多年生草本。茎直立，高20～90cm，不分枝，无毛或疏被糙毛。基生叶叶片卵圆形，基部圆钝，向叶柄下延；茎生叶互生，叶片长椭圆形至狭披针形，长3～8cm，宽0.5～2cm，先端钝至渐尖，基部楔形，边缘具尖或钝的细锯齿，两面无毛，或疏被短糙毛；下部叶柄长2.5cm，上部无柄或具短柄。花序具纤细分枝，组成狭圆锥状花序；花梗细长，长可达3cm；花萼通常无毛，常球状，5裂，裂片条状披针形，长5～7mm，彼此不重叠；花冠钟状，紫色或紫蓝色，长1.3～1.5cm；花盘短筒状，高1～1.5mm；花柱超出花冠。蒴果椭球形或圆球形，长6～7mm，

图 8-26　中华沙参

直径约 5mm。种子椭球形，棕黄色，具 1 狭翅状棱。花果期 8—10 月。

产于建德、象山、开化、义乌、仙居、龙泉、景宁。生于海拔 640～800m 的溪沟、山坡路边、林下草丛中或石缝间。分布于安徽、江西、福建、湖南、广东。

4. 华东杏叶沙参（图 8-27）

Adenophora petiolata Pax et K. Hoffm. subsp. **huadungensis** (Hong) Hong et S. Ge — *A. hunanensis* Nannf. subsp. *huadungensis* Hong

多年生草本。根圆柱形。茎直立，高 60～90cm，不分枝，无毛或有白色短硬毛。茎生叶叶片卵圆形、卵形至卵状披针形，长 3～10cm，宽 2～4cm，先端急尖至渐尖，基部常楔状渐狭，或近平截而骤狭，沿叶柄下延，边缘具疏齿，两面被疏或密的短硬毛或柔毛；近无柄或仅茎下部的叶具极短柄，叶柄极少长达 1.5cm。花序分枝长，组成大而疏散的圆锥花序；花萼常被白色短毛或无毛，筒部倒圆锥状，5 裂，裂片三角状卵形，狭长，宽 1.5～2.5mm，基部通常彼此重叠；花冠

图 8-27　华东杏叶沙参

钟状，蓝色、紫色或蓝紫色，长1.5～2cm，5裂；花盘短筒状，高1～1.5mm，大多无毛；花柱与花冠近等长。蒴果椭球形，或近卵球状，长6～8mm，直径4～6mm。种子椭球形，具1棱。花果期9—10月。

产于安吉、杭州市区、临安、建德、淳安、诸暨、宁波市区（北仑）、鄞州、奉化、象山、宁海、衢州市区（衢江）、开化、常山、东阳、磐安、天台、缙云、遂昌、松阳、龙泉。生于海拔100～1300m的林下灌草丛中、山坡路旁或水沟边。分布于华东。

5. 沙参 （图8-28）
Adenophora stricta Miq. — *A. axilliflora* (Borbás) Borbás ex Prain

多年生草本。根圆柱形，长可达30cm。茎直立，高40～90cm，不分枝，常被短硬毛或长柔毛，稀无毛。基生叶叶片心形，大型而具长柄；茎生叶叶片狭卵形、菱状狭卵形或长圆状狭卵形，长3～8cm，宽1～4cm，先端急尖或短渐尖，基部楔形，稀圆钝，边缘具不整齐锯齿，两面疏生短毛、长硬毛，或近无毛；无柄。花序常不分枝，为狭长假总状花序，或有短分枝而呈狭圆锥状花序；花梗长达5mm；花萼筒部倒卵状，稀为倒卵状圆锥形，密被短硬毛或粒状毛，5裂，裂片钻形或少为条状披针形，长6～8mm，全缘；花冠宽钟状，蓝色或紫色，长1.5～1.8cm，外面被短硬毛，脉上尤密，5浅裂，裂片三角状卵形；雄蕊5，花丝基部宽，边缘具密柔毛；花盘短筒状，高1～1.8mm，无毛；花柱略长于花冠或近等长。蒴果椭球形，长6～10mm，被毛。种子棕黄色，稍扁，具1棱。花果期8—10月。

产于宁波及安吉、杭州市区、富阳、临安、淳安、嵊州、开化、磐安、缙云。生于海拔300～1200m的路边草丛、林下灌丛或山坡草丛中。分布于华东及河南、湖南。日本、朝鲜半岛也有。

根可入药，有祛寒滋补、清肺止咳等功效。

图8-28 沙参

7 袋果草属 Peracarpa Hook. f. et Thomson

多年生匍匐纤细小草本。植物体多分枝，稍带肉质，具细长根状茎，根状茎上具鳞片和芽，末端具块根。叶互生；叶片三角形至宽卵形，边缘具齿；具叶柄。花单生或簇生于茎顶端叶腋，具细长花枝；花萼筒与子房贴生，5裂，裂片条状披针形或三角形；花冠漏斗状钟形，5裂至中部；雄蕊5，与花冠分离，花丝有缘毛，基部稍扩大成狭三角形，花药狭长；子房下位，3室，每室具多数胚珠，花柱上部有细毛，柱头3裂，裂片狭长而反卷。果为蒴果，卵圆球形，形如袋，果皮膜质，顶端有宿萼，不裂或有时基部不规则撕裂。种子多数，纺锤状椭球形，平滑。

1种，分布于东亚、东南亚至太平洋岛屿。我国有1种；浙江也有。

袋果草 （图8-29）

Peracarpa carnosa (Wall.) Hook. f. et Thomson —— *Campanula carnosa* Wall.

图8-29 袋果草

多年生纤细小草本。茎肉质，高5~15cm，基部匍匐状，多分枝，无毛。叶互生；叶片膜质或薄纸质，三角形至宽卵形，长8~20mm，宽6~15mm，先端圆钝或急尖，基部浅心形或宽楔形，边缘波状或具钝齿，齿端有凸尖，两面无毛或上面疏生伏贴短硬毛；叶柄长5~15mm。花单生；花梗长0.5~2cm；花萼无毛，筒部倒卵状圆锥形，5裂，裂片三角形至条状披针形，长约2mm；花冠漏斗状钟形，白色或紫蓝色，长3~8mm，5裂，裂片宽披针形；雄蕊5，分离，花丝细条状披针形；柱头3裂。果倒卵球形，长5~6mm，顶端稍收缩，袋状。种子棕褐色，长约1.7mm。花期4—5月，果期4—11月。

产于宁波及安吉、杭州市区、临安、桐庐、淳安、诸暨、衢州市区、磐安、武义、遂昌、庆元、景宁。生于海拔880m以下的路边草丛中、竹林下、溪沟边岩石上。分布于华东至西南各地。东亚、东南亚至巴布亚新几内亚也有。

8 风铃草属 Campanula L.

一年生或多年生草本。茎直立或匍匐。叶互生，或根生叶呈簇生状；叶片卵形至披针形，边缘具锯齿或钝齿。花单生于叶腋或顶生，有梗或无梗，或排列成总状、圆锥状花序；

花萼与子房结合，倒圆锥形，5裂，裂片宿存；花冠钟形，5裂；雄蕊5，分离，花丝基部扩大成片状，花药分离；无花盘；子房下位，3~5室，每室具多数胚珠，花柱圆柱形，柱头3~5裂，裂片反卷或卷曲。蒴果倒卵球形或圆筒形，顶端平截，由基部向上瓣裂或在萼齿侧面呈小瓣开裂。种子多数，细小，平滑。

约420种，分布于北半球。我国有22种，主要分布于西南部；浙江有1种。

紫斑风铃草 （图8-30）
Campanula punctata Lam. — *C. nobilis* Lindl.

多年生草本，全体被刚毛。根状茎细长，横走。茎直立，高20~50cm，粗壮，通常中部以上分枝，被短柔毛。基生叶叶片卵形或心状卵形，长5~7cm，宽5~6cm，先端渐尖或急尖，基部心形，边缘具不规则浅锯齿，两面脉上被短柔毛，具长达16cm的柄；茎生叶叶片卵形、狭卵形或披针形，长4~8cm，宽1.5~5.5cm，先端渐尖或急尖，基部宽楔形或截形，下延，两面脉上被短硬毛，有短翅柄或无柄。花通常1~3朵生于茎或分枝顶端，下垂；花萼筒长约4.5mm，5裂，裂片披针形或狭三角形，长约1.3cm，先端尖，具3脉，脉上被短硬刺毛，裂片中间有向后反曲的卵形至卵状披针形附器，边缘具芒状长刺；花冠筒状钟形，白色，有紫色斑点，长3~6.5cm，直径2.5~3cm，5浅裂，裂片宽三角形，先端圆钝，具睫毛；雄蕊5，花丝被柔毛；子房下位，柱头3裂。蒴果半球状倒圆锥形，脉明显。种子长圆球形，稍扁，灰褐色。花果期7—9月。

产于临安（昌化）、定海。生于海拔800m左右的山坡路边草丛中。分布于东北、华北及河南、湖北、四川、陕西、甘肃。日本、朝鲜半岛及俄罗斯远东地区也有。

图8-30 紫斑风铃草

⑨ 异檐花属 Triodanis Raf.

一年生草本，具乳汁。根纤维状。茎直立或向上伸展，单一或自下部分枝，具纵棱。叶互生；叶片卵圆形、卵形、椭圆形、披针形或条形，全缘或具齿；无叶柄。花1~3朵或更多排列成腋生小聚伞花序；无梗或近无梗；闭花受精花生于茎下部叶腋，花萼3或4（6）裂，裂片较短小；开花受精花生于茎中部至上部叶腋，花萼5或6裂；花冠辐状，蓝紫色或浅蓝色，稀白色，5或6深裂几达基部，裂片披针形，先端急尖或渐尖；雄蕊5或6，分离，花丝下部扩大，花药长于花丝；子房下位，2或3室，中轴胎座，稀于上部贯通成侧膜胎座，胚珠多数，花柱伸直（但在闭花受精花中退化），柱头2或3裂，密被微毛。蒴果近圆柱状或棍棒状，上端侧面2或3孔裂。种子多数，宽椭球形，略侧扁，或呈透镜状。

6种，分布于美洲。我国有2种，均为归化种，见于东南沿海地区；浙江均有。

1. 穿叶异檐花 （图8-31）

Triodanis perfoliata (L.) Nieuwl. — *Campanula perfoliata* L.

一年生草本。根细小，纤维状。茎直立或基部向上斜展，高15～35cm，不分枝或分枝，具细纵棱，棱上被开展的不等长刚毛。叶互生；叶片卵圆形至宽卵形，长10～14mm，宽8～12mm，先端急尖或圆钝，基部深心形而半抱茎，边缘具圆齿或锯齿，沿脉和边缘具短硬毛；无柄。花1～3朵成簇，腋生；无梗；花萼筒圆柱形，3～5裂，裂片三角状披针形，渐尖；花冠蓝紫色或白色，5裂达基部，裂片长圆状披针形；雄蕊5，花丝基部扩大；子房下位，2室，花柱常短于花冠。蒴果近圆柱形，长4～9mm，直径1.5～2mm，具细纵棱，上端侧面2孔裂。种子多数，淡褐色或褐色，光滑。花果期4—6月。

原产于北美洲。福建、湖北等地有归化。天台、临海、永嘉等地也有。生于路边或荒地上。天台、临海等地可见成片生长。

图8-31　穿叶异檐花

2. 卵叶异檐花 （图8-32）

Triodanis biflora (Ruiz et Pav.) Greene — *Campanula biflora* Ruiz et Pav. — *T. perfoliata* (L.) Nieuwl. var. *biflora* (Ruiz et Pav.) T.R. Bradley — *T. perfoliata* subsp. *biflora* (Ruiz et Pav.) Lammers

一年生草本。根纤维状。茎通常直立，高30～45cm，不分枝或分枝，具细纵棱，棱上疏生短柔毛。叶互生；叶片卵形至椭圆形，长8～18mm，宽5～12mm，先端急尖，基部圆形，边缘具少数圆齿或近全缘，上面无毛，下面沿叶脉疏生短毛；无柄。花1～3朵成簇，腋生及顶生；近无梗；花萼筒圆柱形，3～6裂，裂片条状披针形；花冠蓝色或蓝紫色，5或6裂达基部，裂片长圆状披针形；雄蕊5或6，花丝基部扩大；子房下位，2室，花柱通常短于花冠。蒴果近圆柱形，具细纵棱，棱上疏生短柔毛，上端侧面2孔裂。种子多数，卵状椭球形，稍扁，棕褐色。花果期4—7月。

原产于北美洲。安徽、福建、台湾、湖北均有归化。诸暨、余姚、奉化、象山、普陀、永康、武义、仙居、莲都、景宁、温州市区、永嘉、文成、泰顺也有归化。生于田边荒地、旱作地或路边草丛中。

本种有时作为穿叶异檐花的变种或亚种处理，与穿叶异檐花的区别在于后者叶片卵圆形至宽卵形，基部深心形而半抱茎，边缘具圆齿或锯齿。两者区别明显，故本志仍将本种作为独立的种处理。

图 8-32　卵叶异檐花

⑩ 铜锤玉带草属　Pratia Gaudich.

多年生草本。茎匍匐，有时粗壮而直立。叶互生；具柄。花单生于叶腋，稀多朵排列成总状花序；花梗长；花萼筒贴生于子房，通常半球状或椭球形，裂片5，条状披针形，全缘或具齿，果时宿存；花冠近二唇形，上唇2裂，裂片条形，下唇3裂；雄蕊5，花丝部分或全部合生，包围花柱，或与花冠离生，花药管蓝紫色或禾秆色，下方2花药顶端具刚毛或髯毛；子房下位，2室，柱头2裂。果常为浆果，宿萼呈冠状。种子多数，扁球状、椭球状或不规则四棱形。

约40种，分布于热带和亚热带地区。我国有6种，主要分布于南部和西南部；浙江有1种。

本属有时并入半边莲属，但其果实为浆果，近球形；植物体平卧或匍匐，故本志仍将其作为独立的属处理。

铜锤玉带草 （图8-33）

Pratia nummularia (Lam.) A. Braun. et Asch. — *Lobelia nummularia* Lam. — *P. begonifolia* (Wall.) Lindl.

多年生草本。茎匍匐，具白色乳汁，长12～50cm，被开展柔毛，不分枝或基部分枝。叶互生；叶片圆卵形、心形或卵形，长1～2.5cm，宽1～2cm，先端圆钝或急尖，基部歪心形，边缘具齿，两面疏生腺状短柔毛，掌状脉或呈掌状的羽状脉；叶柄长2～7mm，被开展短柔毛。花单生于叶腋；花梗长1～2cm；花萼筒坛状，直径2～3mm，无毛，5裂，裂片条状披针形，长2～4mm，直伸，边缘具2或3对小齿；花冠紫红色、淡紫色、绿色或黄白色，长5～7mm，二唇形，裂片5，上唇2裂片条状披针形，下唇3裂片披针形，冠筒外面无毛，内面被柔毛；雄蕊5，花丝中部以上连合，筒部无毛，花药管长约1mm，外面被短柔毛，下方2花药顶端具髯毛；柱头头状。果为浆果，紫红色，椭球形，长1～2cm。种子多数，近圆球形，稍压扁，表面具小疣突。花果期6—10月。

产于松阳、龙泉、庆元、景宁、瑞安、文成、平阳、泰顺。生于海拔450～1600m的山坡林缘、路边草丛中、田埂边、沟边岩石上。分布于华东、华中、华南至西南各地。东南亚、南亚至太平洋岛屿也有。

全草可入药，有治风湿、跌打损伤等功效。

图8-33 铜锤玉带草

11 半边莲属 Lobelia L.

多年生草本。茎直立，基部向上伸展或匍匐。叶互生；叶片全缘或具锯齿。花单生于叶腋，或多数排列成顶生的总状花序、圆锥花序；具小苞片或缺；花萼贴生于子房，萼筒卵形、半球形或浅钟状，5裂，裂片全缘或具小齿，宿存；花冠钟状，二唇形，5裂，上唇2裂较深，下唇3裂较浅；雄蕊5，花丝基部分离，上部及花药彼此连合，围抱柱头，下方2花药顶端具髯毛；子房下位或半下位，2室，中轴胎座，胚珠多数，柱头头状或2裂。果为蒴果，成熟后顶端2瓣裂。种子细小，多数，扁椭球形，表面平滑或具蜂窝状网纹、条纹或瘤状突起。

400余种，分布于各大陆的热带和亚热带地区，以非洲和美洲热带地区居多。我国有20余种，全国均有分布，但主要分布于长江以南各地；浙江除野生4种外，原产于南非的六倍利 L. erinus Thunb.也常见栽培，花色品种繁多，特附于此。

分种检索表

1. 茎平卧，节上生根；叶片长不及2cm ······························· **1. 半边莲 L. chinensis**
1. 茎直立；叶片长2.5～17cm。
  2. 叶片基部圆形至宽楔形，无柄；花梗无小苞片；花萼裂片边缘反卷 ········ **2. 山梗菜 L. sessilifolia**
  2. 叶片基部楔形或渐狭，具柄或无柄；花梗具1或2小苞片；花萼裂片边缘平整。
    3. 苞片短于花；茎无毛；花萼裂片全缘 ························· **3. 东南山梗菜 L. melliana**
    3. 苞片长于花；茎通常密被柔毛；花萼裂片边缘具小齿 ············ **4. 江南山梗菜 L. davidii**

1. 半边莲 （图8-34）

Lobelia chinensis Lour.

多年生矮小草本。茎细弱，常匍匐，节上常生根，分枝直立，高6～15cm，无毛。叶互生；叶片长圆状披针形或条形，长8～20mm，宽3～7mm，先端急尖，基部圆形至宽楔形，全缘或顶部具波状小齿，无毛。花单生于叶腋；花梗细，常超出叶外，基部通常具2小苞片；花萼筒倒长

图8-34 半边莲

锥状，基部渐狭成柄，长3～5mm，无毛，5裂，裂片披针形，约与萼筒等长，全缘或下部具1对小齿；花冠粉红色或白色，长10～15mm，5裂，裂片近相等；雄蕊5，花丝中部以上连合，花丝筒无毛，未连合部分侧面生柔毛，花药管长约2mm，背部无毛或疏生柔毛。蒴果倒圆锥状，长5～6mm。种子椭球形，稍压扁，近肉质。花果期4—5月。

产于全省各地。生于海拔1500m以下的湿地、水田、田埂边或路旁潮湿处。分布于长江中下游及以南各地。东亚、东南亚也有。

全草含多种生物碱，主要为山梗菜碱、山梗菜酮碱、异山梗菜酮碱、山梗菜醇碱等，可入药，有清热解毒、利尿消肿等功效。

2. 山梗菜 （图8-35）

Lobelia sessilifolia Lamb.

多年生草本。根状茎直立。茎直立，高40～100cm，圆柱状，通常不分枝，无毛。叶螺旋状排列，在茎的中上部较密集；叶片厚纸质，宽披针形至条状披针形，长2.5～7cm，宽3～16mm，先端渐尖，基部近圆形至宽楔形，边缘具细锯齿，两面无毛；无叶柄。总状花序顶生，长8～30cm，无毛；苞片叶状，狭披针形，较花短；花梗长5～10mm；花萼筒杯状钟形，无毛，5裂，裂片三角状披针形，长5～7mm，宽约2mm，全缘；花冠蓝紫色，长2.5～3cm，外面无毛，内面被长柔毛，上唇裂片长匙形，向上伸展，下唇裂片狭卵形，边缘密生睫毛；雄蕊5，花丝基部以上连合成筒，花丝筒无毛，花药管长3～4mm，在接合线上密生柔毛，仅下方2花药顶端具髯毛。蒴果倒卵球形，长8～10mm，直径5～7mm。种子近半圆球形，一边厚，一边薄，棕红色，长约1.5mm，表面光滑。花果期7—9月。

图8-35　山梗菜

产于临安（龙塘山、百丈岭、千顷塘）、武义（西联）、温岭（帽岭）、景宁（望东垟）、文成（金珠森林公园）、泰顺（乌岩岭）。生于海拔950～1400m的岩石下湿地、沼泽、高山湿地草甸、山坡潮湿地带。分布于东北及河北、山东、台湾、广西、云南等地。日本、俄罗斯、朝鲜半岛也有。

根、叶或全草可入药，有宣肺化痰、清热解毒、利尿消肿等功效。

3. 东南山梗菜　线萼山梗菜　（图8-36）
Lobelia melliana Wimm.

多年生草本。主根粗壮。茎直立，高80～120cm，禾秆色，无毛，分枝或不分枝。叶螺旋状排列；叶片薄纸质，多少镰状卵形至镰状披针形，长6～16cm，宽1.5～4cm，先端长尾状渐尖，基部楔形，边缘具睫毛状小齿；具短柄或无柄。总状花序顶生，长15～40cm，花稀疏；下部花的苞片与叶同形，向上渐狭至条形，具睫毛状小齿；花梗背腹压扁，长3～5mm，中部具2钻状小苞片；花萼筒半椭球状，无毛，顶端5裂，裂片狭条形，长13～21mm，宽约1mm，全缘，果时外展；花冠淡红色，长12～17mm，上唇裂片条状披针形，上升，内面有长柔毛，下唇裂片披针状椭圆形，内面密生柔毛，外展；雄蕊基部密生柔毛，基部以上连合成筒，花丝筒无毛，花药管长约4mm，外面疏生柔毛，下方2花药顶端具髯毛。蒴果近球形，上举，直径5～6mm，无毛。种子长圆球形，稍压扁，表面有蜂窝状纹饰。花果期8—11月。

产于庆元、景宁、文成、泰顺。生于海拔600～1040m的沟边、林下灌丛中。分布于江苏、江西、福建、湖北、湖南、广东。

根、叶或带花全草可入药，功效同山梗菜。

图8-36　东南山梗菜

4. 江南山梗菜 （图8-37）
Lobelia davidii Franch.

多年生草本。主根粗壮。茎直立，高可达1.5m，分枝或不分枝，幼枝有纵条纹，常密被柔毛，有时无毛或具极短的倒糙毛。叶螺旋状排列，下部的早落；茎生叶叶片卵状椭圆形至卵状披针形，长6～17cm，宽2～7cm，先端渐尖，基部渐狭成柄，边缘具不规则重锯齿，或波状而具细齿；叶柄长2～4cm，两侧有翅。总状花序顶生，长20～50cm；苞片卵状披针形至披针形，较花长；花梗长3～5mm，具1或2小苞片；花萼筒倒卵球状，长约4mm，被极短的柔毛，5裂，裂片条状披针形，长5～12mm，宽1～1.5mm，边缘具小齿；花冠紫红色或红紫色，长1.8～2.5cm，上唇裂片条形，下唇裂片椭圆形或披针状椭圆形，中肋明显，无毛或有微毛，喉部以下被柔毛；雄蕊5，花丝基部以上连合成筒，花丝筒无毛或近花药处被微毛，下方2花药顶端具髯毛。蒴果近球形，直径6～10mm，底部常背向花序轴，无毛或有微毛。种子椭球形，黄褐色，稍压扁，一边厚，另一边薄，薄边颜色较淡。花果期9—10月。

产于江山、遂昌、龙泉、庆元、景宁、泰顺。生于海拔250～800m的山坡路边、田边草丛中或溪边林缘。分布于华东、华中及广东、广西、贵州、四川、云南。

根可入药，有治痈肿疮毒、胃寒痛等功效。

图8-37　江南山梗菜

一六二　茜草科 Rubiaceae

草本、灌木或乔木，有时攀缘状。叶对生或轮生；单叶；叶片常全缘；托叶各式，多生于叶柄间，较少生于叶柄内，分离或不同程度合生，宿存或脱落，有时与正常叶同形。花两性，稀单性，辐射对称，有时稍两侧对称，组成各式花序，或为单花；花萼筒与子房合生，萼檐平截、齿裂或分裂，有时扩大成花瓣状；花冠常4～6裂，稀更多；雄蕊与花冠裂片同数且互生，少有2枚；子房下位，1至多室，常为2室，每室具1至多数胚珠。果为蒴果、浆果或核果。种子各式，具翅或无翅，常有胚乳。

约660属，11000余种，全球均有分布，主要分布于热带和亚热带地区。我国有97属，700余种，主要分布于西南部至东南部，温带地区及高山地带较少；浙江有30属，65种。

分属检索表

1. 花极多数，组成密生花而圆球形的头状花序；花序梗顶端膨大成球形。
   2. 子房每室具多数胚珠；果为开裂蒴果；种子不具海绵质假种皮。
      3. 攀缘灌木，常具由花序梗变态而成的弯钩状刺；花无小苞片 ·················· **1. 钩藤属 Uncaria**
      3. 乔木或直立灌木，植株无钩状刺；花常具小苞片。
         4. 顶芽小而不显著，由托叶疏松包裹；托叶2深裂，达1/2～2/3 ·················· **2. 水团花属 Adina**
         4. 顶芽明显或缺；托叶全缘或2浅裂，早落。
            5. 萼檐裂片三角形至椭圆形；花冠常无毛；托叶常全缘而不裂 ·········· **3. 槽裂木属 Pertusadina**
            5. 萼檐裂片短而钝；花冠密被短柔毛；托叶2浅裂 ·················· **4. 鸡仔木属 Sinoadina**
   2. 子房每室具1胚珠；果不开裂；种子具海绵质假种皮 ·················· **5. 风箱树属 Cephalanthus**
1. 花少数至多数，绝不呈球形头状花序；花序梗顶端不膨大。
   6. 中间花的花萼裂片相等，但周边花的花萼裂片其中1枚明显扩大成具柄的叶片状或花瓣状。
      7. 乔木；花冠裂片覆瓦状排列；果为大型近纺锤形蒴果 ·················· **6. 香果树属 Emmenopterys**
      7. 直立、攀缘状灌木或缠绕藤本；花冠裂片镊合状排列；果为球形浆果 ··· **7. 玉叶金花属 Mussaenda**
   6. 全部花的花萼裂片等大，全部正常，均不呈叶片状，稀不等大。
      8. 木本植物，直立、攀附、攀缘，或为近木质缠绕藤本。
         9. 子房每室具2至多数胚珠，稀为1胚珠。
            10. 柱头纺锤状或棒状，不裂或2浅裂；花序顶生或腋生，或为单花。
               11. 子房2室，稀为3或4室，胚珠着生于中轴胎座上；果无纵棱。
                  12. 花序通常腋生；胚珠和种子沉没于肉质胎座中 ·················· **8. 茜树属 Aidia**
                  12. 花序顶生；胚珠和种子均裸露，不沉没于肉质胎座中（但乌口树属 Tarenna 的胚珠沉没或半沉没于胎座中）。
                     13. 花4数，花柱不伸出或稍伸出花冠外 ·················· **9. 龙船花属 Ixora**
                     13. 花5数，花柱远伸出花冠外 ·················· **10. 乌口树属 Tarenna**

11. 子房1室，胚珠着生于2～6个侧脉胎座上；果常具纵棱 ················ **11. 栀子属 Gardenia**
10. 柱头2裂；花序腋生 ··· **12. 狗骨柴属 Diplospora**
9. 子房每室仅具1胚珠（但盾子木属 *Coptosapelta* 子房每室具多数胚珠）。
 14. 直立灌木或小乔木，稀攀缘但具气生根。
  15. 子房4～9室；果成熟时呈蓝色或蓝黑色 ·································· **13. 粗叶木属 Lasianthus**
  15. 子房2室，稀不完全4室；果成熟时绝非呈蓝色或蓝黑色。
   16. 花多朵排成伞房花序式或圆锥花序式的聚伞花序，顶生 ········· **14. 九节属 Psychotria**
   16. 花单生、成对或成束生于叶腋、枝顶。
    17. 植株顶芽不育而为合轴分枝，常具针状刺；萼檐裂片短于花萼筒；托叶三角形或先端齿裂 ·· **15. 虎刺属 Damnacanthus**
    17. 植株顶芽发育，单轴分枝，无刺；萼檐裂片长于花萼筒；托叶分裂成刺毛状 ············· **16. 六月雪属 Serissa**
 14. 攀缘灌木或缠绕藤本，不具气生根。
  18. 花单生于叶腋；子房每室具多数胚珠；蒴果规则开裂；种子具翅 ···· **17. 盾子木属 Coptosapelta**
  18. 花多朵排成顶生兼腋生的花序；子房每室具1胚珠；核果，不开裂或不规则开裂；种子无翅。
   19. 花多朵聚生成小头状花序，各花的花萼筒彼此连合，小头状花序常再排成伞形花序式；果为由浆果状核果聚生成的聚花果；托叶鞘状 ·························· **18. 巴戟天属 Morinda**
   19. 花单独分生，多数排成聚伞花序或圆锥花序；果单独发育成核果；托叶三角形 ··· **19. 鸡屎藤属 Paederia**
8. 草本植物，或因下部木质化而呈亚灌木，直立、攀缘、蔓生或匍匐状。
 20. 叶对生。
  21. 子房每室常具2至多数胚珠；蒴果。
   22. 果扁化，倒心形或为具2裂的菱形，近中部为花萼筒包围。
    23. 萼檐裂片明显不等大 ··· **20. 五星花属 Pentas**
    23. 萼檐裂片等大 ··· **21. 蛇根草属 Ophiorrhiza**
   22. 果近球形、卵球形或长圆球形。
    24. 种子具棱 ·· **22. 耳草属 Hedyotis**
    24. 种子盾形、舟状或平凸状，无棱 ··· **23. 新耳草属 Neanotis**
  21. 子房每室仅具1胚珠；蒴果或核果。
   25. 植株匍匐；花孪生且2朵花的花萼筒彼此合生；果为肉质核果 ····· **24. 蔓虎刺属 Mitchella**
   25. 植株直立或平卧；花单独分生；果为蒴果。
    26. 花4数，子房2室；托叶与叶柄合生成1短鞘。
     27. 花序常腋生，无花梗；果成熟时2瓣裂或顶端开裂；种子腹面具沟 ··· **25. 丰花草属 Spermacoce**
     27. 花序顶生，具花梗；果干燥不裂；种子腹面无沟 ··············· **26. 红芽大戟属 Knoxia**
    26. 花5或6数，子房3～5室；托叶与叶柄分离，或合生成鞘状。
     28. 花5数，1～3朵生于叶腋，花序具少数花，子房4或5室；托叶与叶柄分离 ············· **27. 假盖果草属 Pseudopyxis**

28. 花6数，稀5数，极多数排成近头状，子房3或4室；托叶与叶柄合生成鞘状·················· **28.墨苜蓿属 Richardia**
20. 托叶扩大成叶状，呈4至多叶轮生，有时3叶轮生或2叶互生。
    29. 叶片具长柄；果肉质；花4或5数··· **29.茜草属 Rubia**
    29. 叶片常无柄；果干燥；花4数，有时更少···································· **30.拉拉藤属 Galium**

1 钩藤属 Uncaria Schreb.

攀缘灌木。叶对生；托叶生于叶柄间，全缘或2裂。头状花序球状，腋生或顶生，无小苞片，常单生，有时排成总状；不孕花序的花序梗常弯转成钩状刺，用以攀附他物；花萼筒纺锤形，萼檐钟状或管状，顶端5裂；花冠管状漏斗形，冠筒延长，顶端5裂，花蕾时呈覆瓦状排列；雄蕊5，着生于花冠喉部，花丝短，花药背着；花盘不明显；子房下位，2室，每室具多数胚珠，胚珠向上覆瓦状排列于紧贴隔膜的胎座上，花柱条形，常突出，柱头头状或棒状。蒴果形状各式，聚合成1球体，室间开裂为2分果瓣。种子多数，两端具长翅。

约34种，多数分布于亚洲热带地区及澳大利亚，少数产于非洲和美洲。我国有12种，分布于华南、西南、华中、华东；浙江有1种。

钩藤 （图8-38）

Uncaria rhynchophylla (Miq.) Miq. ex Havil. — *Nauclea rhynchophylla* Miq.

常绿攀缘灌木，长可达10m。小枝四棱形，光滑无毛。叶片椭圆形、宽椭圆形或宽卵形，长6～12cm，宽3～6cm，纸质或厚纸质，先端渐尖，基部圆形或宽楔形，全缘，干后上面变为暗红

图8-38 钩藤

褐色，无毛或被极稀短粗毛，下面粉红褐色或锈红色，无毛或沿中脉有疏柔毛，脉腋内有簇毛；叶柄长5～15mm；托叶2深裂，裂片条形，长8～12mm，早落。头状花序单个腋生或几个排成顶生的总状花序，直径（不含花柱）1.5～2cm；不孕花序的花序梗在叶腋上方弯转成钩状刺，孕性花序的花序梗长2～4cm，上部1/3处着生数枚苞片，脱落后留痕；花萼筒长约2mm，密被柔毛，萼檐裂片长不及1mm；花冠黄色，长6～8mm，裂片舌形，长1～2mm，边缘具柔毛。蒴果倒圆锥形，长5～8mm，直径1.5～2mm，被疏柔毛。种子长2～3mm。花期6—7月，果期8—10月。

产于宁波、丽水、温州及富阳、临安、桐庐、建德、淳安、诸暨、普陀、衢州市区（衢江）、开化、江山、金华市区（婺城）、义乌、兰溪、东阳、武义、天台、三门、临海、仙居、温岭。生于海拔250～600m的向阳沟谷、林下灌丛中或溪边岩石上。分布于江西、福建、湖北、湖南、广东、广西、贵州、云南。日本也有。

小枝和钩状刺可入药，有清热平肝、息风定惊、降压等功效。

2 水团花属 Adina Salisb.

灌木或小乔木。不育小枝的顶芽小而不显著，由托叶疏松包裹。叶对生；托叶生于叶柄间，2深裂达1/2～2/3，裂片先端锐尖。头状花序单生或排成总状，顶生或腋生；小苞片条形；花萼筒短，具棱，萼檐5裂，稀4裂；花冠漏斗状，筒部延长，顶端5裂，有时4裂，裂片花蕾时呈镊合状排列；雄蕊4或5，着生于花冠喉部，花药背着；花盘杯状；子房下位，2室，每室具多数胚珠，着生于倒垂胎座上，花柱条形，常突出，柱头球形。蒴果室间开裂为2分果瓣，分果瓣再两面开裂，留置于不脱落的中轴上，顶端具宿萼裂片。种子两端具翅。

4种，分布于东亚和东南亚。我国有3种，分布于长江以南各地；浙江有2种。

1. 水团花（图8-39）
Adina pilulifera (Lam.) Franch. ex Drake — *Cephalanthus pilulifer* Lam.

常绿灌木至小乔木，高达5m。小枝褐色，具皮孔，无毛或仅幼枝被粉尘状微毛。叶片倒卵状长椭圆形、倒卵状披针形或长椭圆形，长4～10cm，宽1～3cm，纸质或坚纸质，先端渐尖至长渐尖而略钝，基部楔形，全缘，两面无毛，有时下面脉腋内有束毛，侧脉8～10对，连同中脉在上面平坦，在下面突起；叶柄长3～9mm，无毛或被微毛；托叶2深裂，裂片三角状披针形。头状花序单生于叶腋，稀顶生，直径（不含花柱）约10mm；花序梗纤细，长2.5～4.5cm，被微柔毛，下半部具5枚轮生小苞片；花萼筒长1.5～2mm，基部被毛，萼檐5裂，裂片近匙形；花冠白色，长3～4mm，顶端5裂，裂片宽卵形；雄蕊5；花柱长8～10mm。蒴果楔形，长3～4mm，具纵棱。种子长约2mm。花期6—8月，果期9—11月。

产于温州及建德、宁海、象山、普陀、衢州市区（衢江）、金华市区、三门、临海、仙居、温

图 8-39 水团花

岭、玉环、莲都、遂昌、龙泉、庆元、云和、景宁。生于海拔300～610m的山坡灌丛、林下沟谷中或溪边。分布于华东及湖南、广东、海南、广西、贵州、云南。日本、越南也有。

根深枝密，可作固堤植物，亦可制农具把柄和小玩具；根、枝、叶可入药，有清热解毒、散瘀止痛等功效。

2. 细叶水团花　水杨梅　（图8-40）
Adina rubella Hance

落叶灌木，高达2m。小枝红褐色，具稀疏皮孔，嫩枝密被短柔毛。叶片卵状椭圆形或宽卵状披针形，长2～4.5cm，宽0.8～1.5cm，纸质，先端短渐尖至渐尖，基部宽楔形，全缘，上面

图 8-40 细叶水团花

沿中脉被柔毛，下面沿脉被疏柔毛，侧脉4或5对；叶柄极短；托叶2深裂，裂片披针形。头状花序常单个顶生，直径（不含花柱）约10mm；花序梗长2～4.5cm，密被微柔毛，近中部具5枚轮生小苞片或无；花萼筒长1.5～2mm，萼檐5裂，裂片匙形或匙状棒形；花冠淡紫红色，长3～4mm，顶端5裂，裂片三角状卵形；雄蕊5；花柱长8～10mm。蒴果长卵状楔形，长约4mm。种子长约1.5mm。花期6—7月，果期8—10月。

产于衢州及安吉、临安、桐庐、建德、淳安、诸暨、嵊州、宁波市区（北仑）、鄞州、余姚、奉化、象山、宁海、金华市区（婺城）、磐安、天台、仙居、莲都、遂昌、龙泉、庆元、景宁、文成、泰顺。生于海拔160～600m的溪边灌草丛中或山麓岩石边。分布于华东及湖南、广东、广西、陕西。朝鲜半岛也有。

全株可入药，有清热解毒、散瘀止痛等功效。

与水团花的区别在于本种为落叶灌木；叶柄极短，叶片卵状椭圆形或宽卵状披针形，较小；花序顶生兼腋生。

❸ 槽裂木属 Pertusadina Ridsdale

乔木，树干常具纵沟槽或裂缝，少为灌木。顶芽圆锥形。叶对生；托叶狭三角形、长圆形至钻形，全缘或顶端条状2裂，早落。头状花序腋生，稀顶生，单生或3个簇生，有时排成单二歧聚伞状或单聚伞式圆锥状；花萼筒短，萼檐5裂，裂片三角形至长椭圆形，先端钝，宿存；花冠高脚碟状至狭漏斗状，5裂，裂片花蕾时呈镊合状排列，顶部呈近覆瓦状排列；雄蕊5，着生于花冠筒上部；子房下位，2室，每室具10胚珠，悬垂，花柱常突出，柱头球形至倒卵球形。蒴果具硬内果皮，自基部至顶部室背、室间4裂，中轴暂存，后与花托分离。种子略具翅。

4种，分布于我国、巴布亚新几内亚、菲律宾、马来半岛。我国有1种；浙江也有。

海南槽裂木 （图8-41）

Pertusadina metcalfii (Merr. ex Li) Y.F. Deng et C.M. Hu —— *Adina metcalfii* Merr. ex Li —— *A. pohlyephala* Benth. var. *glabra* How —— *P. hainanensis* (How) Ridsdale

灌木或小乔木，高达10m。小枝红褐色，具小皮孔。叶片椭圆形至长椭圆形，稀倒卵状椭圆形，长6～12（15）cm，宽2～4.5cm，坚纸质，先端渐尖至长渐尖，基部楔形，全缘或微波状，上面无毛，下面被短绒毛，沿脉被短柔毛，后渐脱落，脉腋内具簇毛，侧脉7～10对，连同中脉在上面略凹陷，在下面突起；叶柄长5～15mm，被短毛，后渐脱落；托叶条状长圆形至钻形，在开放的芽上通常全缘。花序直径（不含花柱）6～8mm，单一，有时组成单二歧聚伞状；花序梗中部以下着生3～5小苞片；花萼筒长1.5～2mm，内外均有稀疏的毛，萼檐裂片长椭圆形；花冠高脚碟状，无毛，裂片三角形；柱头倒卵球形。蒴果长1.5～2.5mm，被稀疏短柔毛。种子长1～2mm。花期5—6月，果期7—10月。

产于淳安、鄞州、象山、宁海、衢州市区（衢江）、开化、兰溪、武义、三门、仙居、莲都、遂昌、龙泉、庆元、景宁、青田、永嘉、瑞安、文成、苍南、泰顺。生于海拔200～780m的山坡路边、林缘溪边。分布于福建、湖南、广东、海南、广西。泰国也有。

图8-41　海南槽裂木

④ 鸡仔木属　Sinoadina Ridsdale

小乔木至中乔木。不育小枝的顶芽缺失或不久脱落，侧芽埋藏于周围肿胀的皮层内，仅露出顶端。叶对生；托叶狭三角形，2浅裂，裂片先端圆钝，早落。头状花序通常7～11，排成单总状式聚伞圆锥状，顶生；小苞片条形至条状棍棒形；花萼筒短，萼檐5裂，裂片短而钝，宿存；花冠高脚碟状或狭漏斗状，5裂，裂片花蕾时呈镊合状排列；雄蕊与花冠裂片同数，着生于冠筒上部，花丝短，花药基着；子房下位，2室，每室具4～12胚珠，花柱常突出，柱头倒卵圆形。蒴果，内果皮硬，自基部至顶部室背、室间4裂，残存花萼留置于中轴上，中轴暂存，后与花柱分离。种子两端具翅。

1种，分布于我国、日本、泰国、缅甸。我国有1种；浙江也有。

鸡仔木　水冬瓜　（图8-42）

Sinoadina racemosa (Siebold et Zucc.) Ridsdale —— *Nauclea racemosa* Siebold et Zucc. —— *Adina racemosa* (Siebold et Zucc.) Miq.

落叶乔木，高达10m。小枝红褐色，具皮孔。叶片宽卵形或卵状宽椭圆形，长6～15cm，宽

图 8-42 鸡仔木

4～9cm，坚纸质或薄革质，先端渐尖至短渐尖，基部圆形、宽楔形或浅心形，有时偏斜，边缘多少浅波状，上面无毛或有时被极稀疏柔毛，下面脉腋内具簇毛，有时沿脉疏被柔毛，侧脉7或8对，网脉明显；叶柄长1.5～4cm，被短柔毛，后渐脱落；托叶2浅裂，裂片通常近圆形。头状花序直径（不含花柱）1～1.4cm；花序梗密被短柔毛，后渐脱落；花萼筒密被柔毛；花冠淡黄色，长约5mm，密被短柔毛，裂片三角状卵形。蒴果倒卵状楔形，长4～5mm，被稀疏柔毛。种子长2.5～3.5mm，顶端常2裂。花期6—7月，果期8—10月。

产于湖州市区（吴兴）、长兴、安吉、杭州市区、临安、建德、淳安、诸暨、宁波市区（北仑）、慈溪、象山、宁海、普陀、衢州市区（衢江）、开化、常山、磐安、景宁、青田。分布于海拔320m以下的林缘溪边或山坡上。分布于华东、西南及湖南、广东、广西、台湾。日本、泰国、缅甸也有。

5 风箱树属 Cephalanthus L.

灌木或小乔木。叶对生，有时3或4叶轮生；具柄；托叶生于叶柄内。头状花序顶生或腋生，有时头状花序再排成圆锥状或总状；花萼筒长杯状，萼檐4或5齿裂，裂片不相等；花冠管状漏斗形，喉部无毛，顶端4裂，裂片花蕾时呈覆瓦状排列；雄蕊4，着生于花冠喉部，花丝短，花药背着，药隔常伸出；花盘不明显；子房下位，2室，每室具1胚珠，由室顶倒垂，花柱条形。果为圆球状聚花果，由多数不开裂的革质坚果聚合而成。种子倒垂，有海绵质假种皮，种皮膜质，有时具翅。

6种，分布于亚洲热带地区、非洲和美洲。我国有1种；浙江也有。

风箱树 （图8-43）

Cephalanthus tetrandrus (Roxb.) Ridsdale et Bakh. f. — *Nauclea tetrandra* Roxb.

落叶灌木或小乔木，高达4m。当年生小枝幼时被柔毛，稍压扁，近四棱形，后呈圆柱形。叶对生或3叶轮生；叶片椭圆形、长圆形至椭圆状披针形，长7～15cm，宽2～7cm，先端急尖至渐尖，基部圆形或宽楔形，全缘，上面无毛或沿中脉稍被柔毛，下面疏被柔毛，脉上较密，后变为无毛，中脉在上面凹陷，在下面突起，侧脉10～12对；叶柄长0.5～1.5cm；托叶常三角形，长约4mm，先端常具1黑色腺体。头状花序球形，再排成总状，顶生或生于上部叶腋，直径3～3.5cm；花序梗长2.5～6cm；小苞片刚毛状或条状匙形，被柔毛；花萼筒长1～1.5mm，萼檐略扩大，裂片外面及边缘均被短柔毛，先端圆钝或平截，裂片间常具1黑色腺体；花冠白色，长7～12mm，内面被毛，裂片长约1.5mm，外面有白色短柔毛，裂口处具1黑色腺体；花柱长12～15mm，柱头棒槌状。坚果稍扁，长4～5mm，顶端具宿萼。种子具翅。花期6—8月，果期8—10月。

产于衢州市区（衢江）、松阳、龙泉、庆元、温州市区、泰顺。生于海拔400～550m的溪谷中、田埂边。分布于华南及江西、福建、湖南、云南。越南、泰国、老挝、缅甸、印度、孟加拉国也有。

根、叶可入药，有清热化湿、散瘀消肿等功效。

图8-43　风箱树

6 香果树属 Emmenopterys Oliv.

落叶乔木。叶对生;具柄;托叶三角状卵形,早落。聚伞花序排成顶生的圆锥状;花萼筒近陀螺形,5裂,裂片呈覆瓦状排列,有些花的其中1枚花萼裂片扩大成叶状,白色且宿存;花冠漏斗状,有绒毛,顶端5裂,裂片花蕾时呈覆瓦状排列;雄蕊5,与花冠裂片互生;花盘环状;子房下位,2室,每室具多数胚珠,花柱条形,柱头全缘或2裂。蒴果稍木质,成熟后裂成2瓣。种子极多,细小,周围具不规则膜质网状翅。

仅1种,我国特有。分布于我国西南至华东;浙江也有。

香果树 (图8-44)
Emmenopterys henryi Oliv.

乔木,高可达30m。小枝红褐色,圆柱形,具皮孔。叶片宽椭圆形至宽卵形,革质或薄革质,长10~20cm,宽7~13cm,先端急尖或短渐尖,基部圆形或楔形,全缘,上面无毛,下面被柔毛或沿脉及脉腋内有淡褐色柔毛,中脉在上面略平或凹陷,在下面突起;叶柄长2~5cm,具柔毛。聚伞花序排成顶生的大型圆锥状;花大,具短梗;花萼筒近陀螺形,长约5mm,裂片宽卵形,长2mm,具缘毛,叶状花萼裂片白色而明显,结实后仍宿存;花冠漏斗状,长2~2.5cm,白色,内外两面均被绒毛,裂片长约为花冠的1/3;雄蕊着生于花冠喉部稍下,花丝纤细,花药背着,内藏。蒴果近纺锤形,长2.5~5cm,直径1~1.5cm,具纵棱,成熟时呈红色。种子多数,小而具阔翅。花期8月,果期9—11月。

产于衢州、丽水及安吉、德清、临安、建德、淳安、诸暨、宁波市区(北仑)、鄞州、余姚、奉化、象山、宁海、金华市区(婺城)、义乌、兰溪、磐安、武义、天台、三门、临海、仙居、文成、泰顺。生于海拔600~1500m的山坡谷地中及溪边、路旁林中阴湿处。分布于长江流域及西南各地。

图8-44 香果树

为国家Ⅱ级重点保护野生植物。木材可供建筑用;为庭园观赏树种。

7 玉叶金花属 Mussaenda L.

缠绕、攀缘状或直立灌木。叶对生或偶3叶轮生;托叶生于叶柄间,单生或对生,常脱落。各式聚伞花序顶生;花萼筒长椭圆形或陀螺形,萼檐5裂,有些花的其中1枚花萼裂片扩大成花瓣状,具柄;花冠漏斗状,冠筒长,外面常被毛,喉部有长柔毛,顶端5裂,裂片花蕾时呈镊合状排列;雄蕊5,着生于冠筒喉部,花丝极短,花药背着,内藏;花盘环状或肿胀;子房下位,2室,每室胚珠极多,着生于肉质、盾形胎座上,花柱丝状。浆果近球形或近椭球形,顶端具环纹或冠以宿萼裂片。种子多数,极小,种皮有小窝孔。

约120种,分布于亚洲热带地区、非洲和大洋洲。我国约有28种,分布于华南、西南至华东;浙江有2种。

1. 玉叶金花 白纸扇 (图8-45)
Mussaenda pubescens Dryand.

落叶缠绕藤本。小枝密被棕褐色平伏柔毛。叶对生,有时近轮生;叶片卵状长圆形或卵状椭圆形,稀卵状披针形或倒卵状椭圆形,长5~9cm,宽2~3cm,膜质或薄纸质,先端渐尖,基部楔形,全缘,上面疏被柔毛,沿脉较密,下面密被短柔毛,中脉及侧脉在两面突起,侧脉约7对;

图8-45 玉叶金花

叶柄长3~8mm，密被灰褐色柔毛；托叶三角形，长5~7mm，2深裂。伞房状聚伞花序稠密；花序梗无或极短；花无梗或具短梗；花萼筒陀螺形，长2~3mm，外面被柔毛，萼檐裂片狭披针形，长约为萼筒的2倍，基部稍被密毛，向上渐稀疏，花瓣状的花萼裂片宽椭圆形，长2.5~4cm，宽与长近相等，有时缺失；花冠黄色，冠筒长约2cm，外面密被平伏短柔毛，裂片长圆状披针形，长3~4mm，里面有金黄色粉末状小突点。浆果近椭球形，长8~10mm，直径6~7.5mm，被疏柔毛，顶端具环纹。花期6—7月，果期8—11月。

产于温州及象山、临海、仙居、温岭、玉环、龙泉、庆元、景宁。生于海拔250~600m的山坡路边、林缘。分布于华南及江西、福建、湖南。越南也有。

枝、叶可入药，有清热解暑、利湿解毒等功效。

2. 大叶白纸扇 （图8-46）

Mussaenda shikokiana Makino — *M. esquiroli* H. Lév.

落叶直立或攀缘灌木，高1~3m。小枝被黄褐色短柔毛。叶对生；叶片宽卵形或宽椭圆形，长8~18cm，宽5~11cm，膜质或薄纸质，先端渐尖至短渐尖，基部长楔形，全缘，两面疏被柔毛，沿脉较密，中脉在上面稍突起，在下面明显突起，侧脉约9对；叶柄长1~3.5cm，被短柔毛；托叶卵状披针形，长8~10mm，先端通常2裂。伞房状聚伞花序疏散，密被柔毛；具短花梗；花萼筒陀螺形，长3~4mm，萼檐裂片披针形，长7~10mm，外面密被柔毛，花瓣状的花萼裂片

图8-46　大叶白纸扇

白色，倒卵形，长3～4cm，宽1.5～2cm；花冠黄色，长1.4cm，外面密被平伏长柔毛，裂片卵形，长2～3mm，内面有金黄色绒毛。浆果近球形，直径约1cm，被疏柔毛，顶端具环纹。花期6—7月，果期8—10月。

产于宁波及安吉、杭州市区、临安、建德、淳安、诸暨、衢州市区、开化、常山、江山、金华市区（婺城）、武义、天台、三门、临海、仙居、松阳、龙泉、庆元、景宁、青田、文成、泰顺。生于海拔110～750m的溪边林下、山坡上或溪边灌丛中。分布于华东及湖北、湖南、广东、广西、四川、贵州。日本也有。

与玉叶金花的区别在于本种为直立或攀缘灌木；叶片明显较大，宽卵形或宽椭圆形，宽5～11cm，叶柄长1～3.5cm；花序疏散，花冠长仅1.4cm。

8 茜树属（山黄皮属） Aidia Lour.

灌木或乔木，稀藤本。叶对生；具柄；托叶生于叶柄间，离生或基部合生，常脱落。聚伞花序腋生、与叶对生或生于无叶的节上，稀顶生；具苞片和小苞片；花无梗或具梗；花萼筒杯形或钟形，萼檐稍扩大，顶端5裂，稀4裂，裂片常小；花冠高脚碟状，外面常无毛，喉部有毛，冠筒圆柱形，裂片5，稀4，短于或长于冠筒，呈旋转状排列，开放时常外翻；雄蕊5，稀4，着生于花冠喉部，与花冠裂片互生，花丝极短，花药背着，长圆形或条状披针形，伸出；子房2室，每室具多数胚珠，胚珠沉没于肉质中轴胎座上，花柱细长，柱头棒形或纺锤形，2浅裂，裂片连合或分离，伸出。浆果球形，通常较小，直径0.5～1.8cm，平滑或具纵棱。种子形状多样，常具角，并与果肉胶结。

约50种，主要分布于亚洲和非洲热带地区。我国有8种，分布于华南、西南、华东；浙江有1种。

茜树 山黄皮 （图8-47）

Aidia cochinchinensis Lour. —— *Randia cochinchinensis* (Lour.) Merr.

常绿灌木或小乔木，高达6m。小枝灰褐色，稍坚硬，无刺，具皮孔。叶对生；叶片长椭圆形或椭圆形，长6～15cm，宽2～5cm，革质，先端渐尖至急尖，基部楔形或宽楔形，全缘，上面具光泽，下面脉腋内具簇毛，中脉和侧脉在两面均突起，侧脉6～8对；叶柄长4～8mm；托叶披针形，长约5mm，早落。聚伞花序与叶对生，或生于无叶的节上；花序梗粗壮，长通常不超过1cm，各级花序轴略具柔毛；花萼长约4mm，萼筒杯形，萼檐4裂，裂片长约1mm；花冠黄白色，长约10mm，内面喉部具白色柔毛，4裂，裂片长圆形，长约7mm；花药全部露出；花柱长，柱头2浅裂。浆果近球形，直径5～6mm，紫黑色。种子多数。花期4—5月，果期10—11月。

产于宁波及建德、衢州市区（衢江）、武义、天台、仙居、玉环、遂昌、龙泉、庆元、景宁、温州市区（鹿城）、乐清、永嘉、平阳、苍南、文成、泰顺。生于海拔160～700m的溪边、山坡路边、林中。分布于华东、华南及湖北、湖南、四川、贵州、云南。亚洲至大洋洲热带地区及日本也有。

图8-47 茜树

9 龙船花属 Ixora L.

常绿灌木或小乔木。小枝圆柱形或具棱。叶对生，稀3叶轮生；具柄或无柄；托叶生于叶柄间，基部宽，常合生成鞘，顶端延长或具芒尖，宿存或脱落。稠密、扩展伞房花序式或三歧分枝的聚伞花序，顶生；花具梗或缺；常具苞片和小苞片；花萼筒通常卵圆形，萼檐裂片4，稀5，宿存；花冠高脚碟状，喉部无毛或具髯毛，裂片4，稀5，裂片短于冠筒，扩展或反折，芽时旋转排列；雄蕊与花冠裂片同数，生于花冠喉部，花丝短或缺，花药背着，2室，突出或半突出冠筒外；花盘肉质，肿胀；子房2室，每室具1胚珠，花柱条形，柱头2，短，外弯（花盛开后始出现）。核果球形或略呈压扁形，革质或肉质，具2纵槽，分核2。种子种皮膜质,胚乳软骨质。

300～400种,主要分布于亚洲热带地区、非洲、大洋洲,美洲热带地区较少。我国有18种,分布于西南、华南;浙江有1种。

龙船花（图8-48）
Ixora chinensis Lam.

灌木,高0.8～2m。小枝初时深褐色,有光泽,老时呈灰色,具线条,无毛。叶对生,有时由于节间距离极短而似4枚轮生;叶片披针形、长圆状披针形至长圆状倒披针形,长6～13cm,宽3～4cm,顶端钝或圆形,基部短尖或圆形,中脉在上面扁平或略凹陷,在下面突起,侧脉7或8对,明显;叶柄极短或无;托叶长5～7mm,基部阔,合生成鞘,顶端长渐尖,渐尖部分呈锥形,比鞘长。花序顶生,多花,具短花序梗;花序梗长5～15mm,与分枝均呈红色,稀被粉状柔毛;苞片和小苞片微小;花具梗或缺;花萼筒长1.5～2mm,萼檐4裂,裂片极短,长约0.8mm,短尖或钝;花冠红色或红黄色,盛开时长2.5～3cm,顶部4裂,裂片倒卵形或近圆形,扩展或外反,长5～7mm,宽4～5mm,顶端钝或圆形;花丝极短,花药长圆形,长约2mm,基部2裂;花柱短伸出冠筒外,柱头2,初时靠合,盛开时叉开,略下弯。核果近球形,双生,中间有1沟,成熟时呈红黑色。种子长和宽各4～4.5mm,上面凸,下面凹。花期5—7月。

图8-48 龙船花

原产于东南亚。华南及福建也有。杭州市区、萧山、慈溪、象山、磐安、平阳等地栽培供观赏。

龙船花在我国南部颇普遍,现广泛种植于热带城市的庭园供观赏,花色鲜红而美丽,花期长,但在浙江冬季常有冻害发生。

⑩ 乌口树属 Tarenna Gaertn.

乔木或灌木。叶对生；具柄；托叶生于叶柄间，卵状三角形，基部常合生，脱落。伞房状聚伞花序顶生；花萼筒形状各式，萼檐不明显，顶端5裂，裂片小；花冠漏斗状或高脚碟状，顶端5裂，稀4裂，裂片花蕾时呈旋转状排列；雄蕊与花冠裂片同数，着生于花冠喉部，花丝短或缺，花药背着；花盘环状；子房下位，2室，每室具1至多数胚珠，胚珠沉没或半沉没于肉质中轴胎座上，花柱延伸，常突出，柱头纺锤形，具槽纹。浆果革质或肉质。种子平凸或凹陷，稀具棱，种皮膜质或脆壳质。

约370种，分布于亚洲、非洲热带与亚热带地区及马达加斯加、太平洋岛屿。我国有18种，分布于华南、西南、华东；浙江有2种。

1. 白花苦灯笼 毛乌口树 （图8-49）

Tarenna mollissima (Hook. et Arn.) B.L. Rob. — *Cupia mollissima* Hook. et Arn. — *T. incana* Diels

落叶灌木或小乔木，高1～4m。小枝近四棱形，后变为圆柱形，密被灰褐色柔毛。叶片卵状长圆形、卵形或长卵状披针形，长8～16cm，宽2～5.5cm，薄纸质至纸质，先端长渐尖或渐尖，基部楔形至宽楔形或略呈近圆形，全缘，上面密被短毡毛，下面密被柔毛，侧脉8～11对，连同中脉在下面明显突起；叶柄长5～15mm，密被短柔毛；托叶长5～8mm，密被紧贴柔毛。伞房状聚伞花序顶生，长4～8cm，密被短柔毛；苞片和小苞片条形；花梗长3～6mm；花萼筒近钟形，长2～3mm；花冠白色，长约10mm，顶端4或5裂，裂片长圆形，长5～6mm；花丝长约1mm，

图 8-49 白花苦灯笼

花药条形,长约4mm;每室具多数胚珠,花柱长约10mm。浆果球形,直径5~6mm,被短柔毛。花期7—8月,果期9—11月。

产于鄞州、奉化、象山、宁海、衢州市区、开化、常山、金华市区(婺城)、武义、台州市区(黄岩)、临海、仙居、三门、莲都、遂昌、龙泉、景宁、庆元、文成、平阳、苍南、泰顺。生于海拔300~540m的山谷林下、溪边灌丛中。分布于江西、福建、湖南、广东、海南、广西、贵州、云南。越南也有。

根、叶可入药,有清热解毒、消肿止痛等功效。

2. 尖萼乌口树 （图8-50）

Tarenna acutisepala How ex W.C. Chen

灌木,高1~2.5m。嫩枝灰色,被短硬毛,稍老时毛和表皮一起脱落而呈红褐色。叶片长圆形或披针形,少为长椭圆形或近卵形,长4~19.5cm,宽1.5~5.6cm,纸质或薄革质,顶端渐尖或短尖,基部楔形、稍钝或短尖,上面无毛或沿中脉被疏短柔毛,稀被极疏短伏毛,下面被短柔毛或乳突状毛,有时无毛,侧脉5~7对;叶柄长5~22mm,被短硬毛;托叶三角形,长约6mm,锐尖,外面在中肋和基部被短硬毛。伞房状聚伞花序顶生,具数花,紧密,长2.5~3cm,宽约4cm;花序梗短,被短柔毛;小苞片披针形,长1.5~2mm,被短柔毛;花梗长2~3mm,被短柔毛;花萼长约4mm,外面有短柔毛,萼筒卵形,裂片三角状披针形,长约1.5mm,顶端尖;花冠淡黄色,长约1.4cm,外面无毛,冠筒内面上部和喉部有柔毛,裂片椭圆形,长约4mm;花药条状长圆形,长约3mm;花柱丝状,长约1.5cm,中部以上有柔毛,柱头伸出,每室具16~20胚珠。浆果近球形,直径5~7mm,有短柔毛或无毛,顶部常有宿萼裂片。种子9~31。花期4—9月,果期5—11月。

图8-50 尖萼乌口树

产于江山、龙泉(凤阳山)、庆元(百山祖)。生于海拔700～900m的路边林下。分布于江苏、江西、福建、湖北、湖南、广东、广西、四川。

与白花苦灯笼的区别在于本种叶片侧脉5～7对；花冠裂片椭圆形，短于冠筒，花梗长2～3mm。

11 栀子属 Gardenia J. Ellis

灌木或小乔木。叶对生或3叶轮生；托叶生于叶柄内侧，基部合生。花较大，腋生或顶生，单生或有时排成伞房花序；花萼筒卵形或倒圆锥形，具纵棱，裂片5～12，宿存；花冠高脚碟状、钟状或漏斗状，裂片5～12，扩展，花蕾时呈旋转状排列；雄蕊5～12，着生于花冠喉部，花药背着；子房下位，1室，每室具多数胚珠，胚珠着生于2～6个侧膜胎座上，花柱粗厚，柱头棒状或纺锤状。浆果革质或肉质，卵形或圆柱形，平滑或具纵棱，不规则开裂，顶端有宿萼裂片。种子多数，常与肉质胎座胶结成1球状体，种皮膜质或革质。

约250种，分布于热带和亚热带地区。我国有5种，分布于华南、西南、华东；浙江有2种。

1. 栀子　山栀子　(图8-51)

Gardenia jasminoides J. Ellis — *G. radicans* Thunb. — *G. jasminoides* var. *radicans* (Thunb.) Makino — *G. grandiflora* Lour.

常绿直立灌木，高通常1m以上。小枝绿色，密被垢状毛。叶对生或3叶轮生；叶片倒卵状椭圆形至倒卵状长椭圆形，稀倒卵状披针形或长椭圆形，长4～14cm，宽1～4cm，革质，先端渐

图8-51　栀子

尖至急尖，有时略钝，基部楔形，全缘，两面无毛，侧脉7～12对；叶柄近无或至长4mm；托叶鞘状。花单生于小枝顶端，稀生于叶腋，芳香；花萼长2～3.5cm，顶端5～7裂，萼筒倒圆锥形，裂片条状披针形，长1.5～2.5cm；花冠高脚碟状，白色，直径4～6cm，冠筒长3～4cm，顶端5至多裂，裂片倒卵形或倒卵状椭圆形；花丝短，花药条形；花柱粗厚，柱头扁宽。浆果常卵形，橙黄色至橙红色，长1.5～2.5cm，具5～8纵棱。花期5—7月，果期8—11月。

产于除浙北平原以外的全省各地，亦有栽培。生于海拔900m以下的山谷溪边、路旁林下、灌丛中或岩石上。分布于我国长江以南各地。美洲北部及日本、越南、老挝、柬埔寨、印度、巴基斯坦、尼泊尔、朝鲜半岛、太平洋岛屿也有野生或栽培。

果实可入药，有清热解毒、凉血止血等功效，也可制黄色染料；为园林观赏植物。

1a. 白蟾　玉荷花　重瓣栀子　（图8-52）
var. fortuniana (Lindl.) H. Hara

与栀子的区别在于本变种花为重瓣。

可能原产于我国南部地区，长江以南各地的公园、花圃、庭园、校园广泛栽培。本省普遍栽培供观赏。

图8-52　白蟾

2. 狭叶栀子　（图8-53）
Gardenia stenophylla Merr.

灌木，高0.5～3m。小枝纤弱。叶片狭披针形或条状披针形，长3～12cm，宽0.4～2.3cm，薄革质，顶端渐尖而尖端常钝，基部渐狭，常下延，两面无毛，侧脉9～13对，下面略明显；叶柄长1～5mm；托叶膜质，长7～10mm，脱落。花单生于叶腋或小枝顶部，芳香，盛开时直径4～5cm；花梗长约5mm；花萼筒倒圆锥形，长约1cm，萼檐管形，顶部5～8裂，裂片狭披针形，长1～2cm，果时增长；花冠高脚碟状，白色，冠筒长3.5～6.5cm，宽3～4mm，顶部5～8裂，裂片盛开时外反，长圆状倒卵形，长2.5～3.5cm，宽1～1.5cm，顶端钝；花丝短，花药条形；花柱长3.5～4cm，柱头棒形，顶部膨大。浆果长圆球形，成熟时呈黄色或橙红色，长1.5～2.5cm，直径1～1.3cm，具纵棱或有时棱不明显，顶部有增大的宿萼裂片。花期4—8月，果期5月至次

图 8-53 狭叶栀子

年 1 月。

产于景宁、文成、泰顺。湖州市区（吴兴）、上虞、金华市区（婺城）、江山、松阳等地有栽培。生于海拔 100～800m 的山谷溪边林下、灌丛中或旷野河边，也常见于岩石上。分布于安徽、广东、海南、广西。越南也有。

与栀子的区别在于本种叶片狭披针形或条状披针形，宽不及 2.5cm。

⑫ 狗骨柴属 Diplospora DC.

灌木或乔木。叶对生；托叶生于叶柄内，基部合生。花小，杂性，通常数朵簇生或排成短聚伞花序，腋生；苞片与小苞片基部合生；花萼筒短，陀螺形或半球形，萼檐顶端平截、4

一六二　茜草科 Rubiaceae

至5齿裂或近佛焰苞状；花冠管状漏斗形，冠筒短，内面被毛，顶端4～8裂，裂片先端钝，花蕾时呈旋转状排列；雄蕊4～8，着生于花冠喉部，花药背着；花盘环状；子房下位，2室，每室具2至多数胚珠，胚珠着生于肉质胎座上，柱头2裂。核果球形，革质。种子数粒，有不明显的棱，种皮半纤维质。

约20种，分布于亚洲热带和亚热带地区。我国有3种，分布于华东、华南、西南；浙江有1种。

狗骨柴（图8-54）

Diplospora dubia (Lindl.) Masam. — *Canthium dubium* Lindl. — *Tricalysia dubia* (Lindl.) Ohwi

常绿灌木或小乔木，高2～5m。一年生枝灰黄色，光滑无毛；二年生以上枝树皮薄片状剥落，呈锈色。叶片卵状长圆形、长椭圆形至椭圆形，稀倒卵状长圆形，长6～13cm，宽2～5.5cm，近革质，先端急尖至短渐尖，基部楔形，全缘，干后略反卷，上面略具光泽，两面无毛，侧脉7～12对，连同中脉在两面均突起；叶柄长5～8mm；托叶长5～8mm，上部三角形，内面密被灰黄色绒毛。花簇生或排成伞房状聚伞花序，腋生；花序梗极短，被短柔毛；苞片及小苞片被柔毛；花萼筒陀螺形，长1～2mm，萼檐顶端不明显4浅裂，基部被短柔毛；花冠绿白色，后变为黄白色，长5～7mm，4裂，裂片椭圆形，与冠筒近等长，冠筒内面基部

图8-54　狗骨柴

被柔毛；雄蕊4，着生于花冠喉部，花丝长2mm，花药条形，与花丝近等长；子房每室具2～5胚珠，花柱长3～4mm，柱头2裂。核果近球形，成熟时呈橙红色，干后变为黑色，直径5～7mm，顶部有萼檐残迹。种子近卵形，暗红色，长5～6mm。花期5—6月，果期7—10月。

产于丽水、温州及建德、淳安、宁波市区、鄞州、慈溪、奉化、象山、宁海、普陀、衢州市区（衢江）、开化、武义、台州市区（黄岩）、天台、仙居、三门。生于海拔800m以下的山坡谷地、溪边路旁或林下灌丛中。分布于华东、华南及湖南、四川、云南。日本、越南也有。

根可入药，有消肿散结、解毒排脓等功效。

⓲ 粗叶木属 Lasianthus Jack

灌木，常具臭味。叶对生；叶片常具明显横脉；托叶生于叶柄间，宿存或脱落。花腋生，单生，有时2至数朵簇生或排成聚伞花序、头状花序；花序梗有或无；萼檐顶端3～6裂，裂片宿存；花冠漏斗状或高脚碟状，喉部被长柔毛，顶端4～6裂，裂片花蕾时呈镊合状排列；雄蕊4～6，着生于花冠喉部，花丝短，花药背着，药隔常具细尖头；花盘肿胀；子房下位，4～9室，每室具1胚珠，花柱短或近延长，顶端4～9裂。核果，内具4～9分核。种子条状长圆形，微弯。

约184种，分布于亚洲热带地区、非洲、美洲热带地区、大洋洲。我国有33种，分布于华东、华南、西南；浙江有2种。

Flora of China 记载本省还有小花粗叶木 L. micranthus Hook. f.，与日本粗叶木 L. japonicus 接近，但主要区别在于前者花序梗明显，苞片2，长约1cm；小枝疏被毛至无毛。编者尚未见到与之相符的标本。

1. 上思粗叶木　锡金粗叶木　（图8-55）
Lasianthus sikkimensis Hook. f. — *L. tsangii* Merr. ex Li

直立灌木，高约1m。小枝圆柱形，直径约3mm，密被黄褐色柔毛。叶片长椭圆状披针形或长圆状披针形，长8～12.5cm，宽2～4cm，近革质，先端长渐尖或渐尖，基部楔形或近圆状楔形，边缘浅波状全缘，干后略反卷，上面橄榄绿色，无毛且略具光泽，下面淡绿色，被淡灰黄色柔毛，沿脉尤甚，并密被小疣状突起，中脉在上面凹陷，在下面连同侧脉突起，侧脉5～7对；叶柄长0.5～1cm，密被柔毛。花数朵生于叶腋；具短花序梗；苞片明显，披针形，长5～10mm，密被柔毛；花几无梗；花萼筒长3～5mm，外面被柔毛，萼檐5裂，裂片狭披针形，长1～2mm，宿存；花冠白色，长8～10mm，顶端5裂，裂片内面被绒毛。核果近卵球形，蓝黑色，直径约4mm，分核5，无毛。花期5—6月，果期9—11月。

一六二　茜草科 Rubiaceae

产于遂昌、龙泉、庆元、景宁、瑞安、文成、泰顺。生于海拔900～1300m的山沟旁林下。分布于福建、广东、海南、广西、云南。越南、泰国、菲律宾、印度、孟加拉国也有。

图8-55　上思粗叶木

2. 日本粗叶木 （图8-56）

Lasianthus japonicus Miq. — *L. hartii* Franch. — *L. lancilimbus* Merr. — *L. japonicus* var. *lancilimbus* (Merr.) Lo

常绿灌木，高1～2m。小枝光滑无毛或多少具伸展柔毛。叶片长圆状披针形，稀披针形或宽倒披针形，长9～16cm，宽2～4cm，革质或纸质，先端长尾状渐尖或渐尖，基部楔形或略钝，边缘浅波状全缘或呈浅齿状，干后上面变为褐绿色，仅中脉具伏毛，下面中脉连同侧脉、网脉

图8-56　日本粗叶木

均具伏毛，中脉、侧脉在两面突起；叶柄长0.5～1cm，密被淡黄褐色柔毛。花数朵簇生于叶腋；几无花序梗；苞片小，三角状卵形，长不达2mm；几无花梗；花萼短，外面被柔毛，萼檐5裂，裂片齿状，长0.5～1mm；花冠漏斗状，白色而常微带红色，内面被绒毛。核果球形，蓝色，直径4～7mm，分核5。花期5—6月，果期10—11月。

产于丽水、温州及杭州市区、临安、建德、淳安、鄞州、衢州市区（衢江）、开化、江山、磐安、武义、天台、三门、仙居。生于海拔270～1200m的山坡路边、溪边林下或灌丛中。分布于华东、西南及湖北、湖南、广东、广西、台湾。日本、越南、老挝、印度也有。

与上思粗叶木的区别在于本种苞片短于花萼；小枝稍被柔毛或无毛；核果蓝色。

14 九节属 Psychotria L.

灌木或小乔木，有时为以气生根攀缘的藤本。叶对生，稀轮生；托叶常合生，顶端全缘或2裂，脱落或宿存。伞房状或圆锥状聚伞花序，顶生，稀腋生；花萼筒短，萼檐4～6裂或平截；花冠漏斗状、管状或近钟状，花冠直，短或延长，顶端5裂，稀4或6裂，裂片花蕾时呈镊合状排列；雄蕊与花冠裂片同数，着生于花冠喉部，花药近基部背着，条形或长圆形，顶端钝；花盘各式；子房下位，2室，每室具1胚珠，花柱短或伸长，柱头2。浆果或核果，平滑或具纵棱，具2小核或分裂为2分果瓣。种子与小核同形，背面突起，平滑或具纵棱，腹面平或凹陷，种皮薄。

800～1100种，广泛分布于热带和亚热带地区。我国有18种，分布于华南、西南；浙江有3种。

分种检索表

1. 直立灌木，植株无气生根；果成熟时呈红色。
    2. 叶片下面无毛 ·················· **1. 假九节 P. tutcheri**
    2. 叶片下面脉腋间具簇毛 ·················· **2. 九节 P. asiatica**
1. 攀缘藤本，常以气生根攀附于树干或岩石上；果成熟时呈白色 ·················· **3. 蔓九节 P. serpens**

1. 假九节（图8-57）

Psychotria tutcheri Dunn

常绿直立灌木，高0.5～2m。小枝无毛。叶对生；叶片长圆状披针形、卵状披针形、披针形或长圆形，长5.5～15cm，宽1～4cm，纸质或薄革质，先端渐尖或尾状渐尖，基部楔形，全缘，干后变为淡红色或红褐色，两面无毛，侧脉5～10对，在上面平坦，在下面突起；叶柄长0.5～2cm；托叶卵状三角形或披针形，顶端渐尖，2裂，早落。聚伞花序常为伞房状，顶生或腋生；苞片和小苞片披针形，长约2mm；花小，花梗长约1mm；花萼筒倒圆锥形，长

1.5～2.5mm，萼檐扩大，顶端齿裂；花冠绿白色或白色，内面喉部有白色长毛，顶端5裂，裂片长圆状披针形，较冠筒稍短；花丝长约1mm，长圆形，花药稍伸出。核果近球形，成熟时呈红色，直径4～6mm，具纵棱。花期4—7月，果期6—12月。

产于平阳（柴峙岛）、苍南（赤溪）。生于山坡林中。分布于福建、广东、广西、海南、云南。越南也有。

图8-57　假九节

2. 九节　九节木（图8-58）

Psychotria asiatica L. — *P. rubra* (Lour.) Poir.

常绿直立灌木，高1～3m。幼枝近四棱形，小枝圆柱形，均无毛。叶常聚集于枝端；叶片长圆形、长椭圆形或倒卵状长椭圆形，长8～17cm，宽2～5cm，纸质，先端急尖或短渐尖，基部长楔形，全缘，干后上面变为橄榄绿色，光滑无毛，下面暗红色，脉腋内有簇毛，中脉在两面均突起，侧脉7～11对，在上面平坦，在下面突起；叶柄长1～2cm；托叶膜质，早落。聚伞花序常顶生，长2～6cm；苞片和小苞片早落，不明显；花小，具短梗；花萼筒倒圆锥形，长约1mm，萼檐扩大，顶端不明显齿裂或平截；花冠淡绿色或白色，内面喉部有白色长毛，顶端5裂，裂片三角形，较冠筒稍短；花丝长约1mm，长圆形，花药伸出。核果近球形或卵状椭球形，成熟时呈红色，直径约5mm，具3～5纵棱。花期8—10月，果期不明。

产于平阳、苍南、泰顺。分布于华南及福建、湖南、贵州、云南。日本、越南、泰国、老挝、马来西亚、柬埔寨、印度也有。

根、叶可入药，有清热解毒、活血散瘀等功效。

图 8-58　九节

3. 蔓九节　穿根藤（图 8-59）
Psychotria serpens L.

常绿攀缘藤本，常以气生根攀附于岩石或树上。小枝无毛。叶片形状变化较大，通常椭圆形或卵形，稀倒卵形或长卵形，长 1.5～6cm，宽 1～2.5cm，厚纸质，先端急尖或略钝，基部楔形，全缘，干后略反卷，干时上面呈橄榄绿色，下面呈褐色，两面无毛，中脉在上面平坦，在下面突起，侧脉 4～6 对，不明显；叶柄长 3～5mm；托叶膜质，早落。聚伞花序顶生，长 1.5～4cm；苞片和小苞片长椭圆形，苞片长 2～3mm，小苞片稍短；花小；花萼筒倒圆锥形，长约 1mm，萼檐稍扩大，顶端 5 裂，裂片短齿状；花冠白色，外面被粉状微毛，内面喉部被长柔毛，顶端 5 裂，裂

图 8-59　蔓九节

片长圆状披针形，较冠筒稍短；花丝长约1mm，条形，花药伸出。浆果状核果小，近球形或椭球形，成熟时呈白色，直径4～5mm，具明显纵棱。花期5—7月，果期6—12月。

产于洞头、平阳、苍南。生于海拔约100m的山坡路边或岩石隙间。分布于华南及福建。日本、越南、泰国、老挝、柬埔寨、朝鲜半岛也有。

15 虎刺属 Damnacanthus C.F. Gaertn.

灌木。叶对生；叶柄间通常具针状刺；托叶细小，生于叶柄间，先端具齿裂。花小，单生或2朵、3朵簇生，腋生；花萼筒倒卵形，4或5裂；花冠漏斗状，喉部有毛，4或5裂，裂片花蕾时呈镊合状排列；雄蕊与花冠裂片同数，着生于花冠喉部，花丝短，花药具宽药隔；子房下位，2～4室，每室具1悬垂的横生胚珠，花柱丝状，柱头2～4裂。核果球形，具1～4分核。种子平凸状，盾形。

约13种，分布于亚洲东部。我国有11种，分布于长江流域及以南各地；浙江有3种。

《中国植物志》和《浙江种子植物检索鉴定手册》记载本省还有大卵叶虎刺 D. major Siebold et Zucc.，编者检查了该种的模式标本发现，植株具发达针刺，长6～20mm，不脱落；叶片卵形或宽卵形，质地较厚，具光泽，长1～2cm，与虎刺 D. indicus 极为接近，疑为其极端变异。浙江未见与之相符的标本。

分种检索表

1. 针刺发达，长10～20mm，通常不脱落；叶片具光泽，长不及2.5cm ················· **1. 虎刺 D. indicus**
1. 针刺不发达，长不及5mm，常脱落而仅顶叶具残存退化短刺；叶片无光泽，长可达12cm。
  2. 叶片宽卵形、卵形至卵状椭圆形；针刺长2～8mm ················· **2. 浙皖虎刺 D. macrophyllus**
  2. 叶片披针形、椭圆状披针形至椭圆形；针刺长1～3（4）mm ················· **3. 短刺虎刺 D. giganteus**

1. 虎刺 绣花针 （图8-60）
Damnacanthus indicus C.F. Gaertn.

常绿小灌木，高可达1m。根通常粗壮，具分枝，有时缢缩成念珠状。茎多分枝，小枝被糙硬毛，逐节生针状刺，刺长1～2cm，稀较短，对生于叶柄间。叶片卵形至宽卵形，长1～2.5cm，宽0.8～1.5cm，革质或亚革质，具光泽，先端急尖，稀短渐尖，基部圆形，略偏斜，全缘，干后反卷，两面均无毛或仅下面沿中脉疏被柔毛，中脉在上面多少突起，侧脉2或3对，不显著；叶柄短，密被柔毛。花单生或成对生于叶腋；花梗短；花萼筒长1～1.5mm，萼檐4或5裂，裂片长约1mm，渐尖；花冠白色，长1～1.5cm，顶端4或5裂，裂片三角状卵形。核果成熟时呈红色，近球形，直径3～5mm，分核（1）2～4。花期4—5月，果期7月至次年1月。

产于德清、杭州市区、桐庐、宁波市区(北仑)、鄞州、余姚、象山、宁海、定海、金华市区、三门、临海、温岭、玉环、缙云、莲都、龙泉、庆元、景宁、洞头、乐清、文成、平阳、泰顺。生于海拔300～780m的林下、溪边草丛中或山坡路边。分布于华东、西南及湖北、湖南、广东、广西、台湾。日本、印度、朝鲜半岛也有。

根可入药，有清热利湿、舒筋活血、祛风止痛等功效。

图8-60 虎刺

2. 浙皖虎刺　串珠虎刺　（图8-61）

Damnacanthus macrophyllus Siebold ex Miq. — *D. shanii* K. Yao et Deng

小灌木，高可达1.5m。根通常肥厚而有时呈念珠状。小枝被开展短粗毛，上部常内弯，针状刺对生于叶柄间，长2～8mm。叶片卵形、宽卵形至卵状椭圆形，长2.5～6cm，宽1.3～2.5cm，薄革质，先端急尖至短渐尖，基部圆形或宽楔形，全缘，干后略反卷，两面均无毛，中脉在上面略突起，侧脉3～5对；叶柄短，被短粗毛。花梗长约2mm；花萼裂片三角形；花冠长约10mm，檐部4裂，裂片卵状三角形；雄蕊4；花柱内藏。果1～3枚腋生，成熟时呈红色，直径3～5mm，分核（1）2或3。果期6—11月。

产于宁波及杭州市区、临安、桐庐、新昌、开化、金华市区（婺城）、仙居、遂昌、龙泉、庆元、景宁、永嘉、苍南、泰顺。生于海拔420～650m的林中、山坡路边。分布于安徽、福建、广东、贵州、云南。日本也有。

根可入药，功效基本同虎刺。

一六二　茜草科 Rubiaceae

图 8-61　浙皖虎刺

3. 短刺虎刺　大叶虎刺　（图 8-62）

Damnacanthus giganteus (Makino) Nakai —— *D. subspinosus* Hand.-Mazz. —— *D. subspinosus* var. *salicifolius* Deng et K. Yao

　　常绿小灌木，高可达 2m。根肉质而常呈念珠状缢缩。小枝被稀疏糙硬毛，后渐脱落；针状刺对生于叶柄间，或仅生于小枝顶端，其余退化，长 1～3（4）mm。叶片披针形、椭圆状披针形至椭圆形，长 4～12cm，宽 1.5～4cm，薄革质，先端渐尖至长渐尖，基部楔形或近圆形，全缘，干后微反卷，上面略具光泽，下面密布疣状突起，中脉下部在上面凹陷，在下面连同侧脉一起突起，侧脉 5～8 对；叶柄长 2～4mm，被稀疏短糙毛。花 2 或 3 朵簇生于叶腋；花梗长约 1mm，被短毛；花萼筒长 1～1.5mm，外面被短毛，萼檐 4 裂，裂片长约 0.5mm；花冠白色，长 0.6～1cm，顶端 4 裂，裂片卵形。核果近球形，成熟时呈红色，直径 3～7mm，分核（1）2～4。种子近球形，角质。花期 4—5 月，果期 8—11 月。

　　产于宁波及德清、临安、建德、淳安、诸暨、衢州市区（衢江）、开化、磐安、武义、仙居、莲都、缙云、遂昌、松阳、龙泉、庆元、云和、景宁、乐清、永嘉、平阳、泰顺。生于海拔 380～1200m 的山坡溪边、林下灌丛中。分布于华东及湖南、广东、广西、贵州、云南。日本也有。

　　根可入药，有补养气血、收敛止血等功效。

图8-62 短刺虎刺

16 六月雪属 Serissa Comm. ex Juss.

小灌木，揉碎有臭味。叶小，对生；近无柄；托叶生于叶柄间，分裂，裂片刺毛状，宿存。花腋生或顶生，单生或簇生；花萼筒倒圆锥形，萼檐4～6裂，宿存；花冠漏斗状，冠筒内部和喉部均被毛，顶端4～6裂，裂片花蕾时呈镊合状排列；雄蕊4～6，着生于冠筒上，花丝稍与冠筒连合，花药近基部背着；花盘大；子房下位，2室，每室具1胚珠，花柱较雄蕊短，柱头2裂。核果球形，干燥，蒴果状。

2种，分布于我国、日本、越南、尼泊尔。我国有2种，主要分布于长江以南各地；浙江均有。

1. 白马骨　山地六月雪　（图8-63）
Serissa serissoides (DC.) Druce — *Democritea serissoides* DC.

小灌木，多分枝，高30～100cm。小枝灰白色，幼枝被短柔毛。叶片通常卵形或长圆状卵形，长1～3cm，宽0.5～1.2cm，纸质或坚纸质，先端急尖，具短尖头，基部楔形至长楔形，全缘，干后稍反卷，有时略具缘毛，上面中脉被短柔毛，下面沿脉疏被柔毛，叶脉在两面均突起；叶柄极短；托叶膜质，基部宽，先端分裂成刺毛状。花数朵簇生；无梗；萼檐4～6裂，裂片钻状披针形，长3～4mm，边缘有缘毛；花冠白色，漏斗状，长约5mm，顶端4～6裂。核果小，干燥。花期7—8月，果期10月。

产于宁波及湖州市区（吴兴）、德清、杭州市区、临安、桐庐、建德、淳安、上虞、诸暨、嵊州、新昌、普陀、衢州市区（衢江）、开化、常山、东阳、永康、磐安、天台、缙云、莲都、遂昌、龙泉、庆元。生于海拔约500m的山谷中、田埂上、林下路边。分布于华东及湖北、台湾、广东、广西。日本也有。

全株可入药，有平肝利湿、健脾止泻等功效。

图8-63　白马骨

2. 六月雪（图8-64）

Serissa japonica (Thunb.) Thunb. — *Lycium japonicum* Thunb. — *S. foetida* Comm.

小灌木，高达50cm。小枝灰白色，幼枝被短柔毛。叶片狭椭圆形或狭椭圆状倒卵形，长6～15mm，宽2～6mm，坚纸质，先端急尖，有小尖头，基部长楔形，全缘，具缘毛，后渐脱落，干后反卷，上面沿中脉被短柔毛，下面沿脉疏被柔毛，后渐脱落，叶脉在两面均突起；叶柄极短；托叶基部宽，先端分裂成刺毛状。花单生或数朵簇生，腋生或顶生；无梗；萼檐4～6裂，裂片三角形，长约1mm；花冠白色带红紫色，长1～1.5cm，顶端4～6裂。果小，干燥。花期5—6月，果期7—8月。

产于仙居、莲都、景宁、乐清、平阳、文成、泰顺。生于海拔150～770m的山谷溪边、林下岩石上。分布于华东及台湾、广东、广西、四川、云南，现广泛栽培于全国各地。

常栽培作观赏植物，并有数个园艺品种。

与白马骨的区别在于本种叶片较小，狭椭圆形或狭椭圆状倒卵形，长6～15mm，宽2～6mm；萼檐裂片三角形，长约1mm，花冠白色带红紫色，长1～1.5cm。

图 8-64　六月雪

⑰ 盾子木属　Coptosapelta Korth.

攀缘状灌木或缠绕藤本。叶对生；托叶生于叶柄间，脱落。花单生于叶腋内；花梗具2小苞片；花萼筒球形或陀螺形，萼檐短，4或5裂，宿存；花冠高脚碟状，白色，顶端4或5裂，裂片花蕾时呈覆瓦状排列；雄蕊4或5，着生于花冠喉部，花丝短，花药细长，基着；花盘杯状；子房下位，2室，每室具多数胚珠。蒴果近球形，室背开裂。种子球形，周围具流苏状翅。

约16种，分布于亚洲东南部至东部。我国有1种，分布于长江以南各地；浙江也有。

盾子木　流苏子　（图8-65）

Coptosapelta diffusa (Champ. ex Benth.) Steenis —— *Thysanospermum diffusum* Champ. ex Benth.

常绿缠绕藤本。小枝多数密被柔毛，节明显。叶片长卵形或卵状宽披针形，长3～7cm，宽1～2.5cm，近革质，先端渐尖至长渐尖，基部圆形，全缘，略具柔毛，干后略反卷，上面略具光泽，无毛或仅中脉疏被柔毛，下面沿中脉被柔毛，侧脉纤细；叶柄长2～5mm，密被柔毛；托叶条状披针形，长4～5mm，被柔毛。花单生于叶腋；花梗纤细，长5～7mm，近中部具关节和1对小苞片；花萼筒球形，长1～1.5mm，萼檐4或5裂，裂片长0.5mm；花冠长约1.5cm，密被绢毛，顶端4或5裂，裂片椭圆形，长约4mm，内面基部有柔毛；花药条形，伸出。蒴果稍扁球形，淡黄色，长4～6mm，直径5～8mm，2室，室间有直槽。种子多数，近圆形，薄而扁，棕黑色，直径1.5～2mm，边缘流苏状。花期6—7月，果期8—11月。

产于宁波、台州及临安、桐庐、建德、淳安、衢州市区、开化、常山、江山、金华市区（婺城）、武义、莲都、松阳、遂昌、龙泉、庆元、景宁、文成、平阳、苍南、泰顺。生于海拔120～880m的山坡林下、溪边岩石上、灌丛中或荒地上。分布于华东及湖北、湖南、台湾、广东、广西、四川、贵州、云南。日本也有。

图8-65 盾子木

18 巴戟天属 Morinda L.

直立、攀缘灌木或小乔木。叶对生，稀3叶轮生；托叶合生成鞘。花腋生或顶生，单生或由数个小头状花序排成伞形状；花萼筒彼此多少连合，萼檐短，顶端平截或具齿裂，宿存；花冠漏斗状或高脚碟状，顶端4～7裂，裂片花蕾时呈镊合状排列；雄蕊与花冠裂片同数，着生于花冠喉部；花盘环状；子房下位，2室或不完全4室，每室具1胚珠。果为聚花果，由肉质的、扩大的、合生的花萼组成，内含数个具1枚种子的小核，或有时为由小核合生成1个具2～4室的核。种子倒卵形或肾形，种皮膜质，胚乳肉质或骨质。

80～100种，广泛分布于热带和亚热带地区。我国有27种，分布于华南、西南、华东；浙江有1种。

印度羊角藤 羊角藤 （图8-66）

Morinda umbellata L. — *M. umbellata* subsp. *obovata* Y.Z. Ruan — *M. nanlingensis* Y.Z. Ruan var. *pauciflora* Y.Z. Ruan

常绿攀缘灌木。小枝被短粗柔毛，老时渐脱落。叶对生；叶片形状变异较大，倒卵状长圆形、长圆形、长圆状披针形、长椭圆形至椭圆形，长（4）5～9（12）cm，宽（1.5）2～3.5（4）cm，薄革质或纸质，先端急尖或短渐尖，基部楔形或宽楔形，全缘，干后上面通常变为橄榄绿色，多少具光泽，下面黄褐色，两面除中脉被短柔毛外，其余被极稀短柔毛或近无毛，下面脉腋内具簇毛，侧脉5～7对，上面平坦，下面突起；叶柄长（2）4～8（10）mm，被短柔毛或近无毛；托叶干膜质，长2～5mm。花序顶生，通常由4～10个小头状花序排成伞形状，小头状花序直径6～8mm，具6～12花；花序梗纤细，长4～8mm，被微毛；花萼筒半球形，长约1mm，萼檐顶端平截或具不明显齿裂；花冠白色，深裂几达基部，裂片狭长圆形，长2～4mm，顶端稍钝而内弯，内面喉部有柔毛。聚花果扁球形或近肾形，成熟时呈红色，直径8～12mm。花期6—7月，果期7—10月。

产于宁波及德清、杭州市区、临安、桐庐、建德、淳安、诸暨、普陀、衢州市区、开化、常山、江山、金华市区（婺城）、浦江、磐安、永康、武义、天台、临海、仙居、温岭、玉环、莲都、遂昌、龙泉、庆元、景宁、青田、乐清、永嘉、文成、平阳、苍南、泰顺。

图8-66　羊角藤

生于海拔60～1010m的山坡路边、溪边、灌丛中。分布于华东、华南及湖南。日本、泰国、印度、斯里兰卡也有。

根及根皮可入药，有治风湿痹痛、肾虚腰痛等功效。

查阅现有标本后发现，本种的变异非常大，其叶片形状和质地、叶柄的毛被、花序具花数目等均不足以用于划分种或种下等级。编者认为羊角藤 M. umbellata subsp. obovata 既无形态上的区别，也无地理分布区的分化，其小枝嫩时被短粗柔毛，后渐脱落至无毛，用于划分种显然很不妥。同理，根据小枝被毛、花序少花而分出少花鸡眼藤 M. nanlingensis var. pauciflora 也不合理。

至于白蕊巴戟 M. citrina Y.Z. Ruan var. chlorina Y.Z. Ruan，编者尚未掌握其如何区别于羊角藤，故暂附于此。

⑲ 鸡屎藤属 Paederia L.

柔弱缠绕藤本，揉碎有臭味。叶对生；托叶生于叶柄间，通常三角形，脱落。花单独分生，或组成腋生、顶生的圆锥花序或圆锥花序式的聚伞花序；花萼管陀螺形或卵形，萼檐4或5齿裂，裂片宿存；花冠管状或漏斗状，顶端4或5裂，裂片花蕾时呈镊合状排列；雄蕊与花冠裂片同数，着生于花冠喉部，花丝极短，花药背着或基着，内藏；花盘肿胀；子房下位，2室，每室具1胚珠，柱头2，纤毛状，常旋卷。果球形或压扁，果皮膜质，脆而光亮，内具2小核，小核圆形或长圆形，背面平凸，腹面略凹。

30种，分布于非洲热带与亚热带地区、亚洲、美洲及马达加斯加。我国有9种，分布于华南、西南、华中、华东；浙江有3种。

分种检索表

1. 叶两面密被锈色短粗毛或粗柔毛；腋生花序明显长于叶片 ·················· **1. 长序鸡屎藤 P. cavaleriei**
1. 叶两面无毛或被粗毛；腋生花序短于叶片，有时稍长。
　　2. 叶片卵形、长卵形至卵状披针形，下面多少被柔毛，基部心形至圆形，稀平截；花序被疏或密的柔毛 ·· **2. 鸡屎藤 P. foetida**
　　2. 叶片披针形、椭圆状披针形至椭圆形，两面无毛，基部楔形；花序无毛 ··· **3. 疏花鸡屎藤 P. laxiflora**

1. 长序鸡屎藤　耳叶鸡屎藤（图8-67）
Paederia cavaleriei H. Lév.

柔弱半木质缠绕藤本。茎或枝密被黄褐色或污褐色柔毛。叶片通常卵状椭圆形或长卵状椭圆形，长6～12（14）cm，宽2～6（7）cm，纸质，先端短渐尖至渐尖，基部圆形至浅心形，有时楔形而多少下延，边缘常齿蚀状，上面被短粗毛，沿脉尤密，下面密被粗柔毛，侧脉7或8对，连

图 8-67 长序鸡屎藤

同中脉在两面均突起；叶柄长 1～5cm，密被柔毛；托叶长 4～8mm，内面被柔毛。圆锥状聚伞花序腋生或顶生，总花序轴伸长，密被与茎或枝相同的柔毛；花萼筒卵形，长 1～2mm，萼檐 5 裂，裂片宽卵形，长约 0.5mm；花冠浅紫色，钟状，长 0.8～1cm，内外均被柔毛，顶端 5 裂，裂片长 1～2mm。果球形，成熟时呈蜡黄色，直径 5～7mm，光滑，顶端具宿萼和花盘。花期 6—7 月，果期 8—10 月。

产于湖州及杭州市区、临安、桐庐、建德、淳安、诸暨、新昌、鄞州、奉化、宁海、衢州市区（衢江）、开化、常山、江山、金华市区（婺城）、东阳、磐安、武义、天台、临海、仙居、莲都、遂昌、松阳、龙泉、庆元、景宁、瑞安、平阳、苍南、泰顺。生于海拔 280～1100m 的路边灌丛中、山坡上、溪边。分布于湖北、湖南、台湾、广东、广西、四川、贵州。老挝也有。

2. 鸡屎藤 （图 8-68）

Paederia foetida L. — *P. scandens* (Lour.) Merr. — *Gentiana scandens* Lour.

柔弱半木质缠绕藤本。茎长 3～5m，灰褐色，幼时被柔毛，后渐脱落至无毛。叶片通常卵形、长卵形至卵状披针形，长 5～11（16）cm，宽 3～7（10）cm，纸质，先端急尖至短渐尖，基部心形至圆形，稀平截，全缘，上面无毛、沿脉被柔毛或散被粗毛，下面沿脉被柔毛，脉腋内有簇毛，后渐脱落，侧脉 4～6 对，连同中脉在两面均突起；叶柄长 1.5～7cm，被柔毛，后渐脱落；托叶长 3～5mm，初时被缘毛。圆锥状聚伞花序腋生或顶生，扩展，被疏柔毛；花萼筒陀螺形，长

1～2mm，萼檐5裂，裂片三角形，长约0.5mm；花冠钟状，浅紫色，长约1cm，外面被灰白色细绒毛，内面被绒毛，顶端5裂，裂片长1～2mm。果球形，成熟时呈蜡黄色，直径5～7mm，平滑，具光泽，顶端具宿萼檐和花盘。花期7—8月，果期9—11月。

产于全省各地。生于海拔200～1000m的山坡谷地中、溪边、路旁林下灌丛中。分布于长江流域及以南各地。日本、印度、中南半岛也有。

全草可入药，有活血镇痛、祛风燥湿、解毒杀虫等功效；茎皮可用于造纸和作人造棉原料。

图8-68 鸡屎藤

2a. 毛鸡屎藤

var. **tomentosa** (Blume) Hand.-Mazz. — *P. tomentosa* Blume

与鸡屎藤的区别在于茎被灰白色柔毛；叶片上面散被粗毛，下面密被柔毛，沿脉尤密；花序密被柔毛。花期8—9月，果期9—11月。

产于杭州市区、临安、龙泉、泰顺。生于海拔约420m的山谷溪边、水沟边、山坡林中。分布于长江流域及以南各地。

药用及功效基本同鸡屎藤。

3. 疏花鸡屎藤 （图8-69）
Paederia laxiflora Merr. ex Li

图8-69 疏花鸡屎藤

草质或亚灌木状藤本。茎长约2m，平滑，除花外全部无毛或近无毛；小枝末端圆柱形，无毛。叶片披针形、椭圆状披针形至椭圆形，长15～19cm，宽1.5～3cm，纸质或近膜质，顶端微渐尖，基部楔形；生于小枝上的叶比较小，基部短尖，两面无毛，上面绿色，下面较淡而变为苍白色，侧脉6对，纤弱，明显，上举；叶柄长1.2～2cm。疏松圆锥花序腋生和顶生；花序梗长3～7cm，无毛或在分枝末梢被柔毛；花无梗或梗极短；花萼筒长约1mm，干后变为黑色，无毛，萼檐裂片极短；花冠白色带紫色，长6～7mm，外面密被稍短柔毛。花期5—6月，果期冬季。

分布于德清、安吉、杭州市区、临安、建德、淳安、鄞州、衢州市区（衢江）、开化、江山、金华市区（婺城）、磐安、仙居、莲都、缙云、龙泉、云和、景宁、庆元、平阳。生于海拔150～1500m的山坡路边、灌丛中。分布于江西、福建、湖北、广西、云南。

20 五星花属 Pentas Benth.

多年生草本，或为亚灌木，直立或平卧。叶对生；具柄；托叶分裂或为刚毛状。花常排成顶生的伞房状聚伞花序；花萼筒常倒心形，稍扁，萼檐5裂，稀为4或6裂，裂片不等大；花冠长管状，喉部扩大，被长柔毛，顶端常5裂，裂片长卵形，花蕾时呈镊合状排列；雄蕊5，着生于花冠喉部以下，伸出；花盘花后延伸成1圆锥体；子房下位，2室，每室具多数胚珠，花柱内藏，柱头2。蒴果稍扁，膜质或革质，倒心形，近中部为萼筒所包围，成熟时室背开裂。种子小，多数。

约50种，分布于非洲。我国栽培1种；浙江也有。

五星花 (图8-70)
Pentas lanceolata K. Schum.

多年生草本,或因基部木质化而为亚灌木,常直立。茎高30~55cm,被糙硬毛。叶对生;叶片卵形、椭圆形或披针状长圆形,长3~12cm,宽1~3.5cm,先端短尖,基部渐狭;具柄。聚伞花序密集,顶生;花无梗,二型;花萼筒稍扁,萼檐5裂,其中2裂片较其他3裂片长得多;花冠颜色在栽培种中有淡紫色、红色、紫红色、橙红色或白色,长管状,喉部扩大,内面被长柔毛,顶端5裂,裂片长卵形;雄蕊5,着生于花冠喉部以下,伸出。果未见。花期夏、秋季。

原产于非洲热带地区。我国南部常见栽培。杭州、宁波、台州、温州等地常见栽培。

可供观赏。

图8-70 五星花

21 蛇根草属 Ophiorrhiza L.

多年生草本,稀为亚灌木。叶对生;具柄;托叶短小,宿存或早落,不分裂或2深裂。花排成二歧或多歧分枝的聚伞花序,顶生或腋生,常偏生于花序分枝一侧;花萼筒短,陀螺形或近球形,常具棱或槽,萼檐5裂,裂片小,宿存;花冠漏斗状或近管状,顶端5裂,裂片短,花蕾时呈镊合状排列;雄蕊5,着生于花冠喉部以下,内藏或稍伸出,花药背着,基部2裂;花盘大,肉质,环状或圆柱形;子房下位,2室,每室具多数胚珠,花柱条形,柱头2。蒴果扁,革质,宽倒心形或具2裂的菱形,中部为萼筒所包围,顶端宽2瓣裂。种子小,具棱,种皮脆壳质。

200种以上,分布于亚洲热带和亚热带地区至澳大利亚及太平洋岛屿。我国有70种,主要分布于西南、华南；浙江有2种。据记载，本省以往还有广东蛇根草 *O. cantonensis* Hance 分布，编者未见标本。

1. 日本蛇根草 蛇根草 （图8-71）
Ophiorrhiza japonica Blume

多年生草本。茎直立或基部伏卧，高可达40cm，褐色，圆柱形，密被锈色曲柔毛，幼枝具棱。叶片膜质或薄纸质，卵形、卵状椭圆形或椭圆形，长2.5~8cm，宽1.5~3cm，先端急尖或稍钝，基部楔形、宽楔形至圆形，全缘，干后上面变为褐色，疏被短粗毛，下面红褐色，沿脉被短柔毛，侧脉7~10对，连同中脉在上面略平坦，在下面突起；叶柄长1~2.5cm，密被曲柔毛，或无毛；托叶早落。聚伞花序顶生，二歧分枝，密被短柔毛，具7~20花；小苞片条形，疏被柔毛；花萼筒宽陀螺状球形，长约1.5mm，外面密被短柔毛，萼檐裂片三角形，先端尖；花冠漏斗状，白色，长1~1.5cm，裂片三角状卵形，内面密被短柔毛；雄蕊5，着生于花冠管中下部，内藏。蒴果菱形，长3~4mm，宽7~10mm。花期11月至次年5月，果期4—6月。

产于宁波、台州及安吉、临安、桐庐、建德、淳安、诸暨、衢州市区、开化、江山、常山、金华市区（婺城）、兰溪、磐安、武义、莲都、遂昌、松阳、龙泉、庆元、景宁、云和、乐清、文成、平阳、苍南、泰顺。生于海拔150~1300m的山坡溪边、林下路边、岩石上。分布于华东及湖北、湖南、台湾、广东、广西、四川、贵州、云南、陕西。日本、越南也有。

图8-71 日本蛇根草

2. 矮小蛇根草 短小蛇根草 （图8-72）
Ophiorrhiza pumila Champ. ex Benth.

多年生矮小草本。茎直立，有时基部稍伏卧，高8～15cm，稍肉质，圆柱形，多少被柔毛。叶片纸质，卵形、卵状椭圆形或长椭圆形，长2～2.5cm，宽1～2.5cm，先端圆钝，基部楔形下延，全缘，干后上面变为灰绿色或灰褐色，近无毛，下面苍白色，密被短糙硬毛，侧脉5～7对；叶柄长0.5～1.5cm，被柔毛；托叶早落。聚伞花序顶生，分枝被短柔毛，具多花；小苞片小而早落，或无；花萼筒倒卵状心形，长约1.2mm，外面被短柔毛，萼檐裂片近三角形，长约0.6mm；花冠近管状，白色，长约5mm，裂片卵状三角形，内面密被短柔毛；雄蕊5，着生于花冠管中部，稍伸出花冠管。蒴果倒心形，长2～2.5mm，宽6～7mm。花期3—5月，果期5—7月。

产于遂昌、龙泉、庆元、瑞安、平阳、文成、泰顺。生于海拔300～500m的路边草丛中。分布于华南及江西、福建、云南。越南北部也有。

与日本蛇根草的区别在于本种植株低矮；苞片和小苞片缺失；蒴果倒心形；花冠短，长约5mm，雄蕊着生于花冠管中部，稍伸出。

图8-72 矮小蛇根草

22 耳草属 Hedyotis L.

草本、亚灌木或灌木，直立或蔓生。叶对生，稀轮生；托叶分离或基部连合，有时合生成1鞘。花小，排成顶生或腋生、开展或稠密的聚伞花序，少有排成其他花序或单生；花萼筒形状各式，萼檐顶端通常4或5裂，少有2、3裂或平截，宿存；花冠管状、漏斗状、高脚碟状，顶端4或5裂，少2或3裂，裂片花蕾时呈镊合状排列；雄蕊与花冠裂片同数，花药背着；花盘通常小，常4浅裂；子房下位，2室，每室具多数胚珠，稀具1胚珠。果小，果皮膜质、脆壳质或革质，不开裂、室背开裂或室间开裂，内具2至多数种子，稀具1枚。种子具棱，种皮平滑或具窝孔。

约500种，广泛分布于热带和亚热带地区。我国有近70种，分布于长江以南各地；浙江有8种。

分种检索表

1. 叶片条形或条状披针形，宽 1～4mm；花或花序腋生。
    2. 花 2～5 朵排成伞房花序式；茎四棱形 ·· 1. 伞房花耳草 H. corymbosa
    2. 花单生或 2 朵、3 朵簇生于叶腋；茎圆柱形。
        3. 花无花梗，2 或 3 朵簇生于叶腋 ·· 2. 纤花耳草 H. tenelliflora
        3. 花具花梗，单生或成对生于叶腋 ·· 3. 白花蛇舌草 H. diffusa
1. 叶片宽 4mm 以上；花序顶生或腋生。
    4. 花序全部腋生。
        5. 多年生匍匐草本；茎密被金黄色柔毛；叶片椭圆形至卵形，上面疏被短毛或无毛 ············
         ·· 4. 金毛耳草 H. chrysotricha
        5. 一年生披散草本；茎被短粗毛；叶片长圆形或长椭圆形，上面被角质的短硬刺毛 ············
         ·· 5. 粗叶耳草 H. verticillata
    4. 花序顶生及生于上部叶腋。
        6. 多年生肉质草本；叶片肉质，无柄或近无柄，先端圆或圆钝 ············ 6. 肉叶耳草 H. strigulosa
        6. 直立非肉质草本；叶片纸质或革质，具柄或近无柄，先端渐尖至长渐尖。
            7. 叶片革质；花梗较粗壮，短于花萼 ·· 7. 剑叶耳草 H. caudatifolia
            7. 叶片纸质；花梗纤细，长为花萼的 1～3 倍 ·· 8. 细梗耳草 H. tenuipes

1. 伞房花耳草 （图 8-73）

Hedyotis corymbosa (L.) Lam. — *Oldenlandia corymbosa* L.

一年生柔弱草本。茎多分枝，稍呈铺散状，高 10～40cm，四棱形，无毛或棱上疏被短柔毛。叶片膜质，老时草质，条形或条状披针形，长 1～2cm，宽 1～3mm，先端急尖，基部楔形，干

图 8-73 伞房花耳草

后边缘反卷,两面稍粗糙或上面中脉被极稀短柔毛,中脉在上面凹陷,在下面平坦或稍突起,侧脉不显露;无叶柄;托叶长1~1.5mm,合生,顶端有数条短刺毛。花2~4(5)朵排成伞房花序式,稀单生,腋生;花序梗纤细,长5~10mm;花梗纤细,长2~5mm;花萼筒近球形,长1~1.2mm,疏被柔毛,萼檐4裂,裂片狭三角形,长约1mm,边缘具短缘毛;花冠管状,白色或淡红色,长2.2~2.5mm,顶端4裂,裂片长圆形,长约1mm,先端急尖;雄蕊着生于花冠喉部,花药内藏;花柱顶端2裂。蒴果球形,直径1.5~1.8mm,具数条不明显纵棱及宿萼裂片,成熟时室背开裂。花期6—8月,果期9—10月。

产于玉环(城关)、庆元(百山祖)。生于溪边草丛中。分布于我国东南部、南部至西南部。亚洲热带地区、非洲、美洲也有。

全草可入药,有清热解毒的功效。

2. 纤花耳草 (图8-74)
Hedyotis tenelliflora Blume

一年生柔弱草本。植株干后变为黑褐色。茎直立,高15~50cm。叶片薄草质,老时带革质,条形或条状披针形,长1.5~3.5cm,宽1~3mm,先端急尖至短渐尖,基部圆形,干后边缘反卷,上半部稍被柔毛,上面密被圆形小疣体,下面光滑,中脉在上面凹陷,在下面突起,侧脉不显露;无叶柄;托叶长3~6mm,基部合生,顶端分裂成数条刺状刚毛。花2或3朵簇生于叶腋;无花梗;花萼筒倒卵球形,长约1.5mm,萼檐4裂,裂片披针形,长约2mm,具缘毛;花冠漏斗状,白色,长3~3.5mm,顶端4裂,裂片长圆形,长约1.5mm,先端钝;雄蕊着生于花冠喉部,花药突出;花柱顶端膨大。蒴果卵球形,长2~2.5mm,直径约2mm,具宿萼裂片,成熟时顶端开裂。花期6—7月,果期8—10月。

图8-74 纤花耳草

产于象山、宁海、衢州市区（衢江）、开化、武义、天台、临海、仙居、温岭、玉环、遂昌、松阳、龙泉、庆元、景宁、乐清、瑞安、文成、平阳、泰顺。生于海拔400～600m的田边、溪边、山坡岩石上。分布于华南及福建、四川、云南。日本、越南、泰国、缅甸、印度尼西亚、菲律宾、印度、太平洋岛屿也有。

全草可入药，有清热解毒、消肿止痛等功效。

3. 白花蛇舌草　二叶葎　（图8-75）
Hedyotis diffusa Willd. —— *H. diffusa* var. *longipes* Nakai

一年生纤细草本。茎多分枝，高20～50cm，圆柱形。小枝具纵棱。叶片膜质，老时草质，条形，长1～4cm，宽1～3mm，先端急尖至渐尖，基部楔形，干后边缘略反卷，有时稍被柔毛，上面无毛，下面有时粗糙，中脉在上面凹陷或略平，在下面突起，侧脉不显露；无叶柄；托叶长1～2mm，基部合生，顶端齿裂。花单生或成对生于叶腋；花梗长2～5mm，较粗壮，有时可长达10mm；花萼筒近球形，长约1mm，萼檐4裂，裂片长圆状披针形，长1.5～2mm；花冠管状，白色，长约3.5mm，顶端4裂，裂片卵状长圆形，长约2mm，先端钝；雄蕊着生于花冠喉部，花药突出；花柱顶端2裂。蒴果扁球形，直径2～3mm，具宿萼裂片，成熟时室背开裂。花期6—7月，果期8—10月。

产于宁波及杭州市区、桐庐、诸暨、普陀、金华市区（婺城）、磐安、开化、天台、临海、玉环、遂昌、松阳、龙泉、庆元、苍南、泰顺。生于海拔500m以下的山坡草丛中或田边。分布于华南及安徽、福建、云南。日本、泰国、缅甸、印度尼西亚、菲律宾、尼泊尔、不丹、斯里兰卡、孟加拉国也有。

全草可入药，有清热解毒、利水等功效。

图 8-75　白花蛇舌草

4. 金毛耳草 铺地蜈蚣 （图8-76）

Hedyotis chrysotricha (Palib.) Merr. — *Anotis chrysotricha* Palib.

多年生匍匐草本。植株干后变为黄绿色。茎被金黄色柔毛。叶片薄纸质或纸质，椭圆形、卵状椭圆形或卵形，长1～2.4（2.8）cm，宽0.6～1.5cm，先端急尖，基部圆形，干后边缘略反卷，具缘毛，上面黄褐色，被疏生短粗毛或无毛，下面黄绿色，被金黄色柔毛，在脉上较密，侧脉2或3对，在上面略平坦或凹陷，在下面突起；叶柄长1～3mm；托叶合生，顶端齿裂，裂片不等长。花1～3朵生于叶腋；花梗长约2mm，被毛；花萼筒钟形，长1～1.5mm，密被长柔毛，萼檐4裂，裂片披针形，长2～3mm；花冠漏斗状，淡紫色或白色，长5～6mm，4裂，裂片长圆形，与冠筒等长或稍短；雄蕊着生于花冠喉部，花药内藏；花柱丝状，柱头棒状，2裂。蒴果近球形，直径约2mm，被长柔毛，具数条纵棱及宿萼裂片，成熟时不开裂。花期6—8月，果期7—9月。

图8-76　金毛耳草

全省各地常见。生于海拔1600m以下的山坡路边、荒地上、田边草丛中或疏林下。分布于华东、华南及湖北、湖南、贵州、云南。日本、菲律宾也有。

全草可入药，有清热利湿的功效。

5. 粗叶耳草 （图8-77）

Hedyotis verticillata (L.) Lam. — *Oldenlandia verticillata* L. — *H. hispida* Retz.

一年生披散状草本。植株干后变为黑褐色。茎多分枝，下部匍匐。枝上部四棱形，下部圆柱形，被短粗毛。叶片纸质，长圆形或长椭圆形，长2.5～5cm，宽6～10mm，先端短渐尖至渐尖，基部楔形，干后边缘反卷，略具短刺毛，上面被角质的短硬刺毛，下面沿中脉密被柔毛，中脉在上面凹陷，在下面突起，侧脉4或5对，不明显；无叶柄或近无柄；托叶长6～10mm，基部合生，顶端分裂成数条刺状毛。花数朵簇生于叶腋；无花序梗和花梗；花萼筒倒圆锥形，长约1mm，被粗毛，萼檐4裂，裂片披针形，长1～1.5mm；花冠近漏斗状，白色，长3.5～4mm，顶端4裂，裂

图 8-77 粗叶耳草

片披针形,约与冠筒等长;雄蕊着生于花冠喉部,花药突出。蒴果卵球形,长3～4.5mm,被粗毛,具宿萼裂片,成熟时顶端开裂。花期8—10月,果期10—12月。

产于文成。生于草丛中或疏林下。分布于广东、海南、广西、贵州、云南。日本、马来西亚、印度尼西亚也有。

全草可入药,有清热解毒的功效。

6. 肉叶耳草 厚叶双花耳草 (图8-78)

Hedyotis strigulosa (Bartl. ex DC.) Fosberg — *Oldenlandia strigulosa* Bartl. ex DC. — *H. biflora* (L.) Lam. var. *parvifolia* Hook. et Arn.

多年生草本。茎多分枝,稍带肉质,高5～20cm,全体无毛,具纵棱,基部倾卧或斜上。叶片带肉质,椭圆形、卵状椭圆形或倒卵状椭圆形,长1～2.5cm,宽0.7～1.2cm,先端圆或圆

图 8-78 肉叶耳草

钝，基部楔形下延，上面具光泽，边缘多少反卷，中脉在两面均突起，侧脉不明显；无叶柄或近无柄；托叶长约2mm，先端具2微齿。花数朵排成二歧聚伞花序，顶生及生于分枝上部叶腋；花梗长3～5mm；花萼筒陀螺形，长2～3mm，萼檐4裂，裂片宽卵状三角形，长1～1.5mm；花冠管状，白色，长3～4mm，4裂；雄蕊生于花冠管近基部，内藏；花柱无毛，柱头2浅裂。蒴果倒卵状扁球形，直径4～5mm，具2～4纵棱。花期8—9月，果期10—11月。

产于舟山及象山、临海、温岭、玉环、台州市区（椒江）、瑞安、洞头、平阳、苍南。多生于海岸的山坡或岩石上。分布于广东、台湾。亚洲热带地区及日本、朝鲜半岛也有。

7. 剑叶耳草 （图8-79）

Hedyotis caudatifolia Merr. et F.P. Metcalf — *H. hui* Diels

多年生草本，基部呈亚灌木状。茎高可达50cm，有分枝，四棱形，无毛。叶片革质，卵状披针形或披针形，长3～7cm，宽1～2cm，先端渐尖至长渐尖，基部楔形，干后边缘略反卷并疏被缘毛，上面沿中脉被柔毛，下面灰黄色，无毛，中脉在上面略平坦或凹陷，在下面突起，侧脉不明显；叶柄近无或至长达4mm；托叶卵状三角形，长2～3mm，全缘或具腺状小齿。聚伞花序圆锥状，顶生及生于上部叶腋；花着生于中央的无花梗，两侧的具短梗；花萼筒陀螺状，长

图8-79　剑叶耳草

1.5~2mm，萼檐4裂，裂片卵状三角形，与萼筒近等长或稍短；花冠漏斗状，白色或淡紫色，长5~6mm，4裂，裂片披针形；花柱无毛，柱头2裂。蒴果椭球形，长3~4mm，无纵棱，具宿萼裂片，成熟时开裂为2分果瓣。花期6—7月，果期8—9月。

产于象山、宁海、遂昌、松阳、龙泉、庆元、景宁、缙云、温州市区（龙湾）、永嘉、瑞安、文成、泰顺。生于山坡路边的草丛中。分布于福建、广东、海南。

8. 细梗耳草 （图8-80）
Hedyotis tenuipes Hemsl.

多年生直立草本，基部稍呈披散状。茎高20~45cm，四棱形，无毛，上部疏被短柔毛。叶片纸质，卵状披针形至狭披针形，长2.5~7cm，宽1~2.5cm，先端长渐尖，基部楔形，干后边缘略反卷，上面沿中脉被柔毛，下面无毛，中脉在上面凹陷，在下面突起，侧脉在上面明显；叶柄长约2mm，或几无；托叶卵状三角形，长2~3mm，全缘或具小齿。聚伞花序圆锥状，顶生及生于上部叶腋；花梗长4~10mm；花萼筒陀螺状或倒圆锥形，长2~3mm，萼檐4裂，裂片三角状披针形，与萼筒近等长或稍短；花冠漏斗状，白色，长6~7mm，4裂，裂片披针形，反卷，里面密被毛；花柱无毛，柱头近头状。蒴果近球形，长2~3mm，无纵棱，具宿萼裂片，成熟时开裂为2分果瓣。花期6—7月，果期8—9月。

产于龙泉、云和、青田。生于山坡路边的草丛中。分布于福建、广东。为浙江分布新记录种。

图8-80 细梗耳草

23 新耳草属（假耳草属） Neanotis W.H. Lewis

直立、披散状或匍匐草本，稀为亚灌木。叶对生；叶片卵形至披针形，通常全缘；托叶生于叶柄间，基部合生，顶端分裂成刚毛状。花细小，排成疏散的聚伞花序或头状花序，腋生或顶生；花萼筒压扁，顶端4裂，裂片直立或反卷；花冠漏斗状或管状，4裂，裂片花蕾时呈镊合状排列，通常短于花冠管，喉部无毛或疏被长毛；雄蕊4，生于花冠管喉部，花丝短或延长，内藏或伸出；花盘不明显；子房下位，2室，稀为3或4室，每室具多数胚珠，柱头常2裂。蒴果双生，侧扁，顶部具宿萼裂片，成熟时室背开裂。种子盾形、舟状或平凸状，极少具翅，种皮具小窝点。

约30种，主要分布于亚洲热带地区及澳大利亚。我国有8种，自华东至西南各地均有分布；浙江有3种。

分种检索表

1. 直立草本，不分枝或极少分枝，全株具臭味；叶片较大，长6～11cm；花多数排成顶生、开展的聚伞花序 ··· **1.臭味新耳草 N. ingrata**
1. 披散状草本，多分枝；叶片长2～4cm；花通常数朵排成顶生或腋生的近头状花序或疏散的聚伞花序，有时单生。
   2. 茎、叶片上面、托叶及花序均无毛；花排成近头状花序 ···················· **2.薄叶新耳草 N. hirsuta**
   2. 茎、叶片两面、托叶及花序均被卷曲柔毛；花排成疏散的聚伞花序 ··· **3.卷毛新耳草 N. boerhavioides**

1. 臭味新耳草　新耳草　假耳草　（图8-81）

Neanotis ingrata (Wall. ex Hook. f.) W.H. Lewis — *Anotis ingrata* Wall. ex Hook. f.

多年生直立草本，全株具臭味。茎直立，通常不分枝，高可达1m，具纵棱，无毛或节上、嫩枝上稍被柔毛。叶片椭圆形至卵状披针形，长6～11cm，宽2～4.5cm，先端渐尖，基部楔形，边缘具缘毛，两面均被疏柔毛，干后常变为黑色，侧脉7或8对；叶柄长3～10mm；托叶下部近三角形，上部分裂成刚毛状，长0.5～1mm，

图8-81　臭味新耳草

被柔毛。聚伞花序顶生,花数十朵;花萼长3～5mm,裂片长于萼筒2倍以上,边缘具柔毛;花冠白色,长4～5mm,裂片长圆形,顶端钝;雄蕊和花柱均伸出花冠管外。蒴果球形或扁球形,通常无毛,直径约2mm。种子平凸状,具小窝点。花期6—7月,果期8—9月。

产于遂昌、龙泉、庆元、景宁、云和、瑞安、文成、泰顺。生于海拔700～1500m的山坡溪谷或溪沟边的草丛中。分布于西南及江苏、福建、湖北、湖南。印度、尼泊尔也有。

2. 薄叶新耳草　薄叶假耳草　(图8-82)
Neanotis hirsuta (L. f.) W.H. Lewis — *Oldenlandia hirsuta* L. f. — *Anotis hirsuta* (L. f.) Boerl.

多年生披散状草本。茎多分枝,下部常匍匐,高达20cm,具纵棱,无毛,基部节上常生不定根。叶片卵形或卵状椭圆形,长2～4cm,宽1～2cm,先端急尖或渐尖,基部楔形或宽楔形,下延,边缘具短柔毛,上面无毛,下面无毛或疏被短柔毛,侧脉约5对;叶柄长2～7mm,无毛;托叶下部合生,上部分裂成刺毛状,长2～4mm,无毛。花序腋生或顶生,花数朵集生成近头状,有时单生;花萼钟形,长约4mm,裂片披针形,长约2mm;花冠白色,长4～5mm,裂片宽披针形,顶端短尖;雄蕊和花柱稍伸出花冠管外。蒴果近球形,直径约3mm。种子平凸状,具小窝点。花期7—9月,果期10月。

产于杭州市区、临安、富阳、桐庐、建德、淳安、诸暨、衢州市区(衢江)、开化、江山、武义、天台、遂昌、松阳、龙泉、庆元、永嘉。生于海拔300～800m的山谷溪边或路旁草丛中。分布于江苏、江西、台湾、广东、海南、云南。东亚、东南亚也有。

在此,编者将茎、叶片上面、托叶及花序均无毛的类型鉴定为本种,这也是本属在浙江分布最为普遍的类型;嫩枝多少被毛、叶片两面疏被毛或无毛的类型被鉴定为台湾新耳草

图8-82　薄叶新耳草

Anotis. formosana (Hayata) W.H. Lewis（也曾被记录为 *Hedyotis lindleyana* Hook. ex Wight et Arn.）；叶片两面无毛、花萼无毛的类型被鉴定为广东新耳草 *A. kwangtungensis* (Merr. et Metcalf) W.H. Lewis［或光萼新耳草 *N. hirsuta* var. *glabricalycina* (Honda) Lewis］。这些类型之间的具体关系以及浙江是否还存在其他类型尚不确定，由于现有材料有限，只能暂附于此。

3. 卷毛新耳草 黄细心状假耳草 （图8-83）
Neanotis boerhavioides (Hance) W.H. Lewis — *Hedyotis boerhavioides* Hance — *A. boerhavioides* (Hance) Maxim.

披散状草本。茎多分枝，下部常匍匐，高达20cm，具纵棱，密被卷曲柔毛。叶片三角状卵形至卵状椭圆形，长1.5～3.5cm，宽0.7～1.5cm，先端短渐尖或短尖，基部宽楔形或楔形，下延，全缘，两面均被柔毛，侧脉4或5对；叶柄长2～4mm，被柔毛；托叶下部合生，上部分裂成刺毛状，长2～6mm，被柔毛。聚伞花序腋生或顶生，具7～10花，疏散；花萼长约2mm，被柔毛，裂片较萼筒短；花冠白色，长3～4mm，裂片扩展。蒴果扁球形，直径约4mm，被毛。种子多数，干后变为黑褐色。花期8—9月，果期10—11月。

产于宁波市区（北仑）、鄞州、龙泉、庆元、景宁、泰顺。生于海拔600～950m的山坡湿地或溪沟边。分布于江西、福建、广东。

图8-83　卷毛新耳草

24 蔓虎刺属（双果草属）Mitchella L.

匍匐草本。叶对生；叶片小；具叶柄；托叶生于叶柄间。花小，每2朵成对腋生或顶生；苞片缺；2个花萼筒基部合生，花萼短，萼檐4裂，裂片齿状，宿存；花冠狭漏斗状，喉部具毛，顶端4裂，裂片花蕾时呈镊合状排列；雄蕊4，着生于花冠喉部；子房下位，4室，每室具1胚珠，胚珠直立，倒生，花柱细长，顶端4裂。浆果状核果，成对孪生，顶端具2组花萼裂片，内具4小核；小核扁平，宽椭圆形，骨质，内具1种子。

2种，东亚与北美各有1种。我国有1种；浙江也有。

波状蔓虎刺 （图8-84）
Mitchella undulata Siebold et Zucc.

多年生匍匐草本。全株无毛或近无毛。茎细长而匍匐。叶片厚，有大型和小型之分；大型叶叶片三角状卵形、宽卵形或卵形，长0.8～1.5cm，宽0.4～1.2cm，先端急尖或稍钝，基部圆形或微心形，边缘全缘或多少波状，具光泽，干后略反卷，两面无毛，上面叶脉明显，突起，叶柄长2～5mm，无毛或近无毛；小型叶叶片卵形或近圆形，长2～3mm；托叶生于叶柄间，三角形。

花有长花柱短雄蕊型和短花柱长雄蕊型之分，每2朵成对顶生，其下具长

图8-84 波状蔓虎刺

5mm的花序梗；花萼长约2mm，萼檐顶端4裂；花冠白色而常多少带红晕，长约15mm，筒部细长，顶端4裂，裂片卵形，长2～3mm，内面密被绒毛。果成对孪生，球形，成熟时呈红色，直径约8mm。花期5月，果期8—9月。

产于遂昌、松阳、龙泉、庆元、景宁。生于海拔700～1600m的溪边林下、湿润岩石上。分布于福建、台湾。日本、朝鲜半岛也有。

25 丰花草属 Spermacoce L.

草本，有时为矮小亚灌木。小枝通常四棱形。托叶与叶柄或叶片基部合生成鞘，顶端分裂成刚毛状。花成束生于叶腋，或多朵排成顶生的聚伞花序；花萼筒倒卵球形或倒圆锥形，萼檐2～4裂，裂片间通常具齿；花冠漏斗状或高脚碟状，顶端4裂，裂片扩展，花蕾时呈镊合状排列；雄蕊4，着生于冠筒上或喉部，花药背着；花盘膨大或不明显；子房下位，2室，每室具1胚珠。蒴果，成熟时2瓣裂或仅顶端开裂。种子腹面有沟。

250种以上，分布于热带至温带温暖地区。我国连同引种栽培的有7种，分布于西南部至东南部；浙江有2种。

1. 丰花草 （图8-85）

Spermacoce pusilla Wall. — *Borreria pusilla* (Wall.) DC.

多年生草本。茎直立，高15～30cm，通常中部以下分枝。小枝四棱形，被粗毛。叶片薄纸质，条形或条状披针形，长1.5～5cm，宽0.2～0.4cm，先端渐尖，基部下延，边缘略具柔毛，干后反卷，上面粗糙，被粗毛，下面沿中脉被柔毛，中脉在上面凹陷，在下面突起，侧脉极不明显；无叶柄；托叶与叶片基部连合，宽而短，顶端具数

图8-85 丰花草

条棕红色长刚毛。花数朵簇生于叶腋，密集成头状；花小，无花梗；小苞片丝状，透明；花萼长1.5～2mm，被毛，萼筒倒卵球形，萼檐4裂；花冠管状漏斗形，白色，长2～3.5mm；花药伸出花冠管外；花柱纤细，柱头扁球形，粗糙。蒴果长椭球形至倒卵球形，长约2mm，顶端被柔毛，不完全2瓣裂。种子2。花果期8—9月。

产于开化、平阳（南麂岛）。生于山坡路旁或空旷地。分布于我国华南至西南。亚洲、非洲热带地区也有。

全草可入药，可治跌打损伤。

曾报道平阳（南麂岛）还有山东丰花草 S. shandongensis (F.Z. Li et X.D. Chen) Govaerts（现并入双角草 Diodia teres Walter）。与本种的区别在于花粉红色；果长3～3.5mm；种子干后具1纵沟槽。因编者未见标本，只能暂附于此。

2. 阔叶丰花草　（图8-86）

Spermacoce alata Aubl. — *S. latifolia* Aubl.

多年生披散草本。茎粗壮，直立，高30～70cm，多分枝，茎及分枝四棱形，棱上具狭翅，被粗毛。叶片纸质，椭圆形或卵状长圆形，长2～7.5cm，宽1～4cm，先端锐尖或钝，基部宽楔形，下延，边缘略呈波状，侧脉5或6对，明显；叶柄长4～10mm；托叶膜质，被粗毛，顶端有数条刺毛。花数朵簇生于托叶鞘内；无花梗；小苞片略长于花萼；萼筒长约1mm，被粗毛，萼檐4裂，裂片长约2mm；花冠漏斗形，淡紫色或白色，长3～6mm，

图8-86　阔叶丰花草

内面疏被柔毛，基部具1毛环，先端4裂；花柱长5～7mm，柱头2裂。蒴果椭球形，长约3mm，被柔毛，成熟时纵向开裂。种子近椭球形，无光泽。花果期5—7月。

原产于美洲，非洲、东亚、东南亚及澳大利亚均有归化。福建、台湾、广东、海南等地均有归化。台州、温州等地也有归化。

与丰花草的区别在于本种叶片椭圆形或卵状长圆形，宽1～4cm；蒴果较大，长约3mm。

26 红芽大戟属 Knoxia L.

直立草本或亚灌木。叶对生；具柄；托叶与叶柄合生成1短鞘，鞘全缘或顶部具数条刚毛。花排成顶生而分枝的聚伞花序或伞房花序，稀为穗状花序或头状花序；花萼筒卵球形，萼檐4齿裂，裂片短而近相等，1或2裂，宿存；花冠高脚碟状，花冠管纤细，喉部有毛，顶端4裂，花蕾时呈镊合状排列；雄蕊4，着生于花冠喉部，花丝短，花药条形，背着；花盘肿胀；子房下位，2室，每室具1胚珠，花柱丝状，顶端2裂。果小而干燥，由2个半圆柱形或背向压扁、不开裂的分果瓣组成。种子无沟，具1粗厚种柄，种皮薄。

7～9种，分布于亚洲热带地区和大洋洲。我国有2种，分布于华南、西南、华东；浙江有1种。

假媛草　红芽大戟（图8-87）

Knoxia roxburghii (Spreng.) M.A. Rau — *Spermacoce roxburghii* Spreng. — *K. valerianoides* Thorel ex Pit.

多年生草本。块根通常2或3，纺锤形，红褐色或棕褐色。茎直立，高30～100cm，或上部稍呈蔓状，稍具棱，不分枝或很少分枝。叶片长椭圆

图8-87　假媛草

形至条状披针形，长2～10cm，宽0.5～3cm，先端狭或短渐尖，基部楔形，全缘，被短柔毛，尤以脉上为多。聚伞花序顶生，花多数，密集成直径1～1.5cm的头状花序；花小，具极短花梗；花萼4齿裂；花冠管状漏斗形，淡紫红色或白色，长2～3mm，喉部密被长毛，先端4裂；雄蕊4，着生于冠筒中部；子房下位，2室，花柱细长，柱头2裂。果很小，卵球形或椭球形。花果期秋季。

产于遂昌（九龙山）、松阳（玉岩）。生于低山坡草丛或山坡毛竹林中。分布于福建、广东、广西、海南、云南。东南亚也有。

根可入药，有泻水逐饮、消肿散结等功效。

27 假盖果草属 Pseudopyxis Miq.

多年生草本。全株被紧贴短柔毛或疏生多节柔毛。根状茎匍匐；地上茎直立，圆柱形或四棱形。叶对生；具叶柄；托叶三角形，膜质，生于叶柄间，宿存。聚伞花序腋生或顶生；苞片具短柄，宿存；花萼筒短，萼檐顶端5全裂，宿存，果时增大；花冠狭漏斗形或细管状漏斗形，5裂，裂片开展，花蕾时内向而呈镊合状排列；雄蕊5，着生于冠筒基部，花丝极短，花药背着，内藏或伸出；花盘肉质；子房下位，4或5室，每室具1倒生胚珠，花柱细长，柱头4或5裂。果小型，顶端冠以星状开展的萼裂，成熟后顶部似盖果状裂开。种子倒卵球形至卵球形，有纵沟或无。

2种，分布于我国和日本。我国有1种，分布于浙江。

肿节假盖果草 （图8-88）

Pseudopyxis heterophylla (Miq.) Maxim. subsp. **monilirhizoma** (Tao Chen) L.X. Ye, C.Z. Zheng et X.F. Jin — *P. monilirhizoma* Tao Chen

多年生草本。根状茎细，木质化，坚硬，近地表横生，相隔一定距离形成串珠状结节。地上茎高15～20cm，四棱形，被2列短柔毛。叶4～6对，下部退化成鳞片状，向上部渐次增大；叶片卵圆形、宽卵形或菱状卵形，长1.5～6cm，宽1～2.5cm，先端急尖或钝，基部楔形或圆形，下延，边缘有缘毛，两面散生短柔毛；叶柄长0.7～2cm；托叶三角形，3裂，宿存。花1～3朵生于茎端叶腋；花梗短；花萼钟形，裂片卵形，先端急尖，果时增大，长达5mm，开展；花冠管状漏斗形，粉红色或白色，长9～12mm，直径9～13.5mm；雄蕊与花柱均伸出冠筒外，柱头4或5裂。蒴果近圆球形。种子宽椭球形，具微细隆起的线纹。花果期7—10月。

产于龙泉（凤阳山）、景宁（荒天湖）。生于海拔1450～1600m的林下阴湿的岩石缝间或溪沟旁。模式标本采自龙泉（凤阳山）。

模式亚种异叶假盖果草 *P. heterophylla* subsp. *heterophylla* 根状茎不呈结节状；茎分枝；花冠长6～9mm。分布于日本。

图 8-88　肿节假盖果草

28 墨苜蓿属　Richardia L.

多年生草本，直立或平卧。茎常四棱形。叶对生；有柄或无柄；托叶与叶柄合生成鞘状，上部丝状分裂。花小，极多数排成顶生的近头状花序；花萼筒陀螺形或球形，萼檐4～8裂；花冠漏斗状，顶端5或6裂，裂片花蕾时呈镊合状排列，喉部无毛；雄蕊与花冠裂片同数，着生于花冠喉部，花丝丝状；花盘不明显；子房下位，3或4室，每室具1胚珠，花柱1，柱头头状，3裂。蒴果，成熟时萼檐自基部环状开裂，或不裂。种子背面平凸，腹面具2直槽。

约15种，分布于中美洲、南美洲，3种在全球热带地区均有归化。我国有2种，均为归化种；浙江有1种。

墨苜蓿 （图8-89）
Richardia scabra L.

一年生匍匐或近直立草本。茎近圆柱形，长约80cm，被硬毛，节上无不定根，疏分枝。叶片卵形、椭圆形或披针形，长1～5cm，厚纸质，顶端通常短尖，钝头，基部渐狭，两面粗糙，边上有缘毛；叶柄长5～10mm；托叶鞘状，顶部平截，边缘具数条长2～5mm的刚毛。花序顶生；几无花序梗；花序梗顶端具1或2对叶状总苞，具2对叶状总苞时，里面1对较小，总苞片阔卵形；

图 8-89 墨苜蓿

花萼长 2.5~3.5mm，萼筒顶部缢缩，裂片披针形或狭披针形，长约为萼筒的 2 倍，被缘毛；花冠漏斗状或高脚碟状，白色，冠筒长 2~8mm，里面基部有 1 环白色长毛，裂片 6，盛开时星状展开，偶有薰衣草气味；雄蕊 6，伸出或不伸出；子房通常具 3 心皮，柱头头状，3 裂。分果瓣 3（6），长圆形至倒卵形，长 2~3.5mm，背部密覆小乳突和糙伏毛，腹面具 1 狭沟槽，基部微凹。花期春、夏季。

原产于美洲热带地区。广东、海南等地有归化。海宁、嵊泗、平阳（南麂岛）有归化，生于草丛中。

29 茜草属 Rubia L.

多年生草本，直立、蔓生或攀缘。茎四棱形，稀为圆柱形。叶（包括叶状托叶）4~8 枚轮生，稀对生。花小，排成顶生或腋生的聚伞花序；花梗与花萼连接处具关节；花萼筒卵球形或球形，萼檐不明显或缺；花冠辐射对称，稍呈钟状，顶端 4 或 5 裂，裂片花蕾时呈镊合状排列；雄蕊与花冠裂片同数，着生于冠筒上，花丝短；花盘极小或肿胀；子房下位，2 室，或退化为 1 室，每室具 1 胚珠，花柱 2，离生或稍连合，柱头头状。果肉质浆果状，2 裂。种子与果皮粘连，种皮膜质。

约 80 种，分布于亚洲、美洲、欧洲和非洲的温带与热带地区。我国有近 40 种，全国各地均有分布；浙江有 4 种。

分种检索表

1. 花冠裂片明显反折。
　2. 茎圆柱形，无皮刺；叶片长卵形或卵状披针形 ·················· 1. 浙南茜草 R. austrozhejiangensis
　2. 茎四棱形，倒生皮刺；叶片卵状心形至圆心形，稀卵形 ·················· 2. 卵叶茜草 R. ovatifolia
1. 花冠裂片向外伸展，但不反折。

3.叶片长圆状披针形、披针形至条状披针形,长为宽的5～10倍,基出脉常3 ·········· **3.金剑草 R. alata**
3.叶片卵状心形或圆心形,长不足宽的3倍,基出脉5～7 ···················· **4.东南茜草 R. argyi**

1. 浙南茜草 （图8-90）

Rubia austrozhejiangensis Z.P. Lei, Y.Y. Zhou et R.W. Wang

多年生攀缘草本。茎细长,圆柱形,稍具细棱,光滑而无皮刺。叶通常4枚轮生;叶片薄纸质,长卵形或卵状披针形,长2～7cm,宽1～3.5cm,先端渐尖,基部近心形,稀为圆形,边缘倒生小刺,上面粗糙,具短刺毛,下面脉上倒生小刺,基出脉3～5,在上面稍凹陷,在下面稍突起;叶柄长0.5～5cm。圆锥状聚伞花序腋生或顶生;花萼筒短,长约1mm,近球形,无毛;花冠黄绿色或紫色,花冠管长约1mm,5裂,裂片长卵形,长2～2.5mm,先端长尾尖,反折;雄蕊着生于花冠喉部;花柱上部2裂。果近球形,直径3～4mm,成熟时呈紫黑色。花果期9—12月。

产于庆元、景宁、瑞安、文成、泰顺。生于海拔750～1200m的山坡上或路边草丛中。浙江特有种。模式标本采自泰顺(乌岩岭)。

图8-90 浙南茜草

2. 卵叶茜草 茜草 （图8-91）

Rubia ovatifolia Z. Ying Zhang

多年生攀缘草本。茎、枝细长,具4棱,无毛,常具皮刺。叶通常4枚轮生;叶片薄纸质,卵状心形或圆心形,稀为卵形,长3～8cm,宽2～5cm,先端尾状渐尖,基部心形或深心形,稀为

图8-91 卵叶茜草

圆形,边缘倒生小刺,上面粗糙,或近无毛,下面脉上倒生小刺,基出脉5～7,在下面稍突起;叶柄长2.5～6(10)cm。圆锥状聚伞花序腋生或顶生;花萼筒短,长约1mm,扁球形,无毛;花冠黄绿色,花冠管长0.8～1mm,5裂,裂片卵形,长约1.5mm,先端长尾尖,反折;雄蕊着生于花冠喉部;花柱上部2裂。果近球形,直径6～8mm,成熟时呈黑色。花果期9—12月。

产于安吉、杭州市区、临安、淳安、衢州市区(衢江)、开化、磐安、天台、缙云、景宁。生于海拔150～1100m的山坡上、溪边林中或灌草丛中。分布于湖南、四川、贵州、云南、陕西、甘肃。

3. 金剑草 (图8-92)
Rubia alata Wall.

多年生攀缘草本。茎、枝细长,具4棱,无毛,常倒生皮刺。叶通常4枚轮生;叶片薄革质,长圆状披针形、披针形至条状披针形,长3～9cm,宽0.5～2cm,先端渐尖,基部圆形或浅心形,边缘和下面脉上倒生小刺,两面粗糙,基出脉常3,在上面凹陷,在下面突起;叶柄长3～8cm。圆锥状聚伞花序腋生或顶生;花萼筒短,长约0.7mm,近球形,无毛;花冠白色或淡黄色,花冠管长0.5～1mm,5裂,裂片三角形或披针形,长1.2～1.5mm,先端长尾尖,斜展;雄蕊着生于花冠喉部;花柱顶端2裂。果近球形或双球形,成熟时呈黑色。花果期7—11月。

产于临安、衢州市区(衢江)、开化、江山、磐安、武义、遂昌、龙泉、庆元、景宁、文成、平阳、泰顺。生于海拔300～900m的山坡溪边、路边荒地上。分布于华东、华中、华南等地。

一六二　茜草科 Rubiaceae

图 8-92　金剑草

4. 东南茜草 （图 8-93）

Rubia argyi (H. Lév. et Vaniot) H. Hara ex Lauener et D.K. Ferguson —— *Galium argyi* H. Lév. et Vaniot —— *R. akane* Nakai —— *R. chekiangensis* Deb

多年生攀缘草本。根圆柱形，多条簇生，紫红色或橙红色。茎具4棱，棱上倒生小刺。叶通常4枚轮生，但主茎上有时可6枚轮生；叶片纸质，卵状心形至圆

图 8-93　东南茜草

心形，长1～5cm，宽1～4.5cm，先端急尖或短尖，基部心形，极少浅心形至圆形，边缘倒生小刺，上面粗糙，具短刺毛，下面脉上倒生小刺，基出脉5～7，在上面凹陷，在下面突起；叶柄长0.5～5cm。圆锥状聚伞花序腋生或顶生；花萼筒短，长约0.5mm，近球形，无毛；花冠白色，花冠管长0.5～0.7mm，裂片卵形至披针形，长约1.3mm，斜展或近平展；雄蕊着生于花冠喉部；花柱上部2裂。果近球形，直径5～7mm，成熟时呈黑色。花期7—9月，果期9—11月。

全省各地常见。生于海拔1450m以下的山坡路边、溪边潮湿处、林下灌丛中。几乎广泛分布于全国。日本、朝鲜半岛也有。

根可入药，有凉血止血、活血祛瘀等功效。

30 拉拉藤属（猪殃殃属） Galium L.

一年生或多年生草本，有时基部木质化，直立、攀缘或匍匐。茎通常具4棱，无毛，有时被毛或具小皮刺。叶（包括叶状托叶）3至多枚轮生，稀2枚对生；具柄或无柄。花小，通常两性，组成顶生或腋生的聚伞花序，常再排成圆锥状，稀单生；花梗与花萼连接处具关节；花萼筒卵球形或球形，萼檐齿裂或全缘；花冠辐射对称，通常4深裂，稀3或5裂，裂片呈镊合状排列；雄蕊与花冠裂片同数，互生，花丝短，花药双生；花盘环状；子房下位，2室，每室具1胚珠，花柱短，2裂，柱头头状。果为小坚果，干燥，不开裂，通常由2个孪生状的分果组成，平滑，有时具小瘤体或钩毛。种子平凸状，腹面有槽，种皮膜质。

600多种，广泛分布于全球，尤以温带地区为多。我国有63种，广泛分布于全国各地；浙江有10种。

分种检索表

1. 叶片基部具明显叶柄，长3～10mm；同一节上4叶轮生，叶片明显不等大 ······ **1. 林猪殃殃 G. paradoxum**
1. 叶柄极短或近无；同一节上4～10叶轮生，叶片近等大。
  2. 叶片具1脉。
    3. 叶6～10枚轮生；叶片狭条形，边缘强烈反卷；花黄色 ······················· **2. 蓬子菜 G. verum**
    3. 叶4～6枚，稀8枚轮生；叶片较宽，不为条形，边缘不反卷或稍反卷；花白色、淡黄绿色或黄绿色。
      4. 果无毛，或具鳞片状、疏瘤状突起。
        5. 果无毛；茎被倒生小刺毛。
          6. 叶片长5～8mm，先端圆钝；花冠通常3裂 ············ **3. 小叶猪殃殃 G. trifidum**
          6. 叶片长1.5～3cm，先端急尖或具短尖头；花冠4裂 ········ **4. 大叶拉拉藤 G. dahuricum**
        5. 果具鳞片状突起；茎无毛或具明显硬毛（变种硬毛四叶葎 var. *hispidum*） ·· **5. 四叶葎 G. bungei**
      4. 果被钩毛。
        7. 叶片长圆状倒卵形至狭倒卵形，先端具短尖头 ····················· **6. 六叶葎 G. hoffmeisteri**

7. 叶片条状倒披针形，先端具芒尖 ··· **7. 猪殃殃 G. spurium**
2. 叶片具3或5脉。
　8. 叶4枚轮生，叶片长0.5～3cm；果被钩毛或具鳞片状突起。
　　9. 茎无毛；果具鳞片状突起 ·· **8. 浙江拉拉藤 G. chekiangense**
　　9. 茎被硬毛；果被钩毛 ·· **9. 小红参 G. elegans**
　8. 叶4～8枚轮生，叶片长1.5～4cm；果无毛 ··· **10. 异叶轮草 G. maximowiczii**

1. 林猪殃殃 （图8-94）
Galium paradoxum Maxim.

多年生草本。茎直立，柔弱，高5～25cm，通常不分枝，具4棱，无毛或具粉状微柔毛。茎上部叶通常4枚轮生，其中2枚较大，一大一小成对对生，下部叶对生；叶片宽卵形、卵形或三角状卵形，长1～2.5cm，宽0.8～1.8cm，先端急尖或略圆钝而具短尖头，基部圆形或平截，略下延，边缘具短毛，两面均散生白色短毛；叶柄长3～10mm，无毛。聚伞花序顶生或生于上部叶腋，具少数花；具花序梗；花小；花萼筒外面密被钩毛，萼檐不明显；花冠白色，4深裂，裂片卵形。果由2椭球形分果组成，密被长钩毛。花期5—6月，果期6—7月。

产于临安、遂昌、龙泉。生于海拔1200～1500m的山坡路旁、林下阴湿地。分布于东北、华北、华中、西南及江苏、安徽、广西、青海、陕西、甘肃。日本、不丹、朝鲜半岛及俄罗斯西伯利亚东部地区也有。

图8-94　林猪殃殃

2. 蓬子菜 （图8-95）
Galium verum L.

多年生直立草本，有时基部匍匐。茎基部稍木质化，中空，常自基部分枝，嫩枝具4棱，密被短柔毛。叶6～10枚轮生；叶片革质，干后变为黑色，狭条形，长1～5cm，宽1～2mm，先端具短尖头，基部下延，边缘强烈反卷，常呈管状，上面无毛，稍具光泽，下面沿中脉被柔毛，中脉在上面凹陷，在下面突起；无叶柄。聚伞花序顶生或腋生，集成圆锥状，具柔毛；花小，具短花梗；花萼筒无毛，萼檐不明显4裂；花冠黄色，4深裂，裂片卵形或长圆形。果小，球形，由2分果组成，无毛。花期6—7月，果期7—8月。

产于嵊州、东阳（怀鲁）。生于山坡路边或旷野中，较少见。分布于东北、华北、华中、西北及江苏、安徽、四川、西藏。亚洲、欧洲、北美洲也有。

全草及根可入药，可治急性荨麻疹、水田皮炎等。

《中国植物志》和 Flora of China 记载，浙江有本种的2个变种，即长叶蓬子菜 var. *asiaticum* Nakai 和毛果蓬子菜 var. *trachycarpum* DC.，但至今未见可靠标本，疑为本种的误定。

图 8-95　蓬子菜

3. 小叶猪殃殃　细叶猪殃殃 （图8-96）
Galium trifidum L.

多年生草本。茎纤细而多分枝，丛生，具4棱，棱上具倒生小刺毛。叶4或5枚轮生；叶片长椭圆状倒披针形，稀长椭圆状披针形，长5～8mm，宽约2mm，先端常圆钝，基部渐狭，边缘具倒生小刺毛，上面无毛，下面中脉上具倒生小刺毛；近无柄。聚伞花序腋生或顶生，具3或

一六二　茜草科 Rubiaceae

图 8-96　小叶猪殃殃

4花;花序梗细长;花小,花梗纤细,长3～5mm;花萼筒长约0.5mm,萼檐平截;花冠白色,长0.5～1mm,3裂,稀4裂,裂片卵形;雄蕊通常3。果由2个近球形的分果组成,直径约3mm,无毛,具疏瘤状突起。花期4—5月,果期5—6月。

产于安吉、德清、杭州市区、萧山、鄞州、临海、遂昌、龙泉、庆元、永嘉。生于海拔1100m以下的山坡谷地、溪边路旁或草丛中。分布于东北、华北、华东、华中、华南至西南各地。欧洲、北美洲及日本、朝鲜半岛也有。

4. 大叶拉拉藤　大叶猪殃殃　（图8-97）

Galium dahuricum Turcz. ex Ledeb. — *G. comari* H. Lév. et Vaniot — *G. niewerthi* Franch. et Sav.

多年生草本。茎铺散伸长,多分枝,具4棱,棱上具倒生小刺毛。茎近基部叶5或6枚轮生,上部叶4～6枚轮生,通常4枚;叶片倒卵形、宽倒披针形、倒卵状长椭圆形或长椭圆形,长1.5～3cm,宽0.5～1cm,先端急尖或圆钝而具短尖头,基部渐狭,边缘具倒生小刺毛,干后略反卷,上面散生短毛,下面沿中脉具倒生小刺毛;无柄或近无柄。聚伞花序伸长,疏散,腋生或顶生,具少数花;花小,花梗细长;花萼筒长约0.5mm,萼檐近平截;花冠淡

图 8-97　大叶拉拉藤

黄绿色，4裂，裂片椭圆状卵形。果由2个半球状的分果组成，直径约2mm，无毛。花期7—8月，果期8—9月。

产于临安、松阳。生于海拔950～1450m的山坡沟谷中或溪边林下。分布于江西、福建、湖北、湖南、四川、贵州、云南、陕西、甘肃。日本也有。

浙江现有的标本特征为果实无毛，花较少，花梗较长，与昌化拉拉藤 G. niewerthi Franch. et Sav. 较符合，但茎及叶片均被毛而略有不同。《中国植物志》记载本省还有线梗拉拉藤 G. comari H. Lév. et Vaniot，主要特征为花序梗伸长，花序具10花以上，花梗丝状，长5～12mm，极叉开，但至今未见可靠标本。大叶拉拉藤的茎、叶片的毛被疏密变异大，其花梗长度变异也较大，而且浙江现有的标本较少，尚未发现其变异的规律，编者同意作归并处理。

《浙江植物志》将浙江的标本鉴定为山猪殃殃 G. pseudoasprellum Makino，但山猪殃殃的果实密被钩毛，疑为误定。

5. 四叶葎 细四叶葎 四叶草 （图8-98）
Galium bungei Steud.

图8-98　四叶葎

多年生草本。茎纤细，丛生，高可达50cm，具4棱，通常无毛。叶4枚轮生；茎中部以上叶叶片条状椭圆形或条状披针形，长0.6～1.2cm，宽2～3mm，先端急尖，基部楔形，边缘、上下两面、中脉上及近边缘处均有短刺状毛，后渐脱落；无柄或近无柄。聚伞花序顶生和腋生，具3至10余朵花，稠密或稍疏散；花序梗纤细；花小；萼檐不明显；花冠淡黄绿色，无毛，4裂，裂片卵形或长圆形。果由2个半球形的分果组成，直径1～2mm，具鳞片状突起。花期4—5月，果期5—6月。

产于安吉、杭州市区、临安、建德、鄞州、奉化、开化、仙居、遂昌、龙泉、庆元、青田、乐清。生于海拔1600m以下的山坡路边、溪边或草丛中。分布于东北、华北、华东、华中及广东、广西、四川、贵州、云南、陕西、甘肃、宁夏。日本、朝鲜半岛也有。

本种在浙江有3个变种。

分变种检索表

1. 叶片长0.6～2cm；果具鳞片状突起。
　2. 叶片椭圆形或条状披针形，长0.6～1.2cm，宽2～3mm ················· 5. 四叶葎 var. *bungei*
　2. 叶片卵状披针形、卵状长椭圆形、椭圆形至长卵形，长1～2cm，宽3～8mm。
　　3. 茎被硬毛 ·· 5a. 硬毛四叶葎 var. *hispidum*
　　3. 茎无毛 ·· 5b. 阔叶四叶葎 var. *trachyspermum*
1. 叶片长达3cm；果常具密疣状突起 ································· 5c. 狭叶四叶葎 var. *angustifolium*

5a. 硬毛四叶葎　毛阔叶四叶葎

var. **hispidum** (Matsuda) Cufod. — *G. gracile* Bunge form. *hispidum* Matsuda — *G. trachyspermum* A. Gray var. *hispidum* (Matsuda) Kitag.

与四叶葎的主要区别在于茎被硬毛，但毛的长度较茎直径短；叶片长卵状披针形，宽3～6mm。花果期5—6月。

产于杭州市区（飞来峰、灵山洞）。生于林下草丛中。分布于华东及山西、河南、湖北、四川、云南、陕西。

5b. 阔叶四叶葎 （图8-99）

var. **trachyspermum** (A. Gray) Cufod. — *G. trachyspermum* A. Gray

与四叶葎的主要区别在于叶片卵状长椭圆形、椭圆形至长卵形，宽3～8mm。花果期4—6月。

产于安吉、湖州市区（吴兴）、杭州市区、临安、富阳、建德、诸暨、余姚、鄞州、普陀、岱山、衢州市区（衢江）、金华市区（婺城）、磐安、天台、玉环、莲都、龙泉、庆元、景宁、乐清。生于海拔1200m以下的山谷路边、溪边或田边草丛中。分布于华东及河北、山东、湖北、湖南、广东、广西、四川、贵州、陕西。日本、朝鲜半岛也有。

图8-99　阔叶四叶葎

5c. 狭叶四叶葎 （图8-100）

var. **angustifolium** (Loes.) Cufod. — *G. gracile* Bunge form. *angustifolium* Loes. — *G. miltiorrhizum* Hance form. *angustata* Migo

与四叶葎的主要区别在于叶片条状披针形或狭披针形，长1～3cm；果常具密疣状突起。花果期5—7月。

产于安吉、临安、富阳、建德、诸暨、江山、磐安、武义、天台、仙居、遂昌、龙泉。生于海拔1500m以下的林下路边、草丛中或岩壁下。分布于华东、华中及河北、山西、山东、广西、四川、贵州、陕西、甘肃。

图8-100　狭叶四叶葎

6. 六叶葎 （图8-101）

Galium hoffmeisteri (Klotzsch) Ehrend. et Schönb.-Tem. ex R.R. Mill — *Asperula hoffmeisteri* Klotzsch — *G. asperuloides* Edgew. subsp. *hoffmeisteri* (Klotzsch) H. Hara

一年生草本。根红色，丝状。茎直立或披散状，高达30cm，近基部分枝，具4棱，光滑，稀倒生小刺毛。茎中部以上叶6枚轮生，叶片干后变为黑色，椭圆状倒卵形或长椭圆状倒卵形，稀长椭圆形，长1～2.5cm，宽3～7mm，先端急尖，具短尖头，基部楔形，上面近边缘处及边缘具伏毛，下面无毛，近无柄；茎中部以下叶常4枚轮生，叶片倒卵形，常较小，先端急尖，基部楔形，毛被与上部叶片相同，近无柄。聚伞花序顶生，单生或2朵、3朵簇生；花小；萼檐不明显；花冠白色，4深裂，裂片卵形；雄蕊伸出。果近球形，分果通常单生，密被钩毛。花期4—5月，果期5—6月。

产于安吉、临安、遂昌、景宁。生于海拔600～1100m的山坡路边、林下或山谷阴湿处。分布于华东、华中、西南及黑龙江、河北、陕西、甘肃。东亚、东南亚也有。

图 8-101 六叶葎

7. 猪殃殃 拉拉藤（图 8-102）

Galium spurium L. — *G. aparine* L. var. *echinospermum* (Wallr.) T. Durand — *G. aparine* var. *tenerum* (Gren. et Godr.) Rchb. f.

蔓生或攀缘状草本。茎多分枝，具4棱，棱上倒生小刺毛。叶6～8枚轮生；叶片条状倒披针形，长1～3cm，宽2～4mm，先端急尖，具短芒，基部渐狭，边缘具小刺毛，上面及中脉倒生小刺毛，下面无毛或倒生稀疏小刺毛；无柄。聚伞花序顶生或腋生，单生或2朵、3朵簇生；花小；花萼筒具钩毛，长约0.5mm，萼檐近平截；花冠黄绿色，4深裂，裂片长圆形，长不及1mm；雄蕊伸出。果由2分果组成，分果近球形，直径约4mm，密生钩毛。花期4—5月，果期5—6月。

产于全省各地。生于海拔550m以下的山坡路边、田边、沟边或草丛中。几乎遍布全国。东亚、东南亚、非洲、欧洲、北美洲也有。

全草可入药，有清热解毒、消肿止痛等功效。

本种是一个多倍化的多型种，花序具花数目、植株粗壮程度均有很大变异。在此，对于植株矮小、花序常为单花和植株稍粗壮、花序具几花的2个变种不再细分。

图 8-102　猪殃殃

8. 浙江拉拉藤 （图 8-103）
Galium chekiangense Ehrend.

多年生草本。根状茎细。茎自基部分枝，直立，高20～35cm，具4棱，无毛。叶4枚轮生；叶片干后变为褐绿色，具光泽，椭圆状卵形、卵形或倒长卵形，长2～3cm，宽0.7～1.5cm，先端急尖，基部渐狭，边缘略反卷，具倒刺毛，除3条脉上倒生小刺毛外，其余近无毛；近无柄。聚伞花序顶生和腋生，疏散，具数花；花小；花萼筒具鳞片状突起，长

图 8-103　浙江拉拉藤

约0.8mm，萼檐近平截；花冠白色，无毛，4裂，裂片长圆形，先端渐尖；子房倒卵球形，直径约1mm。果由2个卵球形的分果组成，直径1.5～2mm，具鳞片状突起。花期5—6月，果期7月。

产于临安、淳安、余姚、鄞州、宁海、衢州市区（衢江）、金华市区（婺城）、天台、温岭、景宁、青田、苍南。生于海拔300～800m的山谷路边、林下或草丛中。分布于福建。模式标本采自余姚（四明山）。

近年报道的浙江新记录种三脉猪殃殃 G. kamtschaticum Steller ex Schult.，果实密被钩毛，分布于东北，而浙江的标本则果实具鳞片状突起，实为浙江拉拉藤的误定。

9. 小红参 （图8-104）
Galium elegans Wall. ex Roxb.

多年生草本。茎直立或攀缘状，幼时常匍匐，具分枝，高达50cm，具4棱，密被硬毛。叶4枚轮生；叶片厚纸质，卵状披针形、椭圆形或披针形，长1～2.5cm，宽0.5～1.5cm，先端稍钝或具短尖头，基部圆钝，边缘常反卷，具倒刺毛，下面具淡黄色腺点，两面均被硬毛，沿3条脉上更密；近无柄。聚伞花序顶生和腋生，分枝疏散，具多花；花序梗疏被毛；花小；花萼筒具钩毛；花冠白色或淡黄

图8-104 小红参

色，4深裂，裂片卵状三角形，先端圆钝；雄蕊4，与花冠裂片互生。果由2个分果组成，直径约2mm，密被钩毛。花期4—5月，果期6月。

产于长兴（槐坎）。生于石灰岩上。分布于西南及安徽、台湾、湖南、甘肃。东南亚也有。

10. 异叶轮草 （图8-105）
Galium maximowiczii (Kom.) Pobed. — *Asperula maximowiczii* Kom.

图8-105 异叶轮草

多年生草本。茎直立，具分枝，高30～60cm，具4棱，无毛。叶4～8枚轮生；叶片纸质，卵形、卵状披针形、椭圆形或长圆形，长1.5～4cm，宽1～2cm，先端稍钝或稍尖，基部渐狭，边缘稍反卷，具小刺毛，上面近无毛或疏被短粗毛，下面被短粗毛，沿3条脉上更密；近无柄。聚伞花序顶生或生于上部叶腋，疏散，具数花；花序梗及花梗均无毛，花小；花萼筒无毛；花冠钟状，白色，4裂，裂片长圆形，先端钝；雄蕊4，与花冠裂片互生，短于花冠。果由2个分果组成，直径2～2.5mm，无毛。花期5月，果期6月。

产于安吉、临安。生于海拔1100m左右的林下路边。分布于东北、华北及安徽、河南、陕西。俄罗斯、朝鲜半岛也有。

一六三　假繁缕科 Theligonaceae

一年生或多年生矮小肉质草本。单叶对生或互生（通常下部叶对生，上部叶互生）；叶片全缘；托叶膜质，与叶柄基部合生。花小，1～3朵生于同一节或不同节上，常组成聚伞花序；花单性，雌雄同株，或为两性花；雄花常2或3朵聚生于同一节上，近无柄，花被花蕾时闭合，呈镊合状排列，开花时2～5深裂，开放后裂片阔而反卷，具3～5脉，雄蕊（2）6～12（30），花丝丝状，花药"丁"字形，背着，芽时直立，开花时悬垂；雌花1～3朵聚生于同一节或不同节上；花梗极短或无；花被管偏斜，多少呈瓶颈状，花被膜质，上部延伸成狭管，在口部具2～4齿裂，雌蕊小，子房上位，基部偏斜，心皮1，内具1基生而多少弯曲的胚珠，花柱1，纤细，着生于子房基部一侧，且伸出花被管外。果为坚果状核果，近球形或卵球形，两侧压扁，内具1马蹄形种子。种子具肉质胚乳。

仅1属，约4种，分布于地中海沿岸、东亚地区。我国有3种，分布于浙江、安徽、湖北、台湾、四川、陕西等地；浙江有1种。

基于分子序列的系统学研究表明，本科应归入茜草科。

假繁缕属　Theligonum L.

属的特征、分布与科同。

日本假繁缕 （图8-106）
Theligonum japonicum Ôkubo et Makino — *Cynocrambe japonica* (Ôkubo et Makino) Makino

多年生肉质草本，茎、叶常具臭味。茎直立或向上斜展，多从基部分枝，高15～30cm，中上部被白色或锈色短毛，下部老茎常无毛。须根多数。茎上部叶互生，下部叶对生；叶片稍带肉质，卵形或近椭圆形，长0.7～3cm，宽0.7～1.5cm，两面均被白色或锈色短毛，尤在叶片边缘更明显，羽状脉，每边侧脉3条，弧形；叶柄长短不一；托叶膜质，卵形或卵状三角形，与叶柄基部合生抱茎。花雌雄同株，腋生，或在上部与叶成对对生；无花梗；雄花生于上部，每2朵与叶对生，花萼绿色，萼筒长约2mm，裂片3，近条形，开放后反卷，花被2～5，全裂，雄蕊16～25，下垂，花丝纤细，花药"丁"字形着生，2室，纵裂；雌花极小，腋生，闭合，3或4齿裂，子房上位，被毛，花柱生于一侧。果为坚果状核果，卵球形，两侧压扁。花期春、夏季。

产于安吉、临安、磐安、天台。生于海拔800～1350m的山谷、溪沟边或草丛中。分布于安徽、陕西。日本也有。

图 8-106　日本假繁缕

在中国科学院昆明植物研究所标本馆中尚有采自临安西天目山海拔1150m左右的林下潮湿地带的标本，其叶片明显较本种大，长2.5～5cm，宽达2.6cm，似与假繁缕 T. macranthum Franch. 接近，但仅凭营养体难以确定，有待进一步研究。

一六四　忍冬科 Caprifoliaceae

灌木或木质藤本，稀小乔木或多年生草本。叶对生，稀轮生；单叶或奇数羽状复叶，叶片全缘、具齿或羽状、掌状分裂，具羽状脉或三出脉、掌状脉；叶柄短；通常无托叶。聚伞花序或轮伞花序，或由此再集成各种花序；花两性，辐射对称或两侧对称；花萼贴生于子房，萼檐（2）4或5裂，裂片齿状至条形；花冠合瓣，辐状、钟状、筒状、高脚碟状或漏斗状，（3）4或5裂，常呈覆瓦状排列；雄蕊4或5，着生于冠筒并与花冠裂片互生，花药背着，2室，纵裂；子房下位，2~5（10）室，中轴胎座，每室具1至多数胚珠，花柱单一。果实为浆果、核果或蒴果，具1至多数种子。种子具骨质外种皮，胚乳丰富。

15属，约500种，主要分布于北温带和热带高海拔山地，东亚和北美东部种类最丰富。我国有14属，200余种，全国各地均有分布，主产于华中和西南；浙江有10属，63种，其中引入栽培13种。

本科盛产观赏植物；忍冬 *Lonicera japonica* 及其若干近缘种是我国传统的中药材，花还可提取芳香油；荚蒾属 *Viburnum* 和接骨木属 *Sambucus* 的一些种类除药用外，果实可酿酒，种子油可供工业用。

分属检索表

1. 奇数羽状复叶；花药外向 ·· **1. 接骨木属 Sambucus**
1. 单叶；花药内向。
　　2. 花冠整齐，辐状，如为钟状、筒状或高脚碟状，则花柱极短；果实为浆果状核果，内具1核 ··· **2. 荚蒾属 Viburnum**
　　2. 花冠多少不整齐或唇形，若整齐则花柱细长；果实为蒴果、浆果、浆果状核果或瘦果状核果，如为浆果状核果，则内具2核。
　　　　3. 叶片具三出脉；顶生圆锥花序由多轮紧缩成头状的聚伞花序组成，每轮含1对具3花的聚伞花序及1顶生单花，共7花 ······························· **3. 七子花属 Heptacodium**
　　　　3. 叶片具羽状脉；花序不如上述。
　　　　　　4. 果实为浆果、浆果状核果或瘦果状核果。
　　　　　　　　5. 果实为浆果状核果或浆果。
　　　　　　　　　　6. 灌木；花簇生或单生于枝端叶腋，呈穗状或总状；花冠钟状、漏斗状或高脚碟状，（4）5浅裂，整齐；浆果状核果，内具2核 ·················· **4. 毛核木属 Symphoricarpos**
　　　　　　　　　　6. 灌木、小乔木或木质藤本；花成对腋生，或单生而轮状排列于枝顶，呈头状；花冠唇形而上唇4裂，或钟状、筒状，有时漏斗状而整齐5裂；浆果，内具多数种子 ···· **10. 忍冬属 Lonicera**
　　　　　　　　5. 果实为瘦果状核果。
　　　　　　　　　　7. 花萼筒椭球形，萼檐裂片5；果实近球形，外被长刺刚毛，萼筒超出子房部分缢缩成细长的颈，果时发育成细长的喙 ··························· **5. 蝟实属 Kolkwitzia**

7.花萼筒长圆柱形或纺锤形，萼檐裂片2～5；果实长圆柱形或纺锤形，外面无长刺刚毛，萼筒超出子房部分不发育成细长的喙。

  8.叶柄基部扩大并连合，包围腋芽；花冠筒状钟形，筒部近圆柱形，裂片4，柱头绿色，具黏液……
…………………………………………………………………………………… **6. 六道木属 Zabelia**

  8.叶柄基部不扩大也不连合，腋芽外露；花冠漏斗状、钟状漏斗形，筒上部显著扩大，裂片5，柱头白色，无黏液。

    9.花1或2朵腋生于小枝上部并集成圆锥状花簇；花期夏季或秋季，花持续开放 ………………
…………………………………………………………………………………… **7. 糯米条属 Abelia**

    9.花成对或2～6朵生于小枝顶端；花期春季，花同时开放 ………… **8. 双六道木属 Diabelia**

4.果实为开裂蒴果 …………………………………………………………… **9. 锦带花属 Weigela**

1 接骨木属 Sambucus L.

落叶灌木或小乔木，稀多年生高大草本。小枝粗壮，具皮孔，髓部发达。冬芽具数对外鳞片。奇数羽状复叶对生，揉碎具臭味；小叶片具锯齿；托叶叶状或退化成腺体。聚伞花序集成复伞形状或圆锥状，顶生；花小，白色或黄白色，整齐；花萼筒短，萼齿5，细小；花冠辐状，5裂；雄蕊5，花丝短，花药外向；子房3～5室，花柱短或几无，柱头2或3（5）裂。浆果状核果，红色、橙黄色或紫黑色，具2或3（5）核；分核三棱锥形或椭球形，淡褐色，略有皱纹。

约20种，广泛分布于温带、亚热带地区和热带山地。我国连引入栽培的有5种；浙江有3种，其中引入栽培1种。

分种检索表

1.高大草本或亚灌木；茎具纵棱；花间杂有不孕花变成的黄色杯状腺体 ……………………………
………………………………………………………………… **1. 接骨草 S. javanica subsp. chinensis**

1.小乔木或大型灌木；茎无棱或幼枝具纵条纹；花间无腺体。

  2.枝髓部淡黄褐色；果成熟时呈红色 ………………………………………… **2. 接骨木 S. williamsii**

  2.枝髓部淡白色；果成熟时呈黑色 ………………………………………… **3. 西洋接骨木 S. nigra**

1. 接骨草 蒴藋 陆英 （图8-107）

Sambucus javanica Reinw. ex Blume subsp. **chinensis** (Linedl.) Fukuoka —— *S. chinensis* Lindl.

多年生草本或亚灌木。茎具纵棱，髓部白色。奇数羽状复叶，小叶3～9；顶生小叶片卵形或倒卵形，基部楔形，有时与第一对小叶相连；侧生小叶片披针形或椭圆状披针形，长5～17cm，宽2.5～6cm，先端渐尖，基部偏斜或宽楔形，边缘具细密锐锯齿；小叶柄短或近无；托叶叶状，早落，或退化成腺体。复伞形状花序大而疏散，分枝3～5出，基部总苞片叶状；不孕花变成黄色杯状腺体，不脱落，孕性花小；花冠白色。果实橙黄色或红色，近球形，直径3～4mm。分核2或

3，卵球形，表面具瘤状突起。花期6—8月，果期8—10月。

产于全省各地。生于山坡上、林下、沟边、村宅旁草丛中，庭园也见有栽种。分布于华东、华中、华南、西南及陕西、甘肃。东南亚部分地区及日本、阿富汗、印度也有。

全草可入药；根能祛风消肿、舒筋活络；茎、叶有发汗、利尿、通经活血等功效；全草煎水洗可治风湿瘙痒。

模式亚种爪哇接骨草 S. javanica Reinw. ex Blume subsp. javanica 的果实成熟时转为紫黑色或黑色。分布于孟加拉国、泰国至印度尼西亚的龙目岛、苏拉威西岛。

图 8-107 接骨草

2. 接骨木　木蒴藋　续骨草　九节风（图8-108）
Sambucus williamsii Hance

落叶大灌木或小乔木。树皮纵裂。小枝无棱，无毛；二年生小枝浅黄色，皮孔粗大，髓部淡黄褐色。叶为羽状复叶，小叶3～7（11）；顶生小叶片卵形或倒卵形，具长达2cm的柄；侧生小叶片狭椭圆形、卵圆形至长圆状披针形，长3.5～15cm，宽1.5～4cm，先端渐尖至尾尖，基部圆形或宽楔形，稀心形或偏斜，边缘具细锐锯齿，中下部具腺齿，上面几无毛；小叶柄短；托叶小，条形或腺体状。花叶同放，圆锥状聚伞花序长5～11cm，宽4～14cm，仅初时疏被短柔毛；花小而密，白色或带淡黄色。果实卵球形或近球形，直径3～5mm，成熟时呈红色，萼片宿存。分核2或3，卵球形至椭球形，略有皱纹。花期4—5月，果期6—7（9）月。

产于宁波及安吉、德清、富阳、临安、淳安、诸暨、衢州市区、开化、磐安、台州市区、天台、临海、仙居、温岭、玉环、缙云、遂昌、松阳、龙泉、景宁、温州市区、乐清、永嘉、文成、泰顺。生于海拔1000m以下的沟谷中、山坡林下、灌丛中，村宅旁也习见栽培。分布于东北、华

图8-108 接骨木

北、华东、华中、西南及广东、广西、陕西、甘肃。

全株可药用,有活血消肿、接骨止痛、祛风利湿等功效,外用可治创伤出血。

浙江所产者果序直立、果实红色、直径约4mm而有别,值得进一步研究。

3. 西洋接骨木 （图8-109）
Sambucus nigra L.

落叶乔木或大灌木。幼枝具纵条纹;二年生枝浅棕褐色,皮孔粗大且显著突起,髓部淡白色。奇数羽状复叶,小叶通常5,有时3或7;顶生小叶片卵形,具长达2cm的柄;侧生小叶片椭圆形或椭圆状卵形,长4～10cm,宽2～3.5cm,先端渐尖至尾尖,基部楔形或圆钝,有时偏斜,边缘具细锐锯齿,两面散生短柔毛,小叶柄短;托叶叶状或退化成腺体。圆锥状聚伞花序分枝5出,平散,直径达12cm;花小而多,黄白色,具臭味。果实近球形,成熟时呈黑色,光亮。花期4—5月,果期7—8月。

原产于欧洲。华东、华中及辽宁、河北、山东、台湾、云南、陕西、甘肃等地有引种。海宁、杭州市区、临安、诸暨、温州市区有栽培,有多个园艺品种。

一六四　忍冬科 Caprifoliaceae　　117

图 8-109　西洋接骨木

② 荚蒾属 Viburnum L.

　　灌木或小乔木。植株常被星状毛。小枝常具皮孔。冬芽裸露或有鳞片。单叶对生，稀轮生；托叶有或无。聚伞花序集成顶生或侧生的复伞形状、圆锥状或近似伞房式圆锥状的混合花序；花两性，有时周围或全部（园艺品种）具大型不孕花；苞片和小苞片通常微小而早落；萼齿5；花冠整齐，辐状，或钟状、漏斗状、高脚碟状而花柱极短，5裂；雄蕊5，花药内向；子房1室，柱头头状或（2）3浅裂。浆果状核果，萼齿与花柱宿存，具1核；核多扁平，稀球形、卵球形或椭球形，骨质，有背、腹沟或无沟。

　　约200种，主要分布于亚洲和南美洲的温带、亚热带地区。我国约有76种，广泛分布于全国各地，以西南种类最多；浙江有29种，其中栽培3种。

分种检索表

1. 一年生小枝基部无芽鳞痕（冬芽为裸芽）。
　　2. 小枝无长枝和短枝之分；具花序梗。
　　　　3. 花序第一级辐射枝7出；叶片侧脉与其分枝均直达齿端························· **1. 壮大聚花荚蒾 V. glomeratum** subsp. **magnificum**
　　　　3. 花序第一级辐射枝4或5出；叶片侧脉通常在近叶缘处网结而不直达齿端，如直达齿端则叶柄短于1.5cm。

4. 花序周边有大型不孕花 ··· **2. 琼花荚蒾 V. keteleeri**
4. 花序全由两性花组成，无大型不孕花。
 5. 花冠辐状，冠筒短于裂片，白色；叶片卵状椭圆形、宽卵形或近圆形，下面全面被绒状星状毛···
  ··· **3. 陕西荚蒾 V. schensianum**
 5. 花冠筒状钟形，冠筒远长于裂片，红色或紫红色；叶片卵状披针形或卵状长圆形，下面仅脉上被星状细弯毛·· **4. 壶花荚蒾 V. urceolatum**
2. 小枝有长枝和短枝之分；花序着生于短枝上，无花序梗 ··············· **5. 合轴荚蒾 V. sympodiale**
1. 一年生小枝基部具芽鳞痕（冬芽或至少侧芽为鳞芽，芽鳞1或2对）。
 6. 冬芽的芽鳞片全部离生；叶柄上面无腺体，叶片不分裂，稀分裂。
  7. 常绿植物。
   8. 果成熟时呈蓝色至蓝黑色。
    9. 枝叶无毛；叶片具离基三出脉，具疏小锯齿；花序梗、花序、花蕾绿色，花冠淡绿白色········
    ··· **6. 球核荚蒾 V. propinquum**
    9. 枝叶被毛；叶片具羽状脉，全缘；花序梗、花序、花蕾紫红色，花冠白色或淡紫红色··········
    ··· **7. 地中海荚蒾 V. tinus**
   8. 果成熟时呈红色，稀黄色，凋落前可变为黑色或紫黑色。
    10. 圆锥花序或伞房状圆锥花序；果核通常浑圆，具1上宽下窄的深腹沟。
     11. 圆锥花序；叶片下面脉腋有趾蹼状小孔（琉球荚蒾 V. suspensum 除外）。
      12. 花序梗长0.5～1cm；花冠筒长7～8mm；叶片下面脉腋无趾蹼状小孔，侧脉3或4对
      ··· **8. 琉球荚蒾 V. suspensum**
      12. 花序梗长2cm以上；花冠筒长1～4mm；叶片下面脉腋有趾蹼状小孔，侧脉4对以上。
       13. 花序梗长2～4cm；花冠筒长约1mm ······················ **9. 巴东荚蒾 V. henryi**
       13. 花序梗长可达10cm或更长；花冠筒长2mm以上。
        14. 花冠近辐状，筒部长约2mm，柱头不高出萼齿；果核卵状椭球形；叶片薄革质，侧脉4～6对，边缘具稀疏小钝齿或近全缘；侧芽的冬芽具1对芽鳞，顶芽常为裸芽·· **10. 早禾树 V. odoratissimum**
        14. 花冠辐状钟形，筒部长3.5～4mm，柱头常高出萼齿；果核倒卵状球形或倒卵状椭球形；叶片厚革质，侧脉5～8对，边缘波状或具较规则的波状钝锯齿；侧芽的冬芽具2对芽鳞，顶芽具1或2对芽鳞 ············· **11. 珊瑚树 V. awabuki**
     11. 伞房状圆锥花序；叶片下面脉腋无趾蹼状小孔 ········ **12. 伞房荚蒾 V. corymbiflorum**
    10. 复伞形状花序；果核不如上述。
     15. 嫩枝、叶柄无毛或几无毛。
      16. 叶片卵状菱形、菱形或狭长椭圆形，宽2～3.2cm，下面全面散生金黄色、暗褐色2种腺点 ··· **14. 金腺荚蒾 V. chunii**
      16. 叶片宽卵形、宽倒卵形或卵圆形，宽5～17cm，下面具紫红色微小腺点 ···············
      ··· **17. 海岛荚蒾 V. japonicum**
     15. 嫩枝、叶柄明显被毛。

17. 叶片革质或厚革质，椭圆形至椭圆状卵形，先端钝尖至短渐尖，侧脉4或5对，近先端常具浅齿或全缘 ·· **15. 具毛常绿荚蒾 V. sempervirens var. trichophorum**
17. 叶片薄革质，长圆状披针形或长条状披针形，先端渐尖至长渐尖，侧脉7～10对，边缘自基部1/3以上具疏齿 ·· **16. 长叶荚蒾 V. lancifolium**
7. 落叶植物。
  18. 花序周边有大型不孕花；果实成熟时由红色转为黑色；叶片下面最下方1对侧脉以下区域内无腺体 ·· **13. 蝴蝶荚蒾 V. thunbergianum**
  18. 花序周边无大型不孕花；果实成熟时呈红色或橙红色（黑果荚蒾 *V. melanocarpum* 为黑色或黑紫色）；叶片下面最下方1对侧脉以下区域内有腺体。
    19. 果序梗向下弯垂；芽、叶片干后变为黑色、黑褐色 ··············· **18. 饭汤子 V. setigerum**
    19. 果序梗通常不向下弯垂；芽、叶片干后不变为黑色、黑褐色。
      20. 花序梗长不及4.5cm；雄蕊长不及花冠的2倍；叶片不分裂。
        21. 叶片下面通常无腺点，稀散生零星而不规则的红色腺点。
          22. 果实成熟时呈黑色、黑紫色，果核多少呈浅勺状··· **19. 黑果荚蒾 V. melanocarpum**
          22. 果实成熟时呈红色，果核扁而不如上述。
            23. 叶柄无托叶。
              24. 一年生小枝、冬芽、叶柄、花萼明显或多少被星状毛；花冠外面通常被毛。
                25. 叶片上面无腺点；果核直径4～5mm ············· **24. 南方荚蒾 V. fordiae**
                25. 叶片上面有腺点，有时腺点溶化而呈油亮状或枯白色鳞片状；果核直径3～4mm ·· **25. 吕宋荚蒾 V. luzonicum**
              24. 一年生小枝、冬芽无毛；叶柄无毛或初时伏生少量长柔毛；花萼及花冠外面无毛 ················· **26. 光萼台中荚蒾 V. formosanum subsp. leiogynum**
            23. 叶柄具2条状钻形托叶 ································ **27. 宜昌荚蒾 V. erosum**
        21. 叶片下面全面散生均匀而规则的金黄色、淡黄色、淡紫红色透亮腺点或几无色腺点。
          26. 叶柄无托叶。
            27. 嫩枝、叶柄、花序无毛或有少数短糙毛 ············· **22. 浙皖荚蒾 V. wrightii**
            27. 嫩枝、叶柄、花序被开展糙毛和星状毛 ············· **23. 荚蒾 V. dilatatum**
          26. 叶柄具狭条形、钻形或点突状托叶，稀无托叶。
            28. 花序第一级辐射枝（5）7出；叶柄的托叶钻形或点突状，稀无托叶；嫩枝、叶柄、花序无毛或几无毛 ················· **20. 腺叶荚蒾 V. lobophyllum var. silvestrii**
            28. 花序第一级辐射枝5出；叶柄的托叶狭条形；嫩枝、叶柄、花序均被长伏毛、星状毛和紫红色腺点 ·· **28. 凤阳山荚蒾 V. fengyangshanense**
      20. 花序梗长5～12cm；雄蕊长至少为花冠的2倍；叶片不分裂，有时2或3浅裂 ················ ·· **21. 衡山荚蒾 V. hengshanicum**
6. 冬芽的2对芽鳞片合生；叶柄顶端具2～6腺体，叶片掌状3裂，稀不裂 ······························ ··· **29. 天目琼花 V. opulus subsp. calvescens**

1. 壮大聚花荚蒾 （图8-110）

Viburnum glomeratum Maxim. subsp. **magnificum** (Hsu) Hsu —— *V. veitchii* C.H. Wright subsp. *magnificum* Hsu

落叶或半常绿灌木。一年生小枝基部无芽鳞痕。冬芽裸露，连同芽、幼叶下面、叶柄及花序均被黄色或黄白色星状毛。叶片厚纸质，卵状长圆形或长卵形，长10～19（25）cm，宽4.5～12cm，先端锐尖至短渐尖，基部近心形，边缘有浅牙齿，上面多少被星状毛，下面密被绒状星状毛，侧脉8～10对，与其分枝均直达齿端，连同中脉在上面凹陷；叶柄长2.5～4cm。聚伞花序直径8～9cm，果时更大，第一级辐射枝7出；花序梗长1～4（8）cm；花萼筒密被星状毛；花冠白色，裂片略长于筒部，外展；雄蕊略高出花冠裂片或近等长。果实长椭球形，长0.8～1.3cm，成熟时由红色转为黑色；核扁，有2条浅背沟和3条浅腹沟。花期4—5月，果期8—10月。

产于临安、桐庐、建德、诸暨。生于海拔350～950m的石灰岩山地林缘或灌丛中。分布于安徽、江西。模式标本采自临安（西天目山）。

与聚花荚蒾 *V. glomeratum* Maxim.的主要区别在于后者叶片卵形至卵圆形，通常长不及10cm，基部圆形或斜微心形，被毛较稀疏；花序直径5～7cm；果实直径5～7（9）mm。分布于湖北、河南、云南、四川、陕西、甘肃、宁夏。

图8-110 壮大聚花荚蒾

2. 琼花荚蒾　琼花　八仙花　(图8-111)

Viburnum keteleeri Carr. — *V. macrocephalum* Fort. form. *keteleeri* (Carr.) Rehder

　　落叶或半常绿灌木。一年生小枝基部无芽鳞痕。冬芽裸露，连同嫩枝、叶柄及花序均被灰色星状毛。叶片卵形至椭圆形或卵状长圆形，长5～8（11）cm，宽2.5～4.5（6）cm，先端钝或稍尖，基部圆形，有时微心形，边缘具小齿，两面或至少下面具短星状毛，侧脉5或6对，近叶缘前网结；叶柄长1～1.5cm。花序复伞形状圆球形，直径8～15cm，第一级辐射枝5出；花序梗长0.6～2.3cm；不孕花位于周边，花冠白色，直径1.5～4cm，裂片倒卵圆形；孕性花小，花冠白色。果实长椭球形，长8～11mm，成熟时由红色转为黑色；核扁，长圆球形至宽椭球形，有2条浅背沟和3条浅腹沟。花期4月，果期9—10月。

　　产于湖州市区、德清、杭州市区、临安。生于石灰岩丘陵的山坡林下、林缘和灌丛中。全省的公园、庭园也时有栽培。分布于江苏、安徽、江西、湖南、湖北。

　　历史上记载的"琼花"即为本种，为著名的观赏花木；茎（枝）可药用；可供庭园观赏，也可用作切花材料。为浙江省重点保护野生植物。

图8-111　琼花荚蒾

本省常见的园艺品种有绣球荚蒾'Sterile'(图8-112),花序全部由大型不孕花组成。花期4—5月,不结实。全省各地的公园、庭园广泛栽培。模式标本采自舟山。

图8-112 绣球荚蒾

3. 陕西荚蒾 (图8-113)

Viburnum schensianum Maxim.

落叶灌木。一年生小枝基部无芽鳞痕。冬芽裸露,幼枝、叶片两面或至少下面、叶柄及花序均密被绒状星状毛。叶片厚纸质,卵状椭圆形、宽卵形或近圆形,长3～8cm,宽3～4.5cm,先端圆钝,有时微凹或稍尖,基部圆形,边缘具较密小尖齿,侧脉5～7对,近叶缘处网结或部分直达齿端,连同中脉在上面凹陷;叶柄长7～10(15)mm。聚伞花序直径(4)6～7(8)cm,第一级辐射枝5出;花序梗长0.5～3cm;花萼筒圆筒形,长3.5～4mm,无毛;花冠辐状,白色,裂片长于冠筒。果实椭球形,长约8mm,成熟时由红色转为黑色;核卵球形,背面龟背状突起,无沟

图8-113 陕西荚蒾

或有2条不明显的沟，腹面有3条沟。花期4月，果熟期10—11月。

产于长兴（白岘）。生于海拔140～200m的石灰岩丘陵的山坡灌丛中、路边林缘。分布于河北、山东、山西、江苏、安徽、湖北、河南、四川、陕西、甘肃。

3a. 浙江荚蒾（亚种）（图8-114）

subsp. **chekiangense** Hsu et P.L. Chiu ex Hsu — *V. schensianum* var. *chekiangense* (Hsu et P.L. Chiu) Y. Ren et W.Z. Di

花萼筒被星状簇毛。花期4—5月，果熟期9—10月。

产于杭州市区（西湖山区、余杭）、临安、建德、淳安、衢州市区、常山、永康、天台。生于海拔800m以下的石灰岩丘陵的山坡林下、林缘灌丛中。模式标本采自杭州市区（余杭超山）。

图8-114 浙江荚蒾

4. 壶花荚蒾（图8-115）

Viburnum urceolatum Siebold et Zucc. — *V. taiwanianum* Hayata

落叶灌木。一年生小枝稍有棱，灰白色或灰褐色，基部无芽鳞痕。冬芽裸露，具柄，连同幼枝、冬芽、叶柄和花序均被星状微毛。叶片纸质，卵状披针形或卵状长圆形，长7～15（18）cm，宽4～6（8）cm，先端渐尖至长渐尖，基部楔形、圆形至微心形，边缘具细小钝齿或不整齐锯齿，两面仅脉上被星状细弯毛，侧脉4～6对，近叶缘前网结，连同中脉在上面凹陷；叶柄长1～4cm。聚伞花序直径约5cm，第一级辐射枝4或5出；花序梗长3～8.5cm，具棱，连同花序分枝均带紫色；花萼筒无毛；花冠筒状钟形，红色或紫红色，无毛，裂片长为冠筒的1/5～1/4。果实椭球形，长6～8mm，直径5～6mm，成熟时由红色转为黑色；核扁，有2条背沟和3条腹沟。花期6—7月，果期10—11月。

产于武义、台州市区、缙云、龙泉、庆元、景宁、文成、泰顺。生于海拔600～1600m的沟谷溪边、山坡林下阴湿处。分布于江西、福建、台湾、湖南、广东、广西、云南、贵州。日本也有。

图 8-115　壶花荚蒾

5. 合轴荚蒾 （图 8-116）
Viburnum sympodiale Graebn.

落叶灌木或小乔木。枝有长枝和短枝之分；一年生小枝基部无芽鳞痕。冬芽裸露，初时连同小枝、叶片下面的脉上、叶柄、花序及萼齿均被灰黄褐色的糠秕状星状毛。叶片厚纸质，卵形、椭圆状卵形、卵圆形至近圆形，长 6～13（15）cm，宽 3～9（11）cm，先端渐尖或急尖，基部圆形或微心形，边缘具不规则牙齿状小锯齿，侧脉 6～8 对，直达齿端；叶柄长 1.5～3（4.3）cm；通常具托叶，有时不明显或无。聚伞花序着生于短枝上，直径 5～9cm，第一级辐射枝常 5 出；无花序梗；花芳香；不孕花位于周边，大型，花冠白色或微带红色，直径2.5~3cm；孕性花小，花冠白色或微带红色。果实卵球形，长8~9mm，成熟时由红色转为紫黑色；核稍扁，有1条浅背沟和1条深腹沟。花期4—5月，果期8—9月。

产于安吉、临安、淳安、鄞州、余姚、奉化、开化、江山、磐安、台州市区、天台、临海、仙居、莲都、缙云、遂昌、松阳、龙泉、庆元、景宁、乐清、永嘉、瑞安、文成、泰顺。生于海拔800~1700m的山坡林下、林缘。分布于长江流域多数地区及陕西、甘肃。

图8-116　合轴荚蒾

6. 球核荚蒾　兴山荚蒾（图8-117）
Viburnum propinquum Hemsl.

常绿灌木。一年生小枝基部具芽鳞痕，无毛。叶片革质，卵形至卵状披针形，或椭圆形至长椭圆形，长4~11cm，宽2.5~5cm，先端渐尖，基部楔形或宽楔形，稀近圆形，两侧稍不对称，两面无毛，边缘近基部全缘部分的两侧各有1或2腺体，向上则为稀疏小齿，具离基三出脉，侧脉不达齿端；叶柄长1~2cm。聚伞花序直径4~5cm，果时可达7cm，无毛，第一级辐射枝通常7出，连同花序梗、花梗均绿色；花序梗长1.4~4.5cm；花冠辐状，淡绿白色，内面基部被长毛，裂片与筒部近等长。果实近球形或卵球形，直径4~5mm，成熟时呈蓝色至蓝黑色，光亮；核球形，无沟或几无沟。花期4月，果期9—10月。

产于衢州市区、常山、江山、金华市区、磐安、莲都、遂昌、龙泉、庆元、景宁、文成、泰顺。生于海拔500~1400m的沟谷、山坡林下或灌丛中。分布于长江流域多数地区及陕西、甘肃。菲律宾也有。

图 8-117 球核荚蒾

7. 地中海荚蒾 (图 8-118)

Viburnum tinus L.

常绿灌木或小乔木。一年生小枝常紫褐色,具2纵棱,初时密被灰白色柔毛,后稍被毛或脱净,基部具1对芽鳞痕。叶片革质,卵形或椭圆形,长4.5~7cm,宽2.5~4cm,先端渐尖,基部宽楔形,上面暗绿色,光亮,下面具星状毛和腺体,全缘,具缘毛,羽状脉,侧脉4或5对,在上面凹陷,近叶缘处网结;叶柄长1~1.5cm,常带紫红色。聚伞花序直径4~6(10)cm,第一级辐射枝5或6出,连同花序梗、花梗均紫红色,疏被毛;花序梗长不及1cm;花密集,排列在同一平面上,花蕾时呈红色,开放时呈白色或淡紫红色,芳香;花冠筒状,裂片圆形,开展。果实卵球形,直径6mm,成熟时呈蓝黑色,光亮。花期3月,果期10月。

一六四　忍冬科 Caprifoliaceae

原产于地中海地区。华中及江苏、江西、广东、云南、四川、陕西等地有引种。杭州、宁波及温岭、景宁、温州市区等地的公园有栽培。

图8-118　地中海荚蒾

8. 琉球荚蒾　长筒荚蒾　（图8-119）
Viburnum suspensum Lindl.

常绿灌木。一年生小枝基部具芽鳞痕；小枝紫褐色，被星状微毛，多分枝。叶片厚革质，椭圆形、卵形或倒卵状椭圆形，长5～8cm，宽2～4cm，先端圆钝或急尖，基部圆钝至楔形，边缘具紧贴钝齿或锯齿，上面深绿色，光亮，无毛，中脉、侧脉和网脉均下陷，下面脉腋无趾蹼状小孔，除脉腋有簇毛外几无毛，侧脉3或4对；叶柄长5～10mm，常带暗紫色。圆锥花序生于二年生枝顶端，长2～4cm；花序轴及分枝紫红色，被星状微毛；花序梗长0.5～1cm；萼檐5裂；花蕾粉红色；花冠管状或高脚碟状，白色，稀粉红色，冠筒长7～8mm，裂片长2～3mm，外展。果实椭球形，长约5mm，红色，宿萼裂片直立；核浑圆，稍扁，有1条上宽下窄的深腹沟。花期3月，果期5—6月。

原产于日本。我国也有。江苏、福建、湖北、台湾、四川等地有栽培。杭州市区的园林有引种。

图 8-119　琉球荚蒾

9. 巴东荚蒾（图 8-120）
Viburnum henryi Hemsl.

常绿灌木或小乔木。一年生小枝常带红褐色，基部具1对芽鳞痕。冬芽鳞片外被黄色星状毛。叶片革质，倒卵状长圆形、长圆形或狭长圆形，长6～10（12）cm，宽2.5～4cm，先端渐尖或急渐尖，基部楔形至圆形，边缘除中部或中部以下全缘外，具浅锯齿或稀疏小凸齿，两面无毛或下面脉上散生少数星状毛，侧脉5～7（8）对，至少部分直达齿端，脉腋有趾蹼状小孔和少数集聚簇状毛；叶柄长1～2cm。圆锥花序长4～9cm；花序梗长2～4cm；花芳香；花萼、花冠无毛；花冠辐状，白色，冠筒长约1mm，裂片长约2mm。果实椭球形，成熟时由红色转为紫黑色；核浑圆，稍扁，有1条上宽下窄的深腹沟。花期6月，果期8—10月。

产于遂昌、龙泉、庆元、景宁、泰顺。生于海拔1100～1600m的沟谷密林中。分布于江西、福建、湖北、广西、贵州、四川、陕西。

一六四　忍冬科 Caprifoliaceae

图 8-120　巴东荚蒾

10. 早禾树　极香荚蒾（图 8-121）
Viburnum odoratissimum Ker Gawl.

常绿灌木或小乔木。小枝直径 2～3mm，无毛或嫩时稍被褐色星状毛。侧芽的冬芽有 1 对芽鳞，顶芽常为裸芽。叶片薄革质，椭圆形、长圆形或长圆状倒卵形，长 8～16cm，宽 3.5～6.5cm，先端钝尖，基部宽楔形，边缘具稀疏小钝齿或近全缘，上面暗绿色，下面散生腺点,侧脉4～6对,近叶缘前互相网结,脉腋具趾蹼状小孔和星状毛;叶柄长0.5～1.5(2.5)cm,淡绿色,嫩时被星状微毛。圆锥花序长5～10cm,宽3～6cm;花序梗长可达10cm;花芳香;花冠近辐状,白色,冠筒长约2mm;柱头不高出萼齿。果实卵球形或卵状椭球形,长约6mm,成熟时由红色转为黑色;核卵状椭球形,具1条上宽下窄的深腹沟。花期4—5月,果期7—8月。

原产于越南、缅甸、泰国、印度。福建、湖南、广东、海南、广西也有。生于海拔200～1300m的沟谷密林中、溪涧旁荫蔽处,常有栽培。宁波及湖州市区、长兴、杭州市区、临安、嵊州、开化、莲都、松阳、苍南等地的公园、庭园、景区有栽培。

为绿化树种,常用作矮篱;木材可作细工的原料;根和叶可入药。

图8-121 早禾树

11. 珊瑚树 日本珊瑚树 法国冬青 (图8-122)

Viburnum awabuki K. Koch — *V. odoratissimum* var. *awabuki* (K. Koch) Zabel ex Rumpl.

常绿灌木或小乔木。小枝粗壮,直径3～4mm,无毛。侧芽的冬芽具2对芽鳞,顶芽常具1或2对芽鳞。叶片厚革质,倒卵状长圆形至长圆形,长7～16cm,宽3～5cm,先端钝或急狭而具钝头,基部宽楔形,边缘波状或具较规则的波状钝锯齿,上面深绿色而光亮,下面散生腺点,侧脉5～8对,近叶缘前互相网结,脉腋具趾蹼状小孔和星状毛;叶柄长1.5～3cm,棕褐色或古铜色。圆锥花序长9～15cm,直径8～13cm;花序梗长可达10cm以上;花冠辐状钟形,冠筒长3.5～4mm,裂片长2～3mm;花柱纤细,柱头常高出萼齿。果实椭球形,长约8mm,成熟时呈红色,最后转为黑色时凋落;核倒卵状球形至倒卵状椭球形,具1条上宽下窄的深腹沟。花期5—6月,果期8—11月。

产于普陀。生于滨海山坡、山麓阔叶林中。全省各地及长江下游地区常见栽培。分布于我国

一六四　忍冬科 Caprifoliaceae

台湾。日本、韩国也有。

叶、花、果俱美，耐修剪，萌芽力强，适作城镇绿篱、园景丛植；耐盐碱和水湿，耐火性、抗火性强，对煤烟、有毒气体具有较强的抗性和吸收能力，可作滨海盐碱地绿化美化带、厂矿和工业区防护隔离带、山地生物防火林带、沿海防护林带的配置树种；为鸟嗜树种；可材用。

图 8-122　珊瑚树

12. 伞房荚蒾 （图 8-123）

Viburnum corymbiflorum Hsu et S.C. Hsu

常绿灌木或小乔木。枝和小枝黄白色至灰黄白色，无毛或近无毛，基部具1对芽鳞痕。叶片革质，长圆形，长6~10cm，宽3~4cm，先端急尖，基部圆形至宽楔形，边缘离基部1/4以上疏生外弯的尖锯齿，两面无毛或几无毛，上面深绿色，光亮，侧脉4~6对，多直达齿端，连同中脉在上面凹陷，脉腋无趾蹼状小孔；叶柄长0.7~1.1cm，仅初时被疏毛。伞房状圆锥花序生于具1对叶的短枝顶端，长（1.5）3~4cm，直径3~6cm；花序梗长2~4.5cm；花芳香；具长梗；花冠辐状，白色，冠筒长不足1mm，裂片长约3mm；柱头高出萼齿。果实椭球形，长7~8mm，成熟时由红色转为黑色；核倒卵球形或长倒卵球形，具1条上宽下窄的深腹沟。花期4月，果期6—7月。

产于龙泉、庆元。生于海拔1000~1200m的沟谷、山坡密林或灌丛中。分布于江西、福建、湖南、湖北、广东、广西、云南、贵州、四川。

图 8-123　伞房荚蒾

13. 蝴蝶荚蒾　蝴蝶戏珠花　（图 8-124）

Viburnum thunbergianum Z.H. Chen et P.L. Chiu —— *V. tomentosum* Thunb. 1784, non Lam. 1778. —— *V. plicatum* Thunb. var. *tomentosum* (Thunb.) Miq., nom. illeg. —— *V. plicatum* form. *tomentosum* (Thunb.) Rehder, nom. illeg.

落叶灌木。一年生小枝具纵棱，连同叶柄、叶片两面（至少沿脉）及花序被星状毛，基部具1对芽鳞痕。叶片纸质，宽卵形、椭圆状卵形至倒卵形，长4～10cm，宽3～6cm，先端圆形或急尖，基部宽楔形或圆形，边缘具不整齐锯齿，下面常带绿白色，最下方1对侧脉以下区域内无腺体，侧脉8～14对，直达齿端；叶柄长1～2cm。复伞形状花序直径4～10cm，第一级辐射枝6～8出；花序梗长2～5.5cm；外围不孕花4～6朵，花冠白色，直径达4cm，不整齐4或5裂；孕性花小，黄白色。果实宽卵球形或倒卵球形，长5～6mm，成熟时由红色转为黑色；核扁，有1条上宽下窄的腹沟，背面中下部有1条隆起的短脊。花期4—5月，果期8—9月。

一六四　忍冬科 Caprifoliaceae　　133

产于全省丘陵山区。生于海拔1400m以下的山坡、沟谷阔叶混交林内及林缘灌丛中。各地常有栽培。分布于长江流域以南各地及河南、陕西。日本、朝鲜半岛也有。

根及茎可药用，有清热解毒、健脾消积等功效。

图 8-124　蝴蝶荚蒾

本省常见的园艺品种有粉团荚蒾（粉团花、雪球荚蒾）'Plenum'（图8-125），花序球形，直径4～8cm，全部由大型不孕花组成，花冠白色，直径1.5～3cm，(4)5裂，裂片大小常不相等；雌蕊、雄蕊均不发育。花期4—5月，不结实。德清、海宁、杭州市区、临安、建德、慈溪、磐安、天台等地有栽培。

图 8-125　粉团荚蒾

14. 金腺荚蒾 （图8-126）

Viburnum chunii Hsu — *V. chunii* subsp. *chengii* Hsu

常绿灌木。一年生小枝四棱形，无毛，基部具环状芽鳞痕。叶片薄革质，卵状菱形、菱形或狭长椭圆形，长5～7cm，宽2～3.2cm，先端渐尖、骤短渐尖至尾状渐尖，基部楔形，每侧边缘中部以上常具3～5疏齿，上面光亮，无毛或仅中脉具疏短毛，中脉隆起，下面全面散生金黄色、暗褐色2种腺点，最下方1对侧脉以下区域内具腺体，无毛或脉腋具簇聚毛，侧脉3～5对，最下方1对常呈离基三出脉状；叶柄长4～8mm，无毛或近无毛。复伞形状花序直径1.5～2cm，贴生黄褐色粗毛，第一级辐射枝5出；花序梗长0.5～1.5cm；花冠粉红色。果实球形，直径（7）8～9（10）mm，红色；核扁，卵球形，背、腹沟均不明显。花期6—7月，果期10—11月。

产于新昌、余姚、奉化、宁海、衢州市区、武义、台州市区、天台、临海、仙居、莲都、缙云、遂昌、龙泉、庆元、景宁、文成、苍南、泰顺。生于海拔140～580m的沟谷密林、疏林下荫蔽处及灌丛中。分布于安徽、江西、福建、湖南、广东、广西、贵州。

图8-126 金腺荚蒾

本省尚有1变型白花金腺荚蒾 form. **album** G.Y. Li et H.L. Lin（图8-127），花冠白色或绿白色。产于鄞州、诸暨。模式标本采自鄞州（樟水镇李家坑）。

图8-127 白花金腺荚蒾

15. 具毛常绿荚蒾　毛枝常绿荚蒾　（图8-128）
Viburnum sempervirens K. Koch var. **trichophorum** Hand.-Mazz.

常绿灌木。一年生小枝具4棱，连同叶柄、花序均密被短星状毛，基部具环状芽鳞痕。叶片革质或厚革质，干后变为黑色，椭圆形至椭圆状卵形，长4～12cm，宽3～5cm，先端钝尖或短渐尖，基部渐狭至钝形，近先端常具少数浅齿，或全缘，两面无毛，下面全面被细小褐色腺点，侧脉4或5对，直达齿端或在叶全缘时网结，最下方1对常呈离基三出脉状，且其以下区域内具腺体，中脉、侧脉在上面深凹陷；叶柄长5～15mm。复伞形状花序直径3～5cm，第一级辐射枝（4）5出；花序梗长不及4.5cm；花冠辐状，白色。果实近球形或卵球形，长约8mm，红色，稀黄色；核直径约6mm，背面略突起，腹面近扁平，两端略弯拱。花期5—6月，果熟期10—12月。

产于台州、丽水、温州及临安、建德、诸暨、奉化、衢州市区、开化、磐安。生于海拔100～900m的沟谷溪边灌丛中、山坡林下、路边林缘。分布于安徽、江西、福建、湖南、广东、广西、云南、贵州、四川。模式标本采自仙居南部。

与常绿荚蒾 *V. sempervirens* 的主要区别在于后者一年生小枝、叶柄和花序无毛或几无毛；果核较小，直径3～5mm，腹面深凹陷，背面突起，其形如勺。分布于江西南部、广东、广西。

图8-128　具毛常绿荚蒾

16. 长叶荚蒾　披针叶荚蒾　（图8-129）

Viburnum lancifolium Hsu

常绿灌木。一年生小枝具4棱，基部具环状芽鳞痕，连同叶片脉上、叶柄、花序、花萼筒及花萼裂片边缘均被黄褐色星状毛，有时混生叉状毛或单毛。叶片薄革质，长圆状披针形至长条状披针形，长9～19cm，宽（1）2～4（6）cm，先端渐尖或长渐尖，基部圆钝，边缘自基部1/3（稀1/5或1/2）以上具疏齿，下面全面散生暗褐色腺点，有时腺点不明显，侧脉7～10对，最下方1对有时呈三出脉状，且其以下区域内有腺体，连同中脉在上面凹陷；叶柄长8～15（25）mm。复伞形状花序直径约4cm，第一级辐射枝5出；花序梗长1.3～6.5cm；花冠辐状，白色，无毛或几无毛。果实球形或近球形，直径7～8mm，红色；核扁，背面突起，腹面凹陷，有2条宽浅沟，近勺状。花期5月，果期10—11月。

产于台州、丽水及开化、金华市区、磐安、永康、武义、文成、泰顺。生于海拔200～600m的山坡疏林下、林缘及灌丛中。分布于江西、福建。

民间用根治无名肿毒，根也有发表散寒的功效。

图8-129　长叶荚蒾

17. 海岛荚蒾 日本荚蒾 （图8-130）
Viburnum japonicum (Thunb.) Spreng. — *Cornus japonica* Thunb.

常绿灌木或小乔木。一年生小枝基部具芽鳞痕，暗紫色或棕色，无毛，幼时连同花序通常具腺点。叶片革质，宽卵形、宽倒卵形或卵圆形，长7～20cm，宽5～17cm，先端突锐尖，基部宽楔形或圆形，无毛，上面深绿色，有光泽，边缘具锯齿，齿尖朝向顶端，下面具紫红色微小腺点，侧脉5～8对，最下方1对侧脉以下区域内有腺体；叶柄长1.5～5cm，无毛。复伞形状花序生于具2叶的短枝上，直径8～15cm，无毛，第一级辐射枝4～7出；花序梗短；花冠辐状，白色，直径约6mm；雄蕊稍短于花冠裂片。果实宽椭球形，长6～8mm，红色；核扁，卵球形，顶端尖，腹面平，背面有1条纵向隆起的脊。花期4—5月，果期10—12月。

产于普陀（东福山岛）、椒江（上大陈岛）、临海（头门岛、田岙岛、雀儿岙岛）、温岭（积谷山岛）。分布于我国台湾北部。日本、朝鲜半岛也有。

为浙江省重点保护野生植物。

图8-130　海岛荚蒾

18. 饭汤子 茶荚蒾 （图8-131）
Viburnum setigerum Hance

落叶灌木。芽及叶片干后变为黑色或黑褐色。一年生小枝多少有棱，无毛，基部具环状芽鳞痕。冬芽无毛或仅顶端有毛。叶片纸质，卵状长圆形、卵状披针形或狭椭圆形，形状多变，长7～12cm，宽2～2.5（7）cm，先端长渐尖，基部楔形至圆形，边缘至少近先端具锐锯齿，上面仅初时沿中脉被长伏毛，中脉凹陷，下面沿中脉及侧脉疏被贴生长毛，最下方1对侧脉以下区域内有腺体，侧脉约8对，直达齿端；叶柄长（0.5）1～1.5（2.5）cm，疏被长伏毛或近无毛。复伞

图8-131　饭汤子

形状花序直径2.5～4（5）cm，第一级辐射枝5出；花序梗长0.3～4cm；花芳香；花萼筒无毛；花冠辐状，白色，无毛。果实卵球形或卵状椭球形，长9～11mm，红色或橙红色；果序梗向下弯垂；核甚扁，背、腹沟不明显而略凹凸不平。花期4—5月，果期9—10月。

　　产于全省丘陵山区。生于海拔1720m以下的山坡、沟谷溪边林中、林缘或灌丛中。分布于华东、华中、华南、西南的多数地区及陕西。

　　根及果实可药用，根有破血、通经、止血等功效，果有健脾的功效；果实可鲜食或榨汁酿酒；叶可代茶；花序洁白，果实红艳，经久不凋，可供观赏；为鸟嗜树种。

18a. 沟核饭汤子 沟核茶荚蒾（变种）（图8-132）
var. **sulcatum** Hsu

叶片边缘具较细密的牙齿状尖锐锯齿。果核两侧边缘因向腹面反卷而使背面明显拱突，腹面纵向明显凹陷，边缘多少增厚。

产于安吉、德清、杭州市区、富阳、临安、淳安、开化、天台。生于海拔170～900m的山坡林下或灌丛中。分布于华东及湖北、四川。模式标本采自临安（西天目山）。

图8-132 沟核饭汤子

19. 黑果荚蒾 （图8-133）
Viburnum melanocarpum Hsu

落叶灌木。一年生小枝基部具环状芽鳞痕，连同叶柄、花序、花萼筒疏被脱落性短星状毛。冬芽密被星状短毛。叶片纸质，干后不变为黑色，倒卵形、近圆形或卵状宽椭圆形，长4～8cm，宽3～6cm，先端骤短渐尖，基部微心形至楔形，边缘具小尖齿，上面中脉、侧脉凹陷，下面沿脉疏被长伏毛，无腺点，脉腋具簇聚毛，最下方1对侧脉以下区域内有腺体，侧脉6或7对，直达齿端；叶柄长0.4～2（4）cm；托叶钻形或无。复伞形状花序直径约5cm，第一级辐射枝5出；花序梗长0.5～4cm；花萼筒具红褐色腺点；花冠辐状，白色，无毛；雄蕊长不及花冠的2倍。果实近球形，长7～10mm，黑色或黑紫色；果序梗不下弯；核扁，多少呈浅勺状，腹面中央有1条纵向隆起的脊。花期4—6月，果期9—10月。

产于安吉、临安、诸暨、宁波市区、鄞州、余姚、象山、宁海、金华市区、天台、永嘉、瑞安、泰顺。生于海拔200～1250m的山地林下、沟谷溪边灌丛中。分布于江苏、安徽、江西、河南。模式标本采自天台（天台山）。

图 8-133 黑果荚蒾

20. 腺叶荚蒾
Viburnum lobophyllum Graebn. var. **silvestrii** Pamp.

落叶灌木。一年生小枝基部具环状芽鳞痕，连同叶柄、花序、花萼均无毛。冬芽无毛或仅顶端稍具毛。叶片纸质，干后不变为黑色，通常卵圆形、宽卵形至卵形，长9～12cm，宽4.5～10cm，先端急渐尖或急短渐尖，基部圆形至截状微心形，边缘具牙齿状浅齿，上面中脉凹陷，下面沿脉疏被伏毛或无毛，脉腋有簇聚毛，全面具金黄色或淡黄色腺点，最下方1对侧脉以下区域内具腺体，侧脉7或8对，直达齿端；叶柄长1.5～4cm；托叶钻形、细小或点突状，稀无。复伞形状花序，第一级辐射枝（5）7出；花序梗长0.2～2.5cm；花萼筒具红棕色腺点；花冠辐状，白色；雄蕊长不及花冠的2倍。果实近球形，长约7mm，红色；果序梗不下弯，果序分枝常多少弯曲；核扁，有2条深背沟和1或3条浅腹沟。花期6—7月，果期9—10月。

产于安吉、临安、龙泉。生于海拔700～1600m的沟谷溪边、山坡林下。分布于安徽、江西、湖北。

与阔叶荚蒾V. lobophyllum的区别在于后者叶片先端长渐尖至尾状长渐尖，有的尾突镰形弯曲，长1cm以上，下面无腺点，脉腋无簇聚毛；花序被簇状短柔毛。分布于湖北、四川、河南、陕西、甘肃。

*Flora of China*将其作为桦叶荚蒾V. betulifolium Batalin的异名，但后者幼枝、叶柄、花序轴、花萼筒常多少被毛；叶片厚纸质或坚纸质，干后多少变为黑色，常菱状宽卵圆形，长3.5～8.5cm，宽3～5.5cm，下面有时无腺点，侧脉5或6对，叶柄长1～2cm；核具1条浅背沟和1条浅腹沟。分布于山西、陕西、甘肃、四川、贵州、云南。

21. 衡山荚蒾 （图8-134）

Viburnum hengshanicum Tsiang ex Hsu

落叶灌木。全株仅芽顶端、叶片下面的脉上、脉腋和花序有少量短细毛。一年生小枝基部具环状芽鳞痕。顶生冬芽长8～10mm，先端尖。叶片纸质，干后不变为黑色，宽卵形或卵圆形，长9～14cm，宽5～12cm，先端急短尖，有时2或3浅裂，基部圆形、浅心形或截形，边缘具牙齿状尖齿，下面苍绿色，侧脉5～7对，直达齿端，最下方1对常呈三出脉状甚至掌状脉状，且其以下区域内具腺体，连同中脉在上面略凹陷；叶柄长1～4.5cm。复伞形状花序直径4～6cm，第一级辐射枝(6)7出；花序梗长5～12cm；花冠辐状，白色；雄蕊远高出花冠，长至少为花冠的2倍。果实椭球形至球形，长7～10mm，红色；果序梗不下弯；核扁，倒卵球形，有2条浅背沟和3条浅腹沟。花期5—7月，果期9—10月。

产于安吉、临安、淳安、衢州市区、开化、缙云、景宁。生于海拔650～1100m的沟谷林下、山坡灌丛中。分布于安徽、江西、湖南、广西、贵州。

图8-134　衡山荚蒾

22. 浙皖荚蒾 （图8-135）

Viburnum wrightii Miq. — *V. dilatatum* Thunb. var. *glabriusculum* Hsu et P.L. Chiu, P.L. Chiu, nom. nud.

落叶灌木。一年生小枝无毛或几无毛，光滑，连同叶柄常带紫红色，基部具芽鳞痕。叶片倒卵形至卵形或近圆形，干后不变为黑色，长7～14cm，先端急渐尖，基部圆形或宽楔形，边缘具锐齿，上面仅初时沿脉有毛，光亮，下面仅沿中脉和侧脉有极稀疏的伏贴长柔毛，脉腋具簇聚毛，全面均匀散生透亮的腺点或稀疏而微小的淡黄色腺点，最下方1对侧脉以下区域内具腺体，侧脉6～8对，直达齿端；叶柄长6～20mm；无托叶。花序直径5～10cm，无毛或有少数短糙毛，第一级辐射枝5出；花序梗长0.6～2cm；花冠花蕾时外面无毛或疏被星状糙毛，开花后变秃净；雄蕊长不及花冠的2倍。果实红色；果序梗不下弯。花期5—6月，果期9月。

产于临安、淳安、江山、磐安、遂昌、景宁。生于山坡、沟谷溪边林缘、林下。分布于安徽（黄山）、江西。日本、朝鲜半岛也有。

与桦叶荚蒾的区别在于本种叶片背面具透亮腺体，压干后不变为黑色；花序第一级辐射枝通常5出。与荚蒾 *V. dilatatum* 的区别在于幼枝、叶柄、花序无毛或近无毛；小枝、叶柄通常紫红色；叶片上面仅初时沿脉有毛，光亮，下面仅沿中脉和侧脉有极稀疏的伏贴长柔毛，脉腋具簇聚毛，全面均匀散生透亮的腺点或稀疏而微小的淡黄色腺点；花冠外面无毛或几无毛，或仅花蕾时疏被星状糙毛等。

图8-135　浙皖荚蒾

23. 荚蒾（图8-136）
Viburnum dilatatum Thunb.

落叶灌木。一年生小枝基部具环状芽鳞痕，连同芽、叶柄、花序均被开展的小刚毛状糙毛和星状毛，老时毛基呈小瘤状突起。叶片纸质，干后不变为黑色，宽倒卵形、宽椭圆形或宽卵形，长3～13cm，宽2～7cm，先端急尖或短渐尖，基部微心形至楔形，边缘具锐齿，两面多少被毛，下面脉腋有簇聚毛，全面被金黄色至淡黄色或几无色的透亮腺点，最下方1对侧脉以下区域内具腺体，侧脉6～8对，直达齿端；叶柄长1～1.5（3.5）mm；无托叶。复伞形状花序直径4～10cm，第一级辐射枝5出；花序梗长0.3～3.5cm；

图8-136 荚蒾

花萼外面被毛和微腺点；花冠辐状，白色，外面通常被簇状糙毛；雄蕊长不及花冠的2倍。果实卵球形或近球形，长7～8mm，红色；果序梗不下弯；核扁，有2条浅背沟和3条浅腹沟。花期5—6月，果期9—11月。

产于全省丘陵山区。生于海拔50～1050m的丘陵山地的山坡、沟谷疏林下、林缘及山麓灌丛中。分布于华东、华中、华南、西南及河北、陕西。日本、朝鲜半岛也有。

枝、叶有清热解毒、疏风解表等功效；果可鲜食或酿酒；花、果俱美，为优良的园林观赏植物；为鸟嗜树种。

24. 南方荚蒾 东南荚蒾（图8-137）
Viburnum fordiae Hance

落叶灌木。一年生小枝基部具环状芽鳞痕，连同芽、叶柄、花序和花萼、花冠外面均密被宿存的绒状星状毛。叶片纸质，干后不变为黑色，宽卵形或菱状卵形，长4～7（9）cm，宽2.5～5cm，先端钝尖至急短渐尖，基部圆形、截形或宽楔形，边缘通常具小尖齿，两面无毛、无腺点，或脉上被毛，上面中脉凹陷，最下方1对侧脉以下区域内有腺体，侧脉5～7（9）对，直达齿端；叶柄长7～15mm，有时更短；无托叶。复伞形状花序直径3～8cm，第一级辐射枝5出；花序梗长1～3cm；花冠辐状，白色，外面疏被毛；雄蕊长不及花冠的2倍。果实卵球形，长6～7mm，红色；果序梗不下弯；核扁，直径4～5mm，有1条背沟和2条腹沟。花期4—5月，果期10—12月。

产于龙泉。生于海拔50～800m的沟谷溪边疏林下、山坡林缘或灌丛中。分布于安徽、江西、福建、湖南、广东、广西、云南、贵州。

本种叶片质地、毛被在萌发枝与结果枝上的情况大不一样。

图8-137 南方荚蒾

25. 吕宋荚蒾 （图8-138）
Viburnum luzonicum Rolfe

落叶灌木。一年生小枝基部具环状芽鳞痕，连同芽、叶柄、花序及花萼均多少被星状毛。叶片纸质或厚纸质，干后不变为黑色，卵形、卵状椭圆形或卵状披针形，稀菱形，长4～9cm，宽2～4.5cm，先端渐尖或急尖，基部楔形或宽楊形，边缘具外展牙齿，两面至少脉上有毛，上面有金黄色或淡黄色透亮的腺点，有时腺点溶化而呈油亮状或枯白色鳞片状，下面无腺点，最下方1对侧脉以下区域内具腺体，侧脉5～9对，直达齿端；叶柄长3～10mm；无托叶。复伞形状花序直径3～5cm，第一级辐射枝5出；花序梗长不及1.5cm；花冠辐状，白色，外面通常疏被毛；雄

图 8-138　吕宋荚蒾

蕊长不及花冠的2倍。果实卵球形，长5～6mm，红色；果序梗不下弯；核甚扁，直径3～4mm，有3条极浅背沟和2条浅腹沟。花期4月，果期10—12月。

产于龙泉、庆元、景宁、瑞安、平阳、苍南、泰顺。生于海拔100～600m的沟谷溪边疏林下、山坡路旁、林缘及灌丛中。分布于江西、福建、台湾、广东、广西、云南。菲律宾至马来西亚、中南半岛也有。

本种除叶片形状与大小、侧脉对数、叶柄长短、毛被疏密有较大变化外，叶片上面的腺点也有变化，幼时较明显，老时有时仅存在于叶缘或上部叶缘，有时溶化而呈油亮状，甚至呈枯白色鳞片状。

26. 光萼台中荚蒾　光萼荚蒾　（图8-139）
Viburnum formosanum Hayata subsp. **leiogynum** Hsu

落叶灌木。一年生小枝具棱，无毛，基部具环状芽鳞痕。冬芽无毛，连同叶片干后不变为黑色。叶片坚纸质，卵形或椭圆状卵形，长4～10cm，宽2～5cm，先端骤尾尖，基部圆形或微心形，边缘具锐

图8-139　光萼台中荚蒾

齿，上面深绿色，光亮，下面脉上疏被伏毛，无腺点，近基部脉腋常具簇聚毛，最下方1对侧脉以下区域内有腺体，侧脉7～9对，直达齿端；叶柄长6～14mm，无毛或初时伏生少量长柔毛；无托叶。复伞形状花序直径3～4cm，仅初时被星状短毛，第一级辐射枝5出；花序梗长不及3cm；花萼筒、花萼裂片均无毛；花冠辐状，白色，无毛；雄蕊长不及花冠的2倍。果实近球形，长约8mm，红色；果序梗不下弯；核扁，长卵形，有2条浅背沟和3条浅腹沟。花期4—5月，果期9—10月。

产于衢州市区、江山、武义、仙居、缙云、遂昌、松阳、龙泉、庆元、云和、景宁、青田、永嘉、文成、苍南、泰顺。生于海拔650～1100m的山坡林下、林缘、岗地灌丛中。分布于江西、福建、广西、四川。模式标本采自云和。

与台中荚蒾 V. formosanum 的主要区别在于后者的花萼筒外面被星状毛，萼齿有微缘毛。分布于我国台湾中部。

27. 宜昌荚蒾　蚀齿荚蒾　（图8-140）

Viburnum erosum Thunb. — *V. ichangense* Rehder — *V. erosum* subsp. *ichangense* (Rehder) Hsu

落叶灌木。一年生小枝基部具环状芽鳞痕，连同芽、叶柄、花序和花萼均密被星状毛和长柔毛。叶片纸质，干后不变为黑色，形状变化大，卵形、卵状椭圆形或倒卵形，长3～7（10）cm，宽1.5～4（5）cm，先端急尖或渐尖，基部微心形至宽楔形，边缘具尖齿，上面多少被叉状或星状毛，下面密被星状绒毛，无腺点，最下方1对侧脉以下区域内有腺体，侧脉7～12对，直达齿端；叶柄长3～5mm；托叶2，条状钻形，宿存。复

图8-140　宜昌荚蒾

伞形状花序直径2～4cm，第一级辐射枝5出；花序梗长不及2.5cm；花冠辐状，白色；雄蕊长不及花冠的2倍。果实卵球形至球形，长6～7（9）mm，红色；果序梗不下弯；核扁，具2条浅背沟和3条浅腹沟。花期4—5月，果熟期8—11月。

产于全省丘陵山区。生于海拔1400m以下的山坡林下、林缘或灌丛中。分布于华东、华中、华南、西南及陕西、山东。日本、朝鲜半岛也有。

根、叶、果可药用，有清热、祛风、除湿、止痒等功效；果可鲜食或酿酒；种子油可供工业用；为观果及鸟嗜树种。

28. 凤阳山荚蒾 （图8-141）
Viburnum fengyangshanense Z.H. Chen, P.L. Chiu et L.X. Ye

落叶灌木。当年生小枝基部具环状芽鳞痕，连同叶柄、托叶、花序均被长伏毛、星状毛和紫红色微小腺点。冬芽长9～11mm，芽鳞2对。叶片纸质，干后不变为黑色，卵形或

图8-141　凤阳山荚蒾

卵状椭圆形，稀椭圆形，长（5.5）8～11cm，宽（2.5）3.5～5cm，先端长渐尖，基部近圆形，边缘具疏尖齿，下面全面被淡紫红色细小的腺点，侧脉5～7对，直达齿端，最下方1对侧脉以下区域内有腺体；叶柄紫红色，长6～10mm；托叶2，狭条形，基部1/3与叶柄合生，分离部分长6～10mm，宿存。复伞形状花序直径4～6cm，第一级辐射枝5出；花序梗长2～2.5cm；花萼筒被毛和紫红色微小腺点；花冠辐状，白色；雄蕊长不及花冠的2倍。果实卵球形，长9～10mm，红色；果序梗不下弯；核甚扁，凹凸不平，背、腹沟不明显。花期5月，果期10月。

产于龙泉（凤阳山）、庆元（百山祖）。生于海拔1400～1570m的山坡、沟谷林缘、林中。浙江特有种。模式标本采自龙泉（凤阳山凤阳湖）。

花序洁白，果序红艳，可供园林绿化观赏。

29. 天目琼花　琼花荚蒾　鸡树条　（图8-142）

Viburnum opulus L. subsp. **calvescens** (Rehder) Sugimoto —— *V. sargentii* Koehne —— *V. sargentii* var. *calvescens* Rehder —— *V. opulus* var. *calvescens* (Rehder) Hara

落叶灌木。树皮多少呈木栓质，具浅纵裂纹。一年生小枝基部具芽鳞痕。冬芽具2对合生芽鳞片。叶片坚纸质，卵圆形至宽卵圆形或倒卵形，长、宽各6～15cm，通常3裂，小枝上部的叶片不裂或3微裂，具掌状三出脉，基部楔形、圆形或浅心形，各裂片边缘常具不整齐的粗牙齿，先端尖或渐尖，仅下面脉腋有簇聚毛，或沿脉疏被长伏毛；叶柄长2～4cm，无毛，顶端具2～6腺体；托叶2，钻形。复伞形状花序直径5～10cm，无

图8-142　天目琼花

毛，第一级辐射枝7出；花序梗长1.5～7cm；大型不孕花位于周边，白色，直径2～3cm；孕性花辐状，花冠乳白色，花药带紫红色。果实近球形，直径8～10mm，红色；核扁，无沟或几无沟。花期5—6月，果期9—10月。

产于安吉、临安、淳安、磐安。生于海拔1000～1650m的山坡阔叶矮林、沟谷溪边灌丛中。分布于除江苏以外的长江中下游各地至四川东部及除青海以外的黄河流域至东北。东北亚也有。

与欧洲荚蒾 *V. opulus* 的区别在于后者树皮质薄而非木栓质；叶片下面无毛；花序有5～10朵大型不孕花或全部由不孕花组成，无雄蕊，孕性花花药黄白色。分布于欧洲及我国新疆西北部、俄罗斯远东地区。*Flora of China* 记载，浙江也产，实系杭州植物园有引种。

3 七子花属 Heptacodium Rehder

落叶小乔木。冬芽具鳞片。单叶对生；叶片全缘，三出脉；具柄；无托叶。顶生圆锥花序由多轮紧缩成头状的聚伞花序组成，每轮含1对具3花的聚伞花序及1顶生单花，共7花；花无梗；总苞片大，圆卵形，宿存，内含10枚鳞片状苞片和小苞片；花萼筒陀螺状，萼檐裂片5；花冠筒状漏斗形，5深裂，稍呈唇形；雄蕊5，花丝较花冠裂片长，花药内向；子房3室，仅1室具1能育胚珠，花柱细长。瘦果状核果，长椭球形，革质，冠以宿存而增大的花萼裂片，仅1室含1种子。种子近圆柱形，外种皮膜质。

1种，我国特产，分布于浙江、安徽和湖北。

浙江七子花 （图8-143）

Heptacodium miconioides Rehder subsp. **jasminoides** (Airy Shaw) Z.H. Chen, X.F. Jin et P.L. Chiu — *H. jasminoides* Airy Shaw — *H. miconioides* auct., non Rehder

落叶小乔木，高达7m，有时呈灌木状。树皮灰白色，片状剥落。幼枝略具4棱，疏被短柔毛。芽鳞12～16。叶片纸质，卵状长圆形或卵形，长9～13.5cm，宽3.5～5cm，先端长渐尖或长尾状渐尖，基部圆钝或微心形，上面无毛或中脉被微柔毛，下面脉上疏被柔毛，全缘，具近平行三出脉；叶柄长约1cm，被微柔毛。圆锥花序长8～15cm，宽5～9cm，分枝开展；小花序头状，层叠；小苞片形状、大小不等，最外1对有缺刻，下轮的小苞片无毛或疏被柔毛；花芳香；萼檐裂片长2～2.5mm，与花萼筒等长，密被刺刚毛；花冠白色，长0.8～1.5cm，外被倒向柔毛。果实长1～1.5cm，具10棱，疏被刺刚毛，冠以宿存而增大的花萼裂片，紫红色。花期6—7月，果期9—11月。

产于临安（千顷塘）、建德（寿峰山）、诸暨（东白山）、嵊州、新昌、余姚和奉化（四明山）、婺城（北山）、磐安（大盘山、青梅尖）、天台（天台山）、临海、仙居（括苍山）、缙云（大洋山）等地。生于海拔400～800m的沟谷溪边林下、乱石堆灌丛中。分布于安徽（宣城）。模式标本采自

一六四　忍冬科 Caprifoliaceae　　151

图 8-143　浙江七子花

宁波（华亭山）。

树皮灰白，花果俱美，可供园林观赏。为国家Ⅱ级重点保护野生植物。

与七子花 H. miconioides 的区别在于后者芽鳞8枚；叶片近圆形，长5～8.5cm，宽4～5.5cm，长宽比小于1.6，先端骤尾尖或短突尖，果时叶片下面仍明显被伏贴柔毛，近基部脉上尤密；花序小，长4.5～8cm，宽4～5cm，紧密，小花序非层叠，下轮小苞片密被绢毛。分布于湖北（兴山），野外可能已灭绝。

4 毛核木属 Symphoricarpos Duhamel

落叶灌木。冬芽具2对鳞片。单叶对生；叶片具羽状脉，全缘或具波状齿裂；叶柄短；无托叶。花簇生或单生于枝端叶腋，呈穗状或总状花序；花萼筒杯状，萼檐裂片（4）5；花冠钟状、漏斗状或高脚碟状，淡红色或白色，(4)5浅裂，整齐，冠筒基部稍呈浅囊状，内面被长柔毛；雄蕊(4)5，内藏或稍伸出，花药内向；子房4室，仅2室各具1能育胚珠，花柱纤细，柱头头状或稍2裂。浆果状核果，白色、红色或黑色，圆球形、卵球形或椭球形，具2核；核卵球形，多少扁。

约17种，分布于北美洲至墨西哥，我国也有。我国产1种，分布于华中；浙江引入栽培1种。

圆叶毛核木 红雪果 （图8-144）
Symphoricarpos orbiculatus Moench

落叶灌木。幼枝红褐色，纤细，直立或斜伸，密被绒毛或微柔毛。叶片卵形至近圆形，长1～6cm，先端急尖或钝，基部圆形或宽楔形，上面无毛或疏被柔毛，下面苍白色，具脱落性短柔毛；叶柄长

图8-144 圆叶毛核木

2～4mm。花生于枝端叶腋，密集，呈穗状或总状花序；萼檐裂片5，三角形，具缘毛，宿存；花冠宽钟形，红色、淡紫色或粉红色，长3～4mm，内面具长柔毛，下侧略膨大，裂片5，与冠筒近等长；花药长1mm，短于花丝；花柱长2mm，被柔毛。果实椭球形，长5～7mm，直径4～5mm，由珊瑚红色转为粉红色，有时带紫色，具白霜，先端具长约1mm的喙；分核2，扁平，两端钝。花期6—7月，果期12月至次年2月。

原产于美国东部和墨西哥。华中及江苏、江西、陕西、河北等地有引种。杭州市区、临安、宁波市区、鄞州、温州市区等地有栽培。

果色鲜艳，经冬不凋，可供观赏。

5 蝟实属 Kolkwitzia Graebn.

落叶灌木。冬芽具数对芽鳞，被柔毛。单叶对生；叶片具羽状脉；叶柄短，叶柄间在枝上有线状突起；无托叶。由单花和贴近的双花组成聚伞花序再集成伞房状，顶生或腋生于具叶侧枝顶端；单花和双花基部的苞片分别为4和6，紧贴子房，密被刚毛；花萼筒椭球形，密被刺刚毛，超出子房部分缢缩成细长的颈状，萼檐裂片5，开展，疏被柔毛；花冠唇形，5裂，裂片开展；雄蕊4，二强，部分贴生于冠筒，花药内向；子房3或4室，仅1或2室各具1能育胚珠。瘦果状核果近球形，单生或2枚合生，外被长刺刚毛，顶端具细长的喙，冠以宿萼。

仅1种，特产于我国；浙江有引种。

蝟实（图8-145）
Kolkwitzia amabilis Graebn.

落叶灌木。幼枝红褐色，被脱落性长糙毛。叶片椭圆形至卵形，长3～8cm，宽1.5～2.5cm，先端急尖至渐尖，基部圆钝或宽楔形，全缘，少有浅齿，两面散生短柔毛，脉上和边缘密被柔毛和睫毛；叶柄长1～2mm。花序伞房状；花序梗长1～1.5cm；花梗几无；苞片披针形；花萼筒椭球形，密被刺刚毛，先端缢缩成细长的颈状，萼檐裂片5，披针形，长约5mm，被短柔毛；花冠白色带淡红色，长1.5～2.5cm，直径1～1.5cm，外面被短柔毛，基部甚狭，中部以上突然扩大，唇形，上唇2裂，下唇3裂，具髯毛和橙色网纹；花柱被短柔毛，柱头不伸出冠筒。瘦果状核果近球形，藏于花后增大而被刺刚毛的苞片内，顶端具细长的喙，冠以宿萼。花期5—6月，果期8—9月。

原产于安徽、湖北、河南、陕西、甘肃、山西等地。海宁、杭州市区、临安等地的公园有栽培。

为我国特有种。花量大，花型、花色俱美，果实奇特，适作公园、庭园绿化观赏。

图 8-145 猬实

6 六道木属 Zabelia (Rehder) Makino

落叶灌木。幼枝常具倒生硬毛。单叶对生；叶片具羽状脉，全缘或具齿；叶柄短，基部膨大并连合，包围腋芽；无托叶。聚伞花序具1～3花，无柄，呈稠密的顶生圆锥状；花萼筒长圆柱形，萼檐裂片4或5，开展，宿存；花冠筒状钟形，白色、淡玫瑰色，有时呈微红色，裂片4，冠筒近圆柱形，基部通常无明显肿胀，内具腺体；雄蕊4，二强，贴生于冠筒基部或中部，内藏，花药内向；子房通常3室，仅1室具1能育胚珠，柱头绿色，具黏液。瘦果状核果长圆柱形，冠以宿萼。

6种，分布于亚洲。我国有3种；浙江有1种。

南方六道木 （图8-146）

Zabelia dielsii (Graebn.) Makino —— *Linnaea dielsii* Graebn. —— *Abelia dielsii* (Graebn.) Rehder —— *A. anhweiensis* Nakai

落叶灌木。幼枝被脱落性倒生硬毛。腋芽被膨大连合的叶柄包围。叶片卵状椭圆形、长圆形或披针形，长3～8cm，宽1～3cm，先端渐尖，基部楔形至宽楔形，上面仅初时散生柔毛，下面近基部脉间密被短糙毛，边缘疏生锯齿或全缘，具缘毛；叶柄长3～7mm，基部膨大连合，疏被硬毛。花成对生于侧枝顶端；花序梗长0.6～1.2cm；花梗极短或几无；苞片3；花萼筒长圆柱形，长约8mm，散生硬毛，萼檐裂片4，卵状披针形；花冠筒状钟形，白色，冠筒近圆柱形，裂片4，近圆形，长约为冠筒的1/5～1/3，有时带粉红色斑，冠筒内有短柔毛；雄蕊内藏；花柱与冠筒等长，柱头头状，绿色，具黏液。瘦果状核果长圆柱形，长1~1.5cm。花期4—6月，果期8—9月。

产于安吉、临安、淳安、奉化、衢州市区、磐安、台州市区、天台、遂昌、庆元、泰顺。生于海拔可达1750m的近山顶的矮林下、路边灌丛中。分布于黄河以南至长江流域以南各地。

可供观赏。

图8-146　南方六道木

7 糯米条属 Abelia R. Br.

落叶或常绿灌木。小枝纤细。单叶对生，稀3或4枚轮生；叶片具羽状脉，全缘或具锯齿；叶柄短，基部不扩大，也不连合，不包裹腋芽；无托叶。花1或2朵腋生于小枝上部，集成圆锥状花簇，夏季或秋季持续开放；单花和双花基部的苞片分别为4和6；花萼筒长圆柱形，萼檐裂片2～5，开展，花后增大，宿存；花冠漏斗形，或漏斗状而稍唇形，上部显著扩大，白色、黄色、粉红色或红色，裂片5，冠筒腹面基部突起，具蜜腺；雄蕊4，二强，贴生于冠筒，内藏或外露，花药内向；子房3室，仅1室具1能育胚珠，柱头头状，白色，无黏液。瘦果状核果长圆柱形，冠以宿萼。

5种，分布于东亚。我国有5种；浙江有2种，其中栽培1种。S. Landrein等（2019）曾在文献中记载，衢州有蓪梗花 *A. uniflora* R. Br. ex Wall. 分布，并引证了标本，编者未查到文献中所提及的相关标本，但依据其标本采集记录来看，应来自湖南省石门县壶瓶山。

本属植物耐寒，花期长，开花后花萼裂片宿存而增大，常变为红色，经久不凋，为庭园观赏佳品。

1. 糯米条 （图8-147）
Abelia chinensis R. Br.

落叶灌木。小枝纤细，红褐色，被短柔毛。腋芽外露。叶对生或3枚轮生；叶片卵圆形至卵状椭圆形，长2～5cm，宽1～2.5cm，先端急尖或渐尖，基部圆钝或心形，边缘中上部疏具

图8-147 糯米条

圆锯齿，上面初时疏被短柔毛，下面基部脉腋密被白色长柔毛；叶柄基部不扩大，也不连合。花1或2朵生于小枝上部叶腋，再集成圆锥状花簇；苞片6；花萼筒长圆柱形，被短柔毛和纵条纹，萼檐裂片5，椭圆形或倒卵状长圆形，长5～7mm；花芳香；花冠漏斗形，白色至粉红色，长1～1.5cm，外面被短柔毛，裂片5；雄蕊与花柱明显伸出冠筒外；柱头白色，无黏液。瘦果状核果革质，长圆柱形，微弯，冠以宿存而略增大的红色花萼裂片。花期6—8月，果期10—11月。

产于建德、淳安、衢州市区、常山、兰溪、莲都、庆元、云和、景宁、青田、瑞安、文成、平阳、苍南、泰顺，杭州市区有栽培。生于海拔150～1200m的山坡灌丛中、林缘路边，石灰岩、紫色砂页岩地区较为常见。分布于长江以南各地。

花多而密集，花期长，果时宿萼变为红色，耐寒耐旱，为优美的观赏植物。

2. 大花六道木　大花糯米条（杂种）（图8-148）

Abelia × grandiflora (Rovelli ex André) Rehder — *A. rupestris* Lindl. var. *grandiflora* Rovelli ex André

半常绿灌木。小枝被短柔毛。腋芽外露。叶对生，在萌发枝上有时3或4枚轮生；叶片卵形或卵状披针形，长2～4cm，宽0.8～1.8cm，先端锐尖，基部圆楔形，上面亮绿色，两面无毛或背面脉上具毛，边缘中上部疏生不等大的小锯齿；叶柄基部不扩大，也不连合。花1或2朵生于小枝上部叶腋，再集成圆锥状花簇；苞片4；花萼筒长圆柱形，萼檐裂片2～5，带红色，常部分合生，披针形，先端急尖；花微香；花冠漏斗状而稍唇形，基部囊状，白色，长约2cm，裂片5，下唇具长髯毛；雄蕊近等长于冠筒；花柱稍外露，柱头白色，无黏液。瘦果状核果长圆柱形，长8～10mm，疏被柔毛或光滑，先端具宿存的红色花萼裂片。花期6—10月，果期9—11月。

本种是糯米条与蓪梗花的人工杂交种。非洲、美洲、欧洲各地的公园有栽培。我国各地的公园也常见栽培。浙江各地的园林中也有引种，常作地被或绿篱。

图8-148　大花六道木

与糯米条的区别在于后者为落叶树种；苞片6，萼檐裂片5，花冠漏斗形，长1～1.5cm，雄蕊和花柱明显伸出冠筒外。

本省常见的园艺品种有金叶大花六道木（法兰西马松）'Francis Mason'（图8-149），嫩叶金黄色或叶缘金黄色。本省的园林中常见栽培。

图8-149　金叶大花六道木

❽ 双六道木属　Diabelia Landrein

落叶灌木。小枝无棱槽。叶对生；叶片具羽状脉，全缘或具锯齿，常波状；叶柄短，基部不扩大，也不连合，不包裹腋芽；无托叶。花成对或2～6朵生于小枝顶端，春季同时开放；苞片6，果时不增大；花萼筒长圆柱形或纺锤形，萼檐裂片2～5，开展，狭长圆形、椭圆形，宿存，果时常增大；花冠钟状漏斗形，唇形，上部显著扩大，裂片5，白色、黄色、粉红色或红色，冠筒腹侧基部突起，具蜜腺，有时为棒状、游离的蜜腺毛；雄蕊4，二强，贴生于冠筒，内藏或外露，花药内向；子房3室，仅1室具1能育胚珠，柱头头状，白色，无黏液。瘦果状核果长圆柱形或纺锤形，革质，冠以宿萼。

4种，分布于东南亚。我国有2种；浙江有2种。

1. 黄花双六道木　黄花六道木

Diabelia serrata (Siebold et Zucc.) Landrein

落叶灌木。小枝具短柔毛。腋芽外露。叶片卵圆形，长3～5.5cm，宽1.5～3cm，先端急尖至渐尖，基部楔形，边缘具深锯齿，具缘毛，幼时两面疏生短柔毛，脉上尤密，侧脉2或3对；叶柄基部不扩大，也不连合。花2~6朵生于小枝顶端；花序梗长2~3mm；花无梗；苞片3，披针形，长2~3mm；花萼筒圆柱形，长5~7mm，有短柔毛，萼檐裂片2(3)，长圆形，长约10mm，宽约6mm，先端具2齿裂；花冠钟状漏斗形，稍唇形，黄色或黄绿色，长0.9~2.2cm，5裂，冠筒和裂片内面有长髯毛和橘黄色斑纹；雄蕊稍外露；花柱高出雄蕊群，柱头白色，无黏液。瘦果状核果纺锤形，先端具稍增大的花萼裂片。花期5月，果期9月。

分布于日本。本省尚有1变型温州黄花双六道木 form. **wenzhouensis** S.L. Zhou ex Landrein（图8-150），叶片边缘全缘或具疏钝齿；花成对生于小枝顶端，花萼筒纺锤形，长8~10mm，萼檐裂片2或3(4)，狭卵形、卵状菱形或近圆形，先端不裂，或2(3)齿裂，花冠长1~1.8cm，5(6)裂。花期5月，果期9月。

特产于乐清（百岗尖）、永嘉（四海山）。生于海拔900~960m的山地近山岗处的台湾水青冈林下、灌丛中。模式标本采自永嘉（四海山）。

图8-150　温州黄花双六道木

2. 狭叶双六道木（图8-151）

Diabelia ionostachya (Nakai) Landrein et R.L. Barrett —— *Abelia ionostachya* Nakai

落叶灌木。小枝无毛。腋芽外露。叶片椭圆形、狭椭圆形、卵形至倒卵圆形，长4~6(7.4)cm，宽(1.5)2~3(3.8)cm，先端渐尖至尾尖，基部宽楔形至楔形，上面疏被宿存伏贴短柔毛，下面沿脉的毛长约1mm，边缘全缘、波状或具微锯齿；叶柄基部不扩大，也不连合。花成对生于小枝顶端；花序梗长4～9mm；苞片6，披针形，长2～3mm；花萼筒长圆柱形，萼檐裂片5，淡紫色，长圆状披针形；花冠钟状漏斗形，稍唇形，下唇内具橙色斑纹和长髯毛，白色或粉红色，长1.6～3cm，筒部在下部收缩，中上部囊状，5裂；雄蕊二强，花丝部分贴生于冠筒；子房具上向糙毛，花柱等长于冠筒，柱头白色，无黏液。瘦果状核果长圆柱形，具上向糙毛，先端具稍增大的宿萼，外面被糙毛。花期5月，果期6—10月。

产于临海（江南街道岙底罗村龙潭坑）、永嘉（四海山）。生于海拔260～960m的山坡林下、林缘。日本也有。

日本所产者叶片上面的毛渐脱净，下面脉腋具长0.1mm的短簇毛。

与温州黄花双六道木的区别在于后者萼檐裂片2或3（4），狭卵形、卵状菱形或近圆形，花冠黄色或黄绿色，长1～1.8cm。

图8-151　狭叶双六道木

2a. 永嘉双六道木　温州六道木（变种）（图8-152）

var. **wenzhouensis** (S.L. Zhou ex Landrein) Landrein — *D. stenophylla* (Honda) Landrein var. *wenzhouensis* S.L. Zhou ex Landrein — *Abelia spathulata* auct., non Siebold et Zucc. — *D. spathulata* auct., non (Siebold et Zucc.) Landrein

叶片下面无毛；子房、瘦果及宿萼外面无毛。

特产于永嘉（四海山、龙湾潭）。生于海拔200～960m的落叶阔叶林林缘、灌丛中。模式标本采自永嘉（四海山）。

为浙江省重点保护野生植物。

近年分子证据表明，永嘉所产的上述类群，与日本、朝鲜半岛南部所产的狭叶双六道木并非同一类群，两者关系及分类地位值得进一步研究。

图8-152　永嘉双六道木

⑨ 锦带花属　Weigela Thunb.

落叶灌木。嫩枝稍呈四方形；小枝髓部坚实。冬芽具数枚鳞片。单叶对生；叶片具羽状脉，边缘具锯齿；具柄，稀无柄；无托叶。花单生或由2～6花组成聚伞花序生于侧生短枝上部叶腋或枝顶；花萼筒长圆柱形，与子房连合，萼檐裂片5，贴生于花冠筒，基部连合或完全分离，花后凋落；花冠钟状漏斗形，5裂，两侧对称或近辐射对称，冠筒长于裂片；雄蕊5，着生于冠筒中部，内藏，花药内向；子房2室，胚珠多数，花柱细长，柱头头状。蒴果圆柱形，革质或稍木质，先端有喙状物，2瓣裂，中轴与花柱基部残留。种子小而多，有棱角或狭翅。

约10种，主要分布于亚洲东北部。我国有4种，其中庭园栽培2种；浙江有3种，其中栽培2种。

W. rosea Lindl.(1846)的模式标本[R. Fortune 25 (K)]由R. Fortune于1844年采自舟山的一个小花园，目前作为锦带花 *W. florida* (Bunge) A. DC.(1839)的异名，后者产于日本、朝鲜半岛，我国东北、华北至江苏北部也有。本省园林中曾见园艺品种花叶锦带 'Variegata'栽培，而目前园林中大量应用的是人工杂交培育的品种，如红王子锦带 *Weigela* 'Red Prince'等，由于性状各异，亲本无从考证，故本志不予收录。

分种检索表

1. 花冠外面无毛；叶片无毛或仅脉上疏被平贴毛，上面光亮，先端骤尾尖 …… **1. 海仙花 W. coraeensis**
1. 花冠外面有柔毛；叶片下面有毛，先端渐尖。
　　2. 幼枝、叶背面被开展短柔毛；花冠暗深红色；叶柄长2～5mm ………… **2. 路边花 W. floribunda**
　　2. 幼枝、叶背面被伏贴短柔毛；花冠白色或淡红色，后变为红色；叶柄长0.5～1.2cm ………………
　　…………………………………………………………………………… **3. 水马桑 W. japonica var. sinica**

1. 海仙花 （图8-153）

Weigela coraeensis Thunb.

落叶灌木。小枝无毛或疏生柔毛。叶片宽椭圆形或倒卵形，长6～12cm，宽3～7cm，先端骤尾尖，基部宽楔形，边缘具细钝锯齿，无毛或仅脉上疏被平贴毛，上面光亮，侧脉4～6对；叶柄长0.5～1.5cm，被柔毛。聚伞花序具1至数花，生于侧枝叶腋或顶端；花序梗长2～10mm；花萼筒无毛，萼檐裂片完全分离，条状披针形，长约8mm，近无毛；花冠漏斗状钟形，长2.5～4cm，基部1/3以下骤狭，初时绿白色或淡红色，后变为深红色，外面无毛；花柱不伸出冠筒外。蒴果圆筒状，长1～2cm。花期5—6月，果期9—10月。

原产于日本、朝鲜半岛。江苏、广东、山东、江西庐山有引种。杭州市区、慈溪、余姚（四明山）等地的公园、寺庙及植物园中有栽培，可供观赏。

图8-153　海仙花

2. 路边花 （图8-154）

Weigela floribunda (Siebold et Zucc.) K. Koch — *Diervilla floribunda* Siebold et Zucc. — *W. floribunda* C.A. Mey.

落叶灌木。小枝细长；幼枝密被开展短柔毛。叶片椭圆形、卵状长圆形或倒卵形，长7～10cm，宽2.2～4cm，先端渐尖，基部宽楔形，边缘具锯齿，上面疏生短柔毛，下面尤其是脉上密被开展的白色短柔毛；叶柄长2～5mm，被开展柔毛。花1～3朵腋生于侧枝顶端；花序梗长1～4mm，被毛；花萼筒密被柔毛，萼檐裂片完全分离，条状披针形，长5～7mm，被柔毛；花冠筒状或漏斗状，长2.5～3.5cm，暗深红色，外面有短柔毛；雄蕊与花冠等长；花柱伸出或稍伸出冠筒外。蒴果圆柱形，稍弯曲，有短柔毛。花期4—5（6）月，果期9—10月。

原产于日本，常栽作树篱；日本本州、四国、九州有逸生。欧洲、北美有栽培。全省各地的公园常见栽培，杭州较多见。

图8-154 路边花

3. 水马桑 半边月 杨栌 （图8-155）

Weigela japonica Thunb. var. **sinica** (Rehder) Bailey

落叶灌木。幼枝通常贴生柔毛，稀几无毛。叶片长卵形至卵状椭圆形，稀倒卵形，长5～15cm，宽3～8cm，先端渐尖，基部宽楔形至圆形，边缘具细锯齿，上面疏被短伏毛，脉上毛较密，下面密被伏贴短柔毛；叶柄长5～12mm，被柔毛。聚伞花序具1～3花，生于侧枝叶腋或顶端；花萼筒长1~1.2cm，被伏贴短毛，萼檐裂片完全分离，条状披针形，长5~10mm，被柔毛；花冠漏斗状钟形，白色或淡红色，后变为红色，长2.5~3.5cm，外面疏被微毛，中部以下骤缩成狭筒形；花柱伸出冠筒外。蒴果狭长，长1~2cm，疏生柔毛或近光滑。花期4—5月，果期8—9月。

产于台州、丽水、温州及安吉、临安、建德、淳安、诸暨、奉化、宁海、开化、江山、浦江、磐安、武义。生于海拔200~1200m的沟谷溪边、山坡林下、山顶灌丛中。分布于安徽、江西、福建、湖南、湖北、广东、广西、贵州、四川。

日本锦带花 W. japonica 的冠筒近基部骤缩。分布于日本。

图8-155　水马桑

⑩ 忍冬属 Lonicera L.

灌木、小乔木或木质藤本。老枝树皮常片层状剥落；小枝髓部实心或中空。冬芽有1至数对芽鳞。单叶对生，稀轮生；叶片具羽状脉，通常全缘；无托叶。花常成对腋生，或单生且密集于枝顶呈头状；每对花下面有苞片2，小苞片4，分离或连合，有时缺；相邻2花的花萼筒分离至全部连合，萼檐5裂；花两侧对称或近辐射对称；花冠唇形而上唇4裂，或钟状、筒状，有时漏斗状而整齐5裂；雄蕊5，花药"丁"字形着生，内向；子房2或3（5）室，胚珠多数，花柱纤细，柱头头状。浆果，内具多数种子。种子卵球形，光滑或粗糙。

约200种，产于北美洲、欧洲、亚洲、非洲北部的温带和亚热带地区。我国约有100种，广泛分布于全国各地，主产于西南；浙江有20种，其中栽培4种。

本属有不少植物具有药用和观赏价值。

一六四　忍冬科 Caprifoliaceae

分种检索表

1. 花成对腋生；花序下方1对叶片基部不合生成盘状。
　2. 灌木或小乔木。
　　3. 小枝髓部白色而实心。
　　　4. 冬芽具数对外鳞片；小枝无毛，或被各式伏贴、开展的毛，但不被倒向刚毛。
　　　　5. 落叶；叶片纸质或厚纸质，长2cm以上；叶柄长2mm以上。
　　　　　6. 叶片菱状椭圆形至菱状卵形，先端圆钝或突尖，有时微凹 …… **2. 下江忍冬　L. modesta**
　　　　　6. 叶片形状各样，但不如上述，先端渐尖、长渐尖或尾尖。
　　　　　　7. 叶片通常中上部最宽；相邻2花萼筒合生至1/2或以上；花冠白色带淡绿色 ……………
　　　　　　　…………………………………… **1. 倒卵叶忍冬　L. webbiana subsp. hemsleyana**
　　　　　　7. 叶片通常中下部最宽；相邻2花萼筒分离；花冠白色，有时带淡红色或紫红色。
　　　　　　　8. 花冠白色带淡红色或紫红色，长8～12mm，唇形，裂片不整齐；萼檐具下延的帽边状
　　　　　　　　突起 ……………………… **3. 大盘山忍冬　L. gynochlamydea subsp. dapanshanensis**
　　　　　　　8. 花冠白色或带淡红色，长1.5～2cm，漏斗状，裂片近整齐；萼檐无上述帽边状突起
　　　　　　　　………………………………………………………………… **5. 北京忍冬　L. elisae**
　　　　5. 常绿；叶片薄革质或革质，长(0.4)1～1.5cm；叶柄长约1mm ………………………………
　　　　　…………………………………………………… **4. 亮叶忍冬　L. ligustrina subsp. yunnanensis**
　　　4. 冬芽具1对外鳞片；小枝无毛或疏被倒向刚毛 ……………… **6. 郁香忍冬　L. fragrantissima**
　　3. 小枝髓部黑褐色，后变为中空。
　　　9. 花序梗长1～4cm，远超过叶柄。
　　　　10. 花冠白色带淡黄绿色，后变为黄色，外面被柔毛，上唇瓣浅裂，盛开时裂片稍后倾 …………
　　　　　……………………………………………………… **7. 须蕊忍冬　L. chrysantha subsp. koehneana**
　　　　10. 花冠玫瑰红色，外面无毛，上唇瓣深裂，盛开时裂片平展或后翻(栽培) ………………………
　　　　　…………………………………………………………………… **8. 蓝叶忍冬　L. korolkowii**
　　　9. 花序梗长1～3(5)mm，通常短于叶柄 ……………………………… **9. 金银忍冬　L. maackii**
　2. 木质藤本。
　　11. 叶片下面无毛，有时被疏或密的糙毛、短柔毛，毛之间有空隙，可见底，网脉不强烈隆起。
　　　12. 苞片大，叶状，卵形至椭圆形，长可达3cm；幼枝密被糙毛；花序梗明显 … **14. 忍冬　L. japonica**
　　　12. 苞片小，非叶状，如为叶状，则花序梗极短或无。
　　　　13. 叶片下面无橘红色蘑菇状腺体；花冠长不及3cm。
　　　　　14. 植物体几无毛，或仅叶柄被毛；叶片基部近圆形或截形 …………… **11. 无毛忍冬　L. omissa**
　　　　　14. 枝、叶片两面中脉、叶柄显著被毛；叶片基部通常浅心形(淡红忍冬有时近圆形)。
　　　　　　15. 花序梗通常明显；花冠通常淡紫红色；花柱被毛。
　　　　　　　16. 小枝、叶柄被卷曲糙毛；叶片薄革质至革质；花柱仅中下部被毛；花冠上唇瓣直
　　　　　　　　立 ……………………………………………………… **10. 淡红忍冬　L. acuminata**
　　　　　　　16. 小枝、叶柄被开展糙毛；叶片纸质；花柱全部有毛；花冠上唇瓣先端外翻 ……………
　　　　　　　　………………………………………………………… **12. 毛萼忍冬　L. trichosepala**
　　　　　　15. 花序梗极短或几无；花冠通常白色，后变为黄色；花柱无毛 ………………………………
　　　　　　　……………………………………………………………… **13. 短柄忍冬　L. pampaninii**

13. 叶片下面被橙黄色至橘红色蘑菇状腺体。
  17. 小枝、叶片两面、叶柄、花序梗均被先端弯曲的短柔毛（萌发枝有时具长糙毛）；叶片卵形至卵状长圆形，下面具短柔毛和弯曲短糙毛；花冠长3.5～4.5cm ·············· **15. 菰腺忍冬 L. hypoglauca**
  17. 小枝、叶片两面、叶柄、花序梗具长糙毛，二年生枝、叶及三年生枝也具长糙毛；叶片长圆状披针形至狭披针形，两面疏生近伏贴长糙毛，脉上兼有短糙毛；花冠长7～9cm ··············
·············· **16. 华大花忍冬 L. sinomacrantha**
11. 叶片下面密被毡毛，成叶尤为显著，毛之间无空隙，不可见底，网脉显著隆起成蜂窝状··············
·············· **17. 异毛忍冬 L. guillonii**
1. 花单生，在枝端紧密轮生或集成头状；花序下方1～3对叶片基部合生成盘状。
  18. 花冠非唇形，裂片近整齐（栽培）·············· **18. 贯月忍冬 L. sempervirens**
  18. 花冠唇形。
    19. 花冠外面玫瑰粉色，内面金黄色（栽培）·············· **19. 京红久忍冬 L. × heckrottii**
    19. 花冠黄色至橙黄色·············· **20. 盘叶忍冬 L. tragophylla**

1. 倒卵叶忍冬 （图8-156）

Lonicera webbiana Wall. ex DC. subsp. hemsleyana **(Kuntze)** Z.H. Chen, G.Y. Li et W.Y. Xie — *Caprifolium hemsleyanum* Kuntze — *L. hemsleyana* (kuntze) Rehder

落叶灌木或小乔木。幼枝、叶脉、叶缘、叶柄、花序梗及苞片外面初时均散生腺毛，后脱落；小枝髓部白色而实心。冬芽不具4棱，外鳞片数对，内芽鳞在幼枝生长时增大且反折。叶片纸质，倒卵形、倒卵状长圆形至椭圆形，长5～10cm，宽2.5～5cm，先端渐尖至尾尖，基部圆钝，楔形或截形，下面仅沿中脉疏生硬毛，具缘毛；叶柄长0.6～2cm。花成对腋生；花序梗扁，长0.5～3.3cm；苞片钻形；小

图8-156 倒卵叶忍冬

苞片合生成杯状，先端具4浅圆裂片；相邻2萼筒合生至1/2或以上，无毛，萼齿三角状卵形，顶端钝，具缘毛；花冠白色带淡绿色，长0.9～1.2cm，唇形，仅内面密生柔毛，冠筒短粗，基部具深囊；雄蕊与花冠近等长，花丝无毛。果实球形，直径8～10mm，红色。花期3—5月，果期6—7月。

产于安吉、临安、诸暨、鄞州、余姚、奉化、宁海、衢州市区、磐安、台州市区、天台、仙居。生于海拔880～1450m的沟谷阔叶林、针叶林下或山坡灌丛中。分布于安徽、江西。

果红艳，可供观赏。

与华西忍冬L. webbiana Wall. ex DC.的主要区别在于后者叶片卵状椭圆形至卵状披针形，边缘常不规则波状起伏或浅圆裂；苞片条形；小苞片甚小，分离，卵形至矩圆形；相邻2花萼筒分离，萼齿微小，顶端钝、波状或尖；花冠紫红色或绛红色，冠筒细短，基部有浅囊；花丝下部有柔毛；果实成熟时由红色转为黑色。分布于湖北、云南、四川、西藏、陕西、甘肃、宁夏、青海、山西等地。

2. 下江忍冬　吉利子　（图8-157）
Lonicera modesta Rehder

落叶灌木。幼枝、叶柄和花序梗密被短柔毛；小枝髓部白色而实心。冬芽具4棱，外鳞片数对，内芽鳞在幼枝生长时不明显增大。叶片厚纸质，菱形、菱状椭圆形、菱状卵形或宽卵形，长2～8cm，宽1.5～5cm，先端圆钝、突尖或微凹，基部楔形至圆形，下面全面被短柔毛；叶柄长2～4mm。花成对腋生；花序梗长1～2.5mm；苞片钻形，具缘毛；杯状小苞片的长约为花萼筒的1/3；相邻2萼筒合生至1/2以上，萼齿狭披针形；花芳香；花冠白色而基部呈微红色，稀淡紫色，长1～1.2cm，唇形，冠筒外面有短柔毛，基部具浅囊，内面有密毛；雄蕊长短不一；花柱全有毛。相邻2果实圆球形，几全部合生，直径7～8mm，鲜红色，半透明状。花期4—5月，果期9—10月。

产于安吉、富阳、临安、桐庐、淳安、诸暨、新昌、宁波市区、鄞州、余姚、奉化、象山、宁海、定海、衢州市区、开化、龙游、金华市区、磐安、台州市区、天台、临海、仙居、莲都、缙云、景宁、乐清、永嘉、泰顺。生于海拔500～1200m的山坡林下或灌丛中。分布于安徽、江西、湖南、湖北。

花芳香，果红艳，可供观赏。

图8-157　下江忍冬

2a. 庐山忍冬（变种）（图8-158）
var. lushanensis Rehder

叶片上面光亮，两面无毛或仅下面脉上散生短柔毛。

产于安吉、临安、淳安、诸暨、开化、江山、磐安、缙云、遂昌、龙泉、云和。生于海拔700～1450m的山坡灌丛中或林缘路边。分布于安徽、江西、湖南。

Flora of China 将本种并入下江忍冬，但两者区别明显，故本志仍将其作为变种处理。

图8-158　庐山忍冬

3. 大盘山忍冬 （图8-159）
Lonicera gynochlamydea Hemsl. subsp. dapanshanensis Z.H. Chen, G.Y. Li et J.S. Wang

落叶灌木。幼枝无毛；小枝髓部白色而实心。冬芽具数对外鳞片。叶片纸质，卵状披针形至长圆状披针形，长5～11cm，宽1.5～3.5cm，先端长渐尖，基部圆形至楔形，上面中脉有毛，散生暗紫色微小腺体，下面中脉及基部两侧具白色长柔毛，边缘有短糙毛；叶柄长3～6mm。花成对腋生；花序梗短于或稍长于叶柄；苞片钻形，等长或稍长于萼齿；小苞片杯状，完全包围2合生花萼筒，顶端为萼檐下延而成的帽边状突起所覆盖；萼齿小，不规则波状，偶有三角状突起，顶端圆钝或平截，边缘具疏腺毛；花冠白色带淡红色或紫红色，长8～12mm，唇形，裂片不整齐，外面仅花蕾时疏被微腺毛，内面仅喉部疏被绒毛，冠筒略短于唇瓣，基部具深囊；雄蕊稍伸

一六四　忍冬科 Caprifoliaceae

图8-159　大盘山忍冬

出花冠；花柱全部有糙毛，中下部稍密。果实近球形，直径4～5mm，紫红色、淡紫色或白色。花期4月下旬至5月上旬，果期8—9月。

产于磐安（大盘山自然保护区王庄、双峰乡溪上村）。生于海拔800～950m的近沟谷的落叶阔叶林林下乱石堆中。分布于安徽、湖南等地。模式标本采自磐安（大盘山）。

与蕊被忍冬 L. gynochlamydea 的主要区别在于后者幼枝、叶柄、叶片中脉常带紫色；相邻2花萼筒分离，萼齿钝三角形，具睫毛，花冠两面密被短糙毛。分布于湖南（桑植）、湖北、贵州、四川、陕西、甘肃等地。

4. 亮叶忍冬　云南蕊帽忍冬

Lonicera ligustrina Wall. subsp. **yunnanensis** (Franch.) Hsu et H.J. Wang — *L. nitida* E.H. Wilson — *L. ligustrina* var. *yunnanensis* Franch.

常绿灌木。小枝初时密被灰黄色短糙毛，髓部白色而实心。冬芽具数对外鳞片。叶片薄革质或革质，近圆形、卵形或长圆形，长（0.4）1～1.5cm，宽5～7mm，先端圆或钝，基部圆形或宽楔形，上面光亮，无毛或中脉疏被微糙毛，边缘反卷；叶柄长约1mm。花成对腋生；花序梗极短，具短毛；苞片钻形；小苞片杯状，包围2分离花萼筒，外面具稀疏微小腺体，顶端为萼檐下延而成的帽边状突起所覆盖；萼齿大小不等，卵形，顶端钝，有缘毛和微小腺体；花冠黄白色，长（4）5～6.5mm，漏斗状，裂片稍不相等，卵形，长约为冠筒的1/4～1/2，外面密生红褐色短腺毛，内面有长柔毛，基部具囊；花丝伸出花冠。果实圆球形，直径3～4mm，紫红色，后转为黑色。花期4—6月，果期9—10月。

原产于云南、四川、陕西、甘肃。欧洲已广为引种。浙江不产，但下列2个园艺品种有栽培，多作为观赏地被：匍枝亮叶忍冬'Maigrün'（图8-160）为垫状灌木，茎斜升，分枝密集，节间短，嫩叶亮绿色，花淡黄色或淡绿黄色，果蓝紫色；金叶亮叶忍冬'Baggesen's Gold'（图8-161）的嫩叶金黄色，冬季转为紫红色。

图 8-160　匍枝亮叶忍冬

图 8-161　金叶亮叶忍冬

5. 北京忍冬

Lonicera elisae Franch. — *L. pekinensis* Rehder

落叶灌木。幼枝无毛，或被开展短糙毛、刚毛和腺毛；小枝髓部白色而实心。冬芽具数对圆卵形外鳞片，亮褐色。叶片纸质，卵状椭圆形、卵状披针形或长圆形，长3~7cm，先端渐尖，上面被柔毛，下面密被绢状长糙伏毛和短糙伏毛；叶柄长3~7mm。花叶同放；花成对腋生；花序梗长0.5~2.8cm，生于二年生枝顶端苞腋；苞片宽卵形至卵状披针形，下面被毛；相邻2萼筒分离，萼檐不整齐，圆钝，连同花序梗、苞片均被腺毛及硬毛，或无毛；花冠白色或带粉红色，长1.5~2cm，漏斗状，裂片近整齐，外被糙毛或无毛，基部具浅囊；雄蕊不伸出花冠；花柱稍伸出，无毛。果实椭球形，长10mm，红色。花期4—5月，果期5—6月。

产于安吉（龙王山）、临安（西天目山）。生于海拔1100～1300m的山坡灌丛中。分布于安徽、湖北、河南、四川、陕西、甘肃、山西、河北。

常作北方早春观花树种。

6. 郁香忍冬 （图8-162）

Lonicera fragrantissima Lindl. et Paxton

半常绿或落叶灌木。幼枝无毛或疏被倒向刚毛，间有短腺毛，毛脱落后留有小瘤点；小枝髓部白色而实心。冬芽具1对外鳞片。叶片厚纸质，倒卵状椭圆形、椭圆形、卵形至卵状长圆形，长3～4.5（8）cm，宽1～3cm，先端短尖或突尖，基部圆形或宽楔形，上面无毛或初时疏生伏毛，下面基部及中脉间疏生刚伏毛，有时稍被短糙毛或几无毛；叶柄长2～5mm，具刚毛。花成对腋生于一年生小枝基部；花序梗长2～5（10）mm；苞片条状披针形，较花萼筒长2～3倍；相邻2萼筒连合至中部，无毛，萼齿环状；花芳香；花冠白色，或略带红晕，长1～1.5cm，唇形，外面无毛，冠筒内面密生柔毛，基部具浅囊；雄蕊内藏；花柱无毛。果实近椭球形，直径约1cm，部分连合，鲜红色。花期2—4月，果期4—5月。

图8-162 郁香忍冬

产于临安、建德、淳安、诸暨、宁波市区、鄞州、余姚、奉化、普陀、衢州市区、天台，杭州市区、宁波市区等地有栽培。生于海拔200～500m的山坡灌丛中，石灰岩地区较多见。分布于安徽、江西、湖北、河南、陕西、山西、河北；江苏、江西、湖北等地有栽培。

花芳香，果红艳，可供观赏；果成熟时可食。

6a. 苦糖果（亚种）（图8-163）
subsp. **standishii** (Carr.) Hsu et H.J. Wang —— *L. standishii* Carr.

小枝、叶柄和花序梗均被倒生刚毛，稀无毛；叶片两面被伏贴细刚毛，或至少下面中脉被伏贴刚毛，有时中脉下部或基部两侧间有短糙毛；花柱下部疏生糙毛。花期1—4月，果期4—6月。

产于湖州市区、长兴、安吉、杭州市区、临安、建德、淳安、诸暨、宁波市区、鄞州、余姚、奉化、象山、宁海、定海、常山、磐安、天台。生于向阳山坡林下、灌丛中或裸岩旁。分布于华中及安徽、江西、贵州、四川、陕西、甘肃、山东。

图 8-163　苦糖果

7. 须蕊忍冬 黄金银花 （图8-164）

Lonicera chrysantha Turcz. ex Ledeb. subsp. **koehneana** (Rehder) Hsu et H.J. Wang —— *L. koehneana* Rehder —— *L. chrysantha* var. *koehneana* (Rehder) Q.E. Yang

落叶灌木或小乔木。幼枝、叶柄和花序梗均被短柔毛；小枝髓部黑褐色，后变为中空。冬芽被毛。叶片纸质，菱状卵形或菱状披针形，长4～12cm，宽1.5～5cm，先端渐尖，基部楔形或圆钝，上面疏生糙毛，下面密被灰白色糙伏毛；叶柄长2～7mm。花成对腋生；花序梗长1～2.5cm；苞片条状披针形；小苞片分离，长为花萼筒的1/3～2/3；相邻2萼筒分离，萼齿卵圆形或半圆形，顶端圆钝；花冠白色带淡黄绿色，后变为黄色，长1～1.5cm，唇形，上唇瓣浅裂，盛开时裂片稍后倾，外面疏生短柔毛，冠筒内有短柔毛，基部具浅囊；雄蕊和花柱短于花冠，花丝中部以下有密毛；花柱全被短柔毛。果实圆球形，直径0.5～1cm，红色。花期5月，果期6—7月。

产于安吉、临安、遂昌。生于海拔750～1200m的沟谷、山坡林缘或灌丛中。分布于西南及江苏、安徽、湖北、河南、陕西、甘肃、山西、山东。

与金花忍冬 *L. chrysantha* 的主要区别在于后者幼枝、叶柄和花序梗常被开展直糙毛、微糙毛和微小腺体；叶片下面仅脉上被直或稍弯糙伏毛，中脉上毛较密。分布于东北、华北、西北及江西、湖北、四川、河南。

图 8-164 须蕊忍冬

8. 蓝叶忍冬 （图 8-165）
Lonicera korolkowii Stapf

落叶灌木。幼枝被柔毛，髓部黑褐色，后变为中空；老枝无毛，常紫红色。叶对生，偶3枚轮生；叶片近革质，椭圆形或卵形，长2～3.6cm，宽1～2cm，先端急尖或渐尖，基部近圆形或微心形，上面蓝绿色，侧脉、网脉微凹陷而叶面微皱，无光泽；叶柄长约3mm。花成对腋生；花序梗长1.5～4cm，被柔毛；花萼筒分离，萼檐具三角形小齿；花芳香；花冠玫瑰红色，唇形，直径约2cm，外面无毛，上唇瓣4深裂，2枚侧裂片长约1cm，中间2枚裂片长约9mm，盛开时平展或后翻，下唇瓣长约1cm。果实球形，直径5～6mm，鲜红色。花期3—4月，果期5月。

原产于土耳其。华北、东北引入栽培。嘉善、海宁、杭州市区、临安、宁波市区、鄞州、莲都、乐清等地有栽培。

图 8-165 蓝叶忍冬

9. 金银忍冬 金银木 （图 8-166）
Lonicera maackii (Rupr.) Maxim. — *Xylosteon maackii* Rupr. — *L. maackii* form. *podocarpa* Franch. ex Rehder

落叶灌木。幼枝、叶两面脉上、叶柄、苞片、小苞片及萼檐外面均被短柔毛和微腺毛；小枝髓部黑褐色，后变为中空。冬芽小，卵球形。叶片纸质，卵状椭圆形至卵状披针形，稀菱状长圆形至卵圆形，长3～8cm，宽1.5～4cm，先端渐尖，基部宽楔形至圆钝；叶柄长2～8mm。花成对腋生；花序梗长1～3（5）mm，被腺毛；苞片条形；小苞片合生，与花萼筒近等长或稍短；相邻2萼筒分离，萼檐钟状；花芳香；花冠白色带淡紫红色，后变为黄色，长约2cm，唇形，冠筒长约为唇瓣的1/2，内面被柔毛；雄蕊、花柱短于花冠，花丝中部以下和花柱均具柔毛。果实圆球形，直径5～6mm，暗红色，半透明状。花期4—6月，果熟期8—10月。

产于长兴、杭州市区、临安、宁波市区、鄞州、慈溪、余姚、奉化、普陀、台州市区、仙居、永嘉。生于海拔1500m以下的山坡、沟谷阔叶林、林缘灌丛中。分布于华中、西南、华北、东北及江苏、安徽、陕西、甘肃。东北亚也有。

可供观赏；花可提取芳香油。

图 8-166 金银忍冬

10. 淡红忍冬　巴东忍冬　（图8-167）
Lonicera acuminata Wall. —— *L. henryi* Hemsl.

落叶或半常绿木质藤本。幼枝红褐色，连同叶柄和花序梗均被棕黄色卷曲糙毛，或兼有腺毛。叶片薄革质至革质，长圆形或卵状长圆形，长4～12cm，宽1.5～3cm，先端渐尖，基部浅心形至近圆形，两面至少上面中脉有棕黄色短糙伏毛，边缘具缘毛；叶柄长3～7mm。花成对腋生于枝端；花序梗长0.5～2.5cm；苞片钻形；小苞片长为花萼筒的1/3～2/5；萼筒无毛，萼齿长为萼筒的1/4～2/5，无毛；花冠淡紫红色，长1.5～2.4cm，唇形，上唇瓣直立，下唇瓣反曲，外面无毛，囊部密生微小腺体；雄蕊略高出花冠，花丝基部有短糙毛，花药长约为花丝的1/2；花柱中下部有糙毛，上部和柱头无毛。果实卵球形，直径6～7mm，蓝黑色。花期6—7月，果期10—11月。

产于温岭、遂昌、龙泉、庆元。生于海拔500～1700m的山顶、山坡上和沟谷溪边林间的空旷地、岩石上或灌丛中。分布于华东、华中、华南、西南多数地区及陕西、甘肃。喜马拉雅东部经缅甸至苏门答腊岛、爪哇岛、巴厘岛和菲律宾也有。

花、叶可入药，有清热解毒的功效。

图8-167　淡红忍冬

11. 无毛忍冬 （图8-168）
Lonicera omissa P.L. Chiu, Z.H. Chen et Y.L. Xu

半常绿木质藤本。小枝、叶片、花序梗、苞片、小苞片、花萼筒、萼齿和花冠外面均无毛。叶片薄革质，卵状长圆形、狭椭圆形或卵形，长3.5～7.5cm，宽1.5～3.5cm，先端急尖至短渐尖，基部近圆形或截形，上面光亮，下面常粉绿色；叶柄长3～6mm，无毛或上面边缘疏被糙毛。花成对腋生；花序梗长约5（20）mm，或近无；苞片钻形；小苞片长为花萼筒的1/3～2/5；萼齿长为萼筒的2/5；花冠由淡黄色转为橙黄色，长1.5～2cm，唇形，上唇裂片外翻，冠筒长0.8～1.2cm，内面有糙毛，下侧中部具囊；雄蕊与花冠近等长，花丝下部疏被糙毛，花药长约为花丝的1/5～1/4；花柱中部以下疏被开展糙毛，中部以上被伏贴糙毛，柱头无毛。果实卵球形，长6～7mm，直径约5mm，蓝黑色。花期5月，果期10—11月。

产于衢州市区、莲都、缙云、遂昌、龙泉、庆元、云和、景宁、瑞安、文成、泰顺。生于海拔900～1000m的山坡林缘、沟谷溪边乱石堆或山顶灌丛中。分布于江西、福建、广东。模式标本采自遂昌（黄沙腰大风岭）。

与淡红忍冬相近，但后者小枝、叶片上面中脉、叶缘、叶柄、花序梗均明显被土黄色卷曲糙毛；叶片下面淡绿色；花冠淡紫红色，花药长约为花丝的1/2，花柱顶端无毛。又与四川、湖北所产的无毛淡红忍冬 *L. acuminata* var. *depilata* Hsu et H.J. Wang相近，但后者叶片条状披针形，先

图 8-168 无毛忍冬

端渐尖；花序梗纤细，长2～3cm，花冠淡紫红色，花柱顶端无毛。

12. 毛萼忍冬 （图8-169）

Lonicera trichosepala (Rehder) Hsu — *L. henryi* var. *trichosepala* Rehder

落叶木质藤本。幼枝、叶柄和花序梗均密被开展黄褐色糙毛。叶片纸质，三角状卵形、卵状披针形或狭卵形，长2～6cm，先端短渐尖或急尖，基部浅心形，稀圆形或截形，两面均被糙伏毛，脉上毛尤密，老叶下面稍灰白色；叶柄长2～5mm。花成对腋生于枝端，常集成伞房状花序；花序梗长不及5mm；苞片条状披针形，被糙毛和缘毛；花萼筒无毛或近无毛，萼齿条状披针形，密被糙毛和缘毛；花冠淡紫红色，长1.5～2cm，唇形，上唇瓣先端外翻，外面密生倒糙伏毛；花药长2～3mm，为花丝长的1/3；花柱全部密被短糙伏毛。果实卵球形，黑色。花期6—7月，果期10—11月。

产于安吉、临安、淳安、鄞州、余姚、宁海、金华市区、天台、临海、遂昌、庆元、景宁。生于海拔700~1500m的山坡上、沟谷林缘、灌木林中或石缝间。分布于安徽、江西、湖南。

花、藤可入药，有清热解毒的功效。

*Flora of China*将其并入淡红忍冬，但后者叶片薄革质至革质，先端渐尖；花序梗明显，长0.5~2.5cm，萼齿外面无毛，花柱顶端无毛等，区别很大，故本志仍将其作独立的种处理。

图8-169 毛萼忍冬

13. 短柄忍冬 贵州忍冬 （图8-170）
Lonicera pampaninii H. Lév.

落叶或半常绿木质藤本。幼枝和叶柄密被土黄色卷曲短糙毛。叶片薄革质，长圆状披针形、狭椭圆形至卵状披针形，长3～10cm，宽1.5～2.8cm，先端渐尖或短渐尖，基部浅心形，两面中脉有短糙毛，下面幼时常疏生短糙毛，边缘具疏缘毛；叶柄长2～5mm。花成对腋生于枝端或上部叶腋；花序梗极短或几无；苞片狭披针形至卵状披针形，有时呈叶状，长0.5～1.5cm，被短糙毛；小苞片卵圆形，被短糙毛；花萼筒长不及2mm，萼齿被短糙毛；花芳香；花冠白色，后变为黄色，长1.5～2cm，唇形，上、下唇均反曲，外面密被倒生小糙毛和腺毛，冠筒内面被柔毛；雄蕊和花柱略伸出花冠，花丝基部有柔毛；花柱无毛。果实圆球形，蓝黑色或黑色，直径5～6mm。花期5—6月，果期10—11月。

产于杭州市区、临安、建德、淳安、诸暨、宁波市区、鄞州、余姚、奉化、象山、衢州市区、开化、金华市区、武义、三门、遂昌、松阳、龙泉、景宁。生于海拔50～1200m的山坡上、沟谷溪边、林缘灌丛中或石隙间。分布于安徽、江西、福建、湖南、湖北、广东、广西、云南、贵州、四川。

花可药用。

Flora of China 将其并入淡红忍冬，但后者花序梗明显，长0.5～2.5cm，萼齿外面无毛，花冠淡紫红色，外面无毛，花柱除顶端外均有毛等，区别很大，故本志仍将其作为独立的种处理。

图8-170 短柄忍冬

14. 忍冬 金银花 银藤 子风藤（图8-171）

Lonicera japonica Thunb. — *L. japonica* form. *macrantha* Matsuda

半常绿木质藤本。幼枝密被黄褐色开展糙毛及腺毛。叶片纸质，卵形至长圆状卵形，萌发枝之叶偶有钝缺刻，长3～5（9.5）cm，宽1.5～3.5（5.5）cm，先端短尖至渐尖，稀圆钝或微凹，基部圆形或近心形，两面均密被短柔毛，枝下部者常无毛；叶柄长4～8mm，被毛。花成对腋生于枝端；花序梗与叶柄等长或稍短，下方者长可达4cm，密被短柔毛和腺毛；苞片叶状，卵形至椭圆形，长2～3cm，常被毛；小苞片长为花萼筒的1/2～4/5；花萼筒无毛，萼齿被毛；花冠白色，后变为黄色，长3～4.5（6）cm，唇形，外面被倒生糙毛和腺毛；雄蕊和花柱均伸出花冠。果实球形，直径6～7mm，成熟时呈蓝黑色。花期4—6月，果期10—11月。

产于全省各地。多生于海拔500m以下的山坡灌丛、疏林中、乱石堆上、山麓路旁及村庄墙垣上，海拔可达1500m；也常见栽培。分布于除黑龙江、内蒙古、宁夏、青海、新疆、海南、西藏之外的全国各地。日本、朝鲜半岛也有。

花、茎、叶可入药，是一种具有悠久历史的常用中药，有清热解毒、消炎退肿等功效；花可提取芳香油；枝叶繁茂，花清香，适用作垂直绿化。

图8-171 忍冬

14a. 红白忍冬（变种）（图8-172）

var. **chinensis** (Wats.) Baker — *L. chinensis* P. Watson — *L. japonica* form. *chinensis* (P. Watson) H. Hara

幼枝暗紫色；幼叶带紫红色或至少叶缘带紫红色；花冠外面紫红色，内面白色。

产于杭州市区（余杭）、临安、普陀、温岭、玉环、遂昌、泰顺；杭州市区、临安、景宁等地也有栽培。生于海拔100～800m的山坡路旁的岩隙间。分布于安徽、江苏、江西、云南等地也有栽培。

园林栽培品种的花冠、小苞片、幼叶均带紫红色，花冠裂片长于或等长于筒部，外面粉红色或紫红色，十分鲜艳。

图8-172　红白忍冬

15. 菰腺忍冬　红腺忍冬（图8-173）
Lonicera hypoglauca Miq.

落叶或半常绿木质藤本。幼枝、叶柄、叶下面和上面中脉及花序梗均密被上端弯曲的淡黄褐色短柔毛，有时萌发枝具长糙毛。叶片厚纸质，卵形至卵状长圆形，长6～10cm，宽3～5cm，先端渐尖，基部圆形或近心形，下面粉绿色，常斑驳状，有无柄或具极短柄的橙黄色至橘红色蘑菇状腺体；叶柄长5～12mm。花成对腋生于枝端，密集成伞房状花序；花序梗比叶柄短或有时较长；苞片条状披针形；小苞片圆卵形，长为花萼筒的1/3；花萼筒几无毛，萼齿三角状卵形或披针形；花略具香气；花冠白色，后变为黄色，长3.5～4.5cm，唇形，冠筒比唇瓣稍长，外面疏生微伏毛和腺毛，稀无毛；雄蕊与花柱稍伸出花冠，无毛。果实近圆球形，直径7～8mm，黑色，稀具白粉。花期4—5月，果期10—11月。

产于宁波及湖州市区、安吉、德清、杭州市区、临安、建德、诸暨、新昌、普陀、衢州市区、开化、江山、金华市区、东阳、武义、台州市区、天台、三门、临海、仙居、温岭、莲都、缙云、遂昌、松阳、龙泉、庆元、景宁、青田、乐清、永嘉、瑞安、文成、平阳、苍南、泰顺。生于海拔50～700m的山坡上、沟谷林缘、灌丛或疏林中。分布于安徽、江西、福建、湖南、湖北、台湾、广东、广西、云南、贵州、四川。日本也有。

花蕾可入药，各地常见栽培并作"金银花"入药。

本种小枝上的毛通常不开展，叶片下面粉绿色或斑驳状，具橙黄色至橘红色蘑菇状腺体而易鉴别；萌发枝及叶片两面、叶柄有时具开展长糙毛，但叶片较宽短，下面粉绿色、常斑驳状而不同于华大花忍冬。

图 8-173　菰腺忍冬

本省尚有1变型红花菰腺忍冬 form. **pulchra** Z.H. Chen, W.Y. Xie et X.D. Mei（图8-174），叶片较小，长4～7.5cm；小苞片长为花萼筒的1/5～1/4，花冠淡紫红色，长4～5.5cm，冠筒与唇瓣近等长。产于临安、景宁。生于海拔150m的水库旁灌丛中。模式标本采自临安（高虹镇水涛庄）。可供观赏。

图8-174　红花菰腺忍冬

16. 华大花忍冬 （图8-175）
Lonicera sinomacrantha Z.H. Chen, L.X. Ye et X.F. Jin

半常绿木质藤本。一年生至三年生枝、叶柄和花序梗均被开展灰色长糙毛和弯曲短糙毛。叶片厚纸质，长圆状披针形至狭披针形，长8～13cm，宽2～3cm，顶端长渐尖，基部近圆形或微心形，两面疏生近伏贴长糙毛，脉上兼有短糙毛，下面淡绿色，散生无柄的橘红色或淡黄色腺体；叶柄长3～7mm。花成对腋生于枝端，密集成伞房状花序；花序梗长0.5～5mm；苞片条状披针形；小苞片卵形或三角状卵形；花萼筒无毛，萼齿长超过宽，连同苞片、小苞片均被糙毛；花浓香；花冠白色，后变为黄色，长7～9cm，外面被开展腺毛，唇形，冠筒长为唇瓣的2～2.7倍，纤细，内面密被柔毛；雄蕊和花柱均超出花冠，花丝与冠筒分离部分无毛，花柱中段疏被斜上展柔毛。果实黑色，近球形，直径约5mm。花期6—7月，果期9—12月。

产于遂昌、松阳、龙泉、庆元、瑞安、苍南。生于海拔650m以上的沟谷中、山坡林缘、林中，攀缘于灌木丛中。分布于江西、福建。模式标本采自龙泉（凤阳山）。

图 8-175　华大花忍冬

17. 异毛忍冬 （图 8-176）

Lonicera guillonii H. Lév. et Vaniot — *L. macrantha* var. *heterotricha* Hsu et H. J. Wang — *L. macrantha* auct., non (D. Don) Spreng.

半常绿木质藤本。幼枝被开展长糙毛和疏腺毛，后几脱净。叶片薄革质或厚纸质，卵状长圆形或长圆形，长 5～13cm，宽（2）3～6cm，先端渐尖，基部圆形或微心形，上面光亮，下面密被毡毛，成叶尤为显著，毛之间无空隙而不可见底，疏生腺体，脉上疏具长糙毛，网脉显著隆起成蜂窝状；叶柄长 3～10mm，被开展长糙毛。双花于枝端密集成伞房状花序；花序梗长 1～5（8）mm；苞片、小苞片和萼齿均具糙毛和腺毛；花微香，花冠白色，后变为黄色，长 4.5～7cm，唇形，下唇长为冠筒 1/4～1/3，外面具倒向短糙毛和疏短腺毛，内面密被柔毛；雄蕊和花柱均伸出花冠，无毛。果实圆球形或椭球形，长 8～12mm，黑色。花期 4—5（7）月，果期 7—8 月。

产于杭州、宁波、衢州、金华、丽水、温州及安吉、临海。生于海拔 400～1200m 的山坡路旁林缘、沟谷溪边灌丛中。分布于华南、西南及江西、福建、湖南。南亚及缅甸、越南也有。

本种长期以来都沿用 L. macrantha (D. Don) Spreng. 的名称，但后者产于尼泊尔，其花萼裂片（萼齿）十分狭长，且与萼筒等长。L. macrantha var. heterotricha 的特征与本种一致，故作异名处理。

图 8-176　异毛忍冬

17a. 灰毡毛忍冬　拟大花忍冬（变种）（图 8-177）
var. macranthoides (Hand.-Mazz.) Z.H. Chen et X.F. Jin

与异毛忍冬的主要区别在于幼枝、叶柄、花序梗被薄绒毛，连同叶片下面脉上通常无长糙毛；叶片较狭长，叶缘强烈反卷。

产于衢州、金华、台州、丽水、温州。生于山坡上、山麓、沟谷溪边林缘或灌丛中。分布于安徽、江西、福建、湖南、湖北、广东、广西、四川、贵州。

花蕾可入药，功效同忍冬。

本变种的萌发枝有时叶片较狭长，质地较薄，上面被伏贴开展的长糙毛而与华大花忍冬相似，但其叶片下面密被绒毛，后期网脉显著隆起成蜂窝状是稳定的鉴别特征。

图 8-177 灰毡毛忍冬

18. 贯月忍冬 （图8-178）
Lonicera sempervirens L.

常绿或半常绿木质藤本。全体近无毛；幼枝、花序梗和花萼筒常被白粉。叶片宽椭圆形、卵形至矩圆形，长3~7cm，宽2.5~3.5cm，先端圆钝，常具短尖头，基部楔形，下面粉白色，有时被伏贴短柔毛，花序下方1或2对叶片基部合生成盘状；叶柄短或无。花单生，在枝端紧密轮生或集成头状；萼齿小，三角形；花无香气；花冠细长漏斗形，5裂，裂片近整齐，外面深红色至橙红色，内面黄色，长3.5~5cm，冠筒细，中部向上逐渐扩张，中部以下一侧略肿大，长为裂片的5~6倍，裂片直立，卵形，近等大；雄蕊着生于花冠裂片基部之下，与花柱稍伸出，花药远比花丝短。果实近球形，直径约6mm，红色。花期4—9月，果期8—10月。

原产于美国东部和南部，17世纪引入英国。目前欧洲、亚洲及加拿大等地有引种。江苏、安徽、云南、四川、陕西、宁夏、山西、山东、河北、辽宁、黑龙江等地有栽培。嘉善、杭州市区、临安等地的园林中有引种。

叶子揉碎可治蜜蜂蜇伤；果实可作催吐剂。

一六四　忍冬科 Caprifoliaceae

图 8-178　贯月忍冬

19. 京红久忍冬（杂种）（图 8-179）
Lonicera × heckrottii Rehder —— *L. heckrottii* Osborn

　　常绿或半常绿木质藤本。全体近无毛；茎幼时粉绿色，后变为紫红色。叶片椭圆形或卵状椭圆形，长 4～6 cm，宽 1.5～3 cm，先端急尖，基部楔形，上面蓝绿色，下面粉绿色，边缘稍翻卷，花序下方 1 或 2 对叶片合生成圆形或近圆形的盘状；叶柄很短或无，连同中脉下段常带紫红色。花单生，在枝端紧密轮生或集成头状；萼齿小，三角形，黄绿色；花蕾紫红色，盛开时花冠外面玫瑰粉色，内面金黄色；花极芳香；花冠长 3.8～5 cm，外面疏被微腺毛，唇形，上唇 4 裂，下唇不裂；雄蕊着生于唇瓣基部；花柱伸出花冠，柱头头状。果实近球形或椭球形，白色、红色或蓝黑色。花期 3—10 月，果期秋季。

　　起源于欧洲，系人工培育的杂种。江苏、福建、湖南、台湾、陕西、宁夏、山东、四川、河北等地有栽培。嘉兴市区、海宁、嘉善、杭州市区、临安、宁波市区、鄞州、慈溪、余姚、温州市区等地有引种。

由欧洲具香气的轮花忍冬 L. caprifolium L. 与伊特拉斯坎忍冬 L. etrusca G. Santi 的杂交后代美洲忍冬 L. × americana (Mill.) K. Koch 和美洲无香气的贯月忍冬杂交选育而来。花玫瑰粉色，内面金黄色，极芳香，花量极大，花期长达半年之久，花、叶俱美，适应性强，为优良的园林观赏植物。

图 8-179　京红久忍冬

20. 盘叶忍冬 （图 8-180）
Lonicera tragophylla Hemsl.

落叶木质藤本。幼枝无毛。叶片纸质，长圆形或卵状长圆形，稀椭圆形，长 4～12cm，宽 3～6cm，先端钝或稍尖，基部楔形，上面无毛，下面粉绿色，被短糙毛或至少中脉下部两侧密生横出的短糙毛，稀无毛，中脉基部有时带紫红色，花序下方 1～3 对叶片合生成盘状；叶柄很短或无。花单生，在枝端集成头状，具 6～9（18）花；花萼筒壶形，长约 3mm，萼齿小，三角形；花冠黄色至橙黄色，长 5～9cm，唇形，外面无毛，冠筒稍弯曲，比唇瓣长 2～3 倍，内面疏生柔毛；雄蕊着生于唇瓣基部；花柱伸出花冠，无毛。果实圆球形，直径约 1cm，成熟时由黄色转为红黄色，最后变为深红色。花期 6—7 月，果期 9—10 月。

产于安吉、临安、台州市区（黄岩）、龙泉。生于海拔 750～1400m 的山坡、沟谷溪边林缘、灌丛中或路旁岩缝间。分布于安徽、湖北、河南、贵州、四川、陕西、甘肃、宁夏、山西、河北。

花蕾和带叶嫩枝可药用，有清热解毒的功效。

一六四　忍冬科 Caprifoliaceae

图 8-180　盘叶忍冬

一六五　败酱科 Valerianaceae

多年生草本，有时具根状茎，或茎基部木质化而呈亚灌木。根和根状茎常有强烈气味。叶对生，有时基生；叶片羽状分裂或不裂；无托叶。聚伞花序排列成伞房状或圆锥状，稀为头状；花小，常两性；苞片无或细小；花萼合生，裂片常不显著；花冠钟状或筒状，稍两侧对称，3～5裂，裂片花蕾时呈覆瓦状排列，基部一侧囊状或有距；雄蕊3或4，有时退化为1或2，着生于冠筒基部；雌蕊由3心皮构成，子房下位，3室，仅1室发育，具1胚珠，倒垂于室顶。果为瘦果，有时顶端具冠毛状宿萼或有苞片增大成翅果状。种子1。

12属，约300种，几乎全球广泛分布。我国有3属，33种，全国各地均有分布；浙江有2属，6种。

1 败酱属 Patrinia Juss.

多年生直立草本。根状茎横生，具臭味。叶对生，少为基生；叶片常一回至二回羽状分裂、全裂或不分裂，边缘常具粗锯齿或牙齿，稀全缘。聚伞花序排列成圆锥状或伞房状，具叶状总苞片；小苞片狭，离生；花两性；花萼5齿裂，宿存，稀果时增大；花冠钟状，黄色或白色，5裂，稍不等形，有时基部一侧膨大成囊状，内生蜜腺；雄蕊4，稀1～3；子房下位，3室，仅1室发育，具1胚珠。瘦果，基部与增大的膜质翅状苞片相连，或无翅状苞片。种子1，胚直立，无胚乳。

约20种，分布于亚洲东部和中部。我国有11种，南北各地均有分布；浙江有4种。

分种检索表

1. 瘦果无翅状苞片；茎枝、花序梗仅上方一侧被开展白色粗糙毛；花冠黄色 …… **1. 败酱 P. scabiosifolia**
1. 瘦果具增大的翅状苞片；茎枝、花序梗均被毛或仅两侧具毛；花冠淡黄色或白色。
　2. 花序梗被微糙毛或短糙毛；茎中部叶常羽状全裂 …………………… **2. 异叶败酱 P. heterophylla**
　2. 花序梗被粗毛；茎中部叶常不裂，有时具1或2对侧裂片。
　　3. 花冠白色，盛开时直径4～6mm，无斑纹或斑点 ……………………… **3. 白花败酱 P. villosa**
　　3. 花冠淡黄色，盛开时直径2.5～4mm，具斑纹和斑点 ……………… **4. 少蕊败酱 P. monandra**

1. 败酱　黄花败酱　黄花龙芽　（图8–181）
Patrinia scabiosifolia Fisch. ex Trev.

多年生草本。根状茎细长，横生。茎直立，高70～120cm，仅一侧被倒生粗毛或近无毛。基生叶丛生，花时枯萎，叶片卵形或长卵形，不分裂或羽状分裂，先端钝，基部楔形，边缘具粗锯齿，两面被粗伏毛或无毛，叶柄长3～12cm；茎生叶对生，叶片披针形或宽卵形，长5～15cm，常羽状深裂或全裂，侧裂片3～5对，顶裂片大，椭圆形或卵形，先端渐尖，具粗锯齿，叶柄短或近无柄；上部叶片渐狭小，无柄。伞房状聚伞花序大型，顶生；花序梗上方仅一侧具开展白色粗糙毛；总苞条形，甚小；花小，花萼萼齿不明显；花冠钟形，黄色，直径2～4mm，顶端5裂，裂片卵形；雄蕊4，稍超出或几不超出花冠，花丝不等长；子房长椭球形，长约1.5mm，花柱长约2.5mm，柱头盾状或截头状。瘦果长椭球形，长3～4mm，无翅状苞片，不发育的2室扁展成窄边。种子扁平。花期7—9月，果期9—11月。

产于全省各地。生于山坡上、林下、路边、草丛中。除宁夏、青海、新疆、西藏以外，全国各地广泛分布。日本、蒙古、朝鲜半岛及俄罗斯西伯利亚地区也有。

全草可入药，有清热解毒、消肿排脓、活血祛瘀等功效。

图8-181 败酱

2. 异叶败酱　墓头回　(图8-182)

Patrinia heterophylla Bunge — *P. heterophylla* var. *angustifolia* (Hemsl.) H.J. Wang — *P. angustifolia* Hemsl.

多年生草本。根状茎细长。茎直立，高30～70cm，少分枝，稍被短毛。基生叶丛生，叶片卵形或长圆形，边缘圆齿状，或粗齿状缺刻，不分裂或羽状分裂至全裂，具长柄；茎下部或中部

图 8-182 异叶败酱

叶片羽状全裂，侧裂片 1～3（5）对，顶裂片常较大，宽卵形至卵状披针形，先端渐尖或长渐尖，边缘圆齿状浅裂或具大圆齿，疏被短粗毛，叶柄长达 1cm；上部叶片较狭，近无柄。聚伞花序顶生及腋生；花序梗具微糙毛或短糙毛，其下的总苞片条形，3 裂或不裂，各分枝下的不裂；花萼萼齿不明显；花冠钟形，淡黄色，直径 5～6mm，顶端 5 裂，裂片稍短于冠筒；雄蕊 4，花丝 2 长 2 短；子房倒卵球形，长 0.8～1.5mm，花柱顶端稍弯。瘦果椭球形或倒卵球形，顶端平，翅状苞片长圆形至宽椭圆形，长达 12mm。花期 8—10 月，果期 10—11 月。

产于全省各地。生于海拔 900m 以下的山坡上、林缘、路边、林下、溪沟边或草丛中。分布于东北、华北、华东、华中、华南及陕西、甘肃、宁夏。

根、茎可入药，称"墓头回"，有燥湿止血的功效。

3. 白花败酱　攀倒甑　苦叶菜　败酱（图 8-183）
Patrinia villosa (Thunb.) Juss.

多年生草本。根状茎长而横走，偶在地表匍匐生长。茎直立，高 50～100cm，密被倒生白色粗毛，或仅沿两侧各有 1 列倒生短粗伏毛，上部稍有分枝。基生叶丛生，叶片宽卵形或近圆形，先端渐尖，基部楔形下延，边缘具粗齿，不分裂或大头状深裂，叶柄较叶片稍长；茎生叶对生，

图 8-183　白花败酱

叶片卵形或狭椭圆形，长 4～11 cm，宽 2～5 cm，先端渐尖，基部楔形下延，边缘羽状分裂或不裂，两面疏生粗毛，脉上尤密，叶柄长 1～3 cm；茎上部叶片近无柄。聚伞花序多分枝，排列成伞房状圆锥花序；花序梗上密生粗毛或仅具 2 列粗毛，花序分枝基部有 1 对总苞片，较狭；花萼细小，5 齿裂；花冠钟状，白色，直径 4～6 mm，顶端 5 裂，裂片不等形；雄蕊 4，伸出；子房能育室边缘及表面有毛，花柱较雄蕊短。瘦果倒卵球形，直径约 5 mm，基部贴生在增大的圆翅状膜质苞片上。花期 8—10 月，果期 10—12 月。

除平原地区外的全省各地常见。生于海拔 1200 m 以下的山坡上、路边、林下、草丛中。分布于华东、华中及台湾、广东、广西、贵州。日本也有。

全草可入药，功效同败酱；亦可作野菜食用。

4. 少蕊败酱　斑花败酱（图 8-184）

Patrinia monandra C.B. Clarke —— *P. punctiflora* Hsu et H.J. Wang —— *P. punctiflora* var. *robusta* Hsu et H.J. Wang

二年生或多年生草本。常无根状茎，主根粗壮。茎直立，高 30～120 cm，密被倒生粗伏毛，上部毛常排成 2 纵列，周围有疏粗毛。叶对生；叶片卵形、椭圆形、卵状披针形或长圆状披针形，长 2.5～7（11）cm，宽 1～5（7）cm，不分裂，稀基部具 1～4 枚耳状小裂片，或茎下部叶片大头羽裂至深裂，先端钝或渐尖，基部楔形下延，边缘具不整齐粗钝齿或浅齿，两面有棕色微腺，疏生糙伏毛；叶柄长达 6 cm，但在上部渐缩短至无柄。聚伞花序呈疏散伞房状，具 5 或 6 级分枝，被白色倒生粗毛；苞叶卵形至条形，长 1～7 cm，具钝齿或全缘；花梗极短，其下贴生 1 卵形小苞片；花萼 5 齿裂，裂齿钝齿状；花冠钟状，较小，淡黄色，直径 2.5～4 mm，有棕褐色斑纹和斑点，裂片稍不等形，长 1.1～1.5 mm，卵形或卵状长椭圆形；雄蕊 4，二强，伸出；子房无毛，长 0.6～1 mm。瘦果倒卵状椭球形，翅状果苞干膜质，卵形或宽卵形，先端圆钝，基部圆形或截形，网状脉明显。种子扁椭球形。花期 8—10 月，果期 10—11 月。

产于安吉、杭州市区、临安、淳安、宁波市区(北仑)、余姚、奉化、宁海、开化、金华市区(婺城)、义乌、磐安、天台、临海、莲都、景宁、永嘉。生于海拔1300m以下的路边、林下、溪沟边或草丛中。分布于华东、华中及辽宁、山东、广东、广西、贵州、陕西、甘肃。不丹、尼泊尔、印度也有。

全草可入药，功效同败酱。

图8-184 少蕊败酱

❷ 缬草属 Valeriana L.

多年生草本、亚灌木或灌木。根或根状茎具香气。茎直立或蔓生。基生叶叶片全缘或具锯齿；茎生叶对生；叶片常一回至三回羽状分裂，裂片全缘或具锯齿。聚伞花序顶生，具数花，有时排列成稠密或间断的穗状、圆锥状；花小，两性，白色或淡红色；花萼5～15裂，裂片开花时不明显，果时发展为冠毛状；花冠筒纤细，顶端5裂，基部膨大成囊状；雄蕊3，稀1或2；子房下位，3室，仅1室发育，具1胚珠。瘦果扁平，顶端具羽毛状冠毛。种子1。

约300种，分布于亚洲、欧洲、南美洲、北美洲。我国有21种，分布于西南部至东北部；浙江有2种。

与败酱属的区别在于本属根部具香气；瘦果顶端具羽毛状冠毛；雄蕊常3。

1. 柔垂缬草 （图8-185）
Valeriana flaccidissima Maxim.

多年生草本。根状茎细柱状，具环节。茎柔软，高20～80cm，节间长，疏被短毛或近无毛，基部长出多条细长匍匐茎，各节生有1对心状宽卵形单叶，叶片长1.5～4cm，叶柄长5～10cm。基生叶与匍匐茎上的叶同形，有时3裂，先端钝，边缘具波状圆齿或全缘；茎生叶叶片卵形，羽状全裂，裂片1～3对，顶裂片最大，卵形或披针形，先端钝或渐尖，全缘或具浅齿，叶柄短。伞房状聚伞花序顶生，花序开花后向上延伸，分枝基部有1对总苞片，条形或条状披针形；花萼内卷；花冠淡红色，稀白色，5裂，下部呈筒状，长2～3mm；雄蕊3，伸出；子房细小。瘦果细长卵球形，长约2mm，顶端具白色羽毛状冠毛。种子1。花期5月，果期6月。

产于临安、磐安、天台、庆元。生于海拔500～1300m的林缘、溪沟或草丛等潮湿地带。分布于华中及安徽、台湾、贵州、云南、甘肃。日本也有。

根、茎可入药，有祛风安神、止痛解痉等功效。

图8-185 柔垂缬草

2. 缬草 宽叶缬草 （图8-186）
Valeriana officinalis L. — *V. officinalis* L. var. *latifolia* Miq. — *V. fauriei* Briq.

多年生草本。根状茎短。茎直立，高40～80cm，具细纵棱，幼时节间被白色毛，后脱落，节稍突起，密生白色长毛，基部长出匍匐茎数条，具羽状分裂的叶片，叶柄较短。基生叶稍小，至花时凋萎；茎生叶对生，叶片卵形至宽卵形，羽状全裂，裂片5～9，通常为7，顶裂片稍大，椭圆形或宽卵形，长3～9cm，宽0.7～3cm，先端渐尖，基部下延，边缘具钝锯齿。伞房状聚伞花序顶生，花序分枝基部有1对总苞片，条形；花萼内卷；花冠淡红色或白色，5裂，下部呈筒状，一侧稍膨大,长约4mm;雄蕊3,伸出。瘦果长卵球形,长约4mm,顶端具白色羽毛状冠毛。种子1。花期5月,果期6月。

产于安吉、临安、莲都、遂昌。生于海拔400～1100m的山坡上、溪边或林下。除东北外,全国各地均有分布。欧洲及日本也有。

与柔垂缬草的区别在于本种匍匐茎不具心状宽卵形的单叶;茎直立;瘦果长约4mm。

图8-186 缬草

一六六　川续断科 Dipsacaceae

二年生或多年生草本，或为亚灌木，稀为一年生草本。茎直立，具棱和沟，常有毛或刺。单叶，基生叶丛生，茎生叶对生，有时轮生；叶片羽状浅裂、深裂至全裂，或全缘；无托叶。花序一般为具总苞的聚伞形头状花序或穗状轮伞花序，少数为圆锥花序；花小，两性，两侧对称，同形或边缘花与中央花异形，每花为2个小苞片结合形成的小总苞（称"外萼"）包围，小总苞囊状至倒钟状，冠檐部分裂成小齿或硬刺，或敞开成裙边状；花萼小，盘状、杯状、管状，有时全裂成5~20针刺或羽状刚毛；花冠漏斗状，顶端4或5裂，裂片不等大或二唇形；雄蕊4，有时2，着生于冠筒上部而与花冠裂片互生，花药2室，纵裂；雌蕊由2心皮合生，子房下位，1室，具1胚珠，倒垂于室顶，花柱细长，柱头单1或2裂。果为瘦果，位于宿存小总苞内，宿萼羽毛状。种子种皮膜质，具胚乳。

10属，约250种，分布于亚洲、非洲南部、地中海地区。我国有4属，17种，分布于全国各地，时有栽培；浙江有2属，6种，其中栽培4种。

1 川续断属 Dipsacus L.

多年生或二年生草本，少数呈亚灌木状。茎中空，具棱和沟，棱上常具短硬刺或刺毛。叶片常羽状分裂，裂片边缘多少具齿，两面常被刺毛或短硬刺；基生叶及茎下部叶的叶柄长，向上渐变短至无柄。头状花序顶生，短圆柱形至球形；小苞片倒卵形，先端具硬尖；小总苞倒卵方囊状，冠檐部不明显；花萼盘状，顶端4浅裂；花冠漏斗状，顶端4裂，裂片不等大；雄蕊4；柱头短棒状或头状。瘦果细长，包藏于小总苞内，顶端稍外露或不外露。

约20种，分布于欧洲、亚洲和非洲。我国有7种，南北各地均有分布；浙江有4种。

以往记载本省还有起绒草 D. fullonum L. 栽培，原产于欧洲，但仅在南京中山植物园和杭州植物园少量栽培，故本志暂不收录。本属植物多数可药用，少数可供纺织工业用。

分种检索表

1. 茎生叶基部抱茎合生成杯状；头状花序长椭球形 ·· 1. 拉毛果 D. sativus
1. 茎生叶基部不抱茎；头状花序近圆球形。
　　2. 花冠紫红色；花丝稍伸出花冠外 ·· 2. 日本续断 D. japonicus
　　2. 花冠淡黄白色；花丝明显伸出花冠外。
　　　　3. 叶片上面密被硬毛，下面脉上密被刺毛或短硬刺（栽培）·················· 3. 川续断 D. asper
　　　　3. 叶片上面疏被白色硬毛或近无毛，下面近光滑，脉上不具刺毛，短硬刺无或极不明显（野生）
　　　　　·· 4. 天目续断 D. tianmuensis

1. 拉毛果 (图8-187)

Dipsacus sativus (L.) Honck.

二年生亚灌木状粗壮草本。茎直立，高可达2m，具6～8棱，棱上疏生短粗硬刺。基生叶丛生，叶片长倒卵形，全缘或边缘波状，两面光滑，仅在下面主脉上具短小硬刺，有叶柄；茎生叶对生，叶片披针形至宽披针形，先端渐尖，基部抱茎合生成杯状，边缘全缘或波状，两面无毛，仅下面主脉疏生短小硬刺。头状花序顶生，长椭球形，长6～8cm，直径3～4cm；总苞片约10枚，硬脆，条状披针形，长3～4cm，先端尖锐成锥刺，边缘及下面主脉疏生小硬刺；小苞片狭卵形，坚韧，长8～11mm，先端具富有弹性的钩状喙尖，边缘疏生细小硬刺；小总苞长5～8mm，具8棱；花萼盘状，4浅裂，被短柔毛；花冠白色，少数略带紫色，漏斗状，筒部长8～12mm，4裂，裂片不等大；雄蕊4，花丝细长，伸出花冠外；柱头侧生，与冠筒口近平齐。瘦果楔状卵圆球形，棕色，包藏于小总苞内。花期4—5月，果期6—7月。

可能原产于欧洲。我国南方地区有引种，栽培较广。杭州、宁波一带均有栽培。

因头状花序的小苞片具富有弹性的钩状喙尖，原作纺织工业常用的拉毛起绒材料，我国各地也可能因此而引入栽培。

图8-187 拉毛果

2. 日本续断 续断 （图8-188）
Dipsacus japonicus Miq.

多年生草本。主根发达，坚硬。茎直立，高达1.5m，多分枝，具4～6棱，棱上疏生短粗硬刺，节上具较密的白色柔毛。基生叶丛生，叶片长椭圆形，不裂或3裂，具柄；茎生叶对生，叶片椭圆形至卵形，长8～20cm，宽3～8cm，羽状深裂至全裂，顶裂片最大，两侧裂片1或2对，甚小，各裂片基部皆下延成狭翅，边缘具粗齿，稀近全缘，上面被白色硬毛，下面脉上具疏短硬刺，具长柄，向上渐短至近无，柄上疏生短硬刺。头状花序顶生，近圆球形，直径2～3cm；花序梗具棱，棱上疏生短硬刺；总苞片数枚，狭三角形，密被白色柔毛及刺缘毛；小苞片倒三角状卵形，先端平截而具硬直喙尖，边缘具长刺毛，密被白色柔毛；小总苞棕色，密被白色柔毛，具4棱，顶端具8齿；花萼盘状，4浅裂，被白色短柔毛；花冠紫红色，漏斗状，长7～11mm，裂片2大2小，内外均被白色柔毛；雄蕊4，花丝略伸出冠筒外；柱头略低于雄蕊。瘦果长圆状楔形，包藏于小总苞内。花期8—9月，果期9—10月。

产于安吉、临安、建德、淳安、奉化、兰溪、磐安。生于海拔400～900m的路边、山坡林下、草丛或灌丛中。分布于华东、华中及辽宁、河北、山西、贵州、陕西。日本、朝鲜半岛也有。

瘦果连同宿存的小总苞、花萼可入药，称"巨胜子"，有活血化瘀、通络定痛等功效。

图8-188 日本续断

3. 川续断 （图8-189）

Dipsacus asper Wall. ex C.B. Clarke —— *D. asperoides* C.Y. Cheng et Ai

多年生草本。根簇生，长圆锥状，黄棕色，肉质。茎直立，高达1.5m，具6～8棱，棱上疏生下弯短硬刺。基生叶丛生，叶片长卵形，琴状羽裂，具长柄；茎生叶对生，中下部的羽状深裂，顶裂片最大，披针形，两侧裂片2～4对，各裂片边缘疏具粗锯齿，上面密被白色硬毛或乳头状刺毛，下面脉上密被刺毛或短硬刺，具长柄；茎上部叶片渐小，披针形，3裂至不裂，边缘锯齿渐少至无，两面毛刺渐少，叶柄渐短至无。头状花序顶生，近圆球形，直径2～3cm；总苞片5～7，条状三角形，密被白色刺毛，具刺缘毛；小苞片倒卵形，先端宽楔形而具硬直喙尖，边缘略有刺毛，疏生白色柔毛；小总苞棕色，具4棱，顶端具8齿；花萼盘状，4浅裂，被短柔毛；花冠淡黄白色，漏斗状，筒部长9～11mm，裂片1大3小，内外均被白色短柔毛；雄蕊4，花丝明显伸出花冠外，花药紫色。瘦果长圆状楔形，包藏于小总苞内，但顶端外露。花期7—9月，果期9—11月。

原产于华中及广东、广西、贵州、云南、西藏。缅甸、印度也有。临安（天目山、清凉峰）、台州市区（黄岩）、温岭等地有栽培。

根可入药，为中药材"续断"，有补肝肾、续筋骨、通血脉等功效。

图8-189 川续断

4. 天目续断 (图8-190)

Dipsacus tianmuensis C.Y. Cheng et Z.T. Yin

多年生草本。茎直立，高达1.5m，具6～8棱，棱上疏生短粗硬刺。茎生叶中下部叶片羽状深裂，顶裂片最大，长椭圆形，两侧裂片1或2对，各裂片边缘疏具粗锯齿，仅上面疏被白色硬毛或近无毛，下面近光滑，脉上无刺毛或短硬刺，或有时极短而不明显，主脉明显突起，具长柄；茎上部叶片渐小，裂片渐少至不裂，边缘锯齿渐少至无，叶柄渐短至无柄。头状花序顶生，近圆球形，直径3～4cm；花序梗长；总苞片数枚，披针形，密被白色柔毛及刺缘毛；小苞片长倒卵形，先端宽楔形而具硬直喙尖，边缘具刺毛，全体疏被白色柔毛；小总苞棕色，长7～9mm，具4棱，被黄白色短柔毛；花萼盘状，4浅裂，被短柔毛；花冠淡黄白色，漏斗状，筒部长11～14mm，裂片1大3小，内外均被白色柔毛；雄蕊4，明显伸出花冠外；柱头约与冠筒口平齐。瘦果包藏于小总苞内，但顶端外露。花期8—9月，果期9—10月。

图8-190 天目续断

产于安吉（龙王山）、临安（天目山、龙塘山）、淳安（枫树岭）、诸暨（南园尖、五云山）、衢江（灰坪）。生于海拔400～1100m的山坡林缘、林下、沟边或路边草丛中。浙江特有种。模式标本采自临安（天目山）。

Flora of China 将本种并入日本续断，区别在于本种花为黄白色，雄蕊明显伸出花冠外。与川续断的主要区别在于本种叶片下面无刺毛或短硬刺，或很不明显，基生叶叶柄不合生成抱茎状。鉴于本种的区别特征明显，故本志仍将其作为独立的种处理。

❷ 蓝盆花属 Scabiosa L.

多年生、二年生或一年生草本，稀为亚灌木。茎分枝或不分枝，多少具棱。基生叶丛生，茎生叶对生；叶片常羽状浅裂至深裂，稀全缘；叶柄短，相对两叶相连。花序顶生，头状，呈扁球形至椭球形；花序梗长；总苞片草质，1或2层；小苞片条状披针形；小总苞宽倒钟状，冠檐部膜质，裙边状；花萼盘状，5全裂，呈星芒刺，宿存；花冠漏斗状，4或5裂，边缘花较大，二唇形，中央花较小，裂片近等长；雄蕊4；雌蕊柱头头状或盾状。瘦果，包藏于小总苞内，小总苞及花萼均宿存。

约100种，分布于欧洲、亚洲和非洲，主产于地中海地区。我国有6种，分布于东北、西北及内蒙古、河北、山西、台湾；浙江庭园中常见栽培2种。

与川续断属的区别在于本属茎、叶具柔毛或无，小总苞宽倒钟形，冠檐部发达成裙边状，花萼5全裂，呈星芒刺；川续断属茎、叶具短硬刺或硬毛，小总苞倒卵形囊状，冠檐部不明显，花萼4裂。

1. 紫盆花 （图8-191）
Scabiosa atropurpurea L.

一年生草本。茎直立，高20～70cm，多分枝，微具棱，疏具白色柔毛。基生叶丛生，叶片匙形，不分裂或琴状羽裂，边缘具粗齿；茎生叶对生，叶片长圆形，长5～12cm，宽3～7cm，羽状深裂至全裂，裂片5～9，顶裂片最大，倒披针形至长圆形，侧裂片2～4对，披针形，边缘具不整齐浅裂，上面无毛，下面脉上疏生白色长柔毛；叶柄长约1cm，基部扩大相连成短鞘。头状花序单生于枝顶，直径4～5cm；花序梗疏生白色短毛；总苞片2层，12～14枚，披针形，密被白色短柔毛；小总苞宽倒钟形、圆筒形，具浅沟，冠檐部反卷成裙边状；花萼裂片5，星芒刺状，长约8mm；花冠紫黑色、淡红色至白色，边缘花大，筒部长约10mm，外面密生白色柔毛，5裂，裂片不等大；雄蕊4，花丝远伸出花冠外；花柱伸出花冠外，柱头头状，较雄蕊短。果序椭球形，长4～5cm。瘦果包藏于小总苞内，花萼裂片宿存于其顶端。花期6—7月。

原产于欧洲南部地中海沿岸地区。我国各地广泛栽培。海宁、杭州市区等的庭园栽培供观赏。

一六六　川续断科 Dipsacaceae

图 8-191　紫盆花

2. 日本蓝盆花（图8-192）
Scabiosa japonica Miq.

　　二年生草本。茎直立或基部向上斜展，高15～40cm，被伏毛。基生叶丛生，叶片椭圆形，大头羽状分裂、羽状分裂或不分裂，具齿，叶柄长5～8cm；茎生叶对生，叶片羽状分裂，裂片再次分裂，上面近无毛，下面沿叶脉疏被柔毛，边缘具硬毛。头状花序1～7，直径4～5cm；花序梗长，被短毛；总苞片及小苞片条状披针形，被伏毛；小总苞宽倒钟形、四方形，无明显的沟，冠檐部反卷成裙边状；花萼5裂，裂片星芒刺状，长3.5～4mm；花冠蓝紫色，边缘花较大，二唇形，上唇较大，3裂，下唇较短，2裂，中央花花冠较小，5裂，裂片近等大；雄蕊4。果序球形或椭球形，直径约1.5cm。瘦果小，包藏于小总苞内。花期8—9月，果期9—10月。

　　原产于日本、朝鲜半岛。我国东北也有。全国各地常有栽培。海宁、杭州市区等地的庭园栽培供观赏。

　　与紫盆花的区别在于本种茎生叶叶片羽状分裂，裂片条形，全缘；小总苞四方形，无明显的沟，花冠蓝紫色；果序球形或椭球形。

图 8-192　日本蓝盆花

一六七　菊科 Asteraceae

草本、亚灌木或灌木，稀为乔木或藤本。植物体具乳汁管或树脂道，或两者均无。叶常互生，有时对生，稀轮生；单叶或复叶；叶片全缘或具齿，或分裂；无托叶，有时叶柄基部扩大而呈托叶状。花（在本科中常称"小花"）两性或单性，极少单性异株，辐射对称或两侧对称，5基数，通常少数至多数密集成头状花序，外为1层至数层总苞片组成的总苞所包围；头状花序辐射状（具舌状缘花），或盘状（仅具管状花或舌状花舌片退化），单生，或少数至多数排列成总状、伞房状、聚伞状或圆锥状；头状花序边缘（缘花）为舌状花，中央（盘花）为管状花，或全为管状花，或全为舌状花；头状花序托平坦或突起，无毛或有毛，具托片或无；萼片不发育，常形成鳞片状、膜片状、刺毛状或毛状的冠毛，有时完全退化；辐射对称花的花冠管状，两侧对称花的花冠舌状或二唇形、漏斗形，管状花顶端常4或5裂，舌状花顶端2～5裂；雄蕊5，稀4，着生于花冠管上，花药内向，合生成筒，称"聚药雄蕊"，基部钝、锐尖、戟形或尾状；子房下位，2心皮合生，1室，具1倒生胚珠；花柱上端2裂，分枝上端有附器或无。果为下位的连萼瘦果，有喙或无喙，被毛或无毛。种子无胚乳。

约1700属，25000～35000种，全球广泛分布，是现知被子植物的第一大科。我国有248属，2300余种，全国各地广泛分布；浙江有124属，280种。

《浙江植物志》记载，浙江曾栽培过款冬 *Tussilago farfara* L.，现仅见个别百草园有栽培，也记载浙北丘陵有全光菊 *Hololeion maximowiczii* Kitam.，但未见标本。故此2种对应的属本志不再记录。

本科植物许多种类富有经济价值，用途很广，如莴苣 *Lactuca sativa*、茼蒿 *Glebionis coronaria* 等可作蔬菜食用；向日葵 *Helianthus annuus* 的果实炒后为休闲食品，其种子亦可榨油供食用；也有不少种类的种子为工业用油的原料；除虫菊 *Tanacetum cinerariifolium* 则可制杀虫剂；更多的种类从国外引进，作为园林观赏植物广泛栽培。此外，本科也有不少检疫性杂草，有些成为外来入侵种并形成较大危害。

本科传统分为2亚科（管状花亚科 Tubiflorae 和舌状花亚科 Liguliflorae），13族，其中舌状花亚科仅含菊苣族 Cichorieae。*Flora of China* 采用15族的分类系统，未采用传统的亚科等级。近年来，我国学者根据512属，805种的系统发育研究，提出了13亚科，45族的系统，我国的菊科植物隶属7亚科，22族。本志为了方便应用，科内首先采用"族"一级的分类等级，其在头状花序和小花结构上相似程度高，在系统发育树上的支系也相对稳定，与 *Flora of China* 采用的系统也比较吻合。

浙江菊科植物系统总览

（一）紫菀族 Astereae

1. 一枝黄花属 Solidago（3）；2. 秋分草属 Rhynchospermum（1）；3. 雏菊属 Bellis（1）；

注：括号中的数字表示浙江的种数。

4. 虾须草属 Sheareria（1）；5. 裸菀属 Miyamayomena（1）；6. 马兰属 Kalimeris（3）；7. 翠菊属 Callistephus（1）；8. 狗娃花属 Heteropappus（2）；9. 碱菀属 Tripolium（1）；10. 东风菜属 Doellingeria（2）；11. 女菀属 Turczaninovia（1）；12. 紫菀属 Aster（11）；13. 联毛紫菀属 Symphyotrichum（3）；14. 飞蓬属 Erigeron（6）；15. 鱼眼草属 Dichrocephala（1）；16. 白酒草属 Eschenbachia（1）。

（二）泽兰族 Eupatorieae

17. 下田菊属 Adenostemma（1）；18. 裸冠菊属 Gymnocoronis（1）；19. 甜叶菊属 Stevia（1）；20. 藿香蓟属 Ageratum（2）；21. 南泽兰属 Austroeupatorium（1）；22. 泽兰属 Eupatorium（4）；23. 蛇鞭菊属 Liatris（1）；24. 假臭草属 Praxelis（1）。

（三）千里光族 Senecioneae

25. 蜂斗菜属 Petasites（1）；26. 菊三七属 Gynura（3）；27. 一点红属 Emilia（2）；28. 野茼蒿属 Crassocephalum（1）；29. 菊芹属 Erechtites（1）；30. 兔儿伞属 Syneilesis（1）；31. 蟹甲草属 Parasenecio（5）；32. 瓜叶菊属 Pericallis（1）；33. 蒲儿根属 Sinosenecio（2）；34. 狗舌草属 Tephroseris（2）；35. 疆千里光属 Jacobaea（1）；36. 千里光属 Senecio（4）；37. 黄蓉菊属 Euryops（2）；38. 大吴风草属 Farfugium（1）；39. 橐吾属 Ligularia（5）。

（四）向日葵族 Heliantheae

40. 万寿菊属 Tagetes（2）；41. 堆心菊属 Helenium（1）；42. 天人菊属 Gaillardia（2）；43. 苍耳属 Xanthium（2）；44. 豚草属 Ambrosia（2）；45. 银胶菊属 Parthenium（1）；46. 百日菊属 Zinnia（3）；47. 牛膝菊属 Galinsoga（1）；48. 大丽菊属 Dahlia（1）；49. 金鸡菊属 Coreopsis（3）；50. 松香草属 Silphium（1）；51. 秋英属 Cosmos（2）；52. 鬼针草属 Bidens（6）；53. 鹿角草属 Glossocardia（1）；54. 豨莶属 Sigesbeckia（3）；55. 鳢肠属 Eclipta（1）；56. 金钮扣属 Acmella（2）；57. 金光菊属 Rudbeckia（2）；58. 向日葵属 Helianthus（3）；59. 蟛蜞菊属 Sphagneticola（2）；60. 卤地菊属 Melanthera（1）。

（五）春黄菊族 Anthemideae

61. 蓍属 Achillea（2）；62. 春黄菊属 Anthemis（2）；63. 果香菊属 Chamaemelum（1）；64. 木茼蒿属 Argyranthemum（1）；65. 茼蒿属 Glebionis（2）；66. 菊蒿属 Tanacetum（2）；67. 滨菊属 Leucanthemum（1）；68. 菊属 Chrysanthemum（4）；69. 鞘冠菊属 Coleostephus（1）；70. 亚菊属 Ajania（1）；71. 蒿属 Artemisia（25）；72. 芙蓉菊属 Crossostephium（1）；73. 山芫荽属 Cotula（1）；74. 裸柱菊属 Soliva（1）。

（六）山黄菊族 Athroismeae

75. 石胡荽属 Centipeda（1）。

（七）斑鸠菊族 Vernonieae

76. 斑鸠菊属 Vernonia（2）；77. 地胆草属 Elephantopus（2）。

（八）帚菊木族 Mutisieae

78. 帚菊属 Pertya（4）；79. 兔儿风属 Ainsliaea（2）；80. 扶郎花属（火石花属）Gerbera（1）；81. 兔耳一枝箭属 Piloselloides（1）；82. 大丁草属 Leibnitzia（1）；83. 腺梗菜属（和尚菜属）

Adenocaulon（1）。

（九）旋覆花族 Inuleae

84．天名精属 Carpesium（5）；85．旋覆花属 Inula（2）；86．羊耳菊属 Duhaldea（1）；87．六棱菊属 Laggera（1）；88．艾纳香属 Blumea（7）。

（十）鼠麴草族 Gnaphalieae

89．火绒草属 Leontopodium（1）；90．香青属 Anaphalis（1）；91．蜡菊属 Xerochrysum（1）；92．合冠鼠麴草属 Gamochaeta（1）；93．鼠麴草属 Gnaphalium（2）；94．拟鼠麴草属 Pseudognaphalium（3）。

（十一）金盏菊族 Calenduleae

95．金盏菊属 Calendula（1）。

（十二）蓝刺头族 Echinopeae

96．蓝刺头属 Echinops（1）。

（十三）刺苞菊族 Carlineae

97．苍术属 Atractylodes（2）。

（十四）飞廉族 Cardueae

98．牛蒡属 Arctium（1）；99．泥胡菜属 Hemisteptia（1）；100．云木香属 Aucklandia（1）；101．风毛菊属 Saussurea（7）；102．飞廉属 Carduus（1）；103．水飞蓟属 Silybum（1）；104．蓟属 Cirsium（9）；105．红花属 Carthamus（1）；106．山牛蒡属 Synurus（1）；107．漏芦属 Rhaponticum（1）；108．蓝花矢车菊属 Cyanus（1）；109．珀菊属 Amberboa（1）。

（十五）菊苣族 Cichorieae

110．稻槎菜属 Lapsanastrum（2）；111．猫儿菊属 Hypochaeris（1）；112．毛连菜属 Picris（1）；113．鸦葱属 Scorzonera（1）；114．蒲公英属 Taraxacum（3）；115．苦苣菜属 Sonchus（3）；116．山柳菊属 Hieracium（1）；117．莴苣属 Lactuca（5）；118．假还阳参属 Crepidiastrum（3）；119．黄鹌菜属 Youngia（6）；120．小苦荬属 Ixeridium（4）；121．苦荬菜属 Ixeris（5）；122．耳菊属 Nabalus（1）；123．紫菊属 Notoseris（2）；124．假福王草属 Paraprenanthes（2）。

分属检索表

1．植物体无乳汁；头状花序具同形小花（全为管状花）或异形小花（缘花舌状，盘花管状）。
  2．花药基部通常钝，稀为短箭形；花柱分枝大多非钻形；叶对生或互生。
    3．花柱分枝圆柱形，顶端具棒槌状或稍扁而钝的附器，或花柱分枝常一面平一面凸（平凸状），顶端常具尖或三角形附器。
      4．头状花序辐射状，具异形小花（少数属、种因缘花无舌片而似具同形花）；叶互生或对生；花柱分枝上端稍扁而钝，非棍棒状，具附器或无附器。
        5．头状花序的缘花为显著开展的舌状雌花，或呈细管状，通常明显异形。

6. 舌状花黄色；冠毛多数，糙毛状 ··· **1. 一枝黄花属 Solidago**
6. 舌状花白色、粉红色、红色、红紫色、蓝紫色、蓝色或紫色；冠毛无，或为刺毛状、鳞片状、膜片状或糙毛状。
　　7. 缘花2或3层；果具喙；冠毛为1～5或更多凋落的刺毛，或不存在 ···
　　　··· **2. 秋分草属 Rhynchospermum**
　　7. 缘花1至多层；果无喙；冠毛存在，或不存在。
　　　8. 总苞较大，直径1.5cm以上，总苞片近等长；冠毛通常不存在 ·············· **3. 雏菊属 Bellis**
　　　8. 总苞较小，直径通常1cm以下，总苞片大多不等长（翠菊属 Callistephus 总苞直径2cm以上，总苞片近等长）；具冠毛，稀无冠毛。
　　　　9. 冠毛无或极短，膜片状或呈狭环状。
　　　　　10. 一年生或二年生草本；叶片宽4mm以下；缘花仅2～4朵 ····· **4. 虾须草属 Sheareria**
　　　　　10. 多年生草本；叶片通常宽4mm以上；缘花多数。
　　　　　　11. 果顶端具呈狭环状的边缘，无冠毛 ························· **5. 裸菀属 Miyamayomena**
　　　　　　11. 果顶端具糙毛状或膜片状的极短冠毛 ························· **6. 马兰属 Kalimeris**
　　　　9. 冠毛长，毛状，外层具膜片或无膜片。
　　　　　12. 外层总苞片叶状；冠毛2层，外层膜片状，内层糙毛状；一年生或二年生草本···········
　　　　　　·· **7. 翠菊属 Callistephus**
　　　　　12. 外层总苞片非叶状；冠毛1或2层，有时更多层，有时外层膜片状；常为多年生草本，稀一年生。
　　　　　　13. 总苞片通常多层，有时2层，不等长或近等长；缘花舌状，通常1层。
　　　　　　　14. 管状花稍呈唇形，1裂片较长；舌状花冠毛极短，管状花冠毛较长 ···············
　　　　　　　　·· **8. 狗娃花属 Heteropappus**
　　　　　　　14. 管状花近辐射对称，裂片稍不等长；舌状花和管状花的冠毛短，均为糙毛状。
　　　　　　　　15. 冠毛多层，不等长，全为毛状 ·························· **9. 碱菀属 Tripolium**
　　　　　　　　15. 冠毛1或2层，近等长或不等长，外层极短或为膜片状。
　　　　　　　　　16. 叶片宽大，宽卵状至卵状椭圆形，具长叶柄；果除边缘的肋以外，每面还有1或2细肋 ························· **10. 东风菜属 Doellingeria**
　　　　　　　　　16. 叶片较狭，基部下延成柄或无柄；果仅具边肋。
　　　　　　　　　　17. 冠毛1或2层。
　　　　　　　　　　　18. 果密被短毛，细肋不明显；冠毛1层····· **11. 女菀属 Turczaninovia**
　　　　　　　　　　　18. 果疏被毛，细肋明显；冠毛1或2层，外层的短膜片状 ················
　　　　　　　　　　　　··· **12. 紫菀属 Aster**
　　　　　　　　　　17. 冠毛多层 ······························· **13. 联毛紫菀属 Symphyotrichum**
　　　　　　13. 总苞片2～5层，近等长；缘花舌状，稀为细管状，1至多层 ····· **14. 飞蓬属 Erigeron**
5. 头状花序的缘花无舌片或舌片极短小，雌花呈细管状，外形似具同形花。
　　19. 头状花序球形或长圆球形；冠毛无 ·· **15. 鱼眼草属 Dichrocephala**
　　19. 头状花序先端平，非球形；冠毛糙毛状 ····································· **16. 白酒草属 Eschenbachia**
4. 头状花序盘状，具同形管状花；叶通常对生；花柱分枝圆柱形，上端具棍棒状或略扁的附器。
　　20. 总苞片非覆瓦状；花药顶端截形或微凹，无附器或具极小的附器。
　　　21. 果顶端具3～5棒槌状的冠毛；花丝顶端不增粗 ············· **17. 下田菊属 Adenostemma**

21. 果无冠毛；花丝顶端明显增粗 ··· **18. 裸冠菊属 Gymnocoronis**
20. 总苞片覆瓦状排列，或为1层；花药顶端尖，具明显附器。
　22. 总苞片1层 ·· **19. 甜叶菊属 Stevia**
　22. 总苞片2至多层。
　　23. 花序托平坦或稍突起；果圆柱形或棱柱形，非压扁。
　　　24. 冠毛膜片状或鳞片状；果无腺点 ··· **20. 藿香蓟属 Ageratum**
　　　24. 冠毛刚毛状或糙毛状；果常具腺点。
　　　　25. 果具5肋；叶常对生，或上部亦有互生。
　　　　　26. 总苞片2或3层，中肋不明显 ··· **21. 南泽兰属 Austroeupatorium**
　　　　　26. 总苞片2~5层，中肋明显 ·· **22. 泽兰属 Eupatorium**
　　　　25. 果具8~11肋；叶互生 ··· **23. 蛇鞭菊属 Liatris**
　　23. 花序托明显突起，圆锥形；果压扁 ··· **24. 假臭草属 Praxelis**
3. 花柱分枝通常扁平，顶端截形无附器，或尖、钝，有时具三角形、钻形、锥形附器。
　27. 果具冠毛，冠毛毛状；叶常互生。
　　28. 两性花不结实；花柱不分枝 ·· **25. 蜂斗菜属 Petasites**
　　28. 两性花结实；花柱分枝，顶端截形，或尖而具附器。
　　　29. 头状花序具同形花（全为管状花）。
　　　　30. 花柱顶端具长钻形或短锥形附器。
　　　　　31. 总苞外具小苞叶；花柱顶端具细长钻形附器 ······························ **26. 菊三七属 Gynura**
　　　　　31. 总苞外无小苞叶；花柱顶端具短锥形附器 ··································· **27. 一点红属 Emilia**
　　　　30. 花柱顶端截形，无附器，具乳头状微毛或呈画笔状。
　　　　　32. 一年生草本；叶片长明显大于宽；花药基部钝。
　　　　　　33. 果具棱但细肋不明显，被毛；缘花花冠管状 ······ **28. 野茼蒿属 Crassocephalum**
　　　　　　33. 果具10细肋；缘花花冠细丝状 ·· **29. 菊芹属 Erechtites**
　　　　　32. 多年生草本；叶片长与宽近相等；花药基部钝或戟形、箭形。
　　　　　　34. 基生叶叶片幼时呈伞形下垂；子叶1；茎生叶掌状深裂至全裂，裂片再次分裂 ······
　　　　　　　··· **30. 兔儿伞属 Syneilesis**
　　　　　　34. 基生叶叶片幼时不下垂；子叶2；茎生叶不裂或掌状浅裂 ······························
　　　　　　　··· **31. 蟹甲草属 Parasenecio**
　　　29. 头状花序具异形花（缘花舌状，盘花管状）。
　　　　35. 果背面压扁，缘花的果常具翅 ·· **32. 瓜叶菊属 Pericallis**
　　　　35. 果圆柱形，具纵肋。
　　　　　36. 基生叶和茎下部叶的叶柄非鞘状。
　　　　　　37. 植物体常被蛛丝状毛。
　　　　　　　38. 叶片不裂，或掌状浅裂至中裂。
　　　　　　　　39. 总苞外具苞叶；叶片具掌状脉 ····································· **33. 蒲儿根属 Sinosenecio**
　　　　　　　　39. 总苞外无苞叶；叶片具羽状脉 ······································ **34. 狗舌草属 Tephroseris**
　　　　　　　38. 基生叶大头羽裂，茎生叶一回或二回羽状深裂 ····· **35. 疆千里光属 Jacobaea**
　　　　　　37. 植物体无毛或被短柔毛，非蛛丝状毛。

40. 多年生草本；头状花序常多数排列成伞房状或圆锥状；总苞片分裂或基部合生 ·· **36. 千里光属 Senecio**
40. 常绿灌木，稀为草本；头状花序常单生；总苞片合生 ············· **37. 黄蓉菊属 Euryops**
36. 基生叶和茎下部叶的叶柄鞘状。
　　41. 果密被毛；幼叶向内卷叠 ··· **38. 大吴风草属 Farfugium**
　　41. 果无毛；幼叶向外卷叠 ··· **39. 橐吾属 Ligularia**
27. 果无冠毛，或具冠毛时为鳞片状、芒状、冠状；叶对生，或互生。
　　42. 总苞片叶质或草质；头状花序通常辐射状。
　　　　43. 花序托无托片，无毛或多少有毛。
　　　　　　44. 总苞片1层，等长，常结合；冠毛刚毛状和鳞片状 ················· **40. 万寿菊属 Tagetes**
　　　　　　44. 总苞片1或2层，或数层，分离。
　　　　　　　　45. 花序托无托片；叶片基部下延而使茎具翼；冠毛鳞片状 ······· **41. 堆心菊属 Helenium**
　　　　　　　　45. 花序托具毛；茎不具翼；冠毛为芒状鳞片 ······················· **42. 天人菊属 Gaillardia**
　　　　43. 花序托具托片。
　　　　　　46. 头状花序单性，具同形花，单性，雌雄同株；雌头状花序的总苞片结合成囊状，具喙及钩刺，或瘤。
　　　　　　　　47. 雄头状花序的总苞片1层，分离；雌头状花序的总苞具多数钩刺 ·· **43. 苍耳属 Xanthium**
　　　　　　　　47. 雄头状花序的总苞片结合；雌头状花序的总苞具1列钩刺或瘤 ··· **44. 豚草属 Ambrosia**
　　　　　　46. 头状花序具异形花，雌性或两性；雌花花冠常为舌状；总苞片离生。
　　　　　　　　48. 两性花的花柱不分枝，不结实；花序托托片膜质 ············· **45. 银胶菊属 Parthenium**
　　　　　　　　48. 两性花的花柱分枝，结实；花序托托片干膜质或膜质。
　　　　　　　　　　49. 舌状花具短管部，或无，宿存于果上而随果实脱落 ············· **46. 百日菊属 Zinnia**
　　　　　　　　　　49. 舌状花不宿存于果上。
　　　　　　　　　　　　50. 冠毛膜片状，顶端具芒或钝 ······································· **47. 牛膝菊属 Galinsoga**
　　　　　　　　　　　　50. 冠毛无，或芒状、短冠状，或具倒刺的芒，或膜片状、小鳞片状。
　　　　　　　　　　　　　　51. 果背腹压扁。
　　　　　　　　　　　　　　　　52. 冠毛无，或为鳞片状或芒状，绝无倒刺。
　　　　　　　　　　　　　　　　　　53. 舌状花红色或紫色，或花色更多；果边缘无翅；冠毛无 ·····················
　　　　　　　　　　　　　　　　　　　·· **48. 大丽菊属 Dahlia**
　　　　　　　　　　　　　　　　　　53. 舌状花黄色或黄褐色，稀白色；果边缘具翅，翅缘有睫毛或无毛；冠毛短芒状或无。
　　　　　　　　　　　　　　　　　　　　54. 茎圆柱形，光滑；植物体无香味 ············ **49. 金鸡菊属 Coreopsis**
　　　　　　　　　　　　　　　　　　　　54. 茎四方形，粗糙；植物体具香气 ············ **50. 松香草属 Silphium**
　　　　　　　　　　　　　　　　52. 冠毛芒状，具尖锐倒刺。
　　　　　　　　　　　　　　　　　　55. 花柱分枝具短附器；果具2～4芒。
　　　　　　　　　　　　　　　　　　　　56. 舌状花粉红色、红色、紫红色、紫色、白色或黄色；果顶端具喙 ·····
　　　　　　　　　　　　　　　　　　　　··· **51. 秋英属 Cosmos**
　　　　　　　　　　　　　　　　　　　　56. 舌状花黄色、白色，或不存在，短小；果顶端狭窄，无喙 ···············
　　　　　　　　　　　　　　　　　　　　·· **52. 鬼针草属 Bidens**

55. 花柱分枝具长附器；果具2芒 ··· **53. 鹿角草属 Glossocardia**
51. 果不压扁而呈圆柱形，或舌状花的果具3棱，管状花的果两侧压扁。
　　57. 总苞片2层，外层的5或6，常为匙形，具腺毛 ····························· **54. 豨莶属 Sigesbeckia**
　　57. 总苞片1至数层，外层的不为匙形，无腺毛。
　　　　58. 托片平展；头状花序通常直径1cm以内 ································ **55. 鳢肠属 Eclipta**
　　　　58. 托片凹或对折，多少包裹小花；头状花序通常较大，如较小时花序托显著突起。
　　　　　　59. 两性花的果具锐棱或翅，或侧面压扁；冠毛具2或3芒 ············· **56. 金钮扣属 Acmella**
　　　　　　59. 两性花的果具4或5棱，或侧面压扁；冠毛无，或为鳞片状、芒状、刺状；花序托常平坦。
　　　　　　　　60. 冠毛无，或为具齿短冠状；花序托显著突起 ················· **57. 金光菊属 Rudbeckia**
　　　　　　　　60. 冠毛鳞片状、芒状，或无冠毛；花序托平坦或稍突起。
　　　　　　　　　　61. 头状花序大型，具不孕或无性舌状花；冠毛膜片状或具2芒，脱落 ··············
　　　　　　　　　　　　·· **58. 向日葵属 Helianthus**
　　　　　　　　　　61. 头状花序较小，舌状花结实；冠毛鳞片状，宿存，或无冠毛。
　　　　　　　　　　　　62. 外层总苞片较内层的长 ························ **59. 蟛蜞菊属 Sphagneticola**
　　　　　　　　　　　　62. 外层总苞片与内层的近等长 ····················· **60. 卤地菊属 Melanthera**
42. 总苞片全部或边缘干膜质，稀总苞片为草质；头状花序盘状，或辐射状。
　　63. 头状花序的缘花舌状，盘花管状，明显异形。
　　　　64. 花序托具托片。
　　　　　　65. 头状花序较小，直径通常7mm以下，多数排列成疏松或紧密的伞房状；果仅具边肋 ········
　　　　　　　　·· **61. 蓍属 Achillea**
　　　　　　65. 头状花序直径通常1cm以上，单生；果具3～5棱或肋。
　　　　　　　　66. 果具4或5棱；无冠毛或冠毛为极短冠状；叶片一回或二回羽状全裂 ················
　　　　　　　　　　·· **62. 春黄菊属 Anthemis**
　　　　　　　　66. 果具3或4细肋；冠毛无；叶片二回或三回羽状全裂 ······ **63. 果香菊属 Chamaemelum**
　　　　64. 花序托无托片，或仅有具细条形边缘的小窝，或有时具不明显托毛。
　　　　　　67. 缘花的果2或3翅肋，盘花的果具1或2翅肋。
　　　　　　　　68. 舌状花白色；亚灌木；果具短冠状冠毛 ················ **64. 木茼蒿属 Argyranthemum**
　　　　　　　　68. 舌状花黄色，或白色；一年生草本；果无冠毛 ············· **65. 茼蒿属 Glebionis**
　　　　　　67. 果仅具细肋，无翅肋。
　　　　　　　　69. 果顶端具冠状冠毛 ···································· **66. 菊蒿属 Tanacetum**
　　　　　　　　69. 果顶端无冠毛，或具鞘状冠毛（浙江的种类无鞘状冠毛）。
　　　　　　　　　　70. 果的纵肋强烈突起，向顶端延伸成钝形冠齿 ········· **67. 滨菊属 Leucanthemum**
　　　　　　　　　　70. 果的纵肋非强烈突起，顶端无冠齿。
　　　　　　　　　　　　71. 多年生草本或亚灌木；总苞片4或5层；叶片通常不分裂，或掌状、羽状分裂 ·····
　　　　　　　　　　　　　　······································· **68. 菊属 Chrysanthemum**
　　　　　　　　　　　　71. 一年生草本；总苞片2或3层；叶片羽状分裂 ········ **69. 鞘冠菊属 Coleostephus**
　　63. 头状花序的缘花管状或细管状，似具同形花。
　　　　72. 边缘雌花1层；植株较高大。

73. 果无冠毛；一年生、二年生或多年生草本，稀为亚灌木。
  74. 果具4～6肋；头状花序排列成伞房状或复伞房状 ·················· 70. 亚菊属 Ajania
  74. 果具2棱；头状花序排列成穗状、总状或圆锥状 ·················· 71. 蒿属 Artemisia
73. 果具5棱，冠毛鳞片状，顶端撕裂状；亚灌木 ·················· 72. 芙蓉菊属 Crossostephium
72. 边缘雌花多层；植株矮小。
  75. 缘花无花冠，或花冠退化成齿状；果压扁状。
    76. 果无毛，边缘具宽翅，无横皱纹；花序托乳突果时伸长 ·················· 73. 山芫荽属 Cotula
    76. 果顶端具长柔毛，边缘具狭翅，具横皱纹；花序托乳突果时不伸长 ···· 74. 裸柱菊属 Soliva
  75. 缘花花冠细管状；果圆柱形，具4棱 ·················· 75. 石胡荽属 Centipeda
2. 花药基部箭形、锐尖、长尾状或戟形；花柱分枝，若花药基部钝时则为钻形；叶常互生。
  77. 花序分枝细长，圆柱状钻形，先端渐尖，无附器；头状花序具同形管状花。
    78. 头状花序疏散，各具多数小花；冠毛多数，糙毛状 ·················· 76. 斑鸠菊属 Vernonia
    78. 头状花序密集成复头状，各具1至多数小花；冠毛少数，刺毛状 ···· 77. 地胆草属 Elephantopus
  77. 花序分枝非细长钻形；头状花序盘状，无舌状花，或辐射状，边缘为舌状花。
    79. 花柱分枝处下部无毛环，分枝上部截形，无附器，或有三角形附器；头状花序具异形小花。
      80. 头状花序的管状花花冠不规则深裂，或呈二唇形。
        81. 两性花的花冠5深裂，裂片等长，或不等长而呈不明显二唇形；冠毛细糙毛状或羽毛状；灌木或草本。
          82. 灌木；叶互生或在短枝上簇生；冠毛细糙毛状 ·················· 78. 帚菊属 Pertya
          82. 草本；叶基生或丛生；冠毛羽毛状 ·················· 79. 兔儿风属 Ainsliaea
        81. 两性花的花冠二唇形，上唇3裂，下唇2裂；冠毛刺毛状；草本。
          83. 植株春、秋季同形。
            84. 缘花雌性，1层 ·················· 80. 扶郎花属 Gerbera
            84. 缘花雌性，2层 ·················· 81. 兔耳一枝箭属 Piloselloides
          83. 植株春、秋季异形 ·················· 82. 大丁草属 Leibnitzia
      80. 头状花序的管状花花冠浅裂，不为二唇形。
        85. 头状花序盘状，全为管状花，或有时为辐射状而缘花舌状。
          86. 果顶端无冠毛。
            87. 雌花结实，两性花不结实；果棍棒状，被具柄的腺毛 ·················· 83. 腺梗菜属 Adenocaulon
            87. 雌花和两性花均结实；果细长，顶端具喙及环状物 ·················· 84. 天名精属 Carpesium
          86. 果顶端具冠毛。
            88. 头状花序辐射状，具舌状缘花，雌性。
              89. 舌状花2或3层；花药基部箭形或钝 ·················· 85. 旋覆花属 Inula
              89. 舌状花1层，有时无；花药基部平截 ·················· 86. 羊耳菊属 Duhaldea
            88. 头状花序盘状，具异形小花，雌花管状或细管状。
              90. 外层总苞片叶状，坚硬。
                91. 叶基部下延成茎翅，被头状腺毛；花药基部具小尖头或钝 ·················· 87. 六棱菊属 Laggera

91.叶具柄或无柄，基部不下延，茎无翅，被柔毛；花药基部有尾且结合································· **88.艾纳香属 Blumea**
90.总苞片干膜质或膜质，透明。
　92.两性花不结实；花柱不分枝或具短分枝。
　　93.头状花序数个簇生，外围具开展的苞叶；冠毛基部连合成环，整体脱落································ **89.火绒草属 Leontopodium**
　　93.头状花序排列成伞房状，稀为穗状，无苞叶；冠毛基部分离，分散脱落································ **90.香青属 Anaphalis**
　92.两性花全部或大多数结实；花柱明显分枝。
　　94.总苞片白色，或具各色瓣状附器，紧压或疏松，或放射状开展；头状花序仅具两性花，或外层兼具少数雌花································· **91.蜡菊属 Xerochrysum**
　　94.总苞片淡黄色、黄色、褐色，稀无色，常不开展；头状花序具雌花和两性花。
　　　95.冠毛基部连合成环············· **92.合冠鼠麴草属 Gamochaeta**
　　　95.冠毛基部分离。
　　　　96.总苞片褐色，具不明显透明狭边············ **93.鼠麴草属 Gnaphalium**
　　　　96.总苞片黄色或黄白色，明显稍带淡红色（浙江种类）································· **94.拟鼠麴草属 Pseudognaphalium**
85.头状花序辐射状，舌状花结实，管状花不结实··············· **95.金盏菊属 Calendula**
79.花柱分枝处下部有毛环，毛环以上分枝或不分枝；头状花序具同形小花，为管状花，有时不结实舌状花。
　97.头状花序各具1花，密集成球形复头状花序；叶和总苞片具刺············· **96.蓝刺头属 Echinops**
　97.头状花序具多数花，不密集成复头状花序；叶和总苞片具刺，或无刺。
　　98.果具平整的基底着生面。
　　　99.果密被长柔毛，顶端截形；头状花序为羽状分裂的苞叶所包围··· **97.苍术属 Atractylodes**
　　　99.果无毛，顶端具边缘；头状花序不为羽状分裂的苞叶所包围。
　　　　100.总苞片具钩状刺毛················· **98.牛蒡属 Arctium**
　　　　100.总苞片无钩状刺毛。
　　　　　101.总苞片无刺；叶通常无刺或具短刺。
　　　　　　102.总苞片背面具龙骨状附器；果具16纵肋·········· **99.泥胡菜属 Hemisteptia**
　　　　　　102.总苞片无龙骨状附器；果具4棱，无细肋。
　　　　　　　103.冠毛2层，由等长的羽毛状毛组成············ **100.云木香属 Aucklandia**
　　　　　　　103.冠毛1层，由羽毛状毛组成，或2层时外层的极短，由单毛或糙毛组成··············· **101.风毛菊属 Saussurea**
　　　　　101.总苞片先端和边缘具刺；叶具刺。
　　　　　　104.茎、枝常具翼；冠毛具糙毛············ **102.飞廉属 Carduus**
　　　　　　104.茎、枝无翼；冠毛羽毛状。
　　　　　　　105.果压扁；叶片上面具白色斑纹·············· **103.水飞蓟属 Silybum**
　　　　　　　105.果稍压扁；叶片上面无白色斑纹·············· **104.蓟属 Cirsium**
　　98.果具歪斜的基底着生面，或具侧生着生面。

106. 总苞为具刺的苞叶所包围；花丝具毛；叶具刺 …………………………… 105. 红花属 Carthamus
106. 总苞外常无苞叶；花丝无毛；叶无刺或具刺。
　107. 总苞片无明显的附器。
　　108. 总苞片具针刺；花药下端的尾部结合 ……………………………… 106. 山牛蒡属 Synurus
　　108. 总苞片无刺；花药下端的尾部分离 ……………………………… 107. 漏芦属 Rhaponticum
　107. 总苞片具篦齿状或膜质附器。
　　109. 总苞片边缘篦齿状 …………………………………………… 108. 蓝花矢车菊属 Cyanus
　　109. 总苞片全缘，先端具半圆形膜质附器 ……………………………… 109. 珀菊属 Amberboa
1. 植物体具乳汁；头状花序仅具同形舌状小花。
　110. 果顶端无冠毛 ………………………………………………………… 110. 稻槎菜属 Lapsanastrum
　110. 果顶端具冠毛。
　　111. 冠毛羽毛状。
　　　112. 花序托具膜片状托片，托片长于果 ……………………………… 111. 猫儿菊属 Hypochaeris
　　　112. 花序托无托毛。
　　　　113. 冠毛2层，羽毛状，侧毛不彼此交错；果具横皱纹 ………………… 112. 毛连菜属 Picris
　　　　113. 冠毛多层，羽毛状，侧毛彼此交错；果无横皱纹 ………… 113. 鸦葱属 Scorzonera
　　111. 冠毛刚毛状或糙毛状。
　　　114. 叶基生，无茎生叶；头状花序单生于花葶上；果具长喙，具瘤状或短刺状突起………
　　　　　………………………………………………………………………… 114. 蒲公英属 Taraxacum
　　　114. 叶通常基生和茎生；头状花序少数或多数生于茎枝顶端；果无喙或具喙，无瘤状或短刺状突起。
　　　　115. 头状花序含多数小花，通常数十枚；冠毛具较粗直毛和极细柔毛 …………………
　　　　　…………………………………………………………………………… 115. 苦苣菜属 Sonchus
　　　　115. 头状花序含少数小花或较多；冠毛具较粗直毛或糙毛。
　　　　　116. 总苞片3或4层，呈覆瓦状排列，向内渐变长 ……… 116. 山柳菊属 Hieracium
　　　　　116. 总苞片2或3层，外层的极短，内层的近等长。
　　　　　　117. 舌状小花黄色，稀为白色、紫红色或淡紫色。
　　　　　　　118. 总苞长卵球形至宽卵球形；果扁或稍扁，顶端具细长的喙或短喙 ……
　　　　　　　　………………………………………………………………… 117. 莴苣属 Lactuca
　　　　　　　118. 总苞圆筒形；果圆柱形或稍扁，具喙或无喙。
　　　　　　　　119. 果顶端无喙或具极短的喙状物。
　　　　　　　　　120. 多年生草本或亚灌木；果每面具10～15纵肋 …………………
　　　　　　　　　　………………………………………… 118. 假还阳参属 Crepidiastrum
　　　　　　　　　120. 一年生、二年生或多年生草本；果每面具不等形纵肋，仅3～
　　　　　　　　　　5条明显 ………………………………………… 119. 黄鹌菜属 Youngia
　　　　　　　　119. 果顶端具喙，但喙短于果本体。
　　　　　　　　　121. 果具钝纵肋 ……………………………………… 120. 小苦荬属 Ixeridium
　　　　　　　　　121. 果具锐纵肋 ……………………………………… 121. 苦荬菜属 Ixeris
　　　　　　117. 舌状小花通常紫色、红色、紫红色或淡紫色。

一六七　菊科 Asteraceae

122. 果不压扁，具4或5纵肋及细肋 ························· **122.耳菊属 Nabalus**
122. 果压扁或稍压扁，每面具4～9纵肋，但细肋不明显。
　　123. 果每面具6～9纵肋；头状花序含5～7朵小花 ············ **123.紫菊属 Notoseris**
　　123. 果每面具4～6纵肋；头状花序含4至10余朵小花 ·········· **124.假福王草属 Paraprenanthes**

菊科植物主要形态性状示意图见图8-193。

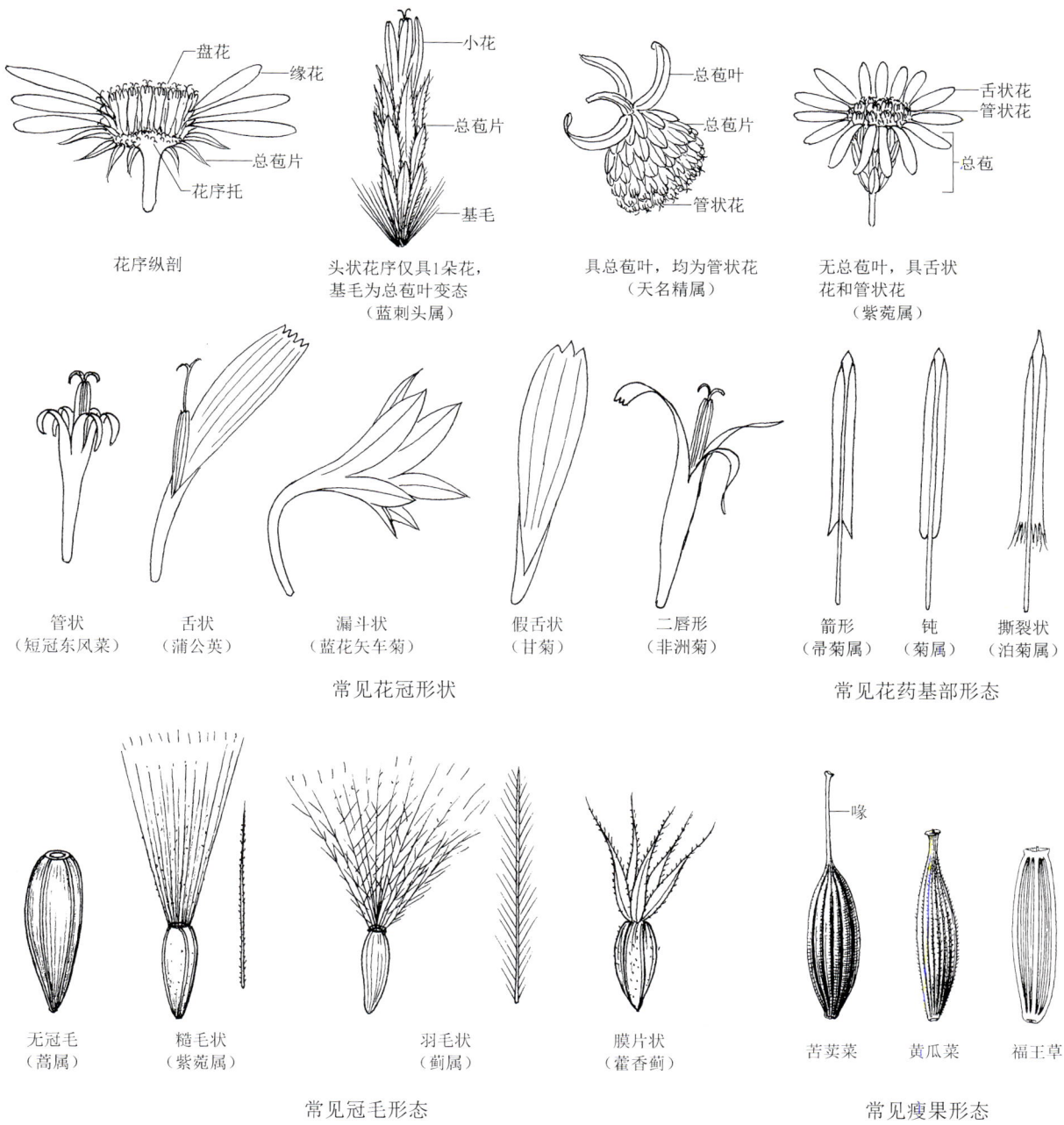

图 8-193　菊科植物主要形态性状示意图

1 一枝黄花属 Solidago L.

多年生草本,稀亚灌木。茎横卧至向上斜展或直立。叶互生;叶片卵形至披针形。头状花序小型或中等,多数在茎顶端排列成总状、圆锥状、伞房状或伞房圆锥状;总苞狭钟状或圆筒状;总苞片3~5层,条状披针形、三角形或长圆形,呈覆瓦状排列,近等长;花序托稍突起,蜂窝状。全部小花结实;缘花舌状,1层,雌性,黄色,无毛,先端不明显2或3小齿;盘花管状,两性,黄色,后转为褐色,檐部稍扩大或狭钟状,顶端5裂,花药基部钝,花柱分枝平凸状,顶端具披针形或箭头形的附器。果有时两侧压扁,倒圆锥状至圆柱形,具8~10肋,无毛或被短糙伏毛;冠毛多数,糙毛状,1或2层,稍不等长或外层稍短。

约120种,主要分布于北美洲,少数分布于亚洲、欧洲和南美洲。我国有6种,其中引种栽培3种,常有逸生,南北各地均产;浙江有3种。

分种检索表

1. 头状花序排列成圆锥状;果被毛。
   2. 茎上部叶片全缘,背面叶脉无毛或密被毛;总苞长3~4mm ·············· 1. 高大一枝黄花 S. altissima
   2. 茎上部叶片边缘具锐锯齿,背面叶脉被稀疏的毛;总苞长2.5~3mm ··· 2. 加拿大一枝黄花 S. canadensis
1. 头状花序排列成总状;果无毛 ································· 3. 一枝黄花 S. decurrens

1. 高大一枝黄花 粗糙一枝黄花 北美一枝黄花
Solidago altissima L.

多年生草本。具匍匐根状茎。茎直立,高达2.5m,不分枝,被短绒毛,有时下部脱落。叶互生;叶片披针形至条状披针形,长5~12cm,先端渐尖,基部渐狭,下部边缘具稀锯齿,有时基部和上部全缘,无毛或下面被绒毛,上面被短柔毛。头状花序小,在花序分枝上单面着生,多数弯曲的花序分枝与单面着生的头状花序排列成开展圆锥状;总苞狭钟状,长3~4mm;总苞片条状披针形,先端稍钝。全部小花金黄色,结实;缘花舌状,几乎不超出总苞。果长圆球形,稍弯曲,长约1mm,被毛;冠毛刚毛状,褐白色,1层,宿存。花果期8—9月。

原产于北美洲。我国东部、中部和西南部广泛逸生。杭州市区、临安等地有栽培,偶有逸生。

2. 加拿大一枝黄花 (图8-194)
Solidago canadensis L.

多年生草本。具匍匐根状茎。茎直立,高达1.5m,不分枝,上部具短绒毛。叶互生;叶片披针形或条状披针形,长5~12cm,先端渐尖,基部渐狭,边缘具齿,基部有时全缘,上部的具锐锯齿,下面被绒毛,上面被短柔毛。头状花序小,长4~6mm,在花序分枝上单面着生,多数弯曲的花序分枝与单面着生的头状花序排列成开展圆锥状；总苞狭钟状，长2.5～3mm；总苞片3或4层，条状披针形，长3～4mm，先端稍钝。全部小花金黄色，结实；缘花舌状，几乎不超出总苞。果狭倒圆锥形，长1～1.5mm，被毛；内层冠毛刚毛状。花果期8—9月。

原产于北美洲。原在我国的公园、庭园等地偶见栽培，后广泛逸生于华东等地。全省各地均有分布。

可作观赏植物或鲜切花材料，但其逸生后繁殖力强，现已成为难以防除的农田杂草，对自然生态系统危害极大。

图8-194　加拿大一枝黄花

3. 一枝黄花 （图8-195）

Solidago decurrens Lour.

多年生草本。茎直立或向上斜展，高20～70cm，单生或少数簇生，不分枝或中部以上有分枝。叶互生；全部叶片质地较厚，叶片两面、叶脉及叶缘有短柔毛或下面无毛；叶片椭圆形、长椭圆形、卵形或宽披针形，长4～10cm，宽1.5～4cm，先端急尖，基部楔形，有具翅的柄，仅中部以上边缘有细齿或全缘，向上叶渐小。头状花序直径5～9mm，单一或2～4个聚生于腋生短枝上，再排列成总状或圆锥状；总苞狭钟状，长3.5～6mm；总苞片3或4层，披针形或狭披针形，先端急尖或渐尖。缘花舌状，约8朵，黄色；盘花管状，黄色。果圆筒形，长2～3mm，具肋，无毛,极少在顶端被稀疏柔毛;冠毛粗糙,白色。花果期9—11月。

产于杭州、绍兴、宁波、衢州、金华、台州、丽水和温州等地。生于海拔1750m以下的山坡路旁、林下草地或荒地上。广泛分布于华东、华中、华南和西南。日本、越南、老挝、菲律宾、印度、尼泊尔、朝鲜半岛也有。

图8-195　一枝黄花

❷ 秋分草属 Rhynchospermum Reinw.

多年生草本。茎直立,被柔毛。叶互生。头状花序小,单生于叶腋或分枝顶端,排列成总状、近穗状或圆锥状;梗无或短;总苞小,钟状或半球形;总苞片2或3层,呈覆瓦状排列,稍不等长,边缘膜质;花序托平,无托毛。缘花舌状,2或3层,白色,雌性,结实;盘花管状,黄色,檐部宽钟状,顶端具5齿裂,稀4,两性,结实,花药基部钝,全缘,花柱分枝平凸状,短,顶端有短的三角形附器。果压扁,有脉状加厚的边缘,顶端有喙,雌花的果喙较长,两性花的果喙较短;冠毛毛状,纤细,少数,约10枚,易脱落。

2种,分布于东亚至东南亚。我国有1种,分布于华东至西南;浙江也有。

秋分草 (图8-196)
Rhynchospermum verticillatum Reinw.

多年生草本。茎直立,坚硬,高25～100cm,通常中部以上有叉状分枝,或有时有总状式花序分枝,被尘状微柔毛。叶互生;全部叶片两面被稍稀疏伏贴短柔毛;基部叶花时凋落,稀存在;茎下部叶叶片倒披针形、长椭圆状倒披针形或长椭圆形,稀匙形,长4.5～14cm,宽2.5～4cm,先端急尖,有小尖头,基部楔形渐狭,有长的具翼叶柄,边缘自中部以上具波状锯齿；茎中部叶稠密，叶片披针形，有短叶柄，全缘，有时具波状圆锯齿或尖齿；上部叶渐小，全缘或具尖齿。头状花序直径4～5mm，果时增大，单生于叉状分枝顶端或叶腋，或排列成近总状；梗短，密被锈色尘状短柔毛；总苞宽钟状或果时半球状，直径3～4mm；总苞片稍不等长，先端钝，边缘膜质，撕裂状，外层的卵状长椭圆形，中层的长椭圆形，内层的狭长椭圆形。缘花舌状，2或3层，白色，被腺点；盘花管状，黄色，被腺点。雌花的果压扁、长椭球形，喙较长，有脉状加厚的边缘，被棕黄色小腺点，两性花的果喙短或无喙；冠毛纤细，易脱落。花果期8—11月。

产于遂昌、龙泉。生于海拔300～600m的路边潮湿处、山坡林下或溪沟边。分布于华南、西南及江西、福建、湖北、湖南。日本、缅甸、马来西亚、印度尼西亚、印度、尼泊尔、不丹也有。

图8-196 秋分草

❸ 雏菊属 Bellis L.

一年生或多年生草本。叶基生或互生；叶片全缘或具波状齿。头状花序常单生于花葶顶端；总苞半球形或宽钟形；总苞片2层，稍不等长，草质；花序托突起或圆锥状，无托片。缘花雌性，舌状，1层，舌片白色或浅红色，开展，全缘；盘花两性，管状，先端4或5裂，结实，花药基部钝，花柱分枝短，平凸状，附器三角形。果稍压扁，有边脉，两面无脉或有1脉，无喙；冠毛刺毛状或鳞片状，有时不存在。

8种，分布于亚洲和欧洲。我国引种栽培1种；浙江也有。

雏菊 （图8-197）
Bellis perennis L.

一年生或多年生草本。茎直立，高约10cm。叶基生；叶片匙形，先端圆钝，基部渐狭成柄，上半部边缘具疏钝齿或波状齿。头状花序单生，直径2.5～3.5cm，花葶被毛；总苞半球形或宽钟形；总苞片2层，稍不等长，长椭圆形，先端钝，外面被柔毛。缘花舌状，1层，雌性，舌片白色带粉红色，开展，2或3齿，或全缘；盘花管状，多数，两性，结实。果扁平，倒卵球形，有边脉，被细毛；无冠毛。

图8-197 雏菊

原产于西亚、欧洲和北非。我国各地均有栽培。全省各地的公园、花坛常见栽培。

为观赏植物。

④ 虾须草属 Sheareria S. Moore

一年生或二年生草本。茎直立至向上斜展。叶互生；叶片全缘。头状花序小，顶生或腋生；总苞钟形；总苞片2层，宽卵形，外层的2枚较小；花序托稍平，无托片。缘花舌状，雌性，2～4朵，白色或粉色，舌片宽大，卵状椭圆形，近全缘或上端具3钝齿，结实；盘花管状，两性，1～3朵，檐部钟状，顶端5裂，不结实，花药长椭圆形，基部钝，顶端有近三角形附器；雌花花柱2裂，裂片条形，圆钝，两性花花柱不分枝，棒状，上端被细毛。果倒披针形至倒卵球形，具3狭翅，翅缘具细齿；冠毛无。

1种，分布于我国华东、华中、华南、西南；浙江也有。

虾须草 （图8-198）

Sheareria nana S. Moore —— *S. polii* Franch.

一年生草本。茎直立，高15～40cm，自下部起分枝，无毛或稍被细毛。叶互生，稀疏；叶片条形或倒披针形，长1～3cm，宽3～4mm，先端尖，全缘，中脉明显。下面突起，无柄；上部叶小，鳞片状。头状花序直径2～4mm，顶生或腋生；总苞卵球形；总苞片2层，4或5片，宽卵形，稍被细毛，外层的较内层的小。缘花舌状，雌性，白色或淡红色，2～4朵，舌片宽卵状长圆形，近全缘或顶端具小钝齿；盘花管状，两性，1～3朵，顶端5裂。果长椭球形，褐色，长3.5～4mm，具3狭翅，翅缘具细齿；冠毛无。花果期8—9月。

产于湖州市区、嘉兴市区、杭州市区、萧山、临安、建德（梅城）。生于山坡上、池塘边、江堤、田埂、潮湿的草地或河边沙滩上。分布于安徽、江苏、江西、湖北、湖南、广东、四川、贵州、云南。

图8-198 虾须草

❺ 裸菀属 Miyamayomena Kitam.

多年生草本。茎常分枝。叶互生；叶片全缘或具疏齿。头状花序单生于茎或枝端，或排列成伞房状；总苞半球形或宽钟状；总苞片2至多层，近等长或外层的渐短而疏松，呈覆瓦状排列，外层的草质，内层的边缘宽膜质；花序托圆锥形、蜂窝状，无托片。缘花舌状，雌性，1或2层，舌片蓝紫色或白色，开展，全缘或先端具齿，结实；盘花管状，两性，黄色，檐部钟状，具5裂片，花药基部钝，全缘，花柱分枝有三角形或披针形附器。果扁或近四棱形、倒卵球形，边缘、两面有肋或两面无肋，无毛或上部被疏毛；顶端有狭环状边缘而无冠毛。

9种，主要分布于东亚。我国有6种，分布于华东、华中至西南；浙江有1种。

窄叶裸菀 （图8-199）

Miyamayomena angustifolia Y.L. Chen — *Aster angustifolius* Chang, not Jacq. (1798) — *A. sinoangustifolius* Brouillet, Semple et Y.L. Chen — *Gymnaster angustifolia* (Chang) Ling

多年生草本。茎直立或稍弯曲，高30～60cm，有棱状沟纹，无毛，上部有少数分枝或不分枝，分枝伸长，疏生白色短毛。下部叶花时早落，存在的叶片条状披针形，长6～15cm，宽0.8～2.5cm，先端急尖，基部渐狭成翼柄状，边缘微粗糙，自中上部边缘具疏离细锯齿，上面绿色，光滑或微粗糙，下面苍白色，有短贴毛或变光滑；最上部叶片条形，全缘。头状花序直径约2.5cm，单生于枝端，具长梗；总苞半球形，直径约1cm；总苞片3或4层，倒卵形至倒披针状矩圆形，绿色，呈覆瓦状排列，背部无毛，有橘黄色细脉纹，先端急尖或钝，边缘干膜质。缘花舌状，1层，淡紫色或淡蓝色，无毛，雌性；盘花管状，黄色，无毛，两性。果长倒卵球形，长约2.8mm，有4或5肋而呈多角形，光滑；无冠毛。花果期7—10月。

产于丽水及杭州市区、临安、开化、天台、永嘉、文成、泰顺。生于海拔450～1500m的岩石边、溪沟边、路边湿地、高山草地上、山坡草丛中、山谷溪边、石滩地及林缘草丛中。分布于福建。

图8-199 窄叶裸菀

6 马兰属 Kalimeris (Cass.) Cass.

多年生草本。叶互生；叶片全缘或具齿，或羽状分裂。头状花序较小，单生于枝端或排列成疏散伞房状；总苞半球形；总苞片2或3层，近等长或外层的较短而呈覆瓦状排列，草质，有时边缘膜质或革质；花序托突起或圆锥状、蜂窝状。缘花舌状，雌性，1或2层，舌片白色或紫色，顶端具微齿或全缘，结实；盘花钟状，黄色，两性，有分裂片，结实，花药基部钝，全缘，花柱分枝附器三角形或披针形。果稍扁，倒卵球形，边缘有肋，两面无肋或一面有肋，无毛或被疏毛；冠毛极短或膜片状，分离或基部结合成杯状。

约20种，分布于亚洲南部和东部，喜马拉雅地区及西伯利亚东部也有。我国有7种，南北各地均产；浙江有3种。

分种检索表

1. 叶片倒卵状长圆形或倒披针形，有齿或羽状分裂，但上部叶常全缘。
    2. 叶形多变异，质地薄，被微毛或近无毛；果长 1.5～2mm ················· 1. 马兰 K. indica
    2. 叶有1或2对齿，有时近全缘，质地厚，密被毡状短毛；果长 2.5～2.7mm ··· 2. 毡毛马兰 K. shimadai
1. 叶片条状披针形、矩圆形或倒披针形，全缘，两面均被粉状短绒毛 ······ 3. 全缘叶马兰 K. integrifolia

1. 马兰 鸡儿肠 （图8-200）

Kalimeris indica (L.) Sch. Bip. —— *Aster indicus* L.

多年生草本。根状茎有匍匐枝，有时具直根。茎直立，高30～70cm，上部有短毛，上部或自下部分枝。全部叶片稍薄质，两面或上面有疏微毛或近无毛，边缘及下面沿脉有短粗毛，中脉在下面突起；基部叶花时凋落；茎生叶叶片倒披针形或倒卵

图8-200　马兰

状矩圆形，长3～7cm，先端钝或尖，基部渐狭成具翅长柄，边缘从中部以上具有小尖头钝齿或尖齿，有时具羽状裂片；上部叶小，全缘，基部急狭至无柄。头状花序单生于枝端且排列成疏伞房状，直径2～3cm；总苞半球形，直径6～9mm；总苞片2或3层，外层的倒披针形，内层的倒披针状矩圆形，先端钝或稍尖，上部草质，有疏短毛，边缘膜质，有缘毛。缘花舌状，1层，舌片浅紫色；盘花管状，被短密毛。果极扁，倒卵状矩圆球形，褐色，长1.5～2mm，边缘浅色而有厚肋，上部被腺及短柔毛；冠毛短毛状，易脱落，不等长。花期5—10月。

产于全省各地。生于山坡沟边、路边草丛或湿地中。除东北和西北外，全国各地均有分布。亚洲东部、南部也有。

1a. 多型马兰（变种）
var. **polymorpha** (Vaniot) Kitam. — *Martinia polymorpha* Vaniot

与马兰的主要区别在于叶片倒卵状长圆形，有2～4对深裂片，裂片条形，上部叶叶片条形，全缘，或有1对裂片，上面被疏毛或近无毛，基部叶叶片边缘具浅齿；总苞片倒卵状矩圆形。

产于临安、淳安、定海、普陀、温岭、缙云、乐清、永嘉。生于海拔30～750m的路边草地上、田埂边、山坡上。分布于华东、西南及湖北、湖南、陕西。

1b. 狭苞马兰（变种）
var. **stenolepis** (Hand.-Mazz.) Kitam. — *Asteromoea indica* (L.) Blume var. *stenolepis* Hand.-Mazz.

与马兰的主要区别在于叶片条状披针形至狭披针形，先端渐尖，下部叶及中部叶叶片边缘具浅齿；总苞片狭披针形，先端尖。

产于缙云。生于荒地、旷野或草丛中。分布于华东、华中及广东、四川、陕西、甘肃。

2. 毡毛马兰 （图8-201）
Kalimeris shimadai (Kitam.) Kitam. — *Asteromoea shimadae* Kitam.

多年生草本。根状茎短粗。茎直立，高30～120cm，被密的短粗毛，多分枝。全部叶片质厚，两面被毡状密毛，下面沿脉及边缘被密糙毛；下部叶花时凋落；中部叶叶片倒卵形、倒披针形或椭圆形，长2.5～4cm，宽1.2～2cm，基部渐狭，近无柄，从中部以上具1或2对浅齿，有时全缘；上部叶渐小，叶片倒披针形或条形。头状花序直径2～2.5cm，单生于枝端且排列成疏散伞房状；总苞半球形，直径0.8～1cm；总苞片3层，外层的狭矩圆形，上部草质，内层的倒披针状矩圆形，草质，先端圆形，边缘膜质，背面全部被密毛，具缘毛。缘花舌状，1层，舌片浅紫色；盘花管状，有毛。果极扁，倒卵球形，灰褐色，长2.5～2.7mm，边缘有肋，被短贴毛；冠毛膜片状，锈褐色，不脱落，近等长。花果期7—8月。

一六七　菊科 Asteraceae

图 8-201　毡毛马兰

产于杭州市区、临安、宁波市区（北仑）、象山、遂昌、龙泉、庆元、乐清。生于田埂上、路旁草丛中及林缘。分布于我国华东及湖北、湖南、台湾。

本省尚有1变型羽裂毡毛马兰 form. **pinnatifida** Kitam.（图8-202），区别在于叶片羽裂。产于宁波及普陀。模式标本采自普陀。

图 8-202　羽裂毡毛马兰

3. 全缘叶马兰 （图8-203）

Kalimeris integrifolia Turcz. ex DC.

多年生草本。根长纺锤状。茎直立，高30～70cm，单生或数个丛生，中部以上有近直立的帚状分枝，被细硬毛。全部叶片下面灰绿色，两面密被粉状短绒毛，中脉在下面突起；下部叶花时凋落；中部叶多而密，叶片条状披针形、倒披针形或矩圆形，长2.5～4cm，宽0.4～0.6cm，先端钝或渐尖，常有小尖头，基部渐狭至无柄，全缘，边缘稍反卷；上部叶叶片较小，条形。头状花序直径1～2cm，单生于枝端且排列成疏伞房状；总苞半球形，直径7～8mm；总苞片3层，外层的近条形，内层的矩圆状披针形，有短粗毛及腺点，先端尖。缘花舌状，1层，舌片淡紫色；盘花管状，有毛。果扁，倒卵球形，浅褐色，长1.8～2mm，有浅色边肋，或一面有肋而果呈三棱形，上部有短毛及腺；冠毛短，褐色，不等长，易脱落。花果期6—11月。

产于安吉、杭州市区、临安、建德、磐安、景宁等地。生于山坡上、林缘、路旁和灌丛中。分布于全国各地。日本、朝鲜半岛及俄罗斯东部也有。

图 8-203　全缘叶马兰

⑦ 翠菊属　Callistephus Cass.

一年生或二年生草本。茎直立。叶互生；叶片具粗齿或浅裂。头状花序大，单生于分枝顶端；总苞半球形；苞片3层，呈覆瓦状排列，外层的叶状，草质，内层的膜质或干膜质；花序托平，蜂窝状或有短托片。缘花舌状，雌性，1至多层，舌片多色，通常红紫色，全缘或顶端具2齿，结实；盘花管状，两性，檐部稍扩大，顶端具5齿裂，结实，花药基部钝，全缘，花柱分枝压扁，顶端有三角状披针形附器。果稍扁，长椭圆状披针形，有多数纵棱，中部以上被柔毛；冠毛2层，外层的短，膜片状，内层的长，糙毛状，易脱落。

1种，分布于我国、日本、朝鲜半岛。浙江有引种栽培。

翠菊 （图8-204）
Callistephus chinensis (L.) Nees — *Aster chinensis* L.

一年生或二年生草本。茎直立，高15～100cm，单生，具纵棱，被白色糙毛，分枝向上斜展或不分枝。下部叶叶片花时脱落或宿存；中部叶叶片卵形、菱状卵形、匙形或近圆形，长2.5～6cm，宽2～4cm，先端渐尖，基部截形、楔形或圆形，边缘具不规则粗锯齿，两面被稀疏的短硬毛；上部叶渐小，叶片菱状披针形、长椭圆形或倒披针形，边缘具1或2锯齿，或条形而全缘。头状花序单生于茎枝顶端，直径6～8cm；总苞半球形，直径2～5cm；总苞片3层，近等长，外层的长椭圆状披针形或匙形，叶质，先端钝，边缘具白色长睫毛，中层的匙形，较短，内层的长椭圆形，膜质。缘花舌状，雌性，1至多层，白色、粉色、浅紫色、淡蓝色或红紫色等；盘花管状，两性，黄色，多数。果稍扁，长椭圆状倒披针形，长3～3.5mm，中部以上被柔毛；外层冠毛宿存，内层冠毛雪白色，不等长，长3～4.5mm，顶端渐尖，易脱落。花果期7—10月。

图8-204 翠菊

原产于东北、华北及江苏、四川、甘肃、新疆。日本、朝鲜半岛也有。全省的花园、庭园常见栽培。

⑧ 狗娃花属 Heteropappus Less.

一年生、二年生或多年生草本。茎直立。叶基生兼互生；叶片全缘或具疏齿，全缘，反卷，有毛或近无毛。头状花序单生于枝端而排列成具叶伞房状；总苞半球形；总苞片2或3层，稀4层，近等长，或稍呈覆瓦状排列，条状披针形或条形；花序托微突起或扁平，蜂窝状。缘花舌状，1层，雌性，淡蓝色、蓝色、粉红色或白色；盘花管状，黄色，两性，顶裂片不等长，1枚较长且较其余4枚分裂深，略呈唇形，花药基部钝，花柱分枝上端具三角形附器。果扁平，倒卵状长圆球形或倒卵球形，被短毛；冠毛1层，舌状花的冠毛极短，管状花的冠毛较长，暗红色、淡红色、淡棕色、淡红黄色或灰白色。

约30种，分布于亚洲东部、中部和喜马拉雅地区。我国有12种，广泛分布于全国各地；浙江有2种。

1. 普陀狗娃花 （图8-205）
Heteropappus arenarius Kitam.

二年生或多年生草本。主根粗壮，木质化。茎平卧或向上斜展，高15～70cm，自基部分枝，近无毛。基生叶叶片匙形，长3～6cm，宽1～1.5cm，质厚，先端圆形或稍尖，基部渐狭成长1.5～3cm的柄，全缘或有时疏生粗大牙齿，有缘毛，两面近光滑或疏生长柔毛；茎下部叶花时凋落，中部叶及上部叶叶片匙形或匙状矩圆形，质厚，先端圆形或稍尖，基部渐狭，有缘毛，两面无毛，有时在中脉上疏生伏毛。头状花序单生于枝端，直径2.5～3cm；总苞半球形，直径1.2～1.5cm；总苞片约2层，狭披针形，绿色，先端渐尖，有缘毛。缘花舌状，雌性，淡蓝色或白色；盘花管状，黄色，裂片5，1长4短。果扁，倒卵球形，浅黄褐色，长约3mm，被绢状柔毛；舌状花的冠毛短鳞片状，下部合生，污白色，管状花的冠毛刚毛状，多数，淡褐色。花果期8—11月。

产于宁波、舟山及台州市区（椒江）、临海、温岭、洞头、瑞安、平阳、苍南。生于海拔100m以下的海滨沙地或岩石上、路边。日本也有。

图8-205　普陀狗娃花

2. 狗娃花 （图8-206）

Heteropappus hispidus (Thunb.) Less. — *Aster hispidus* Thunb.

一年生或二年生草本。根纺锤状，垂直。茎直立，高30～50cm，单生，有时数个丛生，被上曲或开展的粗毛，下部常脱毛，有分枝。全部叶片质薄，两面被疏毛或无毛，有缘毛，中脉及侧脉明显；基生叶及茎下部叶花时凋落，叶片倒卵形，长4～13cm，宽0.5～1.5cm，先端钝或圆形，基部渐狭成长柄，全缘或具疏齿；中部叶叶片矩圆状披针形或条形，常全缘；上部叶小，叶片条形。头状花序直径3～5cm，单生于枝端而排列成伞房状；总苞半球形，直径1～2cm；总苞片2层，近等长，条状披针形，草质，背面及边缘具多少上曲的粗毛，常有腺点。缘花舌状，舌片浅红色或白色，雌性；盘花管状，黄色，裂片5，1长4短，两性。果扁，倒卵球形，长2.5～3mm，有细边肋，被密毛；舌状花的冠毛极短，白色，膜片状，或部分带红色，长，糙毛状，管状花的冠毛糙毛状，初白色，后带红色，与花冠近等长。花果期7—10月。

产于长兴、安吉、杭州市区、临安、桐庐、建德、淳安、嵊州、新昌、宁波市区（北仑）、奉化、岱山、开化、江山、东阳、磐安、缙云、永嘉。生于海拔100～1200m的路边草丛、疏灌丛、山坡林缘、山地沟谷中。分布于东北、华北、华东及湖北、台湾、四川、陕西、甘肃。俄罗斯、蒙古、日本、朝鲜半岛也有。

与普陀狗娃花的区别在于本种茎直立，上部有分枝；基生叶及茎下部叶花时凋落；头状花序较大，直径3～5cm。

图8-206 狗娃花

⑨ 碱菀属 Tripolium Nees

一年生草本。茎直立。叶互生；叶片全缘或具疏齿。头状花序较小，排列成疏散伞房状；总苞近钟状；总苞片2或3层，外层的较短，稍呈覆瓦状排列，肉质，边缘近膜质；花序托平，蜂窝状，窝孔具齿。缘花舌状，1层，舌片蓝紫色或浅红色，雌性，结实；盘花管状，黄色，檐部狭漏斗状，具稍不等长的分裂片，两性，花药基部钝，全缘，花柱分枝附器肥厚，先端三角形。果扁，狭矩圆球形，有厚边肋，两面各有1细肋，无毛或有疏毛；冠毛多层，极纤细，有微齿，稍不等长，白色或浅红色，花后增长。

1种，分布于非洲北部、亚洲和欧洲。我国有1种；浙江也有。

碱菀 （图8-207）

Tripolium pannonicum (Jacq.) Dobrocz. —— *Aster pannonicum* Jacq. —— *T. vulgare* Nees

一年生草本。茎直立，高30～50cm，单生或数个丛生，下部常带红色，无毛，上部具多少开展的分枝。全部叶片无毛，肉质；基部叶花时枯萎；下部叶叶片条状或矩圆状披针形，长

图8-207　碱菀

5～10cm，宽0.5～1.2cm，先端尖，全缘或有具小尖的疏锯齿；中部叶渐狭，无柄；上部叶渐小，苞叶状。头状花序排列成伞房状；梗长；总苞近管状，后钟状，直径约7mm；总苞片2或3层，呈疏覆瓦状排列，绿色，边缘常红色，干后变为膜质，无毛，外层的披针形或卵圆形，先端钝，内层的狭矩圆形。缘花舌状，1层，舌片蓝紫色或浅红色，雌性；盘花管状，两性，黄色。果扁，长2.5～3mm，有边肋，两面各有1脉，被疏毛；冠毛花时长5mm，后增长达14～16mm，有多层极细的微糙毛。花果期8—12月。

产于全省沿海地区及岛屿盐碱地。生于海拔20m以下的盐田、滩涂、河岸边、盐碱地中。分布于东北、华北、西北及江苏、湖南、四川。欧洲、非洲北部、北美洲、中亚及日本、伊朗、朝鲜半岛也有。

⑩ 东风菜属 Doellingeria Nees

多年生草本。茎直立。叶互生；叶片宽卵形至卵状椭圆形，具锯齿，稀近全缘。头状花序稍小，排列成伞房状；总苞半球状或宽钟状；总苞片2或3层，条状披针形，近覆瓦状排列或近等长，草质或上部草质，边缘常干膜质；花序托稍突起，窝孔全缘或稍撕裂。缘花舌状，1层，雌性，舌片常白色，矩圆状披针形，先端具微齿；盘花管状，两性，黄色，裂片5，结实，花药基部钝，近全缘，花柱分枝附器三角形或披针形。果两端稍狭或稍扁，椭球形或倒卵球形，具肋，无毛或有疏粗毛；冠毛同形，污白色，有多数不等长细糙毛，与管状花花冠等长或短。

约7种，分布于亚洲东部。我国有2种，南北各地均产；浙江有2种。

1. 东风菜 （图8-208）
Doellingeria scaber (Thunb.) Nees — *Aster scaber* Thunb.

多年生草本。根状茎粗壮。茎直立，高20～100cm，上部有向上斜展的分枝，被微毛。全部叶片两面被微糙毛，基出脉3或5；基生叶花时凋落，叶片心形，长9～15cm，宽6～15cm，先端尖，边缘有具小尖的齿，基部急狭成长10～15cm的被微毛的柄；中部叶较小，叶片卵状三角形，基部圆形或稍截形，有具翅短柄；上部叶小，叶片矩圆披针形或条形。头状花序排列成圆锥伞房状，直径1.8～2.4cm；总苞半球形，直径4～5mm；总苞片约3层，无毛，边缘宽膜质，有微缘毛，先端尖或钝。缘花舌状，舌片白色；盘花管状，檐部钟状，裂片条状披针形。果倒卵球形或椭球形，长3～4mm，具5或6肋，无毛；冠毛污黄白色，有多数微糙毛。花果期6—10月。

产于丽水及安吉、临安、桐庐、建德、淳安、嵊州、鄞州、开化、兰溪、磐安、永康、天台、临海、乐清、永嘉、瑞安、文成、泰顺。生于海拔1850m以下的林缘草丛中、溪边林下、山坡灌丛中。除西北地区外，全国各地均有分布。俄罗斯、日本、朝鲜半岛也有。

根状茎可入药,有治毒蛇咬伤的功效;也可作蔬菜食用。

图 8-208　东风菜

2. 短冠东风菜 （图 8-209）

Doellingeria marchandii (H. Lév.) Ling —— *Aster marchandii* H. Lév.

多年生草本。根状茎粗壮。茎直立,高 30～90cm,粗壮,上部有短柔毛,自下部分枝。全部叶片质厚,上面有疏糙毛,下面浅色,仅沿脉有短毛,离基3或5出脉;下部叶花时凋落,叶片心形,长、宽各 7～10cm,先端尖或近圆形,基部急狭成长达 17cm 的柄,边缘有具小尖的锯齿;中部叶稍小,叶片宽卵形,基部近截形,急狭成较短的柄;上部叶小,叶片卵形,基部常楔形,具下延成翅状的短柄。头状花序排列成疏散的圆锥状,直径 2.5～4cm,有矩圆形至条状披针形苞叶;总苞宽钟状,直径 6～7mm;总苞片约3层,近等长,先端圆形或钝,稀稍尖,草质,背面稍黏质而近无毛,仅内层的边缘狭膜质而有缘毛。缘花舌状,舌片白色,10余朵;盘花管状,先端裂片条状披针形,无毛。果倒卵球形或长椭球形,长 3～3.5mm,除边肋外一面有2肋,一面有1肋,被粗伏毛;冠毛褐色,有少数不等长糙毛。花果期 8—10 月。

产于临安、鄞州、乐清、瑞安。生于山坡路旁、水沟边,也常栽培。分布于华东、西北及湖北、广东、广西。

与东风菜的区别在于头状花序直径2.5~4cm；总苞片近等长；冠毛褐色，长0.5~1.5mm，少数，不伸出花冠管部。

图8-209 短冠东风菜

11 女菀属 Turczaninovia DC.

多年生草本。茎直立。叶互生；叶片全缘。头状花序小，多数密集排列成复伞房状；总苞筒状至钟状；总苞片3或4层，呈覆瓦状排列，草质，边缘膜质，先端钝；花序托稍突起，蜂窝状，窝孔撕裂状。缘花舌状，1层，先端具2或3微齿，有时近全缘，雌性；盘花管状，黄色，檐部钟状，裂片5，两性，花药基部钝，全缘，花柱分枝附器三角形或花柱不发育。果稍扁，边缘有细肋，两面无肋，被密短毛；冠毛1层，污白色或稍红色，有多数微糙毛。

1种，分布于日本、朝鲜半岛及俄罗斯西伯利亚东部地区。除华南外，全国各地均有分布；浙江也有。

女菀 （图8-210）
Turczaninovia fastigiata (Fisch.) DC. — *Aster fastigiata* Fisch.

多年生草本。茎直立，高30~100cm，被短柔毛，下部常脱毛，上部分枝。下部叶花时枯萎，叶片条状披针形，长3~12cm，宽0.3~1.5cm，先端渐尖，基部渐狭成短柄，全缘；中部以上叶渐小，叶片披针形或条形，下面灰绿色，被密短毛及腺点，上面无毛，边缘有糙毛，稍反卷，中脉及三出脉在下面突起。头状花序直径5~7mm，多数密集于枝端；总苞宽钟形；总苞片3层，被密短毛，先端钝，外层的矩圆形，长约1.5mm，内层的倒披针状矩圆形，上端及中脉绿色。花10余朵，缘花舌状，白色，雌性，结实；盘花管状，两性。果长圆球形，长约1mm，基部尖，被密柔毛或后稍脱毛；冠毛1层，与管状花的花冠近等长。花果期8—10月。

产于安吉、德清、嘉兴市区、杭州市区、临安、淳安。生于海拔约200m的田野路边、荒地上、山坡路边。除华南外,全国各地均有分布。蒙古、日本、朝鲜半岛及俄罗斯远东地区也有。

图8-210 女菀

12 紫菀属 Aster L.

多年生草本、亚灌木或灌木,稀一年生草本。茎直立。叶互生;叶片具齿或全缘。头状花序排列成伞房状或圆锥伞房状,或单生;总苞半球状、钟状或倒锥状;总苞片2至多层,外层的渐短,呈覆瓦状排列或近等长,草质或革质,边缘常膜质;花序托蜂窝状,平或稍突起。缘花雌性,1或2层,舌状,狭长,白色、浅红色、紫色或蓝色,顶端具2或3不明显的齿,结实;盘花两性,管状,黄色或顶端紫褐色,多数,通常具5等形裂片,结实,少有无雌花而呈盘状,花药基部钝,通常全缘,花柱分枝附器披针形或三角形。果扁或两面稍突起,长圆球形或倒卵球形,有2边肋,通常被毛或有腺;冠毛宿存,1或2层,白色或红褐色,有多数近等长的细糙毛,或另有1外层极短的毛或膜片。

约250种,主要分布于北温带地区。我国约有100种,全国遍布;浙江有11种。

分种检索表

1. 总苞倒锥形或钟形；总苞片3层或3层以上。
    2. 中部叶叶片基部抱茎；头状花序常单生于叶腋。
        3. 基生叶基部渐狭微抱茎，无柄；茎生叶基部具小耳 …………………… 1.陀螺紫菀 A. turbinatus
        3. 基生叶具长柄；茎下部叶叶片的中部以下呈柄状收缩 …………………… 2.仙白草 A. chekiangensis
    2. 中部叶叶片基部渐狭，不抱茎；头状花序在茎顶排成圆锥状或伞房状，稀单生于叶腋。
        4. 中部叶叶片狭披针形；总苞片先端向外反折 …………………… 3.铜铃山紫菀 A. tonglingensis
        4. 中部叶叶片长圆形至长卵状披针形；总苞片先端不外展。
            5. 总苞片3或4层 …………………… 4.九龙山紫菀 A. jiulongshanensis
            5. 总苞片4～7层 …………………… 5.白舌紫菀 A. baccharoides
1. 总苞半球形、近球形或倒锥形；总苞片2或3层。
    6. 叶片具离基三出脉；外层的总苞片仅具缘毛 …………………… 6.三脉紫菀 A. ageratoides
    6. 叶片具羽状脉；外层的总苞片背面密被毛。
        7. 中部叶叶片基部不抱茎；管状花的冠毛显著短于花冠 …………………… 7.高茎紫菀 A. procerus
        7. 中部叶叶片基部抱茎或不抱茎；管状花的冠毛长于或近等长于花冠。
            8. 茎中部以下叶片基部渐狭成柄；茎和总苞片上密被腺毛和多节柔毛；叶片下面仅沿叶脉疏被柔毛；总苞片2或3层 …………………… 8.仙居紫菀 A. xianjuensis
            8. 茎中部以上叶均无柄；茎和总苞片上密被柔毛；叶片下面被柔毛；总苞片3层。
                9. 茎生叶基部渐狭 …………………… 9.紫菀 A. tataricus
                9. 茎生叶基部抱茎。
                    10. 总苞直径约20mm；叶片两面密被柔毛 …………………… 10.匙叶紫菀 A. spathulifolius
                    10. 总苞直径10mm以下；叶片两面被长伏毛 …………………… 11.琴叶紫菀 A. panduratus

1. 陀螺紫菀 （图8-211）

Aster turbinatus S. Moore

多年生草本。根状茎短粗。茎直立，高60～100cm，粗壮，常单生，有时具长分枝，被糙毛或有长粗毛，下部有较密的叶。全部叶片厚纸质，两面被短糙毛，下面沿脉有长糙毛，中脉在下面突起，离基三出脉；下部叶花时常凋落，叶片卵圆形或卵圆状披针形，长4～10cm，宽3～7cm，先端尖，基部截形或圆形，渐狭成长4～8（12）cm的具宽翅的柄，具疏齿；中部叶片长圆状或椭圆状披针形，先端尖或渐尖，基部有抱茎圆形小耳，具浅齿，无柄；上部叶渐小，叶片卵圆形或披针形。头状花序直径2～4cm，单生，有时2或3个簇生于上部叶腋，有密集而渐变为总苞片的苞叶；总苞倒锥状，直径10～18mm；总苞片约5层（不包括总苞片的苞叶），呈覆瓦状排列，厚干膜质，背面近无毛，边缘膜质，常常带紫红色，有缘毛，外层的卵圆形，先端圆形或急尖，内层的长圆状条形，先端圆形。缘花舌状，舌片蓝紫色；盘花管状。果倒卵状长圆球形，长约3mm，两面有肋，被密粗毛；冠毛白色，有近等长的微糙毛。花果期8—11月。

产于全省各地。生于海拔30～1300m的山坡草丛、沟谷灌丛中、溪边、低山山坡上、林下阴地中。分布于华东。模式标本采自宁波和舟山。

图 8-211 陀螺紫菀

2. 仙白草 （图8-212）

Aster chekiangensis (C. Ling ex Ling) Y.F. Lu et X.F. Jin — *A. turbinatus* S. Moore var. *chekiangensis* C. Ling ex Ling

多年生草本。具短根状茎。茎直立，高40～150cm，被短硬毛，上部多分枝。叶互生；全部叶厚纸质，两面被短糙毛，下面沿脉有长糙毛；中下部叶叶片自中部以下急缩成柄状，长12～18cm，宽4～7cm，先端急尖，基部耳状抱茎，边缘具粗齿，花序枝上的叶明显变小且无柄。头状花序常单生于上部分枝的叶腋，直径2～4cm；梗短或近无；总苞倒圆锥状，直径6～9mm；总苞片3～5层，卵形至长圆形，边缘干膜质，有疏

图 8-212 仙白草

纤毛，由外向内逐渐变长。缘花舌状，舌片白色；盘花管状，黄色。果扁平，有毛；冠毛淡褐色。花期9—10月。

产于海宁、杭州市区、临安、诸暨、奉化、象山、宁海、衢州市区、常山、江山、兰溪、永康、磐安、天台、临海、仙居、温岭、缙云、龙泉、云和、景宁、永嘉。生于海拔260~1500m的山坡疏林下、灌草丛中、岩石上。模式标本采自永嘉。

全草可入药，可治毒蛇咬伤。

3. 铜铃山紫菀 （图8-213）

Aster tonglingensis G.J. Zhang et T.G. Gao

多年生草本。根状茎粗壮，稍木质。茎直立，高70~100cm，下部光滑，上部被微柔毛。全部叶片薄革质，上面密被毛，下面无毛，中脉和侧脉突出；基生叶莲座状，叶片披针形，长4~18cm，宽0.8~2.5cm，先端急尖，基部渐狭，边缘具锯齿，叶柄长3~10cm；茎生叶向上渐小，叶片全缘或具锯齿。头状花序多数，1~5个在枝端或叶腋排列成伞房状；梗被微柔毛；苞叶多，下面无毛，上面密被微柔毛，具缘毛；总苞钟状，直径0.5~0.8cm；总苞片5~7层，披针形，绿色，草质，外层的较短，先端急尖，向外反折，上部密被微柔毛，具缘毛。缘花舌状，舌片白色，先端2或3齿；盘花管状，绿白色至黄色，裂片5，不等长。果狭长圆球形，长约2mm，被微柔毛；冠毛1层，白色，具短糙毛，与管状花的花冠近等长。花果期7—8月。

产于文成、苍南、泰顺。生于海拔130~640m的溪边、岩石缝间。模式标本采自文成（铜铃山）。

图8-213 铜铃山紫菀

4. 九龙山紫菀 （图8-214）

Aster jiulongshanensis Z.H. Chen, X.Y. Ye et C.C. Pan

图8-214 九龙山紫菀

多年生草本。根状茎粗壮。茎直立或向上斜展，高50～130cm，中部以上多分枝，被卷曲糙毛或下部近光滑。全部叶片厚纸质，上面被糙毛，下面无毛或沿脉具疏毛，边缘密被开展糙毛，具疏锯齿，齿端具外展的小尖头，侧脉3～5对；莲座状基生叶花时枯萎，叶片长卵形至长卵状披针形，长4～13cm，宽2～9cm，先端渐尖或急尖，基部楔形，下延成长4～8（16）cm的柄，基部扩大半抱茎；中部叶叶片卵状披针形，基部渐狭下延；上部叶渐小，叶片倒披针形。头状花序多数，直径约1.5cm，在茎和枝端排列成圆锥状；梗密被毛；苞叶长圆状披针形，全缘；总苞狭倒锥形，直径5～6mm；总苞片3或4层，条形至条状披针形，背部绿色，草质，边缘膜质，先端渐尖，外层的较短，具缘毛，内层的较长，中脉草质，沿脉疏被毛。缘花舌状，1层，舌片绿白色或白色；盘花管状，被柔毛，裂片卷曲。果稍扁，条状披针形，褐色，长约3.5mm，两面各具1中肋，被短糙毛；冠毛等长，白色或污白色，具向上短糙毛。花果期9—11月。

产于江山、遂昌、龙泉、庆元、云和、景宁、平阳、文成。生于海拔450～820m的林缘、林下、路边山坡上。分布于福建（寿宁）。模式标本采自遂昌（九龙山）。

5. 白舌紫菀 （图8-215）

Aster baccharoides (Benth.) Steetz — *Diplopappus baccharoides* Benth.

多年生草本或亚灌木。根粗壮，扭曲。茎直立，高50～100cm，多分枝。老枝灰褐色，具棱，脱毛；幼枝直立，被稍卷曲密短毛，茎和枝基部具密集枯叶残片。全部叶片上面被短糙毛，下面被短毛或具腺点，或仅沿脉有粗毛，中脉在下面突起，侧脉3或4对；下部叶凋落，叶片匙状长圆形，长达10cm，宽达1.8cm，上部具疏齿；中部叶叶片长圆形或长圆状披针形，长2～5.5cm，宽0.5～1.5cm，先端尖，基部渐狭或急狭，无柄或有短柄，全缘或上部有小尖头状疏锯齿；上部叶渐小，叶片近全缘。头状花序直径1.5～2cm，在枝顶端排列成圆锥伞房状，或在短枝上单生；苞叶极小，在梗顶端密集且渐变为总苞片；总苞倒锥状，直径达7mm；总苞片4～7层，呈覆瓦状排列，外层的卵圆形，先端尖，内层的长圆状披针形，先端钝，背面或上部被短密毛，具缘毛。缘花舌状，舌片白色；盘花管状，有微毛。果稍扁，狭长圆球形，长2～2.5mm，有时两面有肋，被密短毛；冠毛白色，1层，有多数近等长或少数较短微糙毛。花果期7—10月。

产于龙泉、庆元、泰顺。生于海拔560～1000m的山坡疏林下、灌丛、灌草丛中、岩石上。分布于华东及湖南、广东、广西。

图8-215 白舌紫菀

6. 三脉紫菀 （图8-216）

Aster ageratoides Turcz. — *A. ageratoides* var. *scaberulus* (Miq.) Ling

多年生草本。根状茎粗壮。茎直立，高40～80cm，细或粗壮，具棱及沟，被柔毛或粗毛，上部有时曲折，有向上伸展或开展的分枝。叶片纸质或厚纸质，上面被短糙毛，下面浅色，被短柔毛，常具腺点，或两面被短绒毛而下面沿脉有粗毛，有离基（有时长达7cm）三出脉，侧脉3或4对，网脉常明显；下部叶花时凋落，叶片宽卵圆形，基部急狭成长柄；中部叶叶片椭圆形或长圆状披针形，长5～15cm，宽1～5cm，先端渐尖，中部以上急狭成楔形具宽翅的柄，边缘具3～7对锯齿；上部叶渐小，叶片具浅齿或全缘。头状花序多数，直径1.5～2cm，排列成伞房状或圆锥伞房状；总苞倒锥状或半球状，直径4～10mm；总苞片3层，呈覆瓦状排列，条状长圆形，上部绿色或紫褐色，

图 8-216　三脉紫菀

具短缘毛。缘花雌性,舌状,紫色、浅红色或白色;盘花管状,黄色。果倒卵状长圆球形,灰褐色,长2～2.5mm,有边肋,一面常有肋,被短粗毛;冠毛浅红褐色或污白色。花果期7—10月。

全省各地广泛分布。生于林下、林缘或路边。我国各地均有分布。日本、越南、泰国、缅甸、印度、尼泊尔、不丹、朝鲜半岛及俄罗斯东部地区也有。

与微糙三脉紫菀 var. *scaberulus* (Miq.) Ling 的主要区别在于后者叶片卵圆形或卵状披针形,上面密被微糙毛,下面密被短柔毛,具较密腺点;总苞片有毛及缘毛,先端紫红色。这些性状在两者之间有过渡类型。

全草可入药,有治风热感冒的功效,也可作野菜食用。

6a. 毛枝三脉紫菀 (图8-217)

var. **lasiocladus** (Hayata) Hand.-Mazz. — *A. lasiocladus* Hayata

与三脉紫菀的区别在于茎被黄褐色或灰色密绒毛;叶片长圆状披针形,常较小,长4～8cm,宽1～3cm,质厚,先端钝或急尖,边缘具浅齿,上面被密糙毛,或两面被密绒毛,沿脉常有粗毛;总苞片厚质,被密绒毛。舌状花白色。花果期10—11月。

产于象山、普陀。分布于华东、华南及湖南、贵州、云南。

图8-217 毛枝三脉紫菀

7. 高茎紫菀 （图8-218）

Aster procerus Hemsl.

多年生草本。茎直立，高70～100cm，粗壮，具棱，被短糙毛，或下部多少无毛，自中部具开展分枝。全部叶片质薄，下面淡绿色，两面被短糙毛，羽状脉，中脉在下面突起，侧脉在远离边缘处相连接；下部叶凋落；中部叶叶片卵圆状披针形，长7～11cm，宽3～5.5cm，先端尖或渐尖，基部楔形，渐狭成短柄，边缘具疏或稍密带小尖头的锯齿；上部叶小，叶片具细齿或近全缘，无柄。头状花序直径3～4cm，单生于枝端或排列成伞房状；总苞半球形，直径12～15mm；总苞片2或3层，外层的草质，较内层的短或稍长，被密糙毛，先端急尖，最内层的狭，近无毛。缘花舌状，白色，有短微毛；盘花管状，裂片卵圆状披针形。果极扁，倒卵球形，褐色，长3.5～4mm，边肋厚，两面平或一面有1～3细肋；冠毛污白色，不等长，近膜片状。花果期5—10月。

产于杭州市区、临安、鄞州、余姚、缙云。生于海拔600～1200m的公路边草丛中、林缘及山地上。分布于安徽、湖北。

图8-218 高茎紫菀

8. 仙居紫菀 (图8-219)

Aster xianjuensis Y.F. Lu, W.Y. Xie et X.F. Jin

多年生草本。根状茎粗壮。茎直立，高达80cm，具纵棱，被开展的多节柔毛，全部或上部具腺毛。全部叶片上面疏被多节柔毛，除下面中脉疏被多节柔毛外，其余近无毛，具缘毛，中脉及侧脉在下面突起；基生叶莲座状，叶片匙形、椭圆形或椭圆状披针形，长1.5～5cm，宽0.7～1.3cm，先端圆形，常具小尖头，边缘具2～5对小尖头状齿，稀近全缘，下部渐狭成具翅的柄；下部叶花时枯落或存在，叶片匙形、长卵形、椭圆形或长圆形，半抱茎，具锯齿；中部叶叶片长卵形或卵状椭圆形，基部下延成具宽翅的短叶柄，耳状，半抱茎，具锯齿；着生于头状花序分枝上的叶片条形或披针形，全缘，无柄。头状花序直径1.5～2.5cm，1～4个于分枝顶端排列成伞房状；总苞半球状，直径0.6～1.2cm；总苞片2层，稀3层，草质，外层的常短于内层的，外层的狭卵形或卵状披针形，背面中间绿色，被腺毛，先端尖，具缘毛，内层的倒卵状披针形或倒长卵形，背面中间绿色，中部以上被腺毛，先端圆钝，具缘毛。缘花舌状，舌片白色、淡紫色或浅蓝紫色；盘花管状，黄色。果稍扁，倒长卵球形，栗褐色，长约3mm，密被白色短柔毛；冠毛污白色或淡褐色，1层。花果期6—9月。

产于仙居。生于海拔800～900m的悬崖或山坡上。模式标本采自仙居（神仙居）。

图8-219 仙居紫菀

9. 紫菀 （图8-220）

Aster tataricus L.

多年生草本。根状茎斜生。茎直立，高40～50cm，粗壮，具棱及沟，被疏粗毛，有疏生的叶。全部叶片厚纸质，上面被短糙毛，下面被稍疏但沿脉较密的短粗毛，中脉粗壮，具5～10对侧脉，在下面突起；基部叶花时凋落，叶片长圆状或椭圆状匙形，先端尖或渐尖，下半部渐狭成长柄，连柄长20～50cm，宽3～13cm，边缘有具小尖的圆齿或浅齿；下部叶叶片匙状长圆形，常较小，下部渐狭或急狭成具宽翅的柄，先端渐尖，边缘除顶部外具密锯齿；中部叶叶片长圆形或长圆状披针形，全缘或具浅齿，无柄；上部叶狭小。头状花序多数，直径2.5～4.5cm，在茎和枝端排列成复伞房状；梗长；有条形苞叶；总苞半球形，直径1～2.5cm；总苞片3层，条形或条状披针形，先端尖或圆钝，全部或上部草质，被密短毛，边缘膜质且带紫红色，有草质中脉。缘花舌状，舌片蓝紫色；盘花管状，稍有毛。果倒卵状长圆球形，紫褐色，长2.5～3mm，上部被疏粗毛；冠毛污白色或带红色，具多数不等长糙毛。花果期7—10月。

产于磐安、遂昌。生于海拔200～350m的山坡草丛中。分布于东北、华北及安徽、河南、湖北、四川、贵州、陕西、宁夏、甘肃。东亚及俄罗斯也有。

图8-220 紫菀

10. 匙叶紫菀（图8-221）

Aster spathulifolius Maxim.

多年生草本。茎直立，高20～40cm，稍木质，自基部分枝，密被糙毛。基部叶莲座状，质厚，花时凋落，叶片倒卵形或近圆形，长3～9cm，宽1.5～5.5cm，两面密被柔毛，先端钝，基部楔形，全缘或具钝齿，无柄；上部叶叶片匙形，向上逐渐变小，常苞片状。头状花序单生于顶端，直径3.5～4cm；总苞近球形，直径约2cm；总苞片3层，条形，等长，被毛，先端渐尖。缘花舌状，蓝紫色；盘花管状，黄色。果长圆球形；冠毛白色。花果期7—11月。

产于嵊泗。生于海边岩石缝间。日本、朝鲜半岛及俄罗斯远东地区也有。

图8-221 匙叶紫菀

11. 琴叶紫菀（图8-222）

Aster panduratus Nees ex Walp. — *A. panduratus* var. *crenatifolius* Ling, syn. nov.

多年生草本。根状茎粗壮。茎直立，高50～100cm，单生或丛生，细或粗壮，被开展长粗毛，常有腺，上部有分枝。全部叶片稍厚，两面被长伏贴毛和密短毛，有腺，下面沿脉及边缘有长毛，中脉在下面突起，侧脉不明显；下部叶花时凋落或宿存，叶片匙状长圆形，长达12cm，宽达2.5cm，基部渐狭成长柄；中部叶叶片长圆状匙形，长4～9cm，宽1.5～2.5cm，先端急尖或钝，下部稍狭，基部扩大成心形或有圆耳，半抱茎，具小尖头，全缘或具疏齿；上部叶渐小，叶片卵状长圆形，基部心形抱茎，常全缘。头状花序直径2～2.5cm，单生于枝端或排列成疏散伞房状；苞叶条状披针形或卵形；总苞半球形，直径6～8mm；总苞片3层，长圆状披针形，外层的草质，被密短毛及腺，先端尖或稍钝，内层的上部和中脉草质，边缘膜质而无毛。缘花舌状，舌片浅紫色；盘花管状，密被短毛。果卵状长圆球形，长达2mm，基部狭，两面有肋，被柔毛；冠毛白色或稍红色,与管状花的花冠近等长,有稍不等长的微糙毛。花果期7—10月。

产于台州及杭州市区、临安、建德、淳安、嵊州、普陀、开化、江山、浦江、磐安、永康、缙云、莲都、遂昌、松阳、龙泉、庆元、洞头、乐清、永嘉、平阳、苍南。生于海拔115～1200m的山坡草丛中、沟谷林下、路边、溪沟边。分布于华东、华中及广东、广西、四川、贵州。

图 8-222 琴叶紫菀

⒔ 联毛紫菀属 Symphyotrichum Nees

一年生或多年生草本。茎直立或向上斜展,有时上部有分枝,稀下部分枝,无毛或被毛,下部常无毛。叶互生。头状花序多数,常排列成圆锥状,有时总状、近伞状或单生;总苞圆筒形或钟形,有时半球形;总苞片3～9层,不等长或近等长,外层的常叶状;花序托平至稍突起,蜂窝状。缘花舌状,雌性,少数至多数,1至多层,舌片白色、粉色、蓝色或紫色;盘花管状,两性,黄色,稀白色,冠檐漏斗状或圆筒状,裂片5,三角形至披针形,花药基部钝,顶端附器披针形,花柱分枝先端披针形。果压扁或不压扁,倒卵球形或倒圆锥形,有时梭形,无毛

一六七　菊科 Asteraceae

或被糙伏毛，具（2）3～5（10）脉；冠毛4层，白色至褐色，宿存，近等长，具倒刺毛。

约90种，分布于亚洲、欧洲和美洲。我国有6种，其中引种栽培4种；浙江有3种。

分种检索表

1. 头状花序直径2.5～5cm；多年生草本 ··· **1. 荷兰菊 S. novi-belgii**
1. 头状花序直径小于1cm；一年生或二年生草本。
  2. 叶片宽小于1cm；无叶柄；冠毛花时长于花冠筒 ······························· **2. 钻形紫菀 S. subulatum**
  2. 叶片宽1～2.5cm；具明显叶柄；冠毛花时不长于花冠筒 ·············· **3. 夏威夷紫菀 S. squamatum**

1. 荷兰菊（图8-223）

Symphyotrichum novi-belgii (L.) G.L. Nesom —— *Aster novi-belgii* L.

多年生草本。茎直立，高40～150cm，上部多分枝，无毛或上部被短毛。叶互生；叶片披针形、条状披针形、条形或长圆形，长1～12cm，宽0.3～2cm，先端尖，基部耳形，半抱茎，全缘或具疏齿，无毛或下面被短毛。头状花序直径2.5～5cm，排列成伞房圆锥状；梗被短毛；花序托平，蜂窝状；总苞片多层，近等长，下弯，内层的条状披针形，无毛，先端长渐尖。缘花舌状，舌片白色、蓝紫色或紫色，顶端3浅裂；盘花管状，黄色，后变为紫色或红色，顶端5浅裂。果长圆球形，长1.5～2.5mm，被伏贴的毛；冠毛多层，白色，长4～7mm，粗糙。花果期6—9月。

原产于北美洲。我国各地均有栽培。本省的公园、花坛常见栽培。

可供观赏。

图8-223　荷兰菊

2. 钻形紫菀 钻叶紫菀 （图8-224）

Symphyotrichum subulatum (Michx.) G.L. Nesom —— *Aster subulatus* Michx.

一年生或二年生草本。茎直立，高25～150cm，无毛，上部稍有分枝，基部略带红色。基部叶花时凋落，叶片披针形至卵形；中部叶叶片条状披针形，长6～10cm，宽1～10mm，先端尖或钝，全缘，无毛，无叶柄；上部叶叶片渐狭至条形。头状花序直径5～6mm，排列成圆锥状；总苞钟形；总苞片3～5层，披针形至条状披针形，外层的较短，内层的较长，无毛，背部绿色，边缘膜质，先端略带红色。缘花舌状，1层，舌片红色；盘花管状，黄色，后转为粉色，花冠裂片三角形。果披针形，长1.5～2.5mm，2～6脉，略有毛；冠毛白色，长于管状花的花冠。花果期9—11月。

原产于非洲和美洲。华东、华中、西南及河北、山东、台湾、广西、陕西等地均有归化。全省各地均有归化，生于田边草丛中、沟边、路旁荒地上等。

图8-224　钻形紫菀

3. 夏威夷紫菀 （图8-225）

Symphyotrichum squamatum (Spreng.) G.L. Nesom —— *S. subulatum* (Michx.) G.L. Nesom var. *squamatum* (Spreng.) S.D. Sundb. —— *Aster sandwicensis* (A. Gray) Hieron. —— *Conyza squamata* Spreng.

一年生草本，稀二年生。茎圆柱形，高30～120cm，无毛，上部有疏或密的分枝。基生叶花后凋落，叶片倒披针形；茎中部叶叶片条形或条状披针形，长6～18cm，宽1～2.5cm，中部最宽，先端尖或钝，有时具钻形尖头，全缘，无毛，具明显叶柄；茎上部叶叶片稀疏，渐狭至条形苞片状。头状花序多数，直径7～10mm，排列成松散圆锥状；总苞钟状；总苞片3或4层，外层的较短，内层的较长，条状钻形，背部绿色，无毛，边缘膜质。缘花舌状，多数，细长，淡紫色；

盘花管状，黄色，多数。果长圆球形或椭球形，长1.5～2.5mm，具5纵棱；冠毛淡褐色。花果期8—11月。

原产于北美洲。日本有归化。我国台湾有归化。杭州市区、普陀和苍南也有归化。

图 8-225　夏威夷紫菀

14 飞蓬属 Erigeron L.

多年生草本，稀一年生或二年生草本，或为亚灌木。叶互生；叶片全缘、具锯齿或浅裂。头状花序单个或多数排列成总状、伞房状或圆锥状；总苞半球状、钟状或倒圆锥状至圆柱状；总苞片2～5层，近等长，或外层的短于内层的，有时呈覆瓦状排列，条状披针形至条形，膜质或草质，边缘干膜质；花序托平、稍凸或圆锥状，具窝孔，无托片。缘花舌状或细管状，稀缺失，1～5层或更多，雌性，舌片紫色、蓝色、粉色或白色，稀黄色或橙色，常狭短，有时稍宽，结实，所有缘花或仅内层的舌片变小或无；盘花管状，两性，黄色或白色，檐部圆筒状或狭漏斗状，稀钟状，裂片4，稀5，三角形，花药基部钝，顶端附器卵状披针形，花柱分枝顶端三角形，钝或拱形。果扁平，长圆球形或长圆状披针形至长圆状倒卵球形，无毛、被糙伏毛或绢毛，无腺，具2(4)脉，脉常橙色；冠毛宿存或早落，分离或基部连合，1或2层，外层的短刚毛状或鳞片状，内层的具倒刺毛，有时冠毛仅存于缘花或盘花的果上，稀缺失。

约400种，主要分布于亚洲、欧洲和北美洲，少数分布至非洲及澳大利亚。我国有39种，南北各地均产；浙江有6种，均为外来归化种。

分种检索表

1. 缘花1～3层，舌片条形，常开展。
   2. 缘花冠毛鳞片状，无刚毛；茎生叶基部不抱茎。
      3. 基生叶花时凋落；下部茎生叶相似；叶片边缘具粗锯齿至全缘 ·················· **1. 一年蓬 E. annuus**
      3. 基生叶花时宿存；茎生叶向上逐渐变小；叶片边缘全缘或具深的锯齿或圆锯齿 ·················· **2. 粗糙飞蓬 E. strigosus**
   2. 缘花冠毛外层刚毛状，内层糙毛状；茎生叶基部抱茎 ·················· **3. 春飞蓬 E. philadelphicus**
1. 缘花4或5层，或更多，有时无舌片或丝状，直立。
   4. 植株全体呈绿色；叶片边缘有睫毛；冠毛污白色 ·················· **4. 小蓬草 E. canadensis**
   4. 植株全体呈灰绿色；叶片边缘无睫毛；冠毛淡褐色至黄褐色。
      5. 头状花序直径8～10mm，排列成总状或圆锥状，梗长10～15mm；缘花无舌片 ·················· **5. 香丝草 E. bonariensis**
      5. 头状花序直径5～8mm，排列成大型圆锥状，梗长3～5mm；缘花舌片短，丝状 ·················· **6. 苏门白酒草 E. sumatrensis**

1. 一年蓬 （图8-226）

Erigeron annuus (L.) Pers. — *Aster annuus* L.

一年生或二年生草本。茎直立，高30～100cm，粗壮，上部有分枝，绿色，下部被开展长硬毛，上部被较密而上弯的短硬毛。全部叶片边缘被短硬毛，两面被疏短硬毛，有时近无毛；基生

图8-226 一年蓬

一六七 菊科 Asteraceae

叶花时凋落，叶片长圆形或宽卵形，少有近圆形，长4～17cm，宽1.5～4cm，先端尖或钝，基部狭成具翅长柄，边缘具粗齿；下部叶与基生叶同形，但叶柄较短；中部叶和上部叶较小，叶片长圆状披针形或披针形，先端尖，具短柄或无柄，边缘具不规则的齿或近全缘；最上部叶叶片条形。头状花序多数，直径1～1.5cm，排列成疏圆锥状；总苞半球形；总苞片3层，披针形，近等长或外层的稍短，淡绿色或多少褐色，草质，背面密被腺毛和疏长节毛。缘花舌状，2层，舌片平展，白色，有时淡天蓝色，顶端具2小齿；盘花管状，黄色，管部、檐部近倒圆锥形。果压扁，披针形，长约1.2mm，被稀疏伏贴柔毛；冠毛异形，缘花的冠毛极短，膜片状连成小冠，盘花的冠毛2层，外层的鳞片状，内层的粗毛状。花期5—10月。

原产于北美东部。我国南北各地均有归化，为外来入侵植物。全省各地常见，生于路边草丛、旷野中、山坡荒地上等。

2. 粗糙飞蓬 （图8-227）
Erigeron strigosus Muhl. ex Willd.

一年生草本，有时二年生或短多年生。茎直立至向上斜展，高30～70cm，上部分枝，被稀疏或中等糙伏毛或短糙伏毛。叶互生；基生叶宿存，叶片披针形至倒卵状披针形或条形，长3～15cm，宽0.5～2cm，先端急尖或钝，基部渐狭，全缘，有时具锯齿或圆锯齿；茎生叶向上渐小至头状花序。头状花序多数，排列成疏散伞房状至圆锥伞房状；总苞半球形；总苞片2～4层，披针形，近等长或外层的稍短，无毛、被糙伏毛或稀疏长硬毛，有时具小

图8-227 粗糙飞蓬

腺点。缘花舌状，2层，雌性，舌片白色，有时粉色或蓝色，条形，平展；盘花管状，黄色，两性。果压扁，披针形，长0.9~1.2mm，疏被短糙伏毛；冠毛2层，外层的鳞片状或刚毛状，内层的在缘花中缺失，在盘花中呈糙毛状。花果期6—9月。

原产于北美洲。华东、华中及吉林、河北、山东、四川、西藏有归化。余姚有归化，生于海拔约800m的山坡、林缘、草丛中。

3. 春飞蓬　费城飞蓬 （图8-228）
Erigeron philadelphicus L.

一年生、二年生或多年生草本。根纤维状。茎直立，高40~80cm，不分枝，下部被长柔毛，上部疏生糙伏毛，具小腺点。叶互生；基生叶宿存或花时凋落，叶片倒披针形至倒卵形，长3~11cm，宽1~2.5cm，先端急尖，基部抱茎，边缘具浅圆齿至粗锯齿或羽状浅裂，两面疏被长硬毛至长柔毛；茎生叶叶片长圆状倒披针形至披针形，向上逐渐变小。头状花序多数，排列成伞房状，稀单生；总苞半球形，直径6~15mm；总苞片2或3层，有时基部合生，被长柔毛至稀疏长硬毛或无毛，有时具小腺点。缘花舌状，2层，舌片条形，白色，有时粉色，舌片不卷或逐渐卷曲；盘花管状，两性，黄色。果压扁，披针形，长0.6~1.1mm，具2脉，被稀疏糙硬毛；冠毛2层，外层的刚毛状，内层的糙毛状。花期3—5月。

原产于北美洲，现作为杂草在亚热带和温带地区广泛分布。华东有分布。全省广泛逸生，常生于草坪上、人工林下、路边等光照充足的开阔地，扩散速度极快。

图8-228　春飞蓬

4. 小蓬草 加拿大蓬 小飞蓬 （图8-229）
Erigeron canadensis L. — *Conyza canadensis* (L.) Cronquist — *E. canadensis* var. *glabratus* A. Gray

一年生草本。根纤维状。茎直立，高50～100cm或更高，圆柱状，多少具棱，有条纹，上部多分枝，被脱落性疏长硬毛。叶密集；基生叶花时常枯萎；下部叶叶片倒披针形，长6～10cm，宽1～1.5cm，先端尖或渐尖，基部渐狭成柄，边缘具疏锯齿或全缘；中部叶和上部叶较小，叶片条状披针形或条形，边缘具睫毛，全缘或少具1或2齿，两面或仅上面被疏短毛，近无柄或无柄。头状花序多数，小，直径3～4mm，排列成圆锥状或伞房圆锥状；总苞半球形，长2.5～4mm；总苞片2或3层，条状披针形或条形，淡绿色，先端渐尖，外层的短，内层的长，外面被疏毛，边缘干膜质，几无毛或有长睫毛。缘花舌状，白色，舌片小，稍超出花盘，条形，顶端具2钝小齿；盘花管状，淡黄色，顶端具4或5齿裂，管部上部被疏微毛。果稍压扁，条状披针形，长1.2～1.5mm，被伏贴微毛；冠毛污白色，1层，糙毛状。花期5—9月。

原产于北美洲，现全国各地广泛归化。全省各地均有归化，生于旷野中、田边荒地上、路边草丛中，为极常见的杂草。

图 8-229 小蓬草

5. 香丝草　野塘蒿　（图8-230）

Erigeron bonariensis L. — *Conyza bonariensis* (L.) Cronquist

一年生或二年生草本。根纺锤状，常斜生，具纤维状根。茎直立或向上斜展，高20～60cm，中部以上常分枝，全体灰绿色，密被伏贴短毛，杂有开展疏长毛。叶密集；基生叶花时常枯萎；下部叶叶片倒披针形或长圆状披针形，长3～5cm，宽0.3～1cm，先端尖或稍钝，基部渐狭成长柄，通常具粗齿或羽状浅裂；中部叶和上部叶叶片狭披针形或条形，长3～7cm，宽0.3～0.5cm，具短柄或无柄，中部叶叶片具齿，上部叶叶片全缘，两面均密被伏贴糙毛。头状花序多数，直径8～10mm，在茎端排列成总状或圆锥状；梗长10～15mm；总苞椭圆状卵形，直径约8mm；总苞片2或3层，条形，外面密被灰白色短糙毛，先端尖，外层的稍短或仅为内层的一半，边缘干膜质。缘花细管状，雌性，多层，白色，无舌片或顶端仅具3或4细齿；盘花管状，两性，淡黄色，管部上部被疏微毛，顶端具5齿裂。果压扁，条状披针形，长约1.5mm，被疏短毛；冠毛1层，淡红褐色。花期5—10月。

原产于南美洲，现作为杂草在热带和亚热带地区广泛分布。除东北及内蒙古、新疆外，全国各地广泛归化，为外来入侵植物。全省各地均有归化，生于旷野、路边草丛中、荒地上等，为极常见的杂草。

图8-230　香丝草

6. 苏门白酒草 （图8-231）
Erigeron sumatrensis Retz. — *Conyza sumatrensis* (Retz.) E. Walker

一年生或二年生草本。根纤维状。茎粗壮，直立，高80～150cm，具细棱，绿色或下部红紫色，中部或中部以上有长分枝，被较密灰白色上弯的糙短毛，杂有开展疏柔毛。叶密集，基部叶花时凋落；下部叶叶片倒披针形或披针形，长6～10cm，宽1～3cm，先端尖或渐尖，基部渐狭成柄，边缘上部每边常具4～8粗齿，基部全缘；中部叶和上部叶渐小，叶片狭披针形或近条形，具齿或全缘，两面特别是下面被密糙短毛。头状花序多数，直径5～8mm，在茎枝端排列成大而长的圆锥状；梗长3～5mm；总苞卵状短圆柱形，长约4mm，直径3～4mm；总苞片3层，条状披针形或条形，灰绿色，先端渐尖，背面被糙短毛，外层的稍短或仅为内层的一半，内层的长约4mm，边缘干膜质。缘花细管状，多层，管部细长，淡黄色或淡紫色，极短细，丝状，顶端具2细裂，结实；盘花管状，淡黄色，6～11朵，两性，上端具5齿裂，管部上部被疏微毛，结实。果压扁，条状披针形，长1.2～1.5mm，被伏贴微毛；冠毛1层，初时白色，后变为黄褐色。花期5—10月。

图8-231 苏门白酒草

原产于南美洲，现作为杂草在热带和亚热带地区广泛分布。华东、华南、西南及湖南、甘肃等地常见。全省各地均有归化，生于山坡上、开阔地、路边草丛中等。

15 鱼眼草属 Dichrocephala L' Hér. ex DC.

一年生草本。叶互生；叶片全缘、琴状或大头羽状分裂。头状花序小，球状或长圆状，在枝端排列成小圆锥花序或总状，少单生；总苞小；总苞片近2层；花序托突起，球形或倒圆锥形，顶端平或尖，无托片。全部小花管状，结实；缘花多层，雌性，顶端具2~4齿裂；中央两性花紫色或淡紫色，檐部狭钟状，顶端4或5齿裂，花药顶端有附器，基部钝，有尾，花柱分枝短，扁，上部有披针形附器。果压扁，边缘脉状加厚；无冠毛或两性花的果顶端具1或2短硬毛。

4种，主要分布于亚洲和非洲热带地区。我国有3种，华东至西北、西南均有分布；浙江有1种。

鱼眼草 鱼眼菊 山胡椒菊（图8-232）
Dichrocephala integrifolia (L. f.) Kuntze —— *Hippia integrifolia* L. f. —— *D. auriculata* (Thunb.) Druce

一年生草本。茎直立或铺散，高12~50cm，通常粗壮，不分枝或分枝，被白色长或短绒毛，果时脱毛或近无毛。全部叶片两面被稀疏短柔毛，下面沿脉的毛较密，有时稀疏或无毛，边缘重粗锯齿或缺刻状；基部叶通常不裂；茎中部叶叶片卵形、椭圆形或披针形，长4~8cm，宽2~5cm，大头羽裂，顶裂片宽大，侧裂片1或2对，通常对生而少有偏斜，基部渐狭成具翅的长1~3.5cm的柄，自中部向上或向下的叶渐小同形。头状花序多数，球形，直径3~5mm，在枝端或茎顶排列成疏松或紧密的伞房状或圆锥状；总苞片1或2层，长圆形或长圆状披针形，长约1mm，膜质，稍不等长，先端急尖，微锯齿状撕裂。外围缘花多层，紫色，花冠条形，顶端通常

图8-232 鱼眼草

2齿；中央两性花黄绿色，管部短，狭细。果倒披针形；无冠毛或两性花果顶端具1或2枚短硬毛。花果期4—8月。

产于衢州市区、临海、遂昌、松阳、龙泉、庆元、景宁、青田、乐清、永嘉、瑞安、平阳、苍南、文成、泰顺。生于海拔150～1200m的溪沟边、路边草丛中、田埂边、山地上。分布于华中、华南、西南及江西、福建、陕西。亚洲、非洲的热带和亚热带地区及澳大利亚、太平洋岛屿也有。

16 白酒草属 Eschenbachia Moench

一年生、二年生或多年生草本。茎直立，分枝或不分枝，被长柔毛或糙伏毛。叶互生；叶片全缘，有时具细锯齿至粗锯齿、羽状深裂或浅裂。头状花序少数至多数排列成伞房状，有时排列成圆锥状或密集成球状，稀伞状或单生；总苞钟形至半球状钟形；总苞片3或4层，倒卵形至卵状披针形、披针形、条状披针形或条形，呈覆瓦状排列，边缘和先端干膜质；花序托扁半球形至圆锥状、蜂窝状，窝孔流苏状。全部小花辐射对称，结实；缘花细管状，雌性，白色，多数，长约为花柱的一半；盘花管状，两性，黄色，檐部漏斗状，裂片5，花药基部钝，花柱分枝短。果压扁，长圆球形或披针形，无毛或有糙伏毛，有时有腺点，边缘具2肋；冠毛1层，白色至黄白色或淡黄褐色至红色，有时基部合生成环，脱落，近等长，具小倒刺毛。

10余种，主要分布于非洲和亚洲南部。我国有6种，分布于东部至西南部；浙江有1种。

白酒草 假蓬（图8-233）
Eschenbachia japonica (Thunb.) J. Kost. — *Erigeron japonicum* Thunb. — *Conyza japonica* (Thunb.) Less.

一年生或二年生草本。根斜生，不分枝。茎直立，高10～45cm，自茎基部或中部以上分枝，全株被白色长柔毛或短糙毛，或下部多少脱毛。叶互生，通常密集于茎较下部，呈莲座状；基部叶叶片倒卵形或匙形，长6～7cm，先端圆形，基部长渐狭，较下部叶有长柄；下部叶叶片长圆形、长椭圆形或倒披针形，先端圆形，基部楔形，常下延成具宽翅的柄，边缘具圆齿或粗锯齿，有4或5对侧脉，在下面明显，两面被白色长柔毛；中部叶疏生，叶片倒披针状长圆形或长圆状披针形，先端钝，基部宽而半抱茎，边缘具小尖齿，无柄；上部叶渐小，叶片披针形或条状披针形，两面被长伏毛。头状花序多数，直径约11mm，在茎及枝端密集成球状或伞房状，稀单生；总苞半球形，直径8～10mm；总苞片3或4层，呈覆瓦状排列，外层的较短，卵状披针形，长约2mm，内层的条状披针形，长4～5mm，被长柔毛，干时常反折，先端尖或渐尖，边缘膜质或多少变为紫色，背面沿中脉绿色。缘花细管状，雌性，无舌片，黄色，多数，结实；盘花管状，两

性，黄色，15或16朵，顶端5裂，裂片卵形，结实。果压扁，长圆球形，黄色，边缘脉状，两面无肋，有微毛；冠毛污白色或稍红色，糙毛状，近等长。花果期5—9月。

产于丽水、温州及宁海、衢州市区、开化、临海、仙居、温岭、玉环。生于海拔120~1100m的山坡路边、崖边、林缘草丛中、山谷溪边。分布于华东、华南、西南及湖南。东南亚、南亚及日本也有。

图8-233 白酒草

17 下田菊属 Adenostemma J.R. Forst. et G. Forst.

一年生草本。全株被腺毛或光滑无毛。叶对生或上部的叶互生；叶片常基出脉3，边缘具锯齿。头状花序多数或少数在叶腋或顶端排列成疏松伞房状；总苞钟状或半球形；总苞片2层，近等长，草质，外层的基部合生成环，非覆瓦状排列；花序托扁平，无托毛，蜂窝状。全部小花管状，两性，白色，檐部钟状，顶端5齿裂，结实；花药顶端截形，无附器，不增粗，基部钝，近截形；花柱分枝细长，扁平，顶端钝，无附器。果钝三角状球形，顶端圆钝，通常有3~5肋，具腺点或乳突；冠毛3~5，坚硬，棒槌状，果时分叉，基部结合成短环状。

约26种，分布于泛热带地区。我国有1种；浙江也有。

下田菊 （图8-234）

Adenostemma lavenia (L.) Kuntze — *Verbesina lavenia* L. — *A. lavenia* var. *latifolium* (D. Don) Hand.-Mazz.

一年生草本。茎直立或基部弯曲，高30~100cm，单生，坚硬，通常自上部叉状分枝，被白色短柔毛，下部或中部以下光滑无毛。基部叶花时宿存或凋萎；茎中部叶较大，叶片长椭圆状披针形，长4～13.5cm，宽2～8cm，先端急尖或钝，基部宽或狭楔形，叶柄具狭翼，边缘具圆锯齿，两面有稀疏短柔毛或脱落至无毛，通常沿脉有较密的毛；上部叶和下部叶渐小，有短叶柄。头状花序小，直径7～10mm，排列成疏散伞房状或伞房圆锥状；梗被灰白色或锈色短柔毛；总苞半球形，直径6～8mm，果时变大，可达10mm；总苞片2层，近等长，狭长椭圆形，绿色，质地薄，近膜质，先端钝，外层的大部分合生，外面被白色稀疏长柔毛，基部的毛较密。全部小花管状，两性，白色，外被腺体，顶端5齿裂，结实。果倒披针形，被多数乳头状突起及腺点；冠毛4，棒槌状，基部结合成环状，顶端有棕黄色黏质腺体。花果期7—10月。

产于宁波及安吉、杭州市区、临安、建德、淳安、新昌、衢州市区、江山、开化、龙游、天台、永康、临海、三门、仙居、莲都、缙云、遂昌、松阳、龙泉、庆元、景宁、永嘉、瑞安、文成、平阳、苍南、泰顺。生于海拔900m以下的山坡路边、溪边、林下草丛中。分布于华东、华中、华南、西南及陕西、甘肃。日本、菲律宾、澳大利亚、中南半岛、朝鲜半岛也有。

图 8-234　下田菊

18 裸冠菊属 Gymnocoronis DC.

一年生或多年生草本，水生或湿生。茎具棱。叶对生；叶片披针形至卵形或三角形。头状花序排列成聚伞状；总苞片2层，狭长圆形，非覆瓦状排列，等长或近等长；花序托突起。头状花序内具50～200小花。全部小花管状，两性，结实；花冠狭漏斗状，白色，裂片三角形；花丝顶端略扩大，花药先端附器小；花柱分枝先端狭长卵形。果棱柱状，稍弯曲，具4或5肋，肋间具腺体，果柄宽圆筒状；冠毛无。

5种，分布于南美洲及墨西哥，其中有1种在我国和日本归化。我国引种栽培1种；浙江也有。

裸冠菊 (图8-235)

Gymnocoronis spilanthoides (D. Don ex Hook. et Arn.) DC. — *Alomia spilanthoides* D. Don ex Hook. et Arn.

图8-235 裸冠菊

多年生水生或湿生草本。茎直立或基部横卧，高60～120cm，多对生分枝，具6棱，近无毛。叶对生；中部叶或中部以下叶较大，叶片披针形至卵形，长4.5～20cm，宽2.2～7cm，先端急尖或钝，基部宽或狭楔形，边缘具锯齿，两面近无毛。头状花序大，直径20～24mm，顶生，排列成疏松伞房状；总苞半球形，直径约9mm；总苞片2层，条形，近等长，外层的被毛。全部小花两性，管状；花冠狭漏斗形，白色，外被腺体，先端裂片三角形，长和宽近相等。果棱柱状，黑色，具5肋，肋间具腺点；冠毛无。花果期8—9月。

原产于南美洲。我国有引种栽培，台湾、广西、和云南有归化。金华及岱山也有归化。

⑲ 甜叶菊属 Stevia Cav.

多年生草本或亚灌木。茎直立，稀铺散状。叶对生或在茎上部互生；叶片全缘，具细锯齿或有时3深裂，通常具离基三出脉。头状花序较小，多数，排列成疏松圆锥状或紧密伞房状；总苞筒状，通常较花长；总苞片5或6，1层，坚硬，近等长；花序托平坦，无毛。全部小花管状，两性，白色或紫色，顶端稍扩大，5裂；花药基部圆钝，顶端尖，具附器；花柱分枝2。果扁平，条形、倒圆锥形或略纺锤形，无毛或仅肋上具睫毛；冠毛1层，稀2层，鳞片状，稀芒刺状，分离。

约260种，分布于美洲的亚热带和热带地区。我国引种栽培1种；浙江也有。

甜叶菊 （图8-236）
Stevia rebaudiana (Bertoni) Bertoni —— *Eupatorium rebaudianum* Bertoni

多年生草本。茎直立，高60～90cm，下部木质，坚硬，上部多分枝。叶对生，下部的有柄，上部的近无柄；叶片倒卵形、匙状披针形至披针形，长2～11cm，宽1.5～4cm，先端圆钝，基部渐狭下延，下部全缘，上部具圆钝锯齿，两面均被短毛。头状花序多数，排列成疏散伞房状；总苞筒状；总苞片5，1层，披针形，外面被短毛。全部小花管状，两性，白色，顶端5裂，有腺毛；雄蕊外露，花药基部圆钝；花柱分枝2。果微小，稍呈纺锤形，黑褐色，有肋，被腺毛；冠毛鳞片状，淡黄色，较花冠短。花果期7—11月。

原产于南美洲。我国南北各地均有栽培。杭州市区等地亦有栽培。

可供提制甜味剂。

图 8-236　甜叶菊

20 藿香蓟属 Ageratum L.

一年生或多年生草本或灌木。茎直立，分枝，被毛。叶对生或上部叶互生。头状花序小，在茎枝顶端排列成紧密伞房状，少有排列成疏散圆锥状；总苞钟状；总苞片2或3层，条形，不等长，草质；花序托平或稍突起，无托片或有尾状托片。全部小花管状，两性，蓝色、紫色或白色，顶端5齿裂，结实；花药基部钝，顶端有附器；花柱分枝伸长，顶端钝。果具5纵肋；冠毛5或6，膜片状或鳞片状，急尖或长芒状渐尖，分离或连合成短冠状，或冠毛鳞片10~20，狭窄，不等长。

约40种，分布于中美洲至南美洲。我国引种栽培2种；浙江也有。

1. 藿香蓟 （图8-237）
Ageratum conyzoides L.

一年生草本。茎直立，高30~60cm，粗壮，不分枝，有时自基部或中部以上分枝，或基部平卧而节常生不定根，被白色尘状短柔毛或上部被稠密开展长绒毛。叶对生，有时上部互生；全部叶片先端急尖，基部钝或宽楔形，基出脉3或不明显5，边缘具圆锯齿，两面被白色稀疏短柔毛且有黄色腺点，上面沿脉处及叶下面的毛稍多，有时下面近无毛，叶柄长1~4cm；上部叶的叶柄或腋生于幼枝及腋生于枝上的小叶的叶柄通常被白色稠密开展的长柔毛；茎中部叶叶片卵形、椭圆形或长圆形，长3~8cm，宽2~5cm，向上叶片渐变小，卵形或长圆形。头状花序直径1.5~3cm，4~18个在茎顶排列成伞房状；梗短，被尘状短柔毛；总苞钟状或半球形，直径约5mm；总苞片

图 8-237　藿香蓟

2层,长圆形或披针状长圆形,外面无毛,边缘撕裂状。全部小花管状,两性,淡紫色,5裂,外面无毛或顶端有尘状微柔毛。果黑褐色,具5棱,有白色稀疏细柔毛;冠毛膜片5或6,长圆形,顶端急狭或渐狭成长或短芒状,或部分膜片顶端截形而无芒状渐尖。花果期全年。

原产于美洲热带地区。长江流域以南各地常见栽培,或归化。全省各地均有归化,为常见入侵植物,危害严重。

2. 熊耳草 (图8-238)
Ageratum houstonianum Mill.

一年生草本。茎直立,高30～70cm,有时达1m,不分枝,有时自中上部或下部分枝而分枝向上斜展,或茎下部枝平卧而节生不定根,被白色绒毛或薄绵毛,茎枝上部及腋生小枝上的毛常稠密,开展。叶对生,有时上部叶近互生;全部叶片宽卵形或长卵形,或三角状卵形,先端圆形或急尖,基部心形或平截,边缘具规则圆锯齿,两面被稀疏或稠密白色柔毛,下

图8-238 熊耳草

面及脉上的毛较密,基出脉3或不明显5,有长0.7～3cm的叶柄;茎中部叶叶片长2～6cm,宽1.5～3.5cm,或长和宽相等,自中部向上及向下和腋生的叶渐小或小。头状花序5～15或更多在茎枝顶端排列成伞房状或复伞房状;梗被密柔毛或尘状柔毛;总苞钟状,直径6～7mm;总苞片2层,狭披针形,外面被较多腺质柔毛,先端长渐尖,全缘。全部小花管状,两性,淡紫色,5裂,裂片外面被柔毛。果黑色,长1.5～1.7mm,具5纵棱;冠毛膜片状,5枚,分离,先端芒状长渐尖,有时截形。花果期全年。

原产于美洲热带地区,非洲及印度、缅甸、尼泊尔、泰国也有栽培和逸生。华东、华南、西南及河北、山东等地有栽培,亦见逸生。本省常见栽培。杭州市区、临安、开化、云和、景宁、苍南、泰顺有逸生。

本省的花圃常见栽培供观赏。

与藿香蓟的区别在于叶片基部心形或截形;总苞片狭披针形,长渐尖,全缘,外面密被腺质柔毛。

21 南泽兰属 Austroeupatorium R.M. King et H. Rob.

多年生草本或亚灌木。茎直立。下部叶对生，上部叶常近对生或互生；叶片卵形至狭长圆形，边缘具小圆齿或锯齿。头状花序多数，在枝端排列成伞房圆锥状；总苞钟状，长5～6mm，直径4～5mm；总苞片2或3层，不等长，中肋不明显；花序托平或稍突起。全部小花管状，两性，9～23朵，具香气；花冠狭漏斗状，白色，稀紫色，外面被腺体；花药基部钝，密被微柔毛；花柱丝状。果棱柱状，具5肋，果柄明显；冠毛刚毛状，纤细，宿存。

13种，分布于南美洲南部。我国引种栽培1种；浙江也有。

南泽兰 （图8-239）

Austroeupatorium inulifolium (Kunth) R.M. King et H. Rob. —— *Eupatorium inulifolium* Kunth

多年生草本或亚灌木。茎直立，高2～3m，少分枝，密被微柔毛。下部叶近对生，上部叶近对生或互生；叶片狭卵形至披针形，长7～14cm，宽2～6cm，先端渐尖，基部急缩成圆形或楔形，边缘具小锯齿或圆锯齿，下面密被微柔毛和腺点，上面被稀疏至密的微柔毛和腺点。头状花序直径6～7mm，排列成密集伞房状；梗短，密被微柔毛；总苞钟状；总苞片3层，宽长圆形，长1.5～6mm，近覆瓦状排列，先端尖或圆，先端和边缘干燥，被微柔毛。全部小花管状，两性；花冠狭漏斗状，白色，管部和裂片被稀疏腺点，裂片被稀疏的毛。果长圆锥形，1.8～2mm，具5肋，无毛，具疏生腺点，果柄短；冠毛1层，宿存，灰白色，具倒刺毛。花果期10月至次年5月。

原产于中美洲、南美洲，印度尼西亚和斯里兰卡有归化。我国台湾有栽培，亦见逸生。宁波市区也有归化。

图8-239　南泽兰

22 泽兰属 Eupatorium L.

一年生或多年生草本。叶对生或轮生，上部叶近对生或互生；叶片具锯齿至近全缘。头状花序排列成伞房状或圆锥状；总苞半球形、钟形或圆筒形；总苞片2～5层，具明显的中肋，呈覆瓦状排列，有时内部苞片脱落；花序托平或微突起。全部小花管状，两性，结实；花冠基部收缩成狭漏斗状，檐部钟状，白色至紫色或粉色，顶端5裂；花药基部钝，顶端有附器；花柱分枝伸长，条状半圆柱形，顶端钝或微钝。果棱柱状，5肋，顶端截形，无果柄；冠毛1层，多数，具倒刺毛，宿存。

44种，分布于亚洲、欧洲和北美洲。我国有13种，南北各地均产；浙江有4种。

分种检索表

1. 叶片无腺点，3裂，裂片长椭圆状披针形至长椭圆形，或不分裂，具羽状脉··········1. 佩兰 E. fortunei
1. 叶片两面或至少下面有腺点。
  2. 内层总苞片先端急尖。
    3. 叶片具羽状脉，有短柄··2. 大麻叶泽兰 E. cannabinum
    3. 叶片具基出脉3，无柄或近无柄··································3. 林泽兰 E. lindleyanum
  2. 内层总苞片先端钝或圆形··4. 华泽兰 E. chinense

1. 佩兰 （图8-240）

Eupatorium fortunei Turcz. — *E. caespitosum* Migo — *E. chinense* L. var. *tripartitum* Miq.

多年生草本。茎直立，高40～100cm，绿色或红紫色，被稀疏短柔毛，分枝少或仅在茎顶有分枝。下部叶对生；全部叶片两面光滑，无毛无腺点，羽状脉，边缘

图8-240 佩兰

具粗齿或不规则细齿；茎中部以下叶渐小，基部叶花时枯萎；茎中部叶较大，叶片3全裂或深裂，中裂片较大，长椭圆形、长椭圆状披针形或倒披针形，长5～10cm，宽1.5～2.5cm，先端渐尖，侧裂片与中裂片同形但较小；茎上部叶常不分裂，或茎全部叶不裂，叶片披针形、长椭圆状披针形或长椭圆形，长6～12cm，宽2.5～4.5cm。头状花序多数，在茎顶及枝端排列成复伞房状；总苞钟状，长6～7mm；总苞片2或3层，呈覆瓦状排列，外层的短，卵状披针形，中层和内层的渐长，长椭球形；全部苞片紫红色，先端钝，外面无毛无腺点。全部小花管状，两性，花冠白色或带微红色，外面无腺点。果长椭球形，黑褐色，长3～4mm，5棱，无毛无腺点；冠毛白色。花果期9—11月。

产于杭州市区、临安、瑞安、苍南、泰顺。生于海拔200～600m的山沟路边、草丛中。分布于华东、华中、华南、西南及山东、陕西。日本、越南、泰国、朝鲜半岛也有引种栽培。

2. 大麻叶泽兰 （图8-241）
Eupatorium cannabinum L.

多年生草本。根状茎粗壮，具节。茎直立，高50～150cm，全部或下部淡紫红色，不分枝或仅在茎顶有分枝，被短柔毛，后期脱落。叶对生，有短柄；全部叶片两面粗糙，被稀疏白色短柔毛及腺点，下面及下面沿脉的毛较密，羽状脉，侧脉5或6对，边缘具锯齿；茎下部叶花时脱落；茎中下部叶叶片3全裂，中裂片大，长椭圆形或长披针形，长6～11cm，宽2～3cm，先端渐尖或长渐尖，基部楔形或宽楔形，侧裂片小，与中裂片同形；茎上部叶渐小，叶片3全裂或不分裂。头状花序多数，直径5～8cm，在茎顶及枝端排列成紧密复伞房状；总苞钟状，长6mm，含3～7小花；总苞片2或3层，呈覆瓦状排列，外层的短，卵状披针形，长约2mm，被短柔毛，中层和内层的渐长，披针形，长5～6mm，边缘膜质，先端急尖并染紫红色。全部小花管状，两性；花冠紫

图8-241　大麻叶泽兰

一六七　菊科 Asteraceae

红色、粉红色或淡白色，外被稀疏黄色腺点。果圆柱状，黑褐色，长约3mm，5肋，散布黄色腺点；冠毛1层，白色，长约5mm。

原产于欧洲。我国江苏、台湾有归化。安吉、德清、杭州市区、临安、淳安、磐安、临海、仙居、松阳、庆元、景宁常见归化，生于海拔530～750m的山坡林缘、林下草丛中或溪边。

3. 林泽兰（图8-242）
Eupatorium lindleyanum DC. — *E. lindleyanum* var. *trifoliatum* Makino

多年生草本。茎直立，高30～150cm，下部及中部红色或淡紫红色，常自基部分枝或不分枝，被稠密白色长或短柔毛。叶对生；茎全部叶基出脉3，质厚，先端急尖，基部楔形，边缘具深或浅犬齿，两面粗糙，被白色长或短粗毛及黄色腺点，上面及沿脉的毛密，无柄或近无柄；茎下部叶花时脱落；茎中部叶叶片长椭圆状披针形或条状披针形，长3～12cm，宽0.5～3cm，不分裂或3全裂，自中部向上与向下的叶渐小。头状花序多数，在茎顶或枝端排列成紧密伞房状或大型复伞房状；梗紫红色或绿色，密被白色短柔毛；总苞钟状；总苞片约3层，呈覆瓦状排列，外层的短，披针形或宽披针形，中层及内层的渐长，长椭圆形或长椭圆状披针形；全部苞片绿色或紫红色，先端急尖。全部小花管状，两性；花冠白色、粉红色或淡紫红色，外面散生黄色腺点。果椭球状，黑褐色，长约3mm，5棱，散生黄色腺点；冠毛白色，与花冠等长或稍长。花果期

图 8-242　林泽兰

8—11月。

产于杭州市区、临安、桐庐、建德、嵊州、鄞州、余姚、奉化、象山、宁海、嵊泗、开化、天台、临海、缙云、遂昌、松阳、龙泉、庆元、景宁、泰顺。生于海拔150～1100m的山坡路边、溪边草丛中。除新疆外,全国各地均有分布。日本、越南、菲律宾、印度、朝鲜半岛也有。

3a. 无腺林泽兰(变种)
var. **eglandulosum** Kitam.

与林泽兰的区别在于叶下面无腺点。
据记载本省有分布,具体产地不详。分布于江苏。

4. 华泽兰 多须公 (图8-243)
Eupatorium chinense L. — *E. japonicum* Thunb. — *E. japonicum* var. *tripartitum* Makino

多年生草本或小灌木,或亚灌木。茎直立,高70～100(250)cm,茎基部、下部或中部以下常木质,多分枝,分枝向上斜展,茎上部分枝伞房状,被污白色短柔毛,后脱落。叶对生;具柄或无柄;叶片卵形、宽卵形、少卵状披针形、长卵形或披针状卵形,先端渐尖或钝,基部圆形,羽状脉3～7对,边缘具规则圆锯齿,两面粗糙,被白色短柔毛及黄色腺点,下面及沿脉的毛较密;基部叶花时枯萎;茎中部叶叶片长4.5～10cm,宽3～5cm,茎自中部向上及向下的叶渐小。头状花序多数,在茎顶及枝端排列成大型疏散的复伞房状,直

图 8-243 华泽兰

径达30cm；总苞钟状，长约5mm；总苞片3层，呈覆瓦状排列，外层的短，卵形或披针状卵形，外面被短柔毛及稀疏腺点，长1～2mm，中层及内层的渐长，长椭圆形或长椭圆状披针形，长5～6mm，上部及边缘白色，膜质，背面无毛但有黄色腺点，先端钝或圆形。全部小花管状，两性；花冠白色、粉色或红色，长5mm，外面被稀疏黄色腺点。果椭球形，淡黑褐色，长约3mm，有5肋，散布黄色腺点。花果期6—11月。

全省广泛分布。生于海拔1700m以下的林下路边、灌草丛中、山坡溪沟边、岩石缝间。除西北外，全国各地均有分布。日本、印度、尼泊尔、朝鲜半岛也有。

23 蛇鞭菊属 Liatris Gaertn. ex Schreb.

多年生草本。茎直立，不分枝或基部分枝。叶互生；叶片条形至卵状披针形，全缘。头状花序排列成伞房状、聚伞状或穗状；总苞钟形至半球形或倒圆锥形，直径3～22mm；总苞片3～7层，卵形至椭圆形，或披针形，常不等长，宿存或脱落；花序托平，无托片。全部小花管状，两性；花冠常淡紫色至深紫色或紫红色，有时白色，管部漏斗状。果棱柱状，8～11肋，常具微糙硬毛，偶无毛，具腺点；冠毛宿存，1或2层。

49种，分布于北美洲及墨西哥。我国引种栽培1种；浙江也有。

蛇鞭菊 （图8-244）

Liatris spicata (L.) Willd. — *Serratula spicata* L.

多年生草本。根状茎球形或稍伸长。茎直立，无毛。叶互生；叶片狭长圆状披针形至狭匙状倒披针形，长12～35cm，宽4～10mm，向上渐稀，无毛或被稀疏长柔毛，稍具腺点。头状花序密生或稀疏，排列成穗状；梗无或极短；总苞倒圆锥状圆筒形至倒圆锥状钟形，直径4～6mm；

图8-244 蛇鞭菊

总苞片3~5层,卵形至长圆形,不等长,先端圆形至钝,边缘透明膜质,有时具短缘毛。全部小花管状,5~8朵,两性;花冠淡紫色至红紫色。果长4.5~6mm;冠毛糙毛状,与花冠近等长。

原产于北美洲。我国多地的公园、花坛有栽培。杭州市区等地亦有栽培。

可供观赏。

24 假臭草属 Praxelis Cass.

一年生或多年生草本,或亚灌木。茎直立或向上斜展。叶对生或轮生;叶片近全缘至具锐锯齿。头状花序单生,有时排列成紧密伞房状或稀疏聚伞圆锥状;总苞钟状;总苞片3或4层,不等长,外层的最先脱落;花序托圆锥状,无毛。全部小花两性,25~30朵;花冠狭漏斗状,白色、蓝色或淡紫色,裂片内面密被小乳突;花药顶端常具齿;花柱分枝长,条形,密被小乳突。果压扁,3或4肋,疏生细刚毛,果柄明显,不对称;冠毛宿存。

16种,分布于南美洲,1种在东亚及澳大利亚有归化。我国引种栽培1种,并有归化;浙江也有。

假臭草 (图8-245)

Praxelis clematidea R.M. King et H. Rob.

一年生草本或亚灌木。茎直立至向上斜展,不分枝或在基部稍有分枝,被短柔毛。叶对生;叶片卵形,长20~35mm,宽12~25mm,先端急尖,基部楔形,边缘具粗锯齿,下面被短柔毛。

图8-245 假臭草

头状花序顶生，排列成伞房状；梗长4～7mm，被短柔毛；总苞狭钟状，直径4～5mm；总苞片2或3层，先端长渐尖，边缘具睫毛。全部小花两性，35～40朵；花冠亮淡蓝紫色，裂片里面具小乳突，外面无毛或被疏毛。果黑色，长2～2.5mm，具3～5肋，被细小刚毛；冠毛糙毛状，具倒刺毛，污白色。花果期全年。

原产于南美洲，亚洲东部、大洋洲北部有归化。华南及福建也有归化。洞头亦见归化。

25 蜂斗菜属 Petasites Mill.

多年生草本。基生叶叶片肾状心形，具长柄；茎生叶叶片苞片状，互生，无柄，半抱茎。头状花序多数；花雌雄异株；总苞钟形；花序托平，无毛。雌花细管状，顶端平截或多少延伸成1短舌，结实；雄花或两性花管状，顶端5裂，不结实，花药基部全缘或为短箭状，花柱顶端棒状或锥状，2浅裂。果圆柱形；冠毛白色，糙毛状。

19种，分布于欧洲、亚洲和北美洲。我国有6种，分布于东北、华东、西南；浙江有1种。

蜂斗菜 （图8-246）

Petasites japonicus (Siebold et Zucc.) Maxim. — *Nardosmia japonica* Siebold et Zucc.

多年生草本。基生叶具长柄，叶片圆形或肾状圆形，长和宽均为15～30cm，基部深心形，边缘具细齿，上面幼时被卷柔毛，下面被蛛丝状毛，后脱落；苞叶长圆形或卵状长圆形，长3～8cm，平行脉。雌雄异株；雄株花茎先叶抽出，花茎花后高10～30cm，不分枝，被密或疏的褐色短毛；头状花序多数，在顶端排列成密伞房

图8-246 蜂斗菜

状，有同形小花；总苞筒状，基部有披针形苞片；总苞片2层，近等长，狭长圆形，先端圆钝，无毛；两性花管状，白色，不结实；雌株花茎高15～20cm，有密苞片，花后伸长达70cm；密伞房状，花后排列成总状。头状花序具异形小花；雌花细管状，多数，白色，顶端斜截形；雄花或两性花管状，黄白色，顶端5裂。果圆柱形，无毛；冠毛白色，细糙毛状。花果期4—6月。

产于湖州、宁波、丽水及杭州市区、临安、嵊州、衢州市区（衢江）、开化、磐安、仙居、乐清、永嘉、平阳、苍南等地。生于山脚沟谷阴湿处。分布于华东及山东、河南、湖北、陕西。亚洲东北部也有分布。

幼嫩叶柄可作蔬菜，亦可作草坪植物。

26 菊三七属 Gynura Cass.

多年生草本，稀亚灌木。叶互生；叶片边缘具齿或羽状分裂，稀全缘。头状花序单生，有时数个至多数排列成顶生伞房状；总苞钟形或圆柱形，基部有数枚小外苞片；总苞片1层，披针形，等长；花序托平，具窝孔或呈短流苏状。小花管状，黄色、橙黄色或橙红色，檐部5裂，两性；花药基部圆钝；花柱分枝细，顶端具钻形附器。果圆柱形，具10肋；冠毛绢毛状，白色。

约40种，分布于亚洲、非洲和大洋洲。我国有10种，主要分布于西南至华东、华南；浙江有3种，栽培或逸生。

分种检索表

1. 全部叶柄或至少中下部叶柄具假托叶，托叶羽裂或具粗锯齿。
    2. 叶片大部分羽状分裂，下面紫绿色 ··· 1. 菊三七 G. japonica
    2. 叶片边缘波状齿刻或琴状分裂，下面绿色 ··································· 2. 白子菜 G. divaricata
1. 叶柄不具假托叶；叶片两面无毛，下面紫色；总苞钟形 ························· 3. 红凤菜 G. bicolor

1. 菊三七 菊叶三七 （图8-247）

Gynura japonica (Thunb.) Juel — *Senecio japonicus* Thunb.

多年生草本。根肉质肥大。茎直立，高60～150cm，具纵条纹，稍被柔毛，多分枝。基部叶花时常枯萎；中部叶叶片长椭圆形，长10～30cm，宽8～15cm，羽状深裂，裂片卵形或披针形，先端渐尖，基部楔形，边缘具不整齐疏锯齿，两面疏被短柔毛或近无毛，下面紫绿色，叶柄短，基部具假托叶；上部叶小，近无柄，基部常具假托叶。头状花序多数，在茎端排列成伞房圆锥状；梗长1～3cm，被短柔毛，具1～3条形苞片；总苞钟状，基部具条形小外苞片；总苞片1层，条状披针形，外面疏被柔毛或近无毛。管状花多数，黄色，顶端5裂，裂片顶端尖。果圆柱形，具10肋，被疏毛；冠毛白色，绢毛状。花果期8—10月。

原产于东亚、东南亚。华东、华中、西南及河北、台湾、广西、陕西有栽培，或归化。安吉、杭州市区、临安、诸暨、鄞州、余姚、象山、普陀、开化、天台、景宁、永嘉、瑞安等地栽培或逸生。

图8-247　菊三七

2. 白子菜　白背三七草　（图8-248）
Gynura divaricata (L.) DC. — *Senecio divaricatus* L.

多年生草本。茎直立，高30～60cm，被白色短柔毛，通常带紫色。叶片宽卵形或宽椭圆形，长3～5cm，宽2～3.5cm，先端圆钝或钝尖，基部宽楔形或狭楔形，边缘具波状齿刻，下面绿色，侧脉3～5对，网脉常结成平行的长圆形细网；叶柄长1～3cm，基部有卵形或半月形具齿的假托叶。头状花序多数，在茎端排列成伞房圆锥状；梗长1～15cm，密被短柔毛，具1～3条形苞片；总苞钟状，基部有数枚条形小外苞片；总苞片1层，条状披针形，被疏短毛或近无毛，先端渐尖，边缘膜质。小花管状，橙黄色，顶端5裂，裂片披针形。果圆柱形，褐色，具10肋，被毛；

冠毛白色，绢毛状。花果期8—10月。

原产于越南北部。广东、海南、四川、云南也有分布。宁波及杭州市区、玉环、洞头、瑞安、文成、平阳等地栽培或逸生。

图8-248　白子菜

3. 红凤菜　两色三七草　（图8-249）
Gynura bicolor (Roxb. ex Willd.) DC. — *Cacalia bicolor* Roxb. ex Willd.

多年生草本。茎直立，高达90cm，无毛，基部稍木质。茎中下部叶叶片倒卵形或倒披针形，稀长椭圆形，长5～15cm，宽3～6cm，先端尖，基部渐狭下延至叶柄，边缘具不规则粗锯齿，稀近基部羽状浅裂，下面常紫色，近无柄而扩大，但不形成假托叶；上部叶小，叶片披针形至条状披针形。头状花序多数，在茎枝端排列成伞房状；梗细长，长3～4cm，有1或2丝状苞片；总苞狭钟状，基部有7～9丝状小外苞片；总苞片1层，约13，条形或条状披针形，无毛，顶端尖，边缘膜质。缘花橙黄色，盘花橙红色；小花管状，裂片卵状三角形。果圆柱形，淡褐色，具10～15肋，无毛；冠毛丰富，白色，绢毛状。花果期5～10月。

原产于华南、西南及福建，泰国、缅甸广为栽培。宁波及杭州市区、普陀、磐安、武义、仙居、玉环、庆元、瑞安、平阳、苍南、泰顺等地栽培或逸生。

图 8-249　红凤菜

27 一点红属 Emilia Cass.

一年生或多年生草本。茎直立，具乳汁。叶互生；叶片全缘，有时具锯齿或琴状分裂。头状花序单生或少数排列成疏伞房状；具长梗；总苞筒状，基部无外苞片；总苞片1层，等长；花序托平，无毛。全部小花管状，红色、紫红色或金黄色；花冠顶端5裂，两性，结实；花药基部钝；花柱分枝上端具短锥形附器。果近圆柱形，有5纵肋或棱，两端平截；冠毛白色，绢毛状。

约100种，分布于亚洲、非洲热带地区，少数分布于美洲。我国有5种，分布于华中、华东、华南、西南；浙江有2种。

《浙江植物志》记载，浙江有绒缨菊 *E. coccinea* (Sims) G. Don 栽培，主要特征为茎下部叶大头状羽裂或具锯齿；总苞狭圆柱形，与小花近等长或稍短；小花淡紫色或红色。经调查在浙江现未发现有栽培，故本志不予收录。

1. 一点红（图8-250）
Emilia sonchifolia DC.

一年生草本。茎直立或向上斜展，高10～40cm，无毛或被疏柔毛。下部叶密集，叶片质地较厚，大头状羽裂，长5~10cm，宽2.5~6.5cm，顶裂片大，宽卵状三角形，上面绿色，下面常变为紫色，两面被短柔毛，边缘具波状齿；上部叶较小，叶片卵状披针形，下面常带紫色，无柄，抱茎。头状花序2~5，在茎端排列成疏伞房状；梗细，长2.5~5cm，无苞片；总苞圆筒状，基部无小外苞片；总苞片8或9，1层，长圆状条形或条形，与小花近等长，绿色，背面无毛，先端渐尖，边缘狭膜质。小花管状，紫红色，顶端5深裂。果圆柱形，具5棱，肋间被微毛；冠毛白色，细软。花果期7—11月。

产于全省各地。生于林缘、山坡上、路边。分布于华东、华中、华南、西南及河北、陕西。非洲、亚洲热带和亚热带地区广泛分布。

全草可入药，有消炎、止痢等功效。

Flora of China 记载，浙江还有1变种紫背草 var. *javanica* (Burm. f.) Mattf. 的分布。与紫背草的区别在于后者小花花冠超出总苞3~4mm，花冠裂片长1.2~2.2mm，但浙江未见典型标本，故本志不予收录。

图8-250 一点红

2. 小一点红 （图8-251）
Emilia prenanthoidea DC.

图8-251 小一点红

一年生柔弱草本。茎直立或向上斜展，高20～50cm，无毛。基部叶叶片小，倒卵形或倒卵状长圆形，先端钝，基部渐狭成长柄；中上部叶叶片长圆形或条状长圆形，长2.5～7cm，宽1～2cm，上面绿色，下面紫红色，两面无毛或近无毛，先端钝或尖，基部箭形或具宽耳，无柄，抱茎，边缘具波状齿。头状花序在茎端排列成疏伞房状；梗细长，长3～10cm；总苞圆筒状，基部无小外苞片；总苞片10，1层，等长，短于小花，边缘膜质，背面无毛。小花管状，紫红色，顶端5裂；花柱分枝顶端增粗。果圆柱形，具5肋，无毛；冠毛白色，细软。花果期5—10月。

产于丽水、温州及奉化、宁海、天台、玉环。生于海拔300～1200m的路边草丛中。分布于福建、广东、广西、四川、贵州、云南。越南、泰国、马来西亚、印度尼西亚、菲律宾、印度、新几内亚岛也有。

与一点红的区别在于茎下部叶不分裂；总苞短于小花；果无毛。

28 野茼蒿属 Crassocephalum Moench

一年生或多年生草本。叶互生。头状花序盘状或辐射状,花时常下垂;总苞圆筒状,基部具数枚外苞片;总苞片1层,近等长,条状披针形,花时直立,后开展而反折;花序托平,无毛,具蜂窝状小孔。小花管状,多数,两性,结实;花药全缘,或基部具小耳;花柱分枝细长,被乳头状毛。果狭圆柱形,具棱,顶端和基部具灰白色环带;冠毛白色,绢毛状。

约21种,主要分布于非洲热带地区。我国有2种,均为外来种;浙江有1种。

野茼蒿 (图8-252)

Crassocephalum crepidioides (Benth.) S. Moore —— *Gynura crepidioides* Benth.

图8-252 野茼蒿

一年生草本。茎直立,高20～120cm,具纵条棱,无毛或被稀疏短柔毛。叶互生;叶片椭圆形或长椭圆形,长5～15cm,宽3～9cm,先端渐尖,基部楔形,边缘具不规则锯齿或重锯齿,有时基部羽状分裂,两面无毛或近无毛;叶柄长1～3cm。头状花序数个在茎端排列成伞房状;总苞钟形,基部平截,有数枚不等长的条形外苞片;总苞片1层,条状披针形,等长,具狭膜质边缘,外面被短柔毛。小花管状,两性,花冠橙红色,檐部5齿裂;花柱基部呈小球状,分枝,顶端尖,被乳头状毛。果狭圆柱形,赤红色,具肋,被毛;冠毛极多数,白色,绢毛状。花果期7—12月。

原产于非洲,东南亚、南亚、大洋洲、中美洲至南美洲及太平洋群岛也有分布,是一种广泛分布的泛热带杂草。华东、华中、华南、西南及陕西有归化。全省各地均有归化,生于路边草丛中、林缘荒地上。

全草可入药,有健脾、消肿等功效;嫩叶可作蔬菜。

一六七　菊科 Asteraceae

29 菊芹属 Erechtites Raf.

一年生或多年生草本。茎直立，有分枝。叶互生；叶片近全缘，有时具锯齿或羽状分裂。头状花序在茎端排列成圆锥伞房状，基部具少数外苞片；总苞圆柱形；总苞片1层，条形或披针形，等长，边缘膜质；花序托平或微凹。全部小花管状，结实；外围2层小花雌性，花冠丝状，中央小花细漏斗状；花药基部钝；花柱分枝伸长，顶端钝，被微毛。果近圆柱形，具10肋；冠毛细毛状。

约5种，主要分布于美洲。我国有2种，均为外来种，分布于华南、西南及福建；浙江有1种。

梁子菜（图8-253）
Erechtites hieraciifolius (L.) Raf. ex DC. — *Senecio hieraciifolius* L.

一年生草本。茎直立，高40～100cm，具条纹，被疏柔毛。叶片披针形至长圆形，长7～16cm，宽3～4cm，先端急尖或短渐尖，基部渐狭或半抱茎，边缘具不规则粗齿，羽状脉，两面无毛或下面沿脉被短柔毛；无柄。头状花序多数，在茎端排列成伞房状；总苞筒状，基部有数枚条形小外苞片；总苞片1层，条形或条状披针形，外面无毛或疏被短刚毛，先端稍钝，边缘狭膜质。小花多数，管状，淡绿色或带红色；外围小花1或2层，雌性，花冠丝状，顶端4或5齿裂；中央

图 8-253　梁子菜

小花两性，花冠细管状，顶端5裂。果圆柱形，长2.5~3mm，具明显的肋；冠毛丰富，白色，长7~8mm。花果期6—10月。

原产于美洲热带地区，现扩散至东南亚。福建、台湾、四川、贵州、云南常见归化。江山、仙居、莲都、遂昌、庆元、景宁、温州市区（瓯海）、瑞安、文成、泰顺等地有归化，生于山坡林缘、路边草丛中。

嫩叶可作蔬菜。

30 兔儿伞属 Syneilesis Maxim.

多年生草本。基生叶盾状着生，掌状分裂，具长叶柄；茎生叶互生，少数，基部抱茎。头状花序在茎端排列成复伞房状；总苞圆柱状，基部具2或3枚条形小外苞片；总苞片5，不等长；花序托平，无毛。全部小花管状，白色至淡红色，两性，结实；花药基部戟形；花柱分枝伸长，顶端钝，被毛。果圆柱形，具纵棱；冠毛多数，细刚毛状。

7种，分布于东亚。我国有4种，分布于东北、华北、华东、西北各地；浙江有1种。

《浙江植物志》及 Flora of China 记载，浙江有兔儿伞 S. aconitifolia (Bunge) Maxim. 分布，但该种叶片裂片狭，宽4~8mm；花序密集。但未见典型标本，可能是南方兔儿伞 S. australis 的误定。

南方兔儿伞 （图8-254）
Syneilesis australis Ling

多年生草本。茎直立，高达1m，基部疏被长柔毛，后变为无毛。基生叶1，具长叶柄，幼时伞状下垂，花时枯萎；茎生叶2，下部叶片圆盾形，直径30~40cm，基部宽盾形，7~9掌状深裂，裂片宽2~3cm，通常再二或三叉状分裂，边缘具粗锯齿，上面绿色，

图8-254　南方兔儿伞

无毛，下面灰白色，被短柔毛，后变为无毛，叶柄长3～8cm，基部半抱茎；上部叶较小，通常4或5深裂，叶柄较短。头状花序多数，在茎端排列成复伞房状，分枝开展，疏被短柔毛；梗长达6mm，具3或4条状披针形小苞片；总苞圆柱形；总苞片5，长圆状披针形，质厚，边缘膜质。小花10，管状，两性，结实。果圆柱形，具纵棱，无毛；冠毛白色或变为红色。花果期6—10月。

全省丘陵山地均有分布。生于山坡林下、荒地草丛中、路边林缘。分布于安徽。模式标本采自临安（天目山）与江山。

31 蟹甲草属 Parasenecio W.W. Sm. et J. Small

多年生草本。茎直立，无毛或被白色蛛丝状毛。叶互生。头状花序在茎端排列成圆锥状；具梗或无梗，下部常有小苞片；总苞圆柱形或狭钟形；总苞片1层，离生；花序托平，无托片或有托毛。小花管状，两性，少数至多数；花冠顶端5裂，结实；花药基部箭形或具尾；花柱分枝顶端截形，具粗硬毛。果圆柱形，具纵肋，光滑；冠毛刚毛状。

约60余种，分布于东亚和东南亚。我国有52种，主要分布于西南山区，华东、华中和西北也有；浙江有5种。

分种检索表

1. 植株被蛛丝状毛 ·· **1. 黄山蟹甲草 P. hwangshanicus**
1. 植株无毛或被柔毛。
    2. 头状花序较多数，较大或大；总苞直径5mm以上；总苞片7～12；小花8～38；叶片宽三角形、五角形或矢形。
        3. 叶片宽三角形，3～5浅裂；总苞狭钟形，直径5～10mm；总苞片7～8（10）；小花8～10 ·· **2. 矢镞叶蟹甲草 P. rubescens**
        3. 叶片宽五角形或矢形；总苞钟形，直径17～20mm；总苞片12；小花可达38 ·· **3. 天目山蟹甲草 P. matsudae**
    2. 头状花序极多数，小；总苞圆柱形，直径1～3mm；总苞片3或5；小花3～7；叶片多角形、肾形或宽卵形。
        4. 头状花序无梗；总苞直径1mm；总苞片3，近草质；小花3 ············ **4. 两似蟹甲草 P. ambiguus**
        4. 头状花序具短梗；总苞直径约3mm；总苞片5，草质；小花4～7 **5. 兔儿风蟹甲草 P. ainsliaeiflorus**

1. 黄山蟹甲草 （图8-255）

Parasenecio hwangshanicus (Ling) C.I. Peng et S.W. Chung — *Cacalia hwangshanica* Ling — *C. bulbifera* (Maxim.) Matsum. var. *piligera* Ling

多年生草本。茎单生，直立，高25～50cm，具纵条纹，被蛛丝状毛，后渐脱落。中部叶叶片宽圆状肾形，长达16cm，宽达20cm，干膜质，先端圆钝或急尖，基部心形，边缘具相等波状齿，齿端具短尖，上面散被糙毛或沿脉被较密糙毛，下面被薄白色蛛丝状毛，叶柄长9～12cm，具极

图8-255 黄山蟹甲草

狭翅，被蛛丝状毛，基部半抱茎；上部叶渐小，叶片卵状心形，先端急尖，具短叶柄；最上部叶苞叶状，卵形。头状花序较多数，排列成疏圆锥状；具短梗和条状披针形苞片；花序轴被蛛丝状毛和短柔毛；总苞圆柱形，长10mm；总苞片5，长圆状披针形，褐色，先端钝。小花7或8，黄色，两性，结实。果圆柱形，无毛，具肋；冠毛白色。花果期5—9月。

产于临安（天目山）、宁海、天台、临海（括苍山）。生于海拔1000m左右的山坡林下。分布于安徽、江西、台湾。

2. 矢镞叶蟹甲草 （图8-256）

Parasenecio rubescens (S. Moore) Y.L. Chen — *Senecio rubescens* S. Moore

多年生草本。茎直立，高50～150cm，无毛。中下部叶叶片宽三角形，长10～18cm，宽5～16cm，3～5裂，裂片三角形，基部裂片有时退化，先端急尖，基部楔形或截形，边缘具不规则硬齿，两面无毛，叶柄长3～4.5cm，无翅；上部叶渐小，叶柄较短；最上部叶叶片卵状披针形，长5～10cm，宽3～6cm，先端渐尖。头状花序较多数，排列成宽圆锥状；梗粗，长5～15mm，具1或2条形小苞片；总苞狭钟状，长10～12mm，直径5～10mm；总苞片7或8（10），长圆形，先端钝或稍尖，边缘膜质，无毛。小花8～10，黄色，两性，结实。果圆柱形，淡黄褐色，无毛，具肋；冠毛白色或淡红褐色。花果期8—10月。

产于龙游、遂昌、庆元、青田（金鸡山）。生于海拔1600m以下的山坡林下。分布于华东及湖南。

图8-256 矢镞叶蟹甲草

3. 天目山蟹甲草 （图8-257）

Parasenecio matsudae (Kitam.) Y.L. Chen —— *Cacalia matsudae* Kitam.

多年生草本。茎直立，高达120cm，无毛，有条纹。下部叶和中部叶叶片宽五角形或矢形，长15～20cm，宽18～25cm，顶裂片大，先端急尖，侧裂片小，狭三角形，基部宽楔形或截形，边缘有具小尖的细齿，两面无毛；叶柄长达10cm，无毛。头状花序较多数，在茎顶和上部叶腋排列成宽圆锥状；梗粗，长2.5～5cm，上端常增大，具1或2枚条形或条状披针形小苞片，无毛；总苞钟形，长13～15mm，直径17～20mm；总苞片12，长圆形，外面被微毛，先端钝，边缘膜质。小花多达38，黄色，两性，结实。果圆柱形，黄褐色，无毛，具肋；冠毛污红褐色。花果期5—9月。

产于安吉、德清、富阳、临安、桐庐、余姚、开化、磐安、武义、天台、临海、景宁等地。生于海拔1100m以下的山坡林下、林缘草丛、沟谷中。分布于安徽。模式标本采自临安（西天目山）。

图8-257 天目山蟹甲草

4. 两似蟹甲草 （图8-258）

Parasenecio ambiguus (Ling) Y.L. Chen

多年生草本。茎单生，直立，高80～150cm，具纵条棱，下部被疏毛或无毛，上部特别在花序枝被贴生短柔毛。下部叶叶片多角形或肾状三角形，长、宽各15～20cm，掌状浅裂，裂片5～7，宽三角形，先端急尖，基部心形，边缘有具小齿的波状疏齿，上面被疏短毛，后变为无毛，下面无毛，基出脉5～7，叶柄长10～18cm，无毛；上部的叶片渐小，具短柄；最上部叶叶片狭卵形，苞叶状。头状花序小，极多数，排列成宽圆锥状；无梗或近无梗；总苞圆柱形，长约5mm，直径约1mm；总苞片3，近革质，条形，外面无毛，先端钝，被髯毛。小花3，白色，两性，结实。果圆柱形，淡褐色，无毛；冠毛污白色。花果期7—10月。

产于安吉（龙王山）、临安（昌化）。生于海拔700～900m的山坡林下、山谷中。分布于河北、山西、河南、陕西。

图8-258　两似蟹甲草

5. 兔儿风蟹甲草　（图8-259）

Parasenecio ainsliaeiflorus (Franch.) Y.L. Chen —— *Senecio ainsliaeiflorus* Franch.

多年生草本。茎单生，直立，高60～100cm，具纵条棱，被黄褐色多节毛。中部叶叶片卵圆

图8-259　兔儿风蟹甲草

状心形，长、宽各12～26cm，先端急尖，基部深心形，3～5浅裂，边缘具不规则锯齿，基出脉5，上面疏被短糙毛，下面被糙毛或无毛，叶柄长6～24cm；上部叶与中部叶同形，较小，叶片宽卵形，具3～5浅裂，叶柄短。头状花序多数，排列成圆锥状；梗短，长1～4mm，具1～3条形或条状钻形小苞片；花序轴密被黄褐色多节毛及蛛丝状毛；总苞圆柱形，长11～13mm，直径约3mm；总苞片5，草质，条形或条状披针形，外面无毛，先端钝，被微毛，边缘膜质。小花4～7，白色，两性，结实。果圆柱形，长6～7mm，无毛，具肋；冠毛长7～8mm，白色。花果期10—11月。

产于遂昌（九龙山）、龙泉（凤阳山）、泰顺（乌岩岭）。生于海拔1200～1450m的山谷林下。分布于湖北、湖南、四川、贵州。

浙江的标本特征为花序轴被黄褐色多节毛及蛛丝状毛；总苞长达11～13mm；果较长，长6～7mm。与以往文献记载不同，有待进一步研究。

32 瓜叶菊属 Pericallis D. Don

草本或亚灌木。茎直立，有分枝。叶互生或基生；叶片边缘具钝或锐锯齿，稀羽状分裂。头状花序在枝端排列成疏伞房状；总苞钟形；总苞片1层，等长；花序托平，无托片。缘花舌状，雌性，结实；盘花管状，两性，结实或不结实，花药基部截形或耳状短箭形，花柱分枝长，顶端截形，毛刷状。果背面压扁，舌状花的果卵球形，通常具翅，管状花的果卵球形或长圆球形，具5棱；冠毛1或2层。

约15种。原产于大西洋加那利群岛、马德拉岛、亚速尔群岛。我国习见栽培1种；浙江也有。

瓜叶菊 （图8-260）
Pericallis hybrida (Regel) B. Nord.

多年生草本。茎直立，高20～50cm，密被白色长柔毛。叶片大，肾形至宽心形，有时上部叶叶片宽三角状心形，上面绿色，下面灰白色，长10～15cm，宽10～20cm，先端急尖或渐尖，基部深心形，边缘不规则三角状浅裂，裂片具钝锯齿，密被绒毛，叶脉掌状；叶柄长5～10cm，基部扩大抱茎。头状花序直径3～5cm，多数，在茎端排列成宽伞房状；梗粗，长3～6cm；总苞钟状，直径7～15mm；总苞片1层，披针形，先端渐尖。缘花舌状，紫色、淡蓝色、粉红色或近白色，舌片开展，雌性，结实；盘花管状，黄色，两性。果长圆球形，黑色，具棱，初被毛，后变为无毛；冠毛白色，长4～5mm。花果期4—5月。

原产于大西洋马德拉岛、加那利群岛。我国各地广泛栽培。本省的庭园常见栽培。

为一种常见的庭园及室内观赏植物。

图 8-260 瓜叶菊

33 蒲儿根属 Sinosenecio B. Nord.

多年生或二年生草本。茎直立,幼时常被长柔毛或绒毛。叶基生或茎生;叶片圆形至卵形,基部心形至截形,浅或中度掌状裂,具齿。头状花序在茎端排列成伞房状或复伞房状;总苞钟形至半球形。缘花舌状,黄色,雌性,结实;盘花管状,黄色,两性,结实。果圆柱形,

一六七　菊科 Asteraceae

具肋；果有或无冠毛，冠毛白色。

41种，我国均产，主要分布于华中、西南，仅2种延伸至缅甸、泰国、越南；浙江有2种。

1. 蒲儿根 （图8-261）

Sinosenecio oldhamianus (Maxim.) B. Nord. — *Senecio oldhamianus* Maxim. — *S. savatieri* Franch.

多年生或二年生草本。茎直立，高30～80cm，不分枝，被白色蛛丝状毛。基部叶花时凋落，具长柄；下部叶叶片卵状圆形，长3～5cm，宽3～6cm，先端尖，基部心形，边缘具不规则牙齿，上面被蛛丝状毛或近无毛，下面被白色蛛丝状毛，掌状5脉，叶柄长3～6cm；上部叶渐小，具短柄。头状花序多数，排列成顶生复伞房状；梗细，长1.5～3cm，疏被柔毛；总苞宽钟形，直径3～5mm；总苞片1层，长圆状披针形，外面微被毛。缘花舌状，黄色，顶端钝，具3细齿，两性，结实；盘花管状，黄色，两性，结实。果圆柱形，舌状花的果无毛，管状花的果被短柔毛；舌状花的果的冠毛缺，管状花的果的冠毛白色。花果期4—12月。

产于全省各地。生于山坡路边、荒地上、山沟或林下草丛中。分布于华东、华中、华南、西南及山西、陕西、甘肃。越南、泰国、缅甸也有。模式标本采自宁波。

图8-261　蒲儿根

2. 白背蒲儿根 （图8-262）

Sinosenecio latouchei (Jeffrey) B. Nord. — *Senecio latouchei* Jeffrey

草本。茎近葶状，高15～30cm，被长柔毛或绒毛。基生叶少数，莲座状，具长柄，花时宿存，叶片近圆形，长2.5～5.5cm，宽3～8cm，掌状浅裂或具粗齿，基部心形或截形，上面被黄褐色长柔毛及疏生短毛，下面密被白色长柔毛或绒毛，掌状5～7脉，叶柄长4～12cm，扩大；茎生叶1或2，与基生叶同形，较小，叶柄长1.5～4cm，基部耳状，抱茎；最上部叶小，苞叶状。头状花序3或4，排列成顶生伞房状；梗细，长3～6cm，疏被绒毛或长柔毛；总苞半球状钟形，直径6～7mm；总苞片1层，长圆状披针形，外面疏被蛛丝状毛。缘花舌状，黄色；盘花管状，黄色。果圆柱形，被短柔毛；冠毛白色。花期4月。

产于遂昌（杨梅坑）。生于海拔约600m的山谷林下的石壁上。分布于江西、福建。

与蒲儿根的区别在于植株矮小；茎生叶1或2，叶片圆形，先端圆钝，叶柄基部扩大抱茎；全部小花的果被短柔毛；具冠毛。

图8-262 白背蒲儿根

34 狗舌草属 Tephroseris (Rchb.) Rchb.

多年生草本。茎近葶状，常被蛛丝状毛。叶基生及茎生；基生叶莲座状，叶片宽卵形至条状匙形，基部心形至狭楔形，边缘波状至全缘；叶柄基部扩大。头状花序在茎端排列成伞房状；总苞半球形至圆柱形，无外苞片，花序托平；总苞片1层，条状披针形或披针形。缘花舌状，黄色，雌性；盘花管状，黄色，两性。果圆柱形，具肋；冠毛纤毛状。

约50种，分布于欧洲、亚洲温带及极地地区，1种延伸至北美洲。我国有14种，主要分布于西北、东北、西南；浙江有2种。

1. 狗舌草（图8-263）
Tephroseris kirilowii (Turcz. ex DC.) Holub —— *Senecio kirilowii* Turcz. ex DC.

多年生草本。茎直立，单生，高20～60cm，密被白色蛛丝状毛。基生叶莲座状，叶片倒披针形或倒披针状长圆形，长5～10cm，宽1.5～2.5cm，先端圆钝，基部渐狭成具翅叶柄，两面均被白色蛛丝状毛，叶柄长0.5～2cm；茎生叶少数，小，叶片条状披针形至条形，先端急尖，基部半抱茎。头状花序直径1.5～2cm，排列成顶生伞房状；梗长1.5～5cm，被白色蛛丝状毛，基部具条形苞片；总苞筒状，直径6～9mm，无外苞片；总苞片1层，条状披针形，外面被蛛丝状毛。缘花舌状，黄色，顶端具3齿裂，雌性，结实；盘花管状，黄色，顶端5裂。果圆柱形，棕褐色，密被硬毛；冠毛白色。花果期4—6月。

图 8-263 狗舌草

产于临安、建德、诸暨、象山、开化、武义、临海、仙居、缙云、遂昌、松阳、龙泉、云和、永嘉等地。生于山坡草地、水沟边荒地上。分布于东北、华北、华东、华中及台湾、广东、四川、贵州、陕西、甘肃。亚洲东北部也有。

2. 江浙狗舌草 （图8-264）
Tephroseris pierotii (Miq.) Holub —— *Senecio pierotii* Miq.

图8-264 江浙狗舌草

多年生草本。茎直立，单生，高50～60cm，被蛛丝状毛。基生叶莲座状，叶片狭长圆形或披针形，长12～20cm，宽1.5～3cm，先端钝或稍尖，基部渐狭成叶柄，初时两面被白色绒毛，后多少脱落，羽状脉，叶柄长4～11cm，基部扩大；茎生叶多数，无柄，下部叶叶片长圆形至披针形，基部半抱茎，茎上部叶渐小。头状花序直径2.5～3cm，排列成顶生伞房状；梗长达5cm，疏被蛛丝状毛或柔毛，基部具条形苞片；总苞半球形，直径10～14mm，无外苞片；总苞片宽披针形，外面被蛛丝状毛或变为无毛。缘花舌状，黄色，顶端钝，具3细齿；盘花管状，黄色。果圆柱形，无毛；冠毛白色。花果期4—5月。

产于杭州市区（西湖山区）、新昌、岱山、温岭、龙泉等地。生于沼泽、潮湿处。分布于黑龙江、辽宁、江苏、福建。东亚也有。

与狗舌草的区别在于茎生叶多数，叶片披针形；头状花序大，直径2.5～3cm，总苞半球形；果无毛。

35 疆千里光属 Jacobaea Mill.

多年生草本。茎直立，通常具叶，多少被蛛丝状柔毛，稀近葶状。基生叶大头羽状分裂；茎生叶一回至二回羽状分裂。头状花序有舌状花，直立，中等大，几个至多数，在枝端排列成伞房状；总苞片10～22，草质，先端渐尖。舌状花10～21；管状花多数，花药颈部向基部明显肿大。果全部无毛或全部被柔毛，或舌状花的果无毛和管状花的果有柔毛；冠毛有时脱落，退化，稀舌状花的果无冠毛。

约63种，分布于欧洲、非洲、北美洲、亚洲热带和温带地区。我国约有10种；浙江栽培1种。

一六七　菊科 Asteraceae

银叶菊 （图8-265）

Jacobaea maritima (L.) Pelser et Meijden — *Othonna maritima* L. — *Senecio cineraria* DC.

多年生草本。茎直立，高40～70cm，自基部多分枝，全株密被银白色绵毛。叶片长圆形，长7.5～15cm，宽2.5～7.5cm，一回或二回羽状深裂，裂片长圆形，两面密被银白色绵毛，先端圆钝，具柄。头状花序直径7～12mm，多数在枝顶排列成伞房状。缘花舌状，小花7～12，黄色，雌性；盘花管状，多数，黄色，两性。花期春天至深秋。

原产于地中海地区。我国各地的公园普遍栽培。浙江各地的公园常见栽培。

植株有毒。

图8-265　银叶菊

36 千里光属 Senecio L.

多年生草本，稀一年生或二年生草本。茎直立，稀具匍匐枝。叶基生或互生；叶片全缘或分裂。头状花序几个至多数，排列成顶生伞房状或圆锥状，稀单生于叶腋；总苞半球形、钟形或圆柱形，基部具外苞片，花序托平；总苞片离生或近基部合生，边缘膜质。缘花舌状，无或1～17，黄色，雌性，结实；盘花管状，3至多数，黄色，两性，结实，花药基部钝，少具短耳，花柱分枝顶端稍扩大，被短毛。果圆柱形，具肋；冠毛毛状，少数或多数，白色，或冠毛缺。

1200种以上，除南极洲外，全球均有分布。我国约有55种，主要分布于西南山区；浙江有4种。

《中国植物志》及 *Flora of China* 记载，浙江有散生千里光 *S. exul* Hance 及缺裂千里光

S. scandens Buch.-Ham. ex D. Don var. incisus Franch 分布，但编者未见标本，故本志不予收录。

分种检索表

1. 多年生草本；头状花序辐射状，边缘具舌状雌花。
　　2. 植株攀缘或蔓生状 ··· 1. 千里光 S. scandens
　　2. 植株直立。
　　　　3. 茎生叶较大，长10～18cm，宽2.5～4cm；舌状花有冠毛 ············ 2. 林荫千里光 S. nemorensis
　　　　3. 茎生叶较小，长5～10cm，宽0.5～1.5cm；舌状花无冠毛 ············ 3. 岩生千里光 S. wightii
1. 一年生草本；头状花序盘状，边缘无舌状雌花；叶片羽裂；外层小苞片先端尖，变为黑色 ··············
　　··· 4. 欧洲千里光 S. vulgaris

1. 千里光 （图8-266）

Senecio scandens Buch.-Ham. ex D. Don

多年生草本。茎通常蔓生，长达2m，多分枝，疏被短柔毛。叶互生；叶片卵状披针形，长2.5～12cm，宽2～4.5cm，先端渐尖，基部楔形或截形，边缘具浅或深齿，有时羽裂，稀全缘，两面被短柔毛或无毛，叶柄长0.3～1cm；上部叶渐小，叶片披针形。头状花序多数，在枝端排列成开展复聚伞圆锥状；梗长1～2cm，具数枚钻形小苞片；总苞钟形，直径3～6mm，基部具数枚披针形外苞片；总苞片约12，披针形，先端渐尖，背部被短柔毛。缘花舌状，黄色，雌性，结实；盘花管状，黄色，顶端5裂，两性，结实。果圆柱形，被短毛；冠毛白

图8-266　千里光

色。花果期8月至次年4月。

产于全省各地。生于田边地角、溪沟边、山坡荒地上、林缘灌丛中。分布于华东、华中、华南、西南及陕西。日本、越南、泰国、老挝、缅甸、菲律宾、柬埔寨、印度、尼泊尔、不丹也有。

2. 林荫千里光 （图8-267）
Senecio nemorensis L.

多年生草本。根状茎短粗。茎直立，高40～100cm，单生或有时丛生，被疏柔毛或近无毛。茎下部叶花时枯萎；茎中部叶叶片披针形或长圆状披针形，长10～18cm，宽2.5～4cm，先端渐尖，基部楔形，边缘具密锯齿，两面被疏短柔毛或近无毛，羽状脉，叶柄具狭翅，或近无柄而半抱茎；上部叶渐小，叶片条

图8-267　林荫千里光

状披针形至条形，无柄。头状花序多数，在茎枝端或上部叶腋排列成复伞房状；梗细，具条形小苞片；总苞近圆柱形，具数枚条形外苞片；总苞片12～18，长圆形，先端急尖，外面被短柔毛。缘花舌状，黄色，条状长圆形，两性；盘花管状，黄色，两性。果圆柱形，无毛；冠毛白色。花期8—9月。

产于安吉、临安、桐庐、淳安、衢州市区（衢江）。生于海拔1000～1500m的山沟、林下草丛中、林缘山坡荒地上。分布于华北及吉林、安徽、福建、河南、湖北、台湾、四川、贵州、陕西、甘肃、新疆。亚洲东北部、欧洲及哈萨克斯坦、吉尔吉斯斯坦也有。

3. 岩生千里光 （图8-268）
Senecio wightii (DC. ex Wight) Benth. ex C.B. Clarke — *Doronicum wightii* DC. ex Wight

多年生草本。根状茎细长。茎直立或向上斜展，高60～120cm，无毛或有糙毛。基生叶花时枯萎；茎生叶叶片长圆状披针形至条形，长5～10cm，宽0.5～1.5cm，基部稍扩大，半抱茎，边缘疏生粗齿或锯齿，上面被疏贴伏短毛至无毛，下面沿脉被柔毛至无毛，羽状脉，无柄；上部叶渐小。头状花序少数，在茎端排列成疏伞房状；梗细；总苞近圆柱形，具数枚外苞片；总苞片20～22，长圆状条形，先端渐尖或尖，外面有疏柔毛或无毛。缘花舌状，黄色，长圆形；盘花管状，黄色。果圆柱形，无毛；冠毛禾秆色，舌状花无冠毛。花期8—11月。

原产于缅甸、泰国、印度、不丹。四川、贵州、云南也有产。鄞州有归化。生于溪边潮湿处或路边。

图8-268　岩生千里光

4. 欧洲千里光 （图8-269）
Senecio vulgaris L.

一年生草本。茎单生，直立，高12~45cm，自基部或中部分枝，被疏蛛丝状毛至无毛。叶片倒披针状匙形或长圆形，长3~11cm，宽0.5~2cm，先端钝，羽状浅裂至深裂，基部扩大且半抱茎，两面尤其下面多少被蛛丝状毛至无毛；上部叶较小，叶片条形，具齿，无柄。头状花序少数至多数，在枝端排列成伞房状；梗长0.5~2cm，有疏柔毛或无毛，具数枚条状钻形小苞片；总苞钟状，外层小苞片7~11，条状钻形，先端尖，通常具黑色长尖头；总苞片18~22，条形，宽0.5mm，背面无毛。舌状花缺；管状花多数，花冠黄色，檐部漏斗状，略短于管部，裂片卵形，顶端钝。果圆柱形，长2~2.5mm，沿肋有柔毛；冠毛白色。花期4—10月。

原产于欧洲、亚洲、北非。西南及吉林、辽宁、内蒙古、台湾也有产，分布广泛。杭州、宁波的公园、小区及绿地偶见有归化。

图8-269 欧洲千里光

37 黄蓉菊属 Euryops (Cass.) Cass.

常绿灌木，稀草本。叶互生，稀莲座状；叶片分裂或浅裂。头状花序单生于枝端；总苞片合生。缘花舌状，金黄色，雌性；盘花管状，金黄色，两性；花柱分枝顶端截形或钝。果具棱或光滑；冠毛刚毛状，稀无冠毛。

约99种，原产于非洲、亚洲温带地区。我国栽培2种；浙江也有。

1. 黄金菊 （图8-270）
Euryops chrysanthemoides (DC.) B.Nord. — *Gamolepis chrysanthemoides* DC.

常绿灌木。植株近无毛，高0.5～2m。叶片暗绿色，长3～10cm，宽1～3cm，羽状分裂。头状花序单生于枝端；梗长5～20cm；总苞盘状。缘花舌状，金黄色，无毛，雌性；盘花管状，黄色，无毛，两性。果黑色；冠毛缺。花期春、冬季。

原产于南非。我国各地的公园普遍栽培。本省的公园也常见栽培。

图8-270 黄金菊

2. 梳黄菊 （图8-271）
Euryops pectinatus Cass.

常绿灌木。植株被灰白色柔毛，高达1.5m。叶片灰绿色，长4～10cm，羽状分裂，两面被灰白色柔毛。头状花序单生于枝端，直径约5cm；梗长7～10cm；总苞盘状。缘花舌状，金黄色，雌性；盘花管状，黄色，两性。果无毛或被腺毛；冠毛刚毛状，白色或褐色，早落。近全年开花，主要在春天开花。

原产于南非。我国各地的公园有栽培。本省的公园也有。

植株有毒。

与黄金菊的区别在于植株被灰白色柔毛；冠毛刚毛状，早落。

图8-271 梳黄菊

38 大吴风草属 Farfugium Lindl.

多年生草本。茎花葶状。叶全部基生，幼时内卷成拳状，被密毛，后脱落。头状花序排列成疏伞房状；总苞钟状，基部具外苞片；总苞片2层，外层的狭，内层的宽；花序托浅蜂窝状，小孔边缘具齿。缘花舌状，1层，雌性；盘花管状，多数，檐部5裂，两性，花药先端附器长圆形，基部有尾，花柱分枝顶端圆形，有短毛。果圆柱形，被短毛；冠毛糙毛状。

2种，分布于我国和日本。我国有1种；浙江也有。

大吴风草（图8-272）

Farfugium japonicum (L.) Kitam. — *Tussilago japonica* L.

多年生草本。根状茎粗壮。花葶高达70cm，幼时密被淡黄色柔毛，后脱落。叶全部基生，叶片肾形，长4～15cm，宽6～30cm，先端圆形，基部心形，边缘全缘或具小齿，两面幼时被淡黄色柔毛，后脱落，叶柄长10～38cm，基部扩大，呈短鞘，鞘内被密毛；茎生叶1～3，叶片苞叶状，长圆形或条状披针形，长1～2cm，无柄，抱茎。头状花序2～7，排列成伞房状；梗长1.5～7cm，被毛；总苞钟形或宽陀螺形；总苞片12～14，2层，长圆形，背部被毛，内层的边缘褐色宽膜质，先端渐尖。缘花舌状，黄色，8～12，舌片长圆形或匙状长圆形；盘花管状，黄色，多数。果圆柱形，有纵肋，被成行的短毛；冠毛白色，糙毛状，与花冠等长。花果期7—10月。

产于本省东部沿海和岛屿。生于低海拔地区的林下、山谷、海滨草丛中及岩缝间。分布于华南及福建、湖北、湖南。日本也有。

可作观赏植物，各地的公园常见栽培。

图8-272　大吴风草

39 橐吾属 Ligularia Cass.

多年生草本。茎直立。叶互生或丛生；叶片肾形、心形或掌状分裂，具长柄，基部常膨大成鞘。头状花序在茎端排列成总状或伞房状；总苞筒形、钟形或半球形，基部具外苞片；总苞片2层，分离，或1层，合生；花序托平，浅蜂窝状。缘花舌状或管状，雌性；盘花管状，两性,顶端5裂,花药基部钝,无尾,花柱分枝细,顶端圆钝。果光滑无毛,具肋;冠毛2或3层,糙毛状。

约140种,主要分布于亚洲,仅2种分布于欧洲。我国有123种,多数分布于西南地区;浙江有5种。

分种检索表

1. 头状花序排列成伞房状或复伞房状。
    2. 叶片掌状3～5全裂;冠毛与管状花筒部等长 ······ **1. 大头橐吾 L. japonica**
    2. 叶片仅边缘具齿;冠毛与管状花花冠等长 ······ **2. 齿叶橐吾 L. dentata**
1. 头状花序排列成总状。
    3. 苞片宽卵形至卵状披针形,边缘常具齿 ······ **3. 蹄叶橐吾 L. fischeri**
    3. 苞片条形或条状披针形,全缘。
        4. 总苞狭筒形;总苞片5;舌状花1～4;叶片通常心状戟形,下方外展,具1或2大齿,边缘具不整齐锯齿 ······ **4. 窄头橐吾 L. stenocephala**
        4. 总苞钟形;总苞片6～8;舌状花4～6;叶片肾状心形,边缘具整齐锯齿 ······ **5. 狭苞橐吾 L. intermedia**

1. 大头橐吾 (图8-273)

Ligularia japonica (Thunb.) Less. —— *Arnica japonica* Thunb.

多年生草本。茎直立,高达100cm,被蛛丝状毛或光滑。丛生叶与茎下部叶具长柄,基部鞘状抱茎;叶片肾形,直径达40cm,掌状3～5

图8-273 大头橐吾

全裂，裂片再掌状浅裂，小裂片羽状浅裂或具齿，稀全缘，两面被脱落性柔毛；茎中上部叶较小，具短柄，鞘状抱茎。头状花序2～8，排列成伞房状；梗长达20cm，密被短柔毛；总苞半球形，长1～2.5cm，直径1.5～2.4cm；总苞片9～12，2层，排列紧密，背部隆起，两侧有脊，背部被白色柔毛，内层的具宽膜质边缘，先端三角形，具尖头。缘花舌状，黄色，1层，雌性，结实；盘花管状，多数，两性，结实。果圆柱形，具纵肋，光滑；冠毛红褐色，与花冠管部等长。花果期6—8月。

产于宁波、丽水及长兴、安吉、临安、磐安、临海、文成、泰顺等地。生于海拔1800m以下的山坡草丛、灌丛中、沟谷林下。分布于华东、华中、华南。日本、印度、朝鲜半岛也有。

1a. 糙叶大头橐吾

var. **scaberrima** (Hayata) Ling — *Senecio japonicus* Thunb. var. *scaberrimus* Hayata

与大头橐吾的区别在于叶片上面被有节短柔毛。

产于普陀、遂昌、庆元、云和、文成等地。生于山坡草丛中、水沟边。分布于江西、福建、台湾、广东。日本也有。

2. 齿叶橐吾 （图8-274）

Ligularia dentata (A. Gray) Hara — *Erythrochaete dentata* A. Gray

多年生草本。茎直立，高30～70cm，被白色蛛丝状柔毛和黄色有节短柔毛。丛生叶和茎下部叶具长柄，被白色蛛丝状柔毛，基部膨大成鞘；叶片肾形，长7～30cm，宽12～38cm，先端圆钝，基部宽心形，边缘具整齐的齿，上面无毛，下面被白色蛛丝状毛；上部叶近无柄，具膨大的

图8-274　齿叶橐吾

鞘。头状花序多数，排列成伞房状或复伞房状；梗长达9cm；总苞半球形，直径1.8～3cm；总苞片2层，排列紧密，背部隆起，两侧有脊，先端急尖，背部被白色蛛丝状柔毛，内层的具宽的褐色膜质边缘。缘花舌状，黄色，1层，雌性，结实；盘花管状，多数，两性，结实。果圆柱形，具纵肋，光滑；冠毛红褐色，与花冠等长。花果期6—8月。

产于临安（昌化）。生于海拔800～1600m的山谷溪边、山坡草丛中。分布于华中、西南及山西、安徽、江西、广西、陕西、甘肃。日本、越南、缅甸也有，欧洲有栽培。

3. 蹄叶橐吾 （图8-275）

Ligularia fischeri (Ledeb.) Turcz. — *L. chekiangensis* Kitam. — *Cineraria fischeri* Ledeb.

多年生草本。茎直立，高50～70cm，上部及花序轴被黄褐色有节短柔毛，下部无毛。丛生叶和茎下部叶具长柄，光滑，基部膨大成鞘；叶片肾形，长10～30cm，宽13～40cm，先端圆钝，基部深心形，边缘具整齐锯齿，下方不外展，两面光滑，叶脉掌状；茎中上部叶具短柄，鞘膨大。头状花序多数，排列成总状；梗细；苞片草质，卵形或卵状披针形，边缘具齿；总苞宽钟形，直径1～1.4cm；总苞片8或9，2层，长圆形，先端急

图8-275 蹄叶橐吾

尖，背部光滑，内层的具宽膜质边缘。缘花5或6，舌状，黄色，雌性，结实；盘花管状，约20朵，两性，结实。果圆柱形，光滑；冠毛红褐色，短于花冠管部。花果期6—10月。

产于安吉、临安、鄞州、奉化、象山、宁海、磐安、天台、临海、仙居、庆元、景宁、永嘉等地。生于海拔1600m以下的山坡上、山谷中、林缘和灌丛中。分布于东北、华中及安徽、四川、陕西。亚洲东北部及越南、印度、尼泊尔、不丹也有。

4. 窄头橐吾 （图8-276）

Ligularia stenocephala (Maxim.) Matsum. et Koidz. — *Senecio stenocephalus* Maxim.

多年生草本。茎直立，高40～80cm，光滑。丛生叶和茎下部叶具细长柄，光滑，基部具狭鞘，叶片心状戟形，稀为箭形，长7～17cm，宽6～20cm，先端圆形而有突出的小尖头，基部宽心形，边缘具不整齐锯齿，下方外展，有数个大齿，两面光滑，有时下面脉上具短毛，叶脉掌状；茎中上部叶较小。头状花序多数，排列成总状；梗短，长1～7mm；苞片卵状披针形至条形；总苞狭筒形至宽筒形，直径2.5～4mm；总苞片5（6或7），2层，长圆形，先端急尖，背部光滑，内层的边缘膜质。缘花1～4，舌状，黄色，雌性，结实；盘花5～10，管状，两性，结实。果倒披针形，光滑；冠毛污白色，短于花冠管部。花果期7—10月。

产于衢州及安吉、临安、建德、淳安、奉化、天台、临海、缙云、遂昌等地。生于海拔1500m以下的山谷沟边草丛中、山坡林下。分布于华北、华东、华中、华南、西南。日本也有。

图8-276 窄头橐吾

5. 狭苞橐吾（图8-277）
Ligularia intermedia Nakai

多年生草本。茎直立，高达100cm，上部被白色蛛丝状柔毛，下部光滑。丛生叶和茎下部叶具长柄，光滑，基部具狭鞘，叶片肾形或心形，长8～16cm，宽12～23cm，先端钝或有尖头，基部宽心形，边缘具整齐的有小尖头的三角状齿或小齿，两面光滑；茎中上部叶与下部叶同形，较小，具短柄或无柄，鞘略膨大。头状花序多数，排列成总状；梗长3～10mm，近光滑；苞片条形或条状披针形；总苞钟形，直径4～5mm；总苞片6～8，长圆形，先端急尖，背部光滑，边缘膜质。缘花4～6，舌状，黄色，雌性，结实；盘花7～12，管状，两性，结实。果圆柱形；冠毛紫褐色，有时白色，短于花冠管部。花果期7—10月。

产于安吉、衢州市区（衢江）。生于沟谷中、山坡林下。分布于东北、华北、华中、西南及广西、陕西、甘肃。朝鲜半岛也有。

图 8-277　狭苞橐吾

㊵ 万寿菊属　Tagetes L.

一年生草本。茎直立，有分枝，无毛。叶通常对生，少有互生；叶片羽状分裂，具油腺点。头状花序单生或簇生；总苞片1层，全部连合成管状或杯状，有半透明油点，草质；花序托平坦，无托片，无毛。缘花1层，舌状，金黄色、橙黄色或褐色，雌性，结实；盘花管状，金黄色、橙黄色或褐色，两性，结实，花药基部钝，花柱分枝顶端截形。果条形或条状长圆球形，基部缩小，具棱；冠毛鳞片状或刚毛状，不等长，其中一部分连合，余者多少离生。

约40种，分布于美洲热带至暖温带地区。我国常见栽培2种；浙江也有栽培。

1. 万寿菊 （图8-278）
Tagetes erecta L.

一年生草本。茎直立，高30～50cm，粗壮，具纵细棱，分枝向上平展。叶对生，稀互生；叶片羽状分裂，长5～10cm，宽4～8cm，裂片长椭圆形或披针形，边缘具锐齿，上部裂片的齿端具长细芒，沿叶缘有少数腺体。头状花序单生，直径5～6cm；具梗，梗顶端棍棒状膨大；总苞杯状，直径1～1.5cm；总苞片先端具齿尖。缘花舌状，黄色或暗橙色，舌片倒卵形，基部收缩成长爪，顶端微凹；盘花管状，黄色，顶端具5齿裂。果条形，基部缩小，黑色或褐色，被短微毛；冠毛为1或2刚毛和2或3短而钝的鳞片。花果期6—9月。

原产于墨西哥。我国各地均有栽培，广东和云南南部、东南部有归化。本省的庭园常见栽培。作为地被或盆栽供观赏。

图8-278　万寿菊

2. 孔雀草 （图8-279）
Tagetes patula L.

一年生草本。茎直立，高30～60cm，通常基部分枝。叶对生，稀互生，基部有条状假托叶，具油腺；叶片奇数羽状全裂，长2～9cm，宽1.5～3cm，裂片4～6对，条状披针形，近对生，边缘具锯齿，齿端有软芒状突尖，齿基部通常各具1腺体，两面均无毛，中脉显著，侧脉不明显。头状花序单生，直径约4cm；具梗，长5～7cm，上部稍增粗；总苞杯状；总苞片先端具细齿，有腺点。缘花舌状，黄色或橙色，带红色斑，舌片近圆形，顶端微凹；盘花管状，黄色，顶端具5齿裂（多数向舌状花演变，出现栽培种的重瓣类型，外观鲜艳夺目）。果条形，基部缩小，黑色，疏被短柔毛；冠毛有1或2枚刚毛和3枚短而钝的鳞片。花果期7—10月。

原产于墨西哥。我国各地均有栽培。本省也常见栽培。

作为地被或盆栽供观赏。

与万寿菊的区别在于叶的裂片条状披针形；头状花序梗顶端稍增粗，舌状花金黄色或橙黄色，带红色斑。*Flora of China*将其并入万寿菊，似不妥。

图8-279　孔雀草

41 堆心菊属　Helenium L.

一年生或多年生粗壮草本。茎直立或基部俯卧，分枝或不分枝。叶互生；叶片基部沿茎下延成翼，全缘或边缘具齿。头状花序单生于枝顶，或排列成伞房状；总苞片2或3层，开展或花后反卷，草质；花序托突起，无托片。缘花舌状，顶端3～5裂，雌性；盘花管状，顶端5齿裂，两性，花药基部钝，花柱分枝顶端截形。果长圆球形，被粗毛；冠毛鳞片状。

约300种，主要分布于北美洲。我国常见引种栽培1种；浙江也有。

堆心菊 （图8-280）

Helenium autumnale L.

多年生草本。茎直立或基部稍弯曲，高50～90cm，具纵棱，具稀疏长柔毛。基生叶丛生，叶片条状披针形，长6～9cm，宽0.5～1.5cm，全缘或具锯齿，具叶柄，花后凋落；茎生叶叶片条状披针形，长5～12cm，宽1～2cm，先端急尖或钝，基部沿茎下延成翼状，翼的边缘全缘或波状，或具疏粗齿，两面近无毛或疏被柔毛，下面散生暗褐色斑点，具离基三出脉，无叶柄。头状花序直径1～1.5cm，单生于茎顶或排列成松散的伞房状；具长梗；花序托圆锥状，有小凹点，无托片；总苞片草质，2或3层，外2层等长，披针形，绿色，开花后向下反卷，内层的短。缘花舌状，黄色，舌片宽倒卵形，顶端3齿裂，雌性；盘花管状，多数，顶端5齿裂，绿色，上部棕褐色，两性，结实。果长圆球形，有粗毛；冠毛鳞片状，顶端长尖，白色。花果期7—8月。

原产于北美。我国各地均有栽培。本省常有栽培。

常栽培作花圃或花境供观赏。

图8-280　堆心菊

42 天人菊属　Gaillardia Foug.

一年生或多年生草本。茎直立，不分枝或分枝。叶互生或全部基生；叶片边缘全缘或羽状分裂。头状花序大，单生于枝端；总苞半球形；总苞片2或3层，草质；花序托突起或呈半球形,托片刚毛状或钻形。缘花1层,舌状,顶端3浅裂或3齿,稀全缘,雌性,结实;盘花管状,顶端5浅裂,两性,结实,花药基部短耳形,花柱分枝顶端画笔状,附器有丝状毛。果长椭球形或倒塔形,具5棱;冠毛6~10,鳞片状,有长芒。

约20种,分布于美洲。我国常见引种栽培的有2种;浙江也有。

1. 天人菊 (图8-281)
Gaillardia pulchella Foug.

一年生草本。茎直立,高20~60cm,中部以上多分枝,分枝向上斜展,具短柔毛或锈色毛。下部叶叶片匙形或倒披针形,长5~10cm,宽1~2cm,先端急尖,基部下延,边缘具波状钝齿、浅齿至琴状分裂,先端急尖,近无柄;上部叶叶片长椭圆形、倒披针形或匙形,长3~8cm,宽1~2cm,先端具芒尖,基部半抱茎,全缘或上部具疏锯齿,或3浅裂,两面均被伏毛,中脉突起。头状花序钟形,直径3~5cm;总苞半球形;总苞片披针形,边缘有长缘毛,外面具腺点,基部密被长柔毛。缘花舌状,黄色,基部带紫色,舌片宽楔形,顶端2或3裂,雌性;盘花管状,顶端渐尖或芒状,被多节毛,两性,结实。果长椭球形,基部被长柔毛;冠毛鳞片状。花果期6—10月。

原产于美洲热带地区。我国常见栽培。本省普遍栽培。

栽培作花圃、庭园等的地被。

图8-281 天人菊

2. 宿根天人菊 （图8-282）

Gaillardia aristata Pursh

多年生草本。茎直立，高60～90cm，不分枝，有时分枝，全株被粗节毛。基生叶和下部茎生叶叶片长椭圆形或匙形，长3～6cm，宽1～2cm，全缘或羽状分裂，两面被柔毛，具长柄；茎中部叶叶片披针形、长椭圆形或匙形，长4～8cm，基部无柄或心形抱茎。头状花序直径5～7cm，常单生于枝顶；总苞半球形；总苞片披针形，外面有腺点及密柔毛。缘花舌状，黄色，基部稍带紫色，雌性，结实；盘花管状，外面有腺点，裂片长三角形，顶端芒状渐尖，被多节毛。果长约2mm，被毛；冠毛长约2mm。花果期7—8月。

原产于北美。我国各地均有栽培。本省的庭园多有栽培。

多作地被植物，可供观赏。

与天人菊的区别在于本种为多年生草本；舌状花基部通常黄色，稍带紫色。

图8-282　宿根天人菊

一六七　菊科 Asteraceae

43 苍耳属　Xanthium L.

一年生草本。茎直立，粗壮，多分枝。叶互生；叶片全缘或多少分裂；具叶柄。头状花序单性，雌雄同株，排列成顶生或腋生花束，有时短总状。雄头状花序着生于茎枝上端，球形，多花；总苞半球形；总苞片1或2层，椭圆状披针形；花序托圆柱形，托片披针形，包围管状花；管状花顶端5齿裂；花药离生，基部钝，顶端急尖。雌头状花序单生于叶腋或密集于茎枝下部，卵圆球形；总苞卵球形，囊状；总苞片2层，外层的小，椭圆状披针形，分离，内层的结合成囊状，内2室，每室具1小花，表面具钩状刺，顶端具2喙，有时基部具数枚分离苞鳞；雌花无花冠，花柱分枝纤细，伸出总苞的喙外。果2，倒卵球形，肥厚，包藏于具钩刺的总苞中；冠毛无。

2或3种，原产于美洲，全球各地均有归化。我国有2种，各地均有归化；浙江有2种。

1. 苍耳　（图8-283）

Xanthium strumarium L. — *X. sibiricum* Patrin ex Widder

一年生草本。茎直立，高30～60cm，被灰白色粗伏毛。叶片三角状卵形或心形，长4～9cm，宽5～10cm，先端钝或略尖，基部两耳间楔形，稍延入叶柄，全缘或具不明显3～5浅裂，边缘具不规则粗锯齿，基出脉3，下面苍白色，被糙伏毛；叶柄长达10cm。雄头状花序球形，直径4～6mm；总苞片长圆状披针形，被短柔毛，先端尖，具多数雄花；雄花管状钟形，顶端5裂。雌头状花序椭圆形；总苞片2层，外层的披针形，小，被短柔毛，内层的结合成囊状，宽卵形，淡黄绿色，外面疏生具钩的刺，刺长1.5～2.5mm，喙坚硬，锥形，上端呈镰刀状，常不等长，少有结合。果2，倒卵球形。花果期7—9月。

原产于美洲。我国南北各地均有归化。浙江也有。

图8-283　苍耳

2. 加拿大苍耳 （图8-284）

Xanthium orientale L. — *X. canadense* Mill.

一年生草本，植株上部密被白色短伏毛。茎直立，高50～70cm，紫红色，上部分枝，密被白色短伏毛，密生紫黑色斑点。叶互生；茎下部叶大，叶片心形；上部叶小，叶片卵状三角形，3浅裂至中裂，有时5裂，裂片三角形至广三角形，先端锐尖或具圆钝头，边缘具大小不同的粗锯齿，叶脉通常紫红色；叶柄长5～15cm，紫红色。雄头状花序2～7，生于花枝上部，球形，黄白色；总苞片披针形，先端尖，具多数雄花；雄花管状，顶端5裂。雌头状花序1或2，生于下部，长椭球形；总苞片2层，外层的披针形，内层的结合成囊状，宽卵形，黄白色，外面具钩刺。果密生刺，先端具2喙，喙直立，锥状，顶端勾弯，内凹，长2～2.5cm，外面无毛或具短腺毛，成熟时呈褐色。花果期8—10月。

原产于北美洲。日本等地有归化。洞头（状元岙）也有归化。

Flora of China 将本种并入苍耳，区别在于本种植株密被白色短伏毛；茎、叶柄、叶脉紫红色；叶片边缘具不规则粗大锯齿。

图8-284 加拿大苍耳

44 豚草属 Ambrosia L.

一年生或多年生草本。茎直立，分枝。叶互生或对生；叶片全缘，有时羽状分裂、掌状分裂或细裂。头状花序小，单性，雌雄同株。雄头状花序在枝端密集成无叶的穗状或总状，具多数不孕的两性小花；总苞半球形或碟状；总苞片5～12，基部结合，顶端开口，具5～12齿；花冠管状，顶端4或5齿裂；花药近离生，基部钝；花序托稍平，托片丝状或近无。雌头状花序在雄花序下方叶腋内，单生或密集成团伞状，通常具1无被的能育雌花；总苞有结合的总苞片，闭合，倒卵形或近球形，外面在顶部以下有1层瘤或刺，顶端紧缩成围裹花柱的喙部；花冠通常不存在；花柱分枝顶部从总苞的喙中伸出。果倒卵球形或卵球形，埋藏于总苞中；冠毛无。

40余种，分布于美洲热带至温带地区。我国有3种，为入侵种；浙江有2种。

1. 豚草 （图8-285）
Ambrosia artemisiifolia L.

一年生草本。茎直立，高20～100cm，上部分枝，具棱纹，疏被密糙毛。下部叶对生，叶片二回至三回羽状分裂，裂片狭小，长圆形至倒披针形，全缘，上面深绿色，被细短伏毛或近无毛，下面灰绿色，密被短糙毛，具短柄；上部叶互生，叶片羽状分裂，无叶柄。雄头状花序半球形或卵球形，直径2.5～5mm，具短梗，下垂，在枝端密集成总状；总苞宽半球形或碟形；总苞片全部结合，边缘具波状圆齿，稍被糙伏毛；花序托具刚毛状托片；花冠淡黄色，管状钟形，顶端5裂；花药基部钝。雌头状花序无梗，生于雄头状花序下方或下部叶腋，单生，仅具1雌花，有时2或3个密集成团伞状；总苞闭合，具结合的总苞片，倒卵形或卵

图8-285 豚草

状长圆形，顶端具4～7细尖齿；花柱分枝丝状，伸出总苞。果倒卵球形，无毛，藏于坚硬的总苞内。花果期8—10月。

原产于北美。在我国南方沿海地区成为入侵种。长兴、杭州市区、奉化、永康、台州市区（椒江）、玉环、温州市区（龙湾）、平阳也有，生于空旷草地、路边荒地、滨海滩涂上。

2. 三裂叶豚草 （图8-286）
Ambrosia trifida L.

一年生草本，粗壮。茎直立，高30～80cm，有分枝，被短糙毛或近无毛。叶对生，有时互生；下部叶叶片3～5裂，上部叶叶片3裂或有时不裂，裂片卵状披针形或披针形，先端急尖或渐尖，边缘具锐锯齿，上面深绿色，下面灰绿色，两面被短糙伏毛，基出脉3，叶柄长2～3.5cm，基部膨大，边缘有狭翅，被长缘毛。雄头状花序多数，圆球形，直径约5mm，具短梗，下垂，在枝端密集成总状；总苞碟形，绿色；总苞片结合，外面具3肋，边缘有圆齿，疏被短糙毛；花序托无托片，具白色长

图8-286 三裂叶豚草

柔毛；花冠黄色，钟形，顶端5裂，外面具5紫色条纹；花药基部钝。雌头状花序生于雄头状花序下方叶腋，聚集成团伞状，具1雌花；总苞倒卵球形，直径4~5mm，先端具圆锥状短喙，喙部以下具5~7肋，每肋顶端有瘤或尖刺，无毛；花柱分枝，丝状，伸出总苞之外。果倒卵球形，无毛，藏于总苞中。花果期8—10月。

原产于北美。东北及贵州均有归化，危害程度尚不明确。杭州市区也有归化，生于田野荒地上。

与豚草的区别在于本种雌头状花序生于雄头状花序下部叶腋，聚集成团伞状；下部叶叶片3~5裂，上部叶叶片3裂或有时不裂。

本省尚有1变型全缘豚草 form. **integrifolia** (Muhl.) Fern.，其叶片的裂片全缘。

45 银胶菊属 Parthenium L.

一年生、二年生或多年生草本，或为亚灌木。茎直立，常分枝，被绒毛或无毛。叶互生；叶片全缘、具齿或羽状分裂。头状花序小，多数排列成圆锥状，具异形小花；总苞钟形或半球形；总苞片2层，呈覆瓦状排列，外层的宽与内层的近等长或稍短；花序托突起或呈圆锥状，具膜质楔形苞片。缘花舌状，1层，舌片顶端凹缺，有时2或3齿裂，花柱分枝，雌性，结实；盘花多数，管状，顶端4或5齿裂，两性，不结实，花药基部钝，花柱不分枝。果扁平，腹面龙骨状，无毛或被短柔毛；冠毛2或3，芒刺状或鳞片状。

约16种，分布于美洲。我国连同引种栽培的有2种；浙江常见栽培1种，有时逸生。

银胶菊 （图8-287）
Parthenium hysterophorus L.

一年生草本。茎直立，高可达1m，多分枝，具纵条纹，被短柔毛。叶互生；茎下部叶和中部叶叶片卵形或椭圆形，长9~15cm，宽6~10cm，二回羽状深裂，第一回裂片3或4对，卵形，第二回裂片卵状或长圆形，常具齿，顶端略钝，上面被疏糙毛，下面被稍密的柔毛；上部叶叶片羽状深裂，裂片条状长圆形，全缘或具齿，有时为3裂，无柄。头状花序多数，直径3~4mm，在茎枝顶端排列成开展圆锥状；总苞宽钟形或半球形，直径约5mm；总苞片2层，外层的5枚，卵形，质硬，先端钝，背面被短柔毛，内层的5枚，近圆形，薄，顶端微凹，边缘近膜质，上部被短柔毛。缘花5，舌状，1层，白色，舌片顶端2裂；盘花管状，多数，顶端4齿裂，雄蕊4。果扁平，倒卵球形，黑色，疏被腺点；冠毛2，鳞片状。花果期6—8月。

原产于美洲热带地区，全球各地广泛分布。我国南方各地有栽培，广东、广西、贵州、云南已归化。宁波及温州市区（瓯海）等地常见栽培，亦有逸生。

栽培作地被植物。

图 8-287　银胶菊

46 百日菊属　Zinnia L.

一年生或多年生草本，或为亚灌木。叶对生；叶片全缘；无叶柄。头状花序单生于茎顶或枝端；总苞钟状或狭钟状；总苞片3至多层，呈覆瓦状排列，宽大，干膜质或先端膜质；花序托圆锥状或圆柱状，托片对折，包围两性花。缘花舌状，1层，果时宿存，舌片开展，具短管部，有鲜艳的颜色，雌性，结实；盘花管状，多数，顶端有5浅裂，两性，结实，花药基部钝，花柱分枝上端尖或截形。缘花的果扁三棱形，盘花的果扁平或外层的三棱形，上部截形或具短齿；冠毛无，有时为直立的芒刺或为小齿。

约25种，主要分布于墨西哥。我国引种栽培3种；浙江常见栽培3种。

分种检索表

1. 头状花序直径5～6cm；盘花的果先端具短齿，无芒 ················· **1.百日菊　Z. elegans**
1. 头状花序直径1.5～3.5cm；盘花的果先端具1或2芒刺。
  2. 头状花序直径2.5～3.5cm；缘花黄色、紫红色或红色；托片上端撕裂，无附器··· **2.多花百日菊　Z. peruviana**

2. 头状花序直径1.5～2cm；缘花全部橙黄色；托片具黑色全缘的尖附器 ········ **3. 小百日菊** *Z. haegeana*

1. 百日菊（图8-288）

Zinnia elegans Jacq.

一年生草本。茎直立，高30～90cm，被糙毛或长硬毛。叶对生；叶片宽卵圆形或长圆状椭圆形，长4～10cm，宽2～5cm，先端急尖或圆钝，基部稍心形抱茎，两面粗糙，下面密被短糙毛，基出脉3。头状花序直径5～6cm，单生于枝端，梗不肥厚，中空；总苞宽钟形；总苞片多层，宽卵形或卵状椭圆形，外层的短，内层的长，边缘黑色；托片上端有延伸的附器，紫红色，流苏状三角形。缘花舌状，1至多层，深红色、玫瑰色、紫堇色或白色，舌片倒卵圆形，顶端2或3齿裂，有时全缘；盘花管状，黄色或橙色，顶裂片卵状披针形。缘花的果扁平，倒卵圆球形，腹面正中和两侧边缘各具1棱，顶端截形，基部狭窄，密被毛；盘花的果极扁，倒卵状楔形，疏被毛，顶端具短齿。花果期6—10月。

原产于墨西哥。我国各地广泛栽培。本省也常见栽培。

为著名的观赏植物，园艺品种很多，在庭园、花圃栽培供观赏。

图8-288 百日菊

2. 多花百日菊（图8-289）

Zinnia peruviana (L.) L. — *Chrysogonum peruvianum* L.

一年生草本。茎直立，有分枝，被糙毛或长柔毛。叶对生；叶片披针形或狭卵状披针形，长2.5～6cm，宽0.5～1.7cm，先端急尖，基部圆形半抱茎，两面被短糙毛，基出脉3。头状花序直

径2.5～3.5cm，在枝端排列成伞房状；梗膨大，中空；总苞钟形；总苞片多层，长圆形，先端圆钝，边缘稍膜质；托片上端圆钝，黑褐色，边缘稍膜质撕裂。缘花舌状，黄色、紫红色或红色，舌片椭圆形，顶端2或3齿裂，或全缘；盘花管状，黄色或红色，顶裂片长圆形，5裂。缘花的果扁平，狭楔形，具3棱，密被毛；盘花的果极扁，长圆状楔形，具1或2芒刺，具缘毛。花果期6—10月。

原产于墨西哥。我国各地常见栽培，西北或西南有逸生。本省多栽培，偶有逸生。

常在花坛、花境等地栽培供观赏。

与百日菊的区别在于头状花序较小，直径2.5～3.5cm，花序梗花后膨大，盘花的果具1或2芒刺。

图8-289 多花百日菊

3. 小百日菊
Zinnia haegeana Regel

一年生草本。茎直立，有分枝，被长柔毛。叶对生；叶片狭卵状披针形至长卵状椭圆形，长1.5～5cm，宽0.5～1.2cm，先端急尖，基部圆形半抱茎，两面均被短糙毛，基出3脉。头状花序直径1.5～2cm，在枝端排列成伞房状；梗膨大，中空；总苞钟形；总苞片多层，长圆形，先端圆钝，边缘稍膜质；托片上端圆钝，黄褐色，边缘黑色，全缘，具尖附器。缘花舌状，橙黄色，舌片长椭圆形，顶端2或3齿裂；盘花管状，橙黄色，顶裂片长圆形，5裂。缘花的果扁平，狭楔形，具3棱，被毛；盘花的果极扁，长圆状楔形，具1或2芒刺，具缘毛。花果期6—9月。

原产于墨西哥。我国各地常栽培，西北或西南有逸生。本省多栽培。

常在花坛、花境等地栽培供观赏。

一六七　菊科 Asteraceae

47 牛膝菊属 Galinsoga Ruiz et Pav.

一年生草本。茎直立，分枝。叶对生；叶片全缘或具锯齿，基出脉3。头状花序小，多数，具长梗，在茎枝端排列成疏散的伞房状；总苞宽钟状或半球形；总苞片1或2层，卵形或卵圆形，或外层的较短而薄，草质；花序托圆锥状或伸长，托片质薄，顶端分裂或不裂。缘花舌状，白色，舌片顶端全缘，有时具2或3齿裂，雌性，结实；盘花管状，黄色，顶端具5齿裂，两性，结实，花药基部箭形，有小耳，花柱分枝微尖或顶端短急尖。果压扁，具棱，倒卵状三角形，被微毛；冠毛膜片状，长圆形，顶端具芒或无芒，边缘流苏状，或舌状花的冠毛为毛状。

约30种，分布于美洲热带地区。我国有2种，均为归化种；浙江有1种。

睫毛牛膝菊（图8-290）
Galinsoga parviflora Cav.

一年生草本。茎直立，高10～30cm，常自基部分枝，有时中部以上分枝，分枝向上斜展，全部茎枝及花序梗被开展疏散短柔毛和腺毛，上部更密。叶对生；叶片卵形或长椭圆状卵形，长2～6cm，宽1～3cm，先端渐尖，基部圆形或宽楔形，边缘具浅钝锯齿或波状浅锯齿，基出3脉或不明显5脉，两面粗糙，疏被白色短柔毛，沿脉上毛较密；叶柄长1～2cm，具短柔毛。头状花序半球形或宽钟状，直径约6mm；总苞半球形；总苞片1或2层，长2～3mm，先端圆钝，膜质；托片倒披针形，边缘撕裂。缘花4或5，舌状，舌片白色，顶端3齿裂；盘花管状，黄色，长约1mm。果常压扁，3棱，有时4或5棱，黑色或黑褐色，被白色微毛；舌状花和管状花的冠毛均为膜片状，白色，边缘流苏状，生于冠毛环上，宿存。花果期7—11月。

原产于南美洲。我国各地均有归化。全省各地均有归化。

图8-290　睫毛牛膝菊

48 大丽菊属 Dahlia Cav.

多年生草本。茎直立，粗壮。叶对生或互生；叶片一回至三回羽状分裂，或不分裂。头状花序大，具长梗；总苞半球形；总苞片2层，外层的草质，开展，内层的椭圆形，基部稍合生，近等长；花序托平坦，托片宽大，膜质。缘花舌状，舌片顶端具3齿或全缘，雌性；盘花管状，顶端5齿裂，两性（或在栽培种中盘花缺而全部为舌状花），花药基部钝，花柱分枝顶端有条形或长披针形的具硬毛的长附器。果背面压扁，长圆球形或披针形，顶端圆形，具不明显2齿；冠毛无。

约15种，分布于南美洲、中美洲及墨西哥。我国广泛栽培1种；浙江也有。

大丽菊 （图8-291）
Dahlia pinnata Cav.

多年生草本。块根棒状。茎直立，高达2m，粗壮，具纵棱，多分枝。叶对生；叶片一回至三回羽状分裂，上部叶有时不分裂，裂片卵形或长圆状卵形，下面灰绿色，两面无毛。头状花序大，直径6~12cm，有长梗，常下垂；总苞半球形；总苞片2层，外层的约5枚，卵状椭圆形，草质，内层的椭圆状披针形，膜质。缘花舌状，1层，白色、红色或紫色，常卵形，顶端具不明显3齿或全缘；盘花管状，黄色，或缺而全部为舌状花。果扁平，长圆球形，黑色，顶端具不明显2齿。花果期6—12月。

图8-291 大丽菊

原产于墨西哥,全球广泛栽培。我国各地均有栽培。全省普遍栽培。

品种极多,花色繁多,庭园、公园等地常见栽培供观赏。

49 金鸡菊属 Coreopsis L.

一年生或多年生草本。茎直立,有时基部俯卧。叶对生或上部叶互生;叶片全缘或一回羽状分裂。头状花序较大,单生,或排列成松散的伞房圆锥状,具长梗;总苞半球形;总苞片2层,基部多少连合,外层的狭小,革质,内层的宽大,膜质;花序托稍突起,托片膜质,条状钻形至条形。缘花舌状,舌片开展,全缘或具齿,雌性,结实;盘花管状,顶端5裂,两性,结实,花药基部钝,花柱分枝顶端截形或钻形。果扁,长圆球形或倒卵球形,或纺锤形,边缘具翅或无翅,顶端截形;冠毛尖齿状、鳞片状或芒状。

约35种,分布于北美洲温带地区。我国引种栽培3种;浙江均有。

分种检索表

1. 盘花上部棕红色而基部黄色,缘花上部黄色而基部紫红色;下部叶片二回羽裂;果无翅 ·· 1.两色金鸡菊 C. tinctoria
1. 盘花和缘花均为黄色;下部叶叶片不分裂或羽状全裂;果具宽翅。
   2. 下部叶叶片不分裂,全缘 ·· 2.剑叶金鸡菊 C. lanceolata
   2. 下部叶叶片羽状全裂,裂片长圆形 ······························ 3.大花金鸡菊 C. grandiflora

1. 两色金鸡菊 蛇目菊 (图8-292)
Coreopsis tinctoria Nutt.

一年生草本。茎直立,高30～90cm,无毛,上部多分枝。叶对生;中下部叶叶片二回羽状全裂,裂片披针形或条状披针形,长5～10cm,宽3～6mm,先端钝,全缘,叶柄长约2.5cm;上部叶裂片条形,稀不裂,中脉在下面稍突起,具短柄或无柄。头状花序多数,直径约3cm;梗纤细,排列成伞房状或疏散圆锥状;总苞半球形;总苞片2层,外层的短,披针形,内层的卵状长圆形,远较外层的大,先端尖,基部连合;花序托平坦,托片条形。缘花舌状,1层,上部为黄色,基部紫红色,舌片倒卵形,顶端3或4浅裂,雌性;盘花管状,上部棕红色,下部黄色,顶端5齿裂,两性,结实。果扁,长圆球形,黑褐色,稍内弯,两面光滑或具小瘤状突起,无翅;冠毛缺。花果期5—10月。

原产于北美洲。全国各地广泛栽培。本省也常见栽培。

可供观赏。

图 8-292 两色金鸡菊

2. 剑叶金鸡菊　线叶金鸡菊　（图 8-293）
Coreopsis lanceolata L.

多年生草本。茎直立，高 30～70cm，无毛或稍被软毛，上部有分枝。基部叶成对簇生，叶片匙形或条状倒披针形，长 4～8cm，宽 1.5～1.8cm，先端钝，基部楔形下延；茎上部叶少数，全缘或 3～5 深裂，裂片长圆形或条状披针形，顶裂片较大，长 5～11cm，宽 1.5～2cm，先端钝，基部狭，全缘，两面具短毛，侧裂片较小，条状披针形，叶柄长3～7cm。头状花序顶生，直径4～5cm，具长达30cm的梗；总苞半球形；总苞片2层，外层的披针形，绿色，内层的长椭圆形，黄绿色，近等长；花序托突起，托片条形。缘花舌状，1层，黄色，舌片倒卵形或楔形，顶端4浅裂，雌性，结实；盘花管状，黄色，多数，顶端5浅裂。果扁，圆球形或椭球形，紫褐色，内弯，边缘具膜质宽翅，内面具少数乳状突起；冠毛2，短鳞片状。花果期6—10月。

原产于北美洲。我国南北各地广泛栽培。本省常见栽培。

图 8-293　剑叶金鸡菊

3. 大花金鸡菊 （图8-294）
Coreopsis grandiflora Hogg ex Sweet

多年生草本。茎直立，高可达1m，下部具稀疏糙毛，上部有分枝。叶对生；叶片披针形或匙形，具长叶柄；下部叶叶片羽状全裂，裂片长圆形；中部叶及上部叶叶片3～5深裂，裂片条形或披针形，中裂片较大，两面及边缘有细毛。头状花序单生于枝端，直径4～5cm，具长梗；总苞半

图 8-294　大花金鸡菊

球形；总苞片2层，外层的较短，披针形，先端尖，具缘毛，内层的较长，卵形或卵状披针形；托片条状钻形。缘花6~10，舌状，黄色，舌片宽大，雌性，结实；盘花管状，两性，结实。果宽椭球形或近球形，边缘具膜质宽翅；冠毛2，鳞片状。花果期5—9月。

原产于美洲。我国各地广泛栽培，有时逸生。本省常见栽培。

50 松香草属 Silphium L.

多年生草本。茎直立，近四方形，通常分枝。叶对生、近对生或互生，基生和茎生；叶片全缘、具齿或羽状分裂；具柄或无柄。头状花序放射状，具梗，常排列成圆锥状或总状；总苞半球形或钟形；总苞片多数，2~4层，呈覆瓦状排列，外层的宽，内层的狭，草质；花序托平坦或稍突起，具长圆形至条形的托片。缘花8~30，舌状，黄色或白色，舌片开展，雌性，结实；盘花管状，20余朵至多数，黄色或白色，顶端5齿裂，两性，结实，花药基部钝，花柱分枝。果褐色或黑色，压扁而具狭翅；冠毛无，或为2芒刺。

12种，分布于北美洲。我国常见引种1种；浙江也有。

串叶松香草　（图8-295）
Silphium perfoliatum L.

多年生草本。茎直立，高达3m，四方形，无毛或被糙硬毛，上部分枝。叶对生，稀轮生；基

图 8-295　串叶松香草

生叶花时枯萎；茎生叶叶片三角状卵形、卵形或披针形，长2～30cm，宽1～20cm，先端急尖或渐尖，基部渐狭或截形，全缘或具锯齿，两面粗糙或被糙硬毛，具叶柄或无柄。头状花序放射状，具梗，少数排列成总状；总苞半球形；总苞片多数，2或3层，外层的宽，先端急尖或渐尖，两面粗糙或被糙硬毛，内层的狭，草质。缘花17～35，舌状，黄色，舌片开展，雌性，结实；盘花管状，多数，黄色，顶端5齿裂，两性，结实。果压扁，褐色或黑褐色，长8～12mm，顶端具2芒刺，芒长1～1.5mm。花果期7—9月。

原产于北美洲。我国南方各地较多栽培。丽水、温州及临安、鄞州等地有栽培，莲都、庆元、景宁等地有归化。

本种可能引种栽培作香料。

51 秋英属 Cosmos Cav.

一年生或多年生草本。茎直立。叶对生；叶片全缘或羽状分裂。头状花序较大，单生或排列成伞房状；总苞近半球形；总苞片2层，基部结合；花序托平坦或稍突起，托片膜质，上端伸长成条形。缘花舌状，舌片大，全缘或近顶端齿裂；盘花管状，顶端5齿裂，两性，结实，花药基部钝，花柱分枝细，顶端膨大，具短毛或伸出短尖的附器。果背面稍平，狭长，具4或5棱，具长喙；冠毛2～4，芒刺状，具倒刺。

约26种，主要分布于美洲热带和亚热带地区，全球各地均有引种。我国常见栽培的有2种；浙江也有。

1. 秋英　大波斯菊　（图8-296）
Cosmos bipinnatus Cav.

一年生或多年生草本。茎直立，高达1.5m，无毛或稍被柔毛。叶片二回羽状深裂，裂片条形或丝状。头状花序单生，直径3～6cm，具长梗；总苞半球形；总苞片2层，外层的披针形或条状披针形，近革质，淡绿色，具深紫色条纹，先端长渐尖，较内层的长或等长，内层的椭圆状卵形，膜质；托片平展，顶端呈丝状，与果

图 8-296　秋英

近等长。缘花舌状，紫红色、粉红色或白色，舌片椭圆状倒卵形，顶端具3～5钝齿；盘花管状，黄色，顶端有披针状裂片。果黑紫色，无毛，顶端具长喙，具2或3尖刺。花果期6—10月。

原产于墨西哥。我国栽培时间长，地域广，四川、云南等地有逸生。本省也常见栽培。

为常见观赏地被植物。

2. 黄秋英　硫磺菊　（图8-297）
Cosmos sulphureus Cav.

一年生草本。茎直立，高1～2m，被柔毛，多分枝。叶片薄纸质，二回或三回羽状深裂，裂片披针形或椭圆形，先端急尖，两面无毛；叶柄长达8cm。头状花序单生，直径3～5cm，具长梗；总苞半球形；总苞片2层，外层的8～10，披针形或卵状披针形，先端渐尖，基部连合，内层的上部黄色带红色，下部黄绿色，长椭圆形或椭圆状披针形，较外层的大；花序托平坦，托片宽条形。缘花舌状，橘黄色或金黄色，通常2层，顶端具2～4浅齿；盘花管状，黄色，顶端5浅裂，裂片内面密被毛，两性，结实。果纺锤形，被短粗毛，具纵沟，顶端具长喙，喙端具2芒刺。花果期7—10月。

原产于墨西哥。我国各地均有栽培，西南地区有逸生。浙江也常见栽培。

为常见观赏地被植物。

与秋英的区别在于叶的裂片披针形或椭圆形；舌状花橘黄色或金黄色。

图8-297　黄秋英

52 鬼针草属 Bidens L.

一年生或多年生草本。茎直立，或匍匐。叶对生，有时在茎上部互生，稀轮生；叶片边缘全缘或具锯齿、缺刻，或分裂。头状花序单生于茎枝顶端，或排列成不规则伞房状；总苞钟状或近半球形；总苞片通常1或2层，基部常合生，外层的草质，短或伸长为叶状，内层的通常膜质；花序托具干膜质托片。缘花舌状，白色或黄色，1层，舌片全缘或具齿，中性，稀雌性或缺；盘花管状，黄色，顶端4或5裂，两性，结实，花药基部钝或近箭形，花柱分枝扁，顶端具附器，被细硬毛。果扁平或具4棱，顶端有2～4具倒刺毛芒刺。

150～250种，全球广泛分布，以美洲温暖地带种类最为丰富。我国有10种，广泛分布；浙江有6种。

分种检索表

1. 果条形，顶端渐狭，常具3或4芒刺。
  2. 叶片3全裂；总苞片外层的条状匙形，先端增宽；缘花舌片白色。
    3. 头状花序的缘花1～4，或无，舌片长3.5mm以下 ········· **1. 鬼针草 B. pilosa**
    3. 头状花序的缘花5～7，舌片长5～8mm，先端凹缺 ········· **2. 大花鬼针草 B. alba**
  2. 叶片分裂后裂片再浅裂，呈二回羽状分裂；总苞片外层的条形或条状长圆形，先端不增宽；缘花黄色或浅黄色。
    4. 顶裂片先端短渐尖，边缘具稍整齐锯齿 ········· **3. 金盏银盘 B. biternata**
    4. 顶裂片先端渐尖，边缘疏生不规则粗齿 ········· **4. 婆婆针 B. bipinnata**
1. 果楔形或倒卵状楔形，顶端平截，具2芒刺。
  5. 茎中部叶叶片羽状深裂，无明显的柄；盘花花冠4裂 ········· **5. 狼杷草 B. tripartita**
  5. 茎中部叶叶片羽状全裂，具柄；盘花花冠5裂 ········· **6. 大狼杷草 B. frondosa**

1. 鬼针草 三叶鬼针草 （图8-298）
Bidens pilosa L.

一年生草本。茎直立，高30～60cm，钝四棱形，无毛或上部被极稀疏的柔毛。茎下部叶较小，叶片3裂或不分裂，通常开花前枯萎；中部叶叶片3全裂，稀羽状全裂，裂片5，侧裂片椭圆形或卵状椭圆形，长2～4.5cm，宽1.5～2.5cm，先端急尖，基部近圆形或宽楔形，有时偏斜，不对称，边缘具锯齿，具短柄，顶裂片较大，长椭圆形或卵状长圆形，长3.5～7cm，无毛或疏被短柔毛，先端渐尖，基部渐狭或近圆形，边缘具锯齿，叶柄长1～2cm；上部叶小，3裂或不分裂，条状披针形。头状花序直径8～9mm；梗长达5cm；总苞基部被短柔毛；总苞片7或8，条状匙形，上部稍宽，草质，边缘疏被短柔毛或几无毛；外层托片披针形，干膜质，内层托片条状披针形。缘花1～4，舌状，白色，舌片长约3.5mm，或无舌状花；盘花管状，黄褐色，顶端5齿裂，两性，结实。果略扁，条状披针形，黑色，具棱，上部具稀疏瘤状突起及刚毛，顶端渐狭，芒刺3或4，具倒刺毛。花果期8—11月。

原产于美洲，亚洲各地均有归化。我国南北各地也有归化。本省已归化，生于路边草丛中、荒地上。

为我国民间常用草药，有清热解毒、活血散瘀等功效。

图8-298　鬼针草

2. 大花鬼针草　白花鬼针草　（图8-299）

Bidens alba (L.) DC. — *Coreopsis alba* L. — *B. pilosa* L. var. *radiata* (Sch. Bip.) J.A. Schmidt

一年生草本。茎直立，高35～100cm，钝四棱形，无毛或被极稀疏柔毛，上部分枝。下部叶较小，叶片3裂或不分裂，通常花时枯萎；中部叶叶片3全裂，稀5裂，两侧裂片椭圆形或卵状椭圆形，长2.5～5cm，宽1.5～3cm，先端急尖，基部近圆形或宽楔形，有时偏斜，边缘具锯齿，顶裂片较大，长椭圆形或卵状长圆形，长4～7.5cm，先端渐尖，基部渐狭，边缘具锯齿，具柄；上部叶小，叶片3裂或不分裂。头状花序较大，具长梗；总苞基部被短柔毛；总苞片7或8，条状匙形；外层托片披针形，干膜质，内层托片条状披针形。缘花5～7，舌状，白色，舌片长5～8mm，顶端常有凹缺；盘花管状，黄褐色，顶端5齿裂，两性，结实。果条状，黑色，具棱，上部具稀疏瘤状突起及刚毛，顶端渐狭，芒刺3或4，具倒刺毛。花果期8—10月。

原产于美洲热带地区。华南及安徽、江西、福建、四川、贵州均有分布，为入侵植物。全省各地均有归化，危害日趋明显。

图8-299 大花鬼针草

3. 金盏银盘 （图8-300）

Bidens biternata (Lour.) Merr. et Sherff — *Coreopsis biternata* Lour.

一年生草本。茎直立，高达1m，略具4棱，无毛或被稀疏卷曲短柔毛。叶片一回羽状全裂，顶裂片卵形至长圆状卵形或卵状披针形，长2～7cm，宽1～2.5cm，两面被柔毛，先端渐尖，基部楔形，边缘具稍密且近均匀锯齿，有时一侧深裂为1小裂片，侧裂片1或2对，卵形或卵状长圆形，近顶部的1对稍小，通常不分裂，基部下延，无柄或具短柄，下部的1对约与顶裂片相等，具明显的柄，三出复叶状分裂或仅一侧具1裂片，裂片椭圆形，边缘具锯齿；叶柄长达5cm，无毛或疏被柔毛。头状花序直径7～10mm，具梗；总苞基部有短柔毛；总苞片8～10，外层的条形，草质，先端急尖，外面密被短柔毛，内层的长椭圆形或长圆状披针形，外面褐色，有深色纵条纹，被短柔毛；托片狭披针形。缘花3～5，舌状，淡黄色，舌片顶端3齿裂，不结实，有时无舌状花；盘花管状，黄色，顶端5齿裂，两性，结实。果条形，黑色，具3或4棱，两端稍狭，顶端渐狭，具3或4芒刺，具倒刺毛。花果期9—11月。

产于安吉、杭州市区、临安、淳安、磐安、缙云、云和、景宁。生于海拔160～1000m的路边、林下或杂草丛中。我国南北各地均有分布。东亚、东南亚至大洋洲、非洲也有。

全草可入药，功效同鬼针草。

图8-300　金盏银盘

4. 婆婆针 （图8-301）

Bidens bipinnata L. — *B. pilosa* L. var. *bipinnata* (L.) Hook.f.

一年生草本。茎直立，高30～90cm，通常四棱形，无毛或上部疏生柔毛。中下部叶对生，上部叶互生；叶片长5～14cm，宽3～6cm，二回羽状深裂，裂片先端急尖或渐尖，边缘具不规则尖齿或钝齿，两面多少有短毛；下部叶有长柄，向上逐渐变短。头状花序直径6～10mm，具长梗；总苞杯形，基部有柔毛；总苞片2层，外层的条状长椭圆形，草质，被稍密短柔毛，先端尖或钝，内层的椭圆形，膜质；托片狭披针形。缘花1～4，舌状，黄色，舌片顶端全缘，有时具2或3齿，不结实；盘花管状，黄色，顶端5齿裂。果条形，略扁，具3或4棱，有瘤状突起及小刚毛，顶端渐狭，具3或4芒刺，稀2，具倒刺毛。花果期9—11月。

产于杭州市区、临安、建德、淳安、嵊州、宁波市区(北仑)、天台、开化、缙云、松阳、遂昌、龙泉、景宁、乐清、泰顺。生于路边荒地、山坡上、田边、溪边、草丛中。分布于我国南北各地。亚洲、欧洲、非洲、美洲均有。

全草可入药，功效同鬼针草。

图 8-301　婆婆针

5. 狼杷草　狼杷草（图8-302）
Bidens tripartita L.

一年生草本。茎直立或基部匍匐，高20～90cm，下部圆柱形，上部四方形，无毛，绿色或带紫色，上部分枝，有时自基部分枝。叶对生；下部叶较小，叶片不分裂，边缘具锯齿，通常花时枯萎；中部叶叶片常3～5羽状深裂，稀不分裂或近基部裂成1对小裂片，侧裂片披针形至狭披针形，长3～7cm，宽8～12mm，顶裂片较大，披针形或长椭圆状披针形，长5～10cm，宽1.5～3cm，两端渐狭，与侧裂片边缘均具疏锯齿，具柄；上部叶较小，叶片披针形，3裂或不裂。头状花序顶生或腋生，直径1～3cm，具较长的梗；总苞盘状；总苞片2层，外层的5～9枚，条形或匙状倒披针形，叶状，先端钝，具缘毛，内层的长椭圆形或卵状披针形，膜质，褐色，有纵条纹；外层托片长椭圆形，内层托片条形。缘花无，全部小花管状，黄色，顶端4裂，两性。果扁平，楔形或倒卵状楔形，边缘具倒钩刺，顶端通常具2芒刺，稀3或4，长短不一，两侧有倒刺毛。花果期8—10月。

产于杭州市区、临安、宁波市区、普陀、磐安、缙云、云和、景宁、庆元、文成、泰顺。生于海拔800m以下的草丛中、路边、荒地上、田边等。分布于我国南北各地。亚洲、欧洲、非洲北部也有。

全草可入药，有清热解毒的功效。

图 8-302　狼杷草

6. 大狼杷草　大狼把草　（图8-303）
Bidens frondosa L.

一年生草本。茎直立，高可达1m，分枝，常带紫色，被疏短毛或无毛。叶对生；叶片一回羽状全裂，裂片3～5，披针形，长3～10cm，宽1～3cm，先端渐尖，基部楔形，边缘具粗锯齿，通常下面被稀疏短柔毛，顶裂片具柄；具叶柄。头状花序直径1.5～2.5cm，单生于茎端或枝端；总苞钟状或半球形；总苞片2层，外层的通常8枚，披针形或匙状倒披针形，叶状，具缘毛，内层的长圆形，膜质。

图 8-303　大狼杷草

一六七　菊科 Asteraceae

缘花舌状，花不发育，极不明显或无舌状花；盘花管状，顶端5裂，两性，结实。果扁平，狭楔形，顶端平截，近无毛或具糙伏毛，顶端通常具2被倒刺毛的芒刺。花果期8—10月。

原产于北美。我国南方地区常见。全省各地均有归化。

入侵程度高，是本省入侵性较强的物种之一。全草可入药，有清热解毒的功效。

53 鹿角草属 Glossocardia Cass.

多年生草本。茎直立或向上斜展。叶互生或下部者对生；叶片羽状分裂或2齿裂，裂片条形。头状花序单生于枝顶，或少数排列成疏散伞房状，异形或同形；总苞小，钟形；总苞片2或3层，近革质，狭窄，内层的较大，基部结合；花序托扁平，托片膜质。缘花舌状，1层，舌片开展，全缘或顶端3裂，或无舌状花，雌性，结实；盘花管状，顶端4裂，两性，结实，花药基部钝或近全缘，花柱分枝顶端具被毛长附器。果背部压扁，条形或卵形，无毛，顶端截形，具2宿存被倒刺毛的芒。

11种，分布于亚洲热带地区、北非及澳大利亚至太平洋岛屿。我国有1种，分布于华南；浙江也有。

鹿角草 （图8-304）

Glossocardia bidens (Retz.) Veldkamp — *Zinnia bidens* Retz. — *Glossogyne tenuifolia* (Labill.) Cass.

多年生草本。根纺锤状。茎高15~30cm，自基部分枝，小枝向上斜展或平展，无毛。基生叶密集，花后宿存，长4~8cm，羽状深裂，两面无毛，裂片2或3对，条形，长7~15mm，先端稍钝，具小尖头，叶柄长约3mm；茎中部叶少，叶片羽状深裂，具短柄；上部叶细小，叶片条形。头状花序单生于枝顶，直径6~8mm，基部具1条状苞片；总苞钟形；总苞片2层，外层的7枚，

图8-304　鹿角草

长圆状披针形,先端钝,边缘膜质,具疏缘毛,内层的狭长圆形,较长,先端钝,边缘膜质。缘花舌状,1层,黄色,舌片开展,顶端3齿裂;盘花管状,顶端4齿裂。果扁平,条形,黑色,无毛,长7~8mm,具数条纹,顶端截形,具2被倒刺毛的芒。花果期6—8月。

产于洞头(大瞿)。生于山顶岩石缝间。分布于华南及西藏。东南亚、南亚至大洋洲也有。

54 豨莶属 Sigesbeckia L.

一年生草本。茎直立,具双叉状分枝,常被柔毛,多少杂被腺毛。叶对生;叶片边缘具锯齿。头状花序排列成疏散圆锥状;总苞钟状或半球形;总苞片2层,有腺毛,外层的条状匙形,具腺毛,开展,内层的倒卵形或长圆形,包围果实一半;花序托小,托片直立,每托片中包有1果。缘花舌状,1层,黄色或白色,舌片顶端通常2或3齿裂,雌性,结实;盘花管状,黄色,顶端5齿裂,或2~4齿裂,两性,结实,或内部的不结实,花药基部钝;花柱分枝短,扁平,顶端尖或稍钝。果倒卵状椭球形,通常向内弯曲,具4或5棱;冠毛无。

约4种,分布于热带和亚热带地区。我国有3种,南北各地均有分布;浙江有3种。

分种检索表

1. 茎及分枝、花序轴等均被平贴短柔毛;头状花序直径1~1.2cm ············ **1. 毛梗豨莶 S. glabrescens**
1. 茎及分枝、花序轴等均被开展柔毛,有时杂有腺毛;头状花序直径1.5cm以上。
   2. 叶片边缘具大小不规则钝齿或浅裂,背面沿脉无长柔毛;花序复二歧分枝 ······ **2. 豨莶 S. orientalis**
   2. 叶片边缘具不规则尖齿,背面沿脉被长柔毛;花序分枝不为二歧状 ······· **3. 腺梗豨莶 S. pubescens**

1. 毛梗豨莶 (图8-305)

Sigesbeckia glabrescens (Makino) Makino — *S. orientalis* L. form. *glabrescens* Makino

一年生草本。茎直立,高30~80cm,较细弱,上部分枝,被平贴短柔毛,有时上部毛较密。基部叶花时枯萎;茎中部叶叶片卵圆形、三角状卵圆形或卵状披针形,长2.5~10cm,宽1.5~6cm,先端渐尖,基部宽楔形或圆形,有时下延成翼柄,边缘具规则的齿;茎上部叶叶片渐小,卵状披针形,长约1cm,宽约0.5cm,两面被柔毛,下面有腺点,基出3脉,边缘具疏齿或全缘,具短柄或无柄。头状花序直径10~12mm,多数在枝端排列成疏散圆锥状;梗纤细,疏生平伏短柔毛;总苞钟状;总苞片2层,草质,外面密被紫褐色头状有柄的腺毛,外层的5枚,条状匙形,内层的倒卵状长圆形。缘花舌状,雌性,结实;盘花管状,顶端4或5齿裂,两性,结实。果倒卵球形,具4棱,有灰褐色环状突起;冠毛无。花果期8—11月。

除平原地区外,全省广泛分布。生于路边草丛中、林下山坡上、田边、荒地上、林缘灌丛中。分布于华东、华中、华南、西南各地。日本、朝鲜半岛也有。

一六七　菊科 Asteraceae

图 8-305　毛梗豨莶

2. 豨莶 （图 8-306）
Sigesbeckia orientalis L.

一年生草本。茎直立，高可达 1.5m，上部分枝呈复二歧状，全部分枝被灰白色开展柔毛。叶片三角状宽卵形，或菱状卵形至披针形，长 4～15cm，宽 4～10cm，纸质，两面被毛，基出 3 脉，或下部的更大，先端急尖或钝，基部通常宽楔形或近平截，边缘具不规则大小钝齿至浅裂，外侧的较纤细；叶柄长短不一，长达 3cm 或更长。头状花序直径 1.6～2.1cm，通常排列成二歧分枝式具叶的伞房状，被长柔毛；总苞宽钟形；总苞片 2 层，外层的 5 或 6 枚，匙形，开展，被腺毛，内层的长圆形或倒卵状长圆形，外部具腺毛，先端平截。缘花 5，舌状，黄色，舌片短，雌性，结实；盘花管状，较多，顶端 4 或 5 裂，两性，结实。果倒卵球形，具 4 或 5 棱，顶端圆，光滑，黑色，通

图 8-306　豨莶

常弯曲；冠毛无。花果期夏、秋季。

产于全省各地。生于路边草丛中、村边荒地或山坡上。分布于全国各地。热带、亚热带和温带地区广泛分布。

地上部分可入药，有治高血压、风湿痹痛、虫蛇咬伤等功效。

3. 腺梗豨莶 （图8-307）

Sigesbeckia pubescens Makino — *S. orientalis* form. *pubescens* Makino

一年生草本。茎直立，高30～100cm，粗壮，上部多分枝，被开展灰白色长柔毛和糙毛。叶对生；叶片上面深绿色，下面淡绿色，基出3脉，两面被平贴短柔毛，沿脉具长柔毛；基部叶叶片卵状披针形，花时枯萎；中部叶叶片宽卵形或宽卵状三角形，长7～20cm，宽5～8cm，先端渐尖，基部宽楔形，下延成具翼的柄，边缘具大小不等的尖齿；上部叶渐小，叶片披针形或卵状披针形。头状花序直径2～3cm，多数，于枝顶排列成伞房状；梗较长，密生紫褐色头状具柄的腺毛和长柔毛；总苞宽钟状；总苞片2层，草质，外面密生紫褐色头状具柄的腺毛，外层的条状匙形或宽条形，内层的卵状长圆形。缘花舌状，舌片顶端常具2或3齿裂，雌性，结实；盘花管状，顶端4或5裂，两性，结实。果倒卵球形，具4棱，顶端有灰褐色环状突起；冠毛无。花果期8—11月。

产于杭州、宁波、丽水、温州及新昌、磐安、武义、天台、临海、仙居等。生于林下路边、溪边、荒地上或草丛中。分布于全国各地。

图8-307 腺梗豨莶

全草可入药，功效同豨莶。

本省尚有1变型无腺腺梗豨莶 form. **eglandulosa** Ling et X.L. Hwang，与腺梗豨莶的区别在于花序梗和花梗均无紫褐色头状具柄的腺毛。生于林下、路边、溪边、荒地上或草丛中。产于全省各地。

55 鳢肠属 Eclipta L.

一年生草本。茎直立或匍匐状，被硬糙毛。叶对生；叶片边缘全缘或稍具齿缺。头状花序小，顶生或腋生，具梗；总苞宽钟状；总苞片约2层，草质，外层的较宽；花序托平坦，具条状托片。缘花舌状，约2层，白色，少为黄色，舌片小，全缘或具2齿，雌性，结实或不结实；盘花管状，白色，顶端4或5裂，两性，结实，花药基部钝，花柱分枝扁平，顶端具短的三角形附器。缘花的果狭，具3棱；盘花的果较粗壮，压扁，顶部全缘，具齿或有2芒刺；冠毛无。

约5种，分布于美洲温暖地带。我国有1种，南北均有分布；浙江也有。

鳢肠 墨旱莲（图8-308）

Eclipta prostrata (L.) L. — *Verbesina prostrata* L.

一年生草本。茎匍匐状或近直立，高达50cm，通常自基部分枝，被糙硬毛，全株干后常变为黑色。叶对生；叶片长圆状披针形或条状披针形，长3～10cm，宽5～15mm，先端渐尖，基部楔形，全缘或具细齿，两面密被硬糙毛，基出脉3；无叶柄。头状花序1或2，腋生或顶生，卵球形，直径5～8mm，具梗；总苞球状钟形；总苞片2层，5或6枚，卵形或长圆形，外被紧贴硬糙毛，先端钝或急尖。缘花舌状，2层，白

图8-308 鳢肠

色,顶端2浅裂或全缘,雌性,结实;盘花管状,白色,顶端4齿裂,两性,结实。缘花的果三棱形,盘花的果扁四棱形,顶端截形,具1~3细齿,基部稍缩小,边缘具白色的肋,表面具小瘤状突起,无毛;冠毛退化成2或3小鳞片。花果期6—10月。

产于全省各地。生于路边潮湿地、溪边草丛中、田埂边。全国各地均有分布。亚洲地区也有。全草可入药,有收敛、止血、补肝肾等功效。

56 金钮扣属 Acmella Pers.

一年生草本。茎直立或向上斜展,分枝或不分枝。叶对生;叶片边缘具锯齿或全缘,常具柄。头状花序小,具长梗,单生于叶腋或茎枝端,具同形花;总苞盆状或钟形;总苞片1或2层,草质;花序托突起或伸长,圆柱形或圆锥形,具托片。缘花舌状,黄色或白色,1层,顶端2或3浅裂,或缺,雌性,不结实;盘花管状,黄色,顶端4或5齿裂,两性,结实,花药基部钝,花柱分枝短,顶端平截。果三棱状,或背向压扁,边缘具缘毛;冠毛无,有时为2或3芒刺。

约30种,分布于泛热带地区。我国连同引种栽培的有6种;浙江有2种。

1. 金钮扣 (图8-309)

Acmella paniculata (Wall. ex DC.) R.K. Jansen — *Spilanthes paniculata* Wall. ex DC.

一年生草本。茎直立或向上斜展,高20~55cm,有分枝,带紫红色,具纵棱纹,被短柔毛或近无毛。叶对生;叶片卵形、宽卵形、卵状披针形或椭圆形,长2.5~5cm,宽0.6~2cm,先端

图8-309 金钮扣

钝或渐尖，基部楔形至圆形，边缘具钝锯齿或近全缘，两面有疏毛或无毛，基出脉3；叶柄长约1cm。头状花序1～3个顶生，卵圆形，具长1～5cm的梗，或更长；总苞短钟形；总苞片2层，卵形或长圆形，先端钝或具小尖；花序托伸长，圆锥形，托片膜质，具短柄，包围小花。缘花舌状，黄色，1层，舌片宽卵形，顶端3浅裂，雌性，结实；盘花管状，顶端4或5裂，两性，结实。果长圆球形，两面扁平，边缘具睫毛；冠毛2或3，刺毛状。花果期10—11月。

产于杭州市区、临安。生于山坡林下草丛中。分布于广东、广西、台湾、四川、云南。东亚、东南亚也有。

2. 白花金钮扣 （图8-310）

Acmella radicans (Jacq.) R.K. Jansen var. **debilis** (Kunth) R.K. Jansen —— *Spilanthes debilis* Kunth —— *A. brachyglossa* auct. non Cass.

一年生草本。茎直立或向上斜展，高10～40cm，有分枝，绿色或紫色，无毛或被柔毛。叶对生；叶片卵形或狭卵形，长1～7cm，宽0.7～5cm，先端急尖或短渐尖，基部楔形，边缘具细锯齿，两面有疏毛或无毛；叶柄长5～12cm。头状花序卵圆形，顶生，具长4～7cm的梗；总苞钟形；总苞片2层，长卵形或长圆形，先端钝；花序托伸长，圆锥形，托片膜质，包围小花。缘花5～7，舌状，白色，舌片倒卵形，顶端3浅裂，稍伸出总苞外，雌性，结实；盘花管状，多数，顶端4或5齿裂，两性，结实或不结实。果椭圆形，两面扁平，边缘具睫毛；冠毛2，偶3，刺毛状。花果期7—10月。

原产于南美洲，印度有归化。安徽有归化。象山也有归化。

与金钮扣的区别在于叶片边缘具细锯齿；缘花舌片白色，稍伸出总苞外。

图8-310 白花金钮扣

57 金光菊属 Rudbeckia L.

二年生或多年生草本，稀为一年生。叶互生，稀对生；叶片全缘或羽状分裂。头状花序大，着生于茎枝端，具长梗；总苞碟形或半球形；总苞片2层，外层的叶状，呈覆瓦状排列；花序托突起，圆柱形或圆锥形，托片干膜质，对折或呈龙骨瓣状。缘花舌状，1层，黄色、橙色或红色，舌片开展，全缘或顶端具2或3短齿，中性；盘花管状，黄色或紫黑色，顶端5裂，两性，结实，花药基部钝，花柱分枝顶端具钻形附器，被锈毛。果具4棱或近圆柱形，稍压扁；冠毛短冠状或无冠毛。

约17种，分布于北美洲。我国引种栽培2种；浙江也有。

1. 黑心金光菊 （图8-311）
Rudbeckia hirta L. — *R. serotina* Nutt.

一年生或二年生草本。茎直立，高达1m，不分枝或上部分枝，全体被粗刺毛。叶互生；下部叶叶片长卵圆形、长圆形或匙形，先端急尖或渐尖，基部楔状下延，边缘具细锯齿，具三出脉，叶柄长8～12cm，具翅；上部叶叶片长圆状披针形，长3～5cm，宽1～1.5cm，先端渐尖，基部楔形，边缘具细锯齿、粗锯齿，或全缘，两面被白色密刺毛，叶柄无或具短柄。头状花序直径5～7cm；总苞半球形；总苞片外层的长圆形，内层的较短，披针状条形，先端钝，被白色刺毛；花序托圆锥形，托片条形，对折成龙骨瓣状，长约5mm，边缘具纤毛。缘花10～14，舌状，鲜黄色，舌片长圆形，顶端具2或3不整齐短齿，中性；盘花管状，暗褐色或暗紫色，两性，结实。果四棱形，黑褐色，长约2mm；冠毛无。花果期6—10月。

原产于北美洲。我国各地公园均有栽培。本省常见栽培。

庭园、公园、花圃等常见栽培供观赏。

图8-311 黑心金光菊

2. 金光菊（图8-312）
Rudbeckia laciniata L.

多年生草本，或为亚灌木。茎直立，高达2m，上部有分枝，无毛或稍有短糙毛。叶互生，无毛或疏被短毛；下部叶叶片不分裂或羽状3～7深裂，裂片长圆状披针形，先端尖，边缘具不等疏锯齿或浅裂，具叶柄；中部叶叶片3～5深裂，具短柄；上部叶叶片不分裂，卵形，先端尖，全缘或具少数粗齿，下面边缘被短糙毛，近无柄。头状花序直径7～12cm，单生或数个生于枝端；总苞半球形；总苞片2层，长圆形，先端尖，稍弯曲，被短毛。缘花舌状，金黄色，舌片倒披针形，顶端具2短齿；盘花管状，黄色或黄绿色，两性，结实。果压扁，稍具4棱，无毛；冠毛短冠状。花果期7—10月。

原产于北美洲。我国各地常见栽培。全省各地普遍栽培。

作为观赏植物栽培于公园、花坛、花圃、庭园，抗寒性好。

与黑心金光菊的区别在于叶片通常分裂；盘花黄色或黄绿色。

图8-312 金光菊

58 向日葵属 Helianthus L.

一年生或多年生草本。植株通常高大，被短糙毛或白色硬毛。叶对生，有时上部叶或全部叶互生；叶片常有离基三出脉；具柄。头状花序大或较大，单生或排列成伞房状；总苞盘形或半球形；总苞片2至多层，膜质或草质；花序托平坦或突起，托片干膜质，折叠，包围两性花。缘花舌状，1层，黄色，舌瓣开展，雌性，不结实；盘花管状，黄色，顶端5裂，两性，结实，花药基部钝，花柱分枝，顶端截形，具三角形附器。果稍压扁，长圆球形或倒卵球形；冠毛2，膜片状，或为2～4枚较短的芒刺，早落。

50余种，分布于北美洲。我国引种栽培3种；浙江有3种。

本属的千瓣葵 *H. decapetalus* L. var. *multiflorus* Hort. 常作鲜切花用，露地栽培则少见，暂附于此。

分种检索表

1. 头状花序大型，直径10～30cm；盘花棕色或紫色；果的冠毛膜片状 ·················· **1. 向日葵 H. annuus**
1. 头状花序直径3～9cm；盘花黄色或红色；果的冠毛芒状。
　　2. 一年生或多年生草本，植株无块茎；盘花常为红色；叶片下面无腺点 ··· **2. 瓜叶向日葵 H. cucumerifolius**
　　2. 多年生草本，植株具块茎；盘花黄色；叶片下面具腺点 ·················· **3. 菊芋 H. tuberosus**

1. 向日葵（图8-313）

Helianthus annuus L.

一年生高大草本。茎直立，可达2m以上，粗壮，有粗毛，不分枝或上部分枝。叶互生；叶片心状卵圆形或卵圆形，长10～30cm，宽8～25cm，基部截形或心形，边缘具锯齿，两面被糙毛，基出脉3；有长

图8-313　向日葵

柄。头状花序大，直径10～30cm，单生于茎端或枝端，常下倾；总苞片多层，叶质，呈覆瓦状排列，卵形至卵状披针形，被毛，先端尾状渐尖；花序托平或突起，有膜质托片。缘花舌状，多数，黄色，舌片长圆状卵形或长圆形，开展，雌性，不结实；盘花管状，棕色或紫色，顶端5裂，两性，结实。果稍压扁，倒卵球形或卵状长圆球形，有细肋，常被白色短柔毛；冠毛2，膜片状，早落。花果期7—9月。

原产于北美，全球各地广泛栽培。全国各地均有栽培。全省普遍栽培，极为常见。

可供观赏；果实可炒食；种子可榨油。

2. 瓜叶向日葵

Helianthus cucumerifolius Torr. et A. Gray — *H. debilis* Nutt. subsp. *cucumerifolius* (Torr. et A. Gray) Heiser

一年生或多年生草本。茎直立，高可达2m，粗壮，无毛，有时被微柔毛或长硬毛，常不分枝。叶互生；叶片三角状卵形、卵形或卵状披针形，长2.5～14cm，宽2～13cm，先端急尖，基部宽楔形、截形或心形，边缘具锯齿或近全缘，背面无毛或被长硬毛；有长柄。头状花序1～3，直径3.5～5cm，单生于茎端或枝端；梗长达30cm；总苞半球形；总苞片多层，披针形，先端急尖或长渐尖，无毛或被长硬毛。缘花多数，舌状，黄色，开展，雌性；盘花多数，管状，红色，有时黄色，顶端5裂，两性，结实。果稍压扁，倒卵状长圆球形，无毛或被短毛；冠毛2，芒状。花果期8—9月。

原产于北美。全国各地均有栽培，有时逸生。本省常有栽培。

有时也用作鲜切花。

3. 菊芋 （图8-314）

Helianthus tuberosus L.

多年生草本。地下茎块状。茎直立，高1～2m，有分枝，被糙毛及刚毛。下部叶通常对生，上部的互生；茎下部叶叶片卵圆形或卵状椭圆形，长10～16cm，宽3～6cm，先端渐尖，基部宽楔形或圆形，有时微心形，边缘具粗锯齿，具离基三出脉，上面有短粗毛，下面被柔毛，具腺，有长柄；上部叶叶片长椭圆形至宽披针形，先端渐尖，基部渐狭，下延成具狭翅的短柄。头状花序直径5～9cm，少数或多数，单生于枝端，直立；总苞片多层，披针形，先端长渐尖，外面被短伏毛；托片长圆形，先端不等3浅裂。缘花舌状，黄色，舌片长椭圆形，开展；盘花管状，黄色。果楔形或长圆球形，上端有2～4锥状扁芒。花果期7—10月。

原产于北美。我国各地普遍栽培。全省较为常见，也常见逸生。

块茎常制成酱菜食用。

图8-314 菊芋

59 蟛蜞菊属 Sphagneticola O. Hoffm.

多年生草本。茎直立或匍匐。叶对生；叶片不分裂或3裂，边缘齿裂或具锯齿。头状花序单生，顶生，具长梗；总苞宽钟形；总苞片2层，呈覆瓦状排列，外层的3～5枚，草质，长于内层，先端反折，内层的10～12枚；花序托突起成圆锥状，托片糙毛状。缘花舌状，1或2层，橘黄色或黄色，雌性，结实；盘花管状，多数，顶端5裂，两性，结实，花药基部戟形，具

一六七　菊科 Asteraceae

钝耳，花柱分枝，顶端具附器。果倒圆锥形，缘花的果具3棱，盘花的果压扁，顶端具短喙；具流苏状冠毛环。

4种，分布于美洲热带至亚热带地区。我国引种2种，在东南沿海逸生；浙江也有。

1. 蟛蜞菊（图8-315）

Sphagneticola calendulacea (L.) Pruski — *Verbesina calendulacea* L. — *Wedelia chinensis* (Osbeck) Merr.

多年生草本。茎直立或基部匍匐，分枝，有沟纹，密被短糙毛。叶对生；叶片倒披针形、椭圆形或狭椭圆形，长2～6cm，宽6～12mm，先端急尖或钝，基部渐狭，全缘或有1～3对疏粗齿，侧脉1或2对，基部1对较显著；无柄。头状花序少数，直径1.5～2cm，单生于叶腋或枝顶，具梗；总苞钟形，直径约1cm；总苞片2层，外层的椭圆形，外面被紧贴短柔毛，先端钝或圆，向内渐变短；托片条形，先端渐尖，常3浅裂，较总苞片略短。缘花舌状，1层，黄色，舌片卵状长圆形，顶端2或3深裂；盘花管状，黄色，顶端5

图 8-315　蟛蜞菊

裂，裂片卵形。果倒卵球形，顶端圆，多疣状突起，具3棱；有具细齿冠毛环。花果期4—8月。

产于象山、洞头、平阳、苍南，杭州有栽培。生于滨海山坡草丛中。分布于辽宁、福建、广东、台湾。东亚、东南亚也有。

2. 南美蟛蜞菊 （图8-316）

Sphagneticola trilobata (L.) Pruski — *Silphium trilobata* L.

多年生草本。茎下部匍匐，分枝，无毛或被短柔毛，稀为短糙毛。叶对生；叶片椭圆形或披针形，长5～15cm，3裂，先端急尖，基部楔形，边缘明显具齿，无毛或疏被短柔毛，有时具短糙毛；叶柄长或短。头状花序单生，具长梗；总苞钟形，绿色；总苞片2层，外层的长于内层的，披针形，长10～15mm，边缘具睫毛，脉明显。缘花4～8，舌状，黄色，舌片顶端3或4裂，不育；盘花管状，多数，长约2cm，黄色，顶端5裂。果棍棒状，黑色，长约5mm，具3棱；冠毛环具细齿。花果期4—8月。

原产于美洲热带地区，全球各地有归化。广东、台湾有归化。温州已多地逸生。

可用作园林地被和边坡绿化，入侵性较强，应加以注意。

与蟛蜞菊的区别在于叶片3裂；全体毛较稀疏或近无毛，易区分。

图8-316　南美蟛蜞菊

60 卤地菊属 Melanthera Rohr

一年生、多年生草本，或为亚灌木。茎直立或匍匐。叶对生；叶片不分裂，边缘常具齿。复合花序顶生，头状花序单生，或排列成伞房状，具梗；总苞近球形；总苞片2层，呈覆瓦状排列，草质；花序托平坦，托片折叠。缘花1层，舌状，黄色，雌性；盘花管状，黄色，顶端4或5齿裂，两性，结实，花药基部戟形，具钝耳，花柱分枝，顶端具附器。果倒圆锥形，缘花的果具3棱，盘花的果具4棱，顶端圆，被柔毛；冠毛无，或呈1短芒状。

约20种，分布于亚洲、非洲和美洲。我国有1种，分布于东南沿海地区；浙江也有。

卤地菊（图8-317）

Melanthera prostrata (Hemsl.) W.L. Wagner et H. Rob. — *Wedelia prostrata* Hemsl.

一年生草本。全体密被疣基短糙毛。茎匍匐，长20～70cm，或更长，分枝。叶对生；叶片卵形或披针状卵形，长1～1.5cm，宽4～8mm，先端钝，基部稍狭，边缘两侧各具1～3对不规则糙齿，稀全缘，中脉和基部发出的1对侧脉均不明显；叶柄无或具短柄。头状花序少数，直径约1cm，单生于具叶小枝顶端或上部叶腋，无梗或具短梗；总苞近球形，直径约9mm；总苞片2层，外层的卵形至长圆状倒卵形，先端钝，外面被疣基短粗毛，内层的倒卵形，先端三角状急尖，被毛；托片折叠成倒卵状长圆形，托片长于总苞片。缘花1层，舌状，黄色，舌片长圆形，顶端3浅裂；盘花管状，黄色，顶端5齿裂。果倒卵状三棱形，顶端平截，有极短柔毛；无冠毛环。花果期6—10月。

产于象山（北渔山岛）、定海、普陀、温岭、洞头（大巨）、瑞安（北麂岛）、平阳（南麂岛）、苍南（北关岛）。生于海边的山坡草丛中或沙滩上。分布于福建、台湾和广东沿海等地。日本、菲律宾、越南、印度、朝鲜半岛也有。

图 8-317　卤地菊

61 蓍属 Achillea L.

多年生草本。叶互生，羽状浅裂至全裂，或不分裂而仅具锯齿，有腺点或无腺点，被柔毛或无毛。头状花序小，具短梗，排列成伞房状，稀单生；总苞卵球形、长圆球形或半球形；总苞片2或3层，呈覆瓦状排列，边缘干膜质；花序托突起或圆锥状，有干膜质托片。缘花雌性，通常1层，舌状，结实；盘花两性，多数，结实，花冠管状，5齿裂，花药基部钝，顶端附器披针形，花柱分枝顶端截形，画笔状。果腹背压扁，长圆球形，小，顶端截形，光滑；无冠毛。

约200种，分布于欧洲、中亚。我国有11种，多见于东北、西北和华北，各地均有栽培；浙江引种栽培2种。

1. 高山蓍 （图8-318）
Achillea alpina L. — *A. sibirica* Ledeb.

多年生草本，具短根状茎。茎直立，高30～60cm，被疏或密伏柔毛，中部以上叶腋常有不育枝，仅在花序或上半部有分枝。叶片条状披针形，长6～10cm，宽7～15mm，篦齿状羽状浅裂至深裂，基部裂片抱茎，裂片条形或条状披针形，先端尖锐，边缘具不等大锯齿或浅裂，齿端和裂片顶端有软骨质尖头，上面疏生长柔

图8-318　高山蓍

毛,下面毛较密,常有腺点,无柄;下部叶花时凋落,上部叶渐小。头状花序多数,排列成伞房状;总苞近球形,直径5～7mm;总苞片3层,呈覆瓦状排列,宽披针形至长椭圆形,边缘膜质,褐色,疏生长柔毛;托片和内层总苞片相似。缘花6～8,舌状,舌片白色,宽椭圆形,顶端3浅裂,雌性;盘花管状,白色,先端5齿裂,两性。果扁,宽倒披针形,具淡色边肋。花果期6—10月。

原产于我国北部。日本、朝鲜半岛及俄罗斯西伯利亚地区也有。本省常见栽培。

全草可入药;也可观赏。

2. 蓍 洋蓍草 千叶蓍 (图8-319)
Achillea millefolium L.

多年生草本,具细的匍匐根状茎。茎直立,高30～80cm,常被白色长柔毛,上部分枝或不分枝,中部以上叶腋常有缩短的不育枝。叶片披针形、长圆状披针形或近条形,长5～7cm,宽1～1.5cm,二回至三回羽状全裂,末回裂片披针形至条形,先端具软骨质短尖,上面密生凹陷的腺体,多少被毛,下面被较密的伏贴长柔毛;无柄或具短柄。头状花序多数,排列成复伞房状;总苞长圆形或近卵球形,直

图8-319 蓍

径约3mm，疏生柔毛；总苞片3层，椭圆形至长圆形，边缘膜质，棕色或淡黄色；托片长椭圆形，膜质，背面散生黄色闪亮的腺点，上部被短柔毛。缘花5，舌状，舌片近圆形，白色、粉红色或淡紫红色，顶端2或3齿裂，雌性；盘花管状，黄色，两性，先端5齿裂，外面具腺点。果长圆球形，淡绿色，有狭的淡白色边肋；无冠毛。花果期6—10月。

原产于北半球温带或高山地带。我国各地的公园、庭园、景区常有栽培。杭州及德清等地也有栽培。

本种在花境中应用较广泛。

与高山蓍的区别在于叶片二回至三回羽状全裂，裂片细条形，宽不及1mm；头状花序较小，直径5～6mm。

62 春黄菊属 Anthemis L.

一年生或多年生草本。植物体具强烈气味。茎直立，上部多分枝，被毛或无毛。叶互生；叶片一回至二回羽状全裂。头状花序单生于枝端，具长梗，稀全为管状花；总苞半球形；总苞片数层，呈覆瓦状排列，边缘干膜质；花序托突起或伸长，具托片。缘花舌状，1层，雌性，白色或黄色；盘花管状，两性，5齿裂，黄色，结实，花药基部钝，花柱分枝，分枝顶端截形，画笔状，无附器。果长圆球形或倒圆锥形，4或5棱及多条纵肋；冠毛缺或极短，或呈齿裂状、冠状。

100余种，分布于欧洲南部、中亚、北非。我国引种栽培的有3种，有时逸生；浙江有2种。

1. 臭春黄菊 （图8-320）
Anthemis cotula L.

一年生草本，具臭味。茎直立，高30～50cm，疏生柔毛或近无毛，上部分枝。叶片卵状长圆形，二回羽状全裂，小裂片狭条形，先端短尖，有腺

图8-320　臭春黄菊

点，两面近无毛。头状花序单生于枝端，直径1～2cm，具长梗；花序托长圆锥形，托片条状钻形，下部小花无托片；总苞半球形；总苞片长圆形，先端钝，边缘狭膜质。缘花舌状，雌性，舌片白色，椭圆形；盘花管状，两性，先端5齿裂，基部翅状扩大。果长圆状陀螺形，有多数小瘤状突起，具多条纵肋，肋在顶部边缘呈圆齿状；无冠毛。花果期6—7月。

原产于北非、中亚、欧洲。我国各地均有栽培，有时逸生。本省的庭园也常有栽培。

2. 春黄菊 （图8-321）
Anthemis tinctoria L.

多年生草本。茎直立，高30～60cm，带红色，具纵棱，上部具开展分枝，疏被白色绵毛。叶片长圆形，羽状全裂，裂片长圆形，有三角状披针形、先端具小硬尖的篦齿状小裂片，基部下延，叶轴具锯齿，上面疏被柔毛，下面被白色长柔毛，叶脉突起。头状花序单生于枝端，直径达3cm，有长梗；总苞半球形，初时被毛，后渐脱落；总苞片3或4层，外层的披针形，先端急尖，内层的长圆形，先端钝，边缘干膜质。缘花舌状，舌片金黄色，顶端3浅裂，雌性；盘花管状，顶端5齿裂，两性，结实。果稍扁，四棱形，有沟槽；冠毛极短，齿裂状或几呈冠状。花果期5—8月。

图 8-321 春黄菊

原产于欧洲。我国各地均有栽培。本省的庭园常见栽培。

可供观赏。

与臭春黄菊的区别在于植株无臭味；缘花舌片金黄色，头状花序直径达3cm；叶轴具锯齿。

63 果香菊属 Chamaemelum Mill.

多年生草本，具强烈香味。茎多分枝。叶互生；叶片二回至三回羽状全裂。头状花序多数，或单生于枝端，具异形花或同形花；总苞宽碟形；总苞片3或4层，呈覆瓦状排列，草质，边缘膜质，先端膜质部分扩大；花序托具膜质托片。缘花舌状，舌片白色，花后向下反折，管部基部明显向下增生而包围子房顶部，雌性；盘花管状，多数，两性，花冠黄色，顶端5齿裂，基部多少囊状扩大包围子房顶部，并斜向果背延伸，花药基部钝，顶端具卵状披针形附器，花柱分枝狭条形，顶端截形。果稍侧扁，三棱状圆筒形，顶端圆形，基部收狭，具3或4突起的细肋；冠毛无。

2或3种，分布于欧洲南部和非洲北部。我国引种栽培1种；浙江也有。

果香菊 （图8-322）

Chamaemelum nobile (L.) All. — *Anthemis nobilis* L.

多年生草本，具强烈香味。茎直立，高15～30cm，通常自基部多分枝，全株被柔毛。叶互生；叶片长圆形或披针状长圆形，长1～6cm，宽4～15mm，二回至三回羽状全裂，末回裂片极狭，条形或宽披针形，先端有软骨质尖头；无柄。头状花序单生于茎和长枝顶端，直径约2cm；总苞

图 8-322　果香菊

一六七　菊科 Asteraceae

直径6～12mm，长3～6mm；总苞片3或4层，呈覆瓦状排列，具宽膜质边缘；花序托圆锥形，具宽钝的膜质托片。缘花舌状，雌性，白色，花后舌片向下反折；盘花管状，两性，黄色。果长1.2～1.5mm，宽约0.6mm，具3或4突起的细肋；无冠毛。

原产于欧洲南部。我国各地常见栽培。本省普遍栽培。

作地被植物供观赏，有些地区植株可自我更新；头状花序可入药，有发汗、镇痉等功效。

64 木茼蒿属 Argyranthemum Webb. ex Sch. Bip.

亚灌木。茎粗壮，木质化。头状花序多数，在茎端排列成不规则伞房状，具异形花；总苞碟状；总苞片3或4层，硬草质；花序托极突起，无托毛。缘花舌状，白色，1层，舌片条形或条状长圆形，雌性；盘花管状，黄色，两性，花冠下半部狭管状，上半部突然扩大成宽钟状，顶端5齿裂，花药基部钝，顶端有卵状披针形附器，花柱分枝条形，顶端截形。果多样；缘花的果有3具宽翅的肋及不明显的间肋，顶端有冠毛，冠毛的冠缘不整齐；盘花的果有5～8椭圆形的肋，其中1或2腹肋强烈突起，顶端有短冠状冠毛。

约10种，分布于北非西海岸。我国引种栽培1种；浙江也有。

木茼蒿 （图8-323）

Argyranthemum frutescens (L.) Sch. Bip. —— *Chrysanthemum frutescens* L. —— *Pyrethrum frutescens* (L.) Willd.

亚灌木。茎木质化，高达1m，枝条大部分木质化。叶互生；叶片宽卵形、椭圆形或长椭圆形，长3～6cm，宽

图8-323　木茼蒿

2～4cm，二回羽状分裂，第一回深裂或几全裂，侧裂片2～5对，第二回浅裂或半裂，侧裂片条形或披针形，两面无毛；叶柄长1.5～4cm，有狭翼。头状花序多数，在枝端排列成不规则伞房状，有长梗；总苞直径10～15mm；总苞片3或4层，边缘白色宽膜质，内层的先端膜质扩大几呈附器状。缘花舌状，舌片长8～15mm，雌性，结实；盘花管状，两性，结实。缘花的果有3具白色膜质宽翅的肋；盘花的果有1或2具狭翅的肋，并有4～6细间肋；冠毛长约0.4mm。花果期4—8月。

原产于北非加那利群岛。我国各地的公园或植物园常见栽培，本省也常见栽培。

65 茼蒿属 Glebionis Cass.

一年生草本。茎直立或向上斜展，无毛，分枝或不分枝。叶互生；叶片羽状分裂，无毛，或边缘具锯齿。头状花序单生于茎枝顶端；花序托突起，半球形，无托毛；总苞宽杯状；总苞片4层，硬草质。缘花舌状，黄色，1层，雌性，结实；盘花管状，顶端5齿裂，两性，结实，花药基部钝，花柱分枝，顶端截形。舌状花的果具2或3突起的硬翅肋及2～6明显或不明显的间肋；两性花的果具6～12等距排列的肋，其中1条突起成硬翅状，或腹面、背面各有1强烈突起的肋；冠毛无。

3种，分布于地中海地区，全球各地广泛栽培。全国各地均有栽培；浙江常见栽培2种。

《中国植物志》和 *Flora of China* 记载，我国还广泛栽培蒿子秆 *G. carinata*，因省内并不多见，故本志不予收录。

1. 茼蒿 艾菜 茼蒿菜 （图8-324）
Glebionis coronaria (L.) Cass. ex Spach — *Chrysanthemum coronarium* L.

一年生草本，全株光滑无毛。茎直立，高达70cm，不分枝或自中上部分枝。基生叶花时枯萎；茎中下部叶叶片长椭圆形或长椭圆状倒卵形，长8～10cm，无柄，二回羽状分裂，第一回深裂或几全裂，侧裂片4～10对，第二回浅裂、半裂或深裂，裂片卵形或条形；上部叶变小。头状花序单生，或少数在茎顶排列成不明显伞房状，具长梗；总苞直径1.5～3cm；总苞片4层，内层的先端膜质，并扩大成附器状。缘花雌性，结实；盘花两性，结实。舌状花的果具3突起的狭翅肋，肋间有1或2明显的间肋；管状花的果有1或2椭圆形突起的肋及不明显的间肋。花果期6—8月。

原产于地中海地区。我国各地广为栽培。本省也常见栽培。

嫩叶可作蔬菜食用。

一六七　菊科 Asteraceae

图 8-324　茼蒿

2. 南茼蒿　蒿菜（图 8-325）
Glebionis segetum (L.) Fourr. — *Chrysanthemum segetum* L.

一年生草本，全株光滑无毛。茎直立，高 20～60cm，富肉质。叶互生；叶片椭圆形、倒卵状披针形或倒卵状椭圆形，长 4～6cm，先端圆钝，基部楔形，耳状抱茎，边缘具不规则深齿裂或羽状浅裂；无柄。头状花序直径 4～6cm，单生于枝顶；总苞直径 1～2cm；总苞片 4 层，干膜质，内层的顶端膜质，并扩大成附器状。缘花舌状，黄色或黄白色，雌性，结实；盘花管状，两性，结实。舌状花的果具 2 突起的狭翅肋，每面具 3～6 不明显的间肋；管状花的果肋约 10 条，等形等距。花果期 3—6 月。

图 8-325　南茼蒿

原产于地中海地区。华东及河北、广东、湖北、湖南、云南等地有栽培。全省各地广为栽培。

可作蔬菜食用。

与茼蒿的区别在于本种叶片边缘具不规则深齿裂或羽状浅裂；缘花的果具2突起的狭翅肋。

66 菊蒿属 Tanacetum L.

多年生草本，或为亚灌木，全株有单毛、"丁"字形毛或星状毛，或无毛。叶互生，稀为莲座状；叶片羽状全裂或浅裂。头状花序具异形花或同形花，排列成疏松或紧密、规则或不规则伞房状，极少单生；总苞钟状；总苞片3～5层，硬草质或草质，有膜质狭边或近无；花序托突起或平坦，常具托毛，或无托毛。缘花1层，稀2层，或不存在，雌性，结实；盘花管状，黄色，多数，顶端2～5齿裂，两性，花药基部钝，顶端附器卵状披针形，花柱分枝条形，顶端截形。果三棱形或四棱形，具5～10突起的纵肋；冠毛冠状，长0.1～0.7mm，冠缘具齿或浅裂。

约100种，分布于中亚、欧洲和北非。我国连同引种的有19种，多产于东北、华北、西北；浙江栽培2种。

1. 除虫菊 白花除虫菊 （图8-326）
Tanacetum cinerariifolium (Trevir.) Sch. Bip. — *Pyrethrum cinerariifolium* Trevir. — *Chrysanthemum cinerariifolium* (Trevir.) Vis.

多年生草本。茎直立，高15～50cm，单生或少数簇生，不分枝或自基部分枝，银灰色，被伏贴"丁"字形或顶端分叉的短柔毛。叶互生，两面银灰色，被伏贴压扁的"丁"字形毛及顶端分叉的短毛；基生叶花时宿存，叶片卵形或椭圆形，一回至二回羽状分裂，末回裂片全缘或有齿，具柄；茎中部叶渐大，与基生叶同形并等样分裂，具柄；茎上部叶渐小，二回羽状或不裂，具柄。头状花序单生于茎顶，排列成疏松伞房状，直径约3cm；总苞直径12～15mm；总苞片3或4层，硬草质，外层的披针形，毛较多，几无膜质狭边，中层和内层的披针形至条形，边缘具白色膜质狭边。缘花舌状，白色，1层，舌片顶端圆钝或微凹，雌性，结实；盘花管状，多数，两性。果狭倒圆锥形，具4或5纵肋，光滑或具腺点；冠毛长不及1mm，边缘浅齿裂。花果期5—8月。

原产于欧洲。我国各地均有引种栽培。杭州等地的庭园常见栽培。

常用作杀虫剂。

图 8-326 除虫菊

2. 红花除虫菊 （图 8-327）

Tanacetum coccineum (Willd.) Grierson —— *Chrysanthemum coccineum* Willd. —— *Pyrethrum coccineum* (Willd.) Vorosch.

多年生草本。茎直立，高 25～50 cm，单生。叶互生，两面有稀疏的毛或无毛；基生叶花时宿存，叶片卵形或长椭圆形，长 4～8 cm，宽 2.5～4 cm，叶柄长 2～10 cm，二回羽状分裂，第一回全裂，侧裂片 4～8 对，长椭圆形，第二回深裂，裂片边缘具锯齿；茎中部叶小，

图 8-327 红花除虫菊

与基生叶同形并等样分裂，无柄或几无柄；头状花序下部的叶更小，常羽状全裂。头状花序常单生于茎顶；总苞直径10～15mm；总苞片约4层，外层的披针形，被短毛或无毛，边缘浅褐色膜质，中层和内层的长椭圆形至条状倒披针形，无毛，边缘浅褐色膜质。缘花舌状，红色，舌片长椭圆形，顶端2或3齿裂，雌性，结实；盘花管状，两性。果倒长圆状披针形，具5～8纵肋；几无冠毛，其边缘钝浅裂。花果期5—10月。

原产于中亚。华东至华中地区有栽培。杭州等地也常有栽培。

可供观赏；少有用作杀虫剂。

与除虫菊的主要区别在于植物疏被柔毛或近无毛；叶不带白粉；茎中部叶无柄或几无柄；舌状花红色。

67 滨菊属 Leucanthemum Mill.

多年生草本。根状茎长。头状花序单生，少有2～5个排列成近伞房状，具异形花；总苞碟状；总苞片3或4层，边缘膜质；花序托稍突起，无托毛。缘花舌状，1层，白色，雌性；盘花管状，顶端5齿裂，多数，黄色，两性，花药基部钝，顶端附器卵状披针形，花柱分枝条形，顶端截形。缘花的果显著压扁，常具10强烈突起的等距排列的椭圆形纵肋，腹面的纵肋彼此贴近，顶端无冠齿或有短小的侧缘冠齿；盘花的果常具10强烈突起的等距排列的椭圆形纵肋，顶端无冠齿或有由果肋延伸形成的短小钝形冠齿。

约10种，主要分布于欧洲中部和南部。我国常见栽培2种；浙江有1种。

大滨菊 （图8-328）

Leucanthemum maximum (Ramond) DC. — *Chrysanthemum maximum* Ramond

多年生草本。茎直立，高达80cm，分枝或上部分枝。基生叶花时宿存，叶片

图8-328　大滨菊

倒卵形至匙形，长5～10cm，宽1.5～3cm，基部楔形，不分裂而具细尖锯齿，稀全缘，具长达8cm的柄；茎中部叶叶片倒披针形或条形，长5～12cm，宽1～2cm，常全缘，或具不规则锯齿，具柄或无柄。头状花序常单生于茎顶，直径达7cm；总苞直径2～3cm；总苞片无毛，边缘白色或褐色膜质，宽2～3mm。缘花舌状，舌片长2～3cm，雌性，结实；盘花管状，两性。缘花的果长2～3mm，顶端有短小的侧缘冠齿。花果期5—9月。

原产于欧洲。我国北方常有引种栽培。海宁、杭州市区等地有栽培。

作庭园观赏植物。

68 菊属 Chrysanthemum L.

多年生草本，或为亚灌木。茎直立或基部俯卧，分枝或不分枝。叶互生；叶片不分裂，有时一回至二回掌状或羽状分裂。头状花序单生于茎顶，或少数至多数排列成伞房状、复伞房状，具异形花；总苞碟形，或钟形；总苞片4或5层，边缘白色、褐色、黑褐色或黑色，膜质，或中层和外层的草质，边缘有时羽状浅裂或深裂；花序托突起，无托毛。缘花舌状，雌性，1层（在栽培品种中多层）；盘花管状，两性，顶端5齿裂，花药基部钝，顶端附器披针状卵形或长椭圆形，花柱分枝条形，顶端截形。果同形，近圆柱状而下部收窄，有5～8纵肋；冠毛无。

近40种，分布于亚洲温带地区。我国有22种，南北各地均有；浙江有4种。

分种检索表

1. 舌状花常多层，或全为舌状花；头状花序通常大，直径可大于15cm（栽培）……**1. 菊花 C. morifolium**
1. 舌状花1层；头状花序较小，直径7cm以下（野生）。
    2. 舌状花白色或紫红色；头状花序直径1.5～4.5cm……………………**2. 紫花野菊 C. zawadskii**
    2. 舌状花黄色；头状花序直径3cm以下。
        3. 叶片常一回浅裂，稀深裂，叶背疏被柔毛或无毛，常具紫黑色腺体；茎上无毛或疏被毛；头状花序直径1.5～2.5cm……………………………………………………**3. 野菊 C. indicum**
        3. 叶片一回深裂至二回浅裂，叶背被柔毛或密柔毛，无腺体；茎上被毛；头状花序直径1～2cm……………………………………………………………………**4. 甘菊 C. lavandulifolium**

1. 菊花（图8-329）

Chrysanthemum morifolium Ramat. — *Dendranthema morifolium* (Ramat.) Tzvelev

多年生草本。茎直立或基部俯卧，木质化，高60～150cm，上部多分枝，被灰色柔毛或绒毛。基部叶花时脱落；茎中部叶叶片卵圆形至宽披针形，长5～15cm，宽2～8cm，先端急尖，基部楔形或圆形，边缘具粗大锯齿或羽状深裂达叶片的1/3～1/2，裂片再分裂，裂齿宽钝或急尖，下面具白色柔毛，具短柄。头状花序大小因品种不同变异很大，直径3～15cm，或更大，有根，常数个聚生；总苞形状多种；总苞片具宽而透明的膜质边缘，外层的条形。缘花舌状，颜色和形态极多，有的品种全为舌状花；盘花管状，黄色，有的品种较显著。果不发育。花期9—11月。

全省各地常见栽培。

为我国著名的观赏植物，经多源杂交，品种极多；本种经选育也有栽培供入药的，如桐乡的"杭白菊"，为"浙八味"之一，有清凉镇静的功效。

菊花多源杂交的亲本中，除了野菊明确以外，其他均不清楚。

图 8-329　菊花

2. 紫花野菊 （图8-330）

Chrysanthemum zawadskii Herbich — *Dendranthema zawadskii* (Herbich) Tzvelev

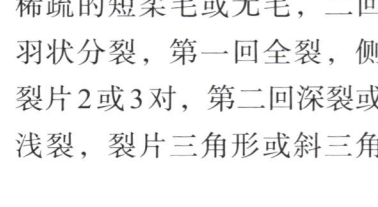

多年生草本。茎直立，高15～50cm，分枝或不分枝，下部紫红色，具稀疏短柔毛或无毛。茎中下部叶叶片卵形、宽卵形、宽卵状三角形或近菱形，长1.5～4cm，宽1～3.5cm，两面近同色，被稀疏的短柔毛或无毛，二回羽状分裂，第一回全裂，侧裂片2或3对，第二回深裂或浅裂，裂片三角形或斜三角

图 8-330　紫花野菊

形，宽达3mm，先端短尖，具叶柄；茎上部叶小，长椭圆形，羽状深裂，或不裂。头状花序直径1.5～4.5cm，2～5个在茎枝顶端排列成疏松伞房状，极少单生；总苞浅碟状；总苞片4层，边缘白色或褐色膜质，外层的条形或条状披针形，有稀疏短柔毛，顶端圆形，膜质扩大，中层和内层的椭圆形或长椭圆形，近无毛。缘花舌状，白色或紫红色，顶端全缘或微凹；盘花管状。果倒长圆球形，长约1.8mm。花果期8—10月。

产于临安（龙塘山直坑）、淳安（金紫尖）。生于海拔1500m的山坡岩石上、草丛中。分布于东北、华北及陕西、甘肃等。欧洲及蒙古也有。

3. 野菊 （图8-331）
Chrysanthemum indicum L. — *Dendranthema indicum* (L.) Des Moul.

多年生草本。茎直立或铺散，高可达1m，分枝，或仅在茎顶有花序分枝，被稀疏的毛或无毛。基生叶和下部叶花时脱落；茎中部叶叶片卵形、长卵形或椭圆状卵形，长3～9cm，宽1.5～3cm，一回羽状浅裂，稀深裂，或分裂不明显而边缘具浅锯齿，基部截形、稍心形或宽楔形，上面深绿色，疏被毛及腺体，下面灰绿色，疏被毛或无毛，常具紫黑色腺体，叶柄长1～2cm，假托叶具锯齿，或无假托叶。头状花序直径1.5～2.5cm，多数在茎枝顶端排列成疏松圆锥状或不规则伞房状；总苞半球形；总苞片4或5层，边缘宽膜质，外层的卵形或卵状三角形，中层的卵形，内层的长椭圆形。缘花舌状，黄色，舌片顶端全缘，有时具2或3齿裂，雌性；盘花管状，两性。果稍压扁，倒卵球形，黑色，无毛，有光泽，具数条细肋；冠毛无。花果期8—11月。

全省各地常见。生于林缘灌草丛中、林下山坡上。分布于全国各地。日本、俄罗斯、印度、朝鲜半岛也有。

全草可入药，有清热解毒、平肝明目等功效。

图8-331 野菊

4. 甘菊 (图 8-332)

Chrysanthemum lavandulifolium (Fisch. ex Trautv.) Makino — *Pyrethrum lavandulifolium* Fisch. ex Trautv. — *C. lavandulifolium* var. *tomentellum* Hand.-Mazz. — *Dendranthema lavandulifolium* (Fisch. ex Trautv.) Kitam. — *D. lavandulifolium* var. *tomentellum* (Hand.-Mazz.) Ling et Shih

多年生草本。茎直立，高30～120cm，自中部以上多分枝，具稀疏柔毛。基部叶和下部叶花时脱落；茎中部叶叶片卵形、宽卵形或椭圆状卵形，长2～5cm，宽1.5～4.5cm，二回羽状分裂，第一回全裂或近全裂，第二回半裂或浅裂，两面同色，上面被疏柔毛，下面被疏至密柔毛，叶柄长达1cm，具分裂的假托叶或无；上部的叶片羽裂、3裂或不裂。头状花序直径1～2cm，通常多数在茎枝顶端排列成疏松或稍紧密的复伞房状；总苞碟形，直径5～7mm；总苞片约5层，边缘白色或浅褐色膜质，外层的条形，无毛或有稀柔毛，中层和内层的卵形、长椭圆形至倒披针形。缘花舌状，黄色，舌片顶端全缘，有时具2或3不明显齿裂，雌性；盘花管状，两性。果倒椭球形，无毛。花果期5—11月。

产于杭州市区、临安、宁波市区、鄞州、天台、遂昌、龙泉、景宁、永嘉、泰顺。生于山坡上、路边、林缘、荒地上等。分布于东北、华北、华中、西北及江苏、江西、云南等。

本种分布广、变异很大，被认为是一个多型种，有时与野菊在同一分布区内有杂交可能。根据叶片质地、毛被情况及舌状花舌片的长度，本种划分出几个变种，据报道浙江有1变种毛叶甘菊 var. *tomentellum*，与本种的主要区别在于叶柄密被毛，绒毛状；头状花序直径1～1.5cm，缘花舌片长5～7.5mm。考虑到本种变异大，类型多样，编者对于种下等级暂不划分。

在遂昌石练镇，有当地特产"遂昌菊米"，现多与茶叶套种。"遂昌菊米"是从甘菊中选育出的总苞片无毛的类型，头状花序幼嫩而未开放时采收，晒干后泡茶有清热解毒的功效。

图 8-332　甘菊

69 鞘冠菊属 Coleostephus Cass.

一年生草本。茎常匍匐。叶互生；叶片羽状分裂。头状花序单生，或2～5个生于茎枝顶端，具异形花；总苞半球形或钟形；总苞片2或3层，具褐色粗糙的膜质狭边，或近无膜质边缘；花序托平坦或突起，无托毛。缘花舌状，雌性，能育或不育；盘花管状，钟形，花冠基部压扁，具狭翼，两性。果同形，圆柱形，弯曲，具8～10突起的白色纵肋；具冠毛时与果近等长，鞘状，或无冠毛。

3种，分布于欧洲南部和北非。我国各地引种栽培1种，可供观赏；浙江也有栽培。

黄晶菊 春俏菊 （图8-333）
Coleostephus multicaulis (Desf.) Durieu — *Chrysanthemum multicaule* Desf.

一年生草本。茎通常匍匐状，高15～35cm，圆柱形，被稀疏白色长柔毛或近无毛。叶互生，肉质；基生叶花时枯萎；茎中下部叶叶片披针状匙形，长3～6cm，或更长，宽可达1.5cm，先端圆钝，基部楔形下延，羽状浅裂或中裂，侧裂片2或3对，三角

图8-333 黄晶菊

状卵形，近无柄；上部叶叶片条形，通常不分裂。头状花序常单生，顶生，具长梗；总苞宽钟形，直径约2cm；总苞片2或3层，外层的卵状长圆形，绿色，先端钝，内层的较长。缘花舌状，1层，10余朵，金黄色，舌片卵状长圆形，顶端全缘，有时2或3浅裂；盘花管状，多数，黄色，顶端5裂，裂片三角形。果稍扁，楔状圆柱形，顶端平截，边缘具狭翅，每面具4或5纵肋；冠毛无。花果期3—5月。

原产于北非。我国各地均有栽培，以种子播种为主，南方秋播，北方春播。全省各地的公园均有栽培。

作观赏植物，常栽培于公园、庭园、花坛。

70 亚菊属 Ajania Poljakov

多年生草本，或为亚灌木。叶互生；叶片羽状分裂，极少不分裂。头状花序小，少数或多数在茎枝顶端排列成伞房状或复伞房状，少有单生，具异形花；总苞钟状或狭圆柱状；总苞片4或5层，草质，少有硬草质，顶端及边缘白色或褐色膜质；花序托突起或呈圆锥状，无托毛。缘花细管状或管状，雌性，结实，具2～15小花，顶端2或3齿裂，稀4或5齿裂；盘花管状，多数，两性，结实，自中部向上变宽，顶端5齿裂，花药基部钝，无尾，上部有披针形的尖或钝附器，花柱分枝条形，顶端截形。果具4～6脉肋；无冠毛。

约40种，分布于亚洲温带地区。我国主要分布于华中、西南、西北、华北等地，以西南山地为多；浙江栽培1种。

太平洋亚菊 金球菊 （图8-334）
Ajania pacifica (Nakai) K. Bremer et Humphries — *Chrysanthemum pacificum* Nakai

多年生草本，具长根状茎。茎基部向上斜展，高30～40cm，多分枝，上部密被银白色绒毛。叶互生，常集生于枝顶；茎生叶叶片羽状分裂，倒披针形或倒卵形，长4～8cm，宽1.5～2.5cm，上面绿色，近无毛，下面被银白色毛及腺体，基部楔形，裂片近全缘，偶有1或2钝齿；具短柄。头状花序多数，在茎枝顶端排列成伞房状；总苞扁球形，直径4～5mm；总苞片3层，外层的短，卵形，被白色柔毛，内层的菱状椭圆形，边缘白色或褐色膜质。缘花管状，雌性，白色或黄色，顶端3或4齿裂，结实；盘花管状，两性，顶端5齿裂。果长约1.5mm，具4～6脉肋；无冠毛。花果期9—12月。

原产于亚洲中部和东部，现世界各地均有栽培。我国各地也有栽培。本省的庭园、花圃、花境中应用较多。

图 8-334 太平洋亚菊

71 蒿属 Artemisia L.

一年生、二年生或多年生草本，少数为亚灌木，常具浓烈的挥发性香气，全体常被蛛丝状绵毛，或为柔毛、黏质腺毛，或无毛。根状茎粗或细小，直立、斜生或匍地。茎直立，单生或丛生，具明显纵棱，分枝或不分枝。叶互生；叶片一回至三回羽状分裂，稀四回羽状分裂，或不分裂，稀近掌状分裂，全缘至具锯齿或齿裂；叶柄长或短，或无柄，常有假托叶。头状花序小，盘状，少数或多数在茎或分枝上排列成疏松或密集的穗状、总状或圆锥状；总苞半球形、球形、卵球形、椭球形、长圆球形；总苞片（2）3 或 4 层，呈覆瓦状排列，边缘透明膜质，背面绿色，常具毛；花序托半球形或凹，具托毛或无。花异形；缘花雌性，1 层，花冠 2~4 齿裂，结实；盘花两性，数层，花冠管状，5 齿裂，结实或不育，花药顶端尖锐，基部圆钝或具短尖头，花柱分枝钝，毛刷状。果卵球形至长圆状倒卵球形，小，具 2 棱；无冠毛。

约 380 种，主要分布于北半球，非洲、大洋洲、中美洲至南美洲也有。我国有 186 种，分布于南北各地；浙江有 25 种。

分种检索表

1. 全部茎生叶叶片绝不分裂。
   2. 头状花序具梗；总苞半球形；总苞片和花冠密被白色绵毛；叶片背面密被白色绵毛·················
      ··· **1. 绵毛蒿 A. lanaticapitula**
   2. 头状花序无梗；总苞圆筒形或卵状钟形；总苞片无毛；叶片背面疏被短柔毛或近无毛··············
      ··· **2. 奇蒿 A. anomala**

1. 茎生叶叶片通常羽状分裂，或掌状分裂，有时茎中部叶片兼有不裂者。
   3. 头状花序仅缘花结实，盘花两性但不孕，开花时花柱不伸长，不结实。
      4. 茎中部叶片先端具齿或掌状分裂…………………………………………… 3. 牡蒿 A. japonica
      4. 茎中部叶片一回至三回羽状分裂。
         5. 叶裂片椭圆形或近匙形，叶柄基部具假托叶 ………………………… 4. 南牡蒿 A. eriopoda
         5. 叶裂片细长条形，叶柄基部无假托叶。
            6. 花序枝及花序轴近无毛；孕性花少于不孕花……………………… 5. 茵陈蒿 A. capillaris
            6. 花序枝及花序轴均疏被丝状弯曲长柔毛；孕性花多于不孕花 …… 6. 猪毛蒿 A. scoparia
   3. 头状花序的缘花和盘花均结实。
      7. 一年生、二年生草本；叶片二回或三回羽状分裂，小裂片宽约2mm或以下。
         8. 叶片二回羽裂，叶轴呈栉齿状 ………………………………………… 7. 青蒿 A. caruifolia
         8. 叶片二回或三回羽裂；叶轴不呈栉齿状。
            9. 总苞半球形，直径1.5～2mm，无毛 ………………………………… 8. 黄花蒿 A. annua
            9. 总苞倒圆锥形，直径4～5mm，被蛛丝状毛或无毛 ………………… 9. 滨艾 A. fukudo
      7. 多年生草本，或为亚灌木；叶片一回或二回分裂，小裂片宽2mm以上。
         10. 叶片两面无毛；总苞片边缘带白色………………………………… 10. 白苞蒿 A. lactiflora
         10. 叶片上面有毛或无毛，下面被灰白色绵毛、绒毛或蛛丝状毛；总苞片边缘非白色。
            11. 茎枝被绵毛、微柔毛、短柔毛、蛛丝状毛或无毛。
               12. 叶片羽轴上具栉齿状小裂片 ……………………………… 11. 白莲蒿 A. stechmanniana
               12. 叶片羽轴上无栉齿状小裂片。
                  13. 叶裂片边缘具尖锐锯齿 ………………………………… 12. 蒌蒿 A. selengensis
                  13. 叶裂片边缘具不明显疏齿或全缘。
                     14. 茎中部叶片羽状浅裂或缺刻状 ……………………… 13. 宽叶山蒿 A. stolonifera
                     14. 茎中部叶片羽状深裂或全裂。
                         15. 头状花序总苞直径约1mm，无毛；小花紫色 ………………14. 矮蒿 A. lancea
                         15. 头状花序总苞直径1mm以上，被绒毛或蛛丝状毛；小花黄色、红褐色或紫色。
                             16. 叶片上面具白色细小腺点。
                                17. 叶片3～5深裂或羽状深裂，裂片椭圆形至披针形，上面兼有绵毛……
                                     …………………………………………………… 15. 艾蒿 A. argyi
                                17. 叶片一回或二回羽状深裂，裂片条状披针形，上面兼有短柔毛或近无毛。
                                    18. 茎枝被脱落性短柔毛，后变为近无毛；总苞后期被蛛丝状毛 ………
                                       ……………………………………… 16. 野艾蒿 A. lavandulifolia
                                  18. 茎枝被脱落性短柔毛；总苞的蛛丝状毛后期几脱尽 …………………
                                       ……………………………………… 17. 南艾蒿 A. verlotiorum
                             16. 叶片上面无白色细小腺点。
                               19. 头状花序排列成疏散总状或圆锥状 ………… 18. 阴地蒿 A. sylvatica
                               19. 头状花序排列成紧密圆锥状。
                                   20. 头状花序总苞直径约1.5mm；茎中部叶片一回至二回羽状深裂，侧裂片3裂或不裂 ………………………………………… 19. 红足蒿 A. rubripes

一六七　菊科 Asteraceae

20. 头状花序总苞直径2～3mm；茎中部叶片一回羽状深裂或全裂，侧裂片不分裂或浅裂。
　　21. 总苞卵球形，直径约3mm；总苞片外被绒毛，后变为无毛 ·················· **20.五月艾 A. indica**
　　21. 总苞长卵球形、椭球形或长圆球形，直径2～2.5mm。
　　　　22. 茎中部叶具长柄，裂片宽可达1cm，边缘不反卷 ············· **21.魁蒿 A. princeps**
　　　　22. 茎中部叶具短柄或无叶柄，裂片宽6mm以内，边缘反卷 ········ **22.蒙古蒿 A. mongolica**
11. 茎枝被腺毛、黏质柔毛及柔毛。
　　23. 茎中部叶裂片宽达1cm；总苞近无毛 ·· **23.暗绿蒿 A. atrovirens**
　　23. 茎中部叶裂片宽3～6mm；总苞或多或少被绵毛。
　　　　24. 成熟的茎中部叶具柄，上面被短柔毛；总苞半球形 ················· **24.中南蒿 A. simulans**
　　　　24. 成熟的茎中部叶近无柄，上面被腺毛；总苞宽卵球形或长卵球形 ········ **25.南毛蒿 A. chingii**

1. 绵毛蒿（图8-335）

Artemisia lanaticapitula X.F. Jin, Z.H. Chen et Y.F. Lu

多年生草本。主根不甚明显，侧根多数。茎直立，高60～100cm，具纵棱，基部和下部无毛，中部以上疏被柔毛，单一或中部以上分枝。基生叶及茎下部叶花时枯萎；中上部叶叶片长卵形至披针状卵形，不裂，长5～16cm，宽0.8～4.5cm，先端渐尖，边缘具细锯齿，齿端有小尖头，基部楔形下延，上面墨绿色，除中脉疏被长柔毛外，其余无毛，下面密被白色绵毛；叶柄长2～7mm，具假托叶。头状花序多数，具长1～4mm的梗，在茎枝顶端排列成总状或圆锥状；总苞半球形，直径3.5～6mm；总苞片3层，草质，密被白色绵毛，外层的宽卵形，先端钝，中层和内层的倒长卵形，先端钝且啮蚀状。小花管状，淡黄色，密被白色绵毛；缘花3～7，雌性，结实；盘花约20，两性，不结

图8-335　绵毛蒿

实。果倒长卵球形，绿色至褐色，长2～3mm，无毛；冠毛无。花果期7—10月。

产于新昌、莲都。生于海拔600～950m的林下草丛中或沟边林缘。模式标本采自莲都（峰源林场）。

2. 奇蒿　刘寄奴　六月霜　（图8-336）

Artemisia anomala S. Moore — *A. anomala* var. *acuminatissima* Y.R. Ling — *A. anomala* var. *tomentella* Hand.-Mazz.

多年生草本。茎直立，高60～120cm，中部以上常分枝，被短柔毛。茎中下部叶叶片长圆形、卵状披针形或椭圆状卵形，长7～11cm，宽3～4cm，不裂，先端渐尖，基部渐狭成短柄，边缘具尖锯齿，上面被微糙毛，下面色淡，近无毛，或被稀疏至密的短柔毛，侧脉5～8对；上部叶渐变小。头状花序多数，密集生于花枝上，在茎顶和上部叶腋排列成圆锥状；总苞圆筒形或卵状钟形，直径2～2.5mm，无毛；总苞片3或4层，外层的卵圆形，中层的椭圆形，内层的狭长椭圆形，淡黄色，边缘宽膜质。小花管状，白色，均结实；缘花雌性；盘花多数，两性。果长圆球形，光滑；冠毛无。花果期6—10月。

产于全省各地，以丘陵山地常见。生于路边草丛、山坡林缘、林下灌草丛中。分布于华东、华中及台湾、广东、广西、贵州。

全草可入药，称"刘寄奴"，有清热利湿、活血行瘀等功效；植株上部花序晒干可泡茶，夏季消暑饮用。

本种叶形和毛被的变异大，根据叶形差异分出的渐尖奇蒿 var. *acuminatissima* 和叶背密被毛的类型密毛奇蒿 var. *tomentella*，在此均予以归并。

图8-336　奇蒿

3. 牡蒿 （图8-337）

Artemisia japonica Thunb.

多年生草本。茎直立，高30～120cm，基部木质化，被蛛丝状毛或近无毛。基部叶叶片长匙形，长4～5cm，宽2～3cm，3～5深裂，两面被微柔毛，裂片先端圆钝，具不规则牙齿，基部楔形，具长柄和假托叶；茎中部叶叶片楔状椭圆形，先端具齿或近掌状分裂，无叶柄，具1或2假托叶；上部叶片3裂或不裂，卵圆形，基部具假托叶。头状花序多数，排列成圆锥状，梗纤细，具细条形苞叶；总苞卵球形，直径1～2mm；总苞片4层，外层的卵状三角形，小，内层的长圆形，边缘宽膜质，无毛。小花管状，黄色；缘花4或5，雌性；盘花5或6，两性，不结实。果长圆球形，黑褐色，无毛；冠毛无。花果期8—11月。

产于杭州市区、临安、建德、淳安、宁波市区（北仑）、鄞州、定海、普陀、江山、开化、天台、兰溪、仙居、台州市区（椒江）、缙云、松阳、遂昌、龙泉、庆元、永嘉、乐清、文成、泰顺。生于海拔230～1750m的山坡上、路边草丛中、溪边林下。分布几乎遍布全国。东亚、东南亚也有。

全草可入药，有清热解毒、祛风除湿等功效。

图8-337 牡蒿

4. 南牡蒿 （图8-338）

Artemisia eriopoda Bunge

多年生草本。茎直立，高40～70cm，基部密被短柔毛，其余无毛，多分枝，开展，绿色或稍带紫色。基生叶与茎下部叶叶片近圆形、宽卵形或倒卵形，长4～6cm，宽2.5～5cm，一回或二回羽状深裂至全裂，裂片先端及边缘具不规则的深或浅裂片，基部渐狭，宽楔形，具长柄；茎中部叶叶片近圆形或宽卵形，一回或二回羽状深裂至全裂，裂片椭圆形或近匙形，先端深裂或浅裂，或全缘；上部叶渐小，羽状全裂。头状花序多数，具梗或无梗，排列成圆锥状；总苞宽卵球形或近球形，直径1.5～2mm；总苞片3或4层，外层的卵形，内层的长卵形，膜质，无毛。小花管状；缘花4～8，雌性，结实；盘花6～9，两性，不结实。果长圆球形，无毛；冠毛无。花果期8—10月。

图8-338 南牡蒿

产于宁波及普陀（普陀山）、岱山（秀山岛）、温岭（石塘）。生于海拔约60m的海边山坡的草丛中。分布于东北、华北、华中及江苏、安徽、云南、陕西等。日本、蒙古、朝鲜半岛也有。

与牡蒿的区别在于茎中下部叶具长柄及假托叶，叶片通常羽状深裂，裂片5～7，顶端再掌状分裂。

5. 茵陈蒿 （图8-339）

Artemisia capillaris Thunb.

多年生草本或亚灌木状。茎直立，高30～50cm，上部多分枝，基部木质化，幼枝密被褐色

一六七　菊科 Asteraceae

图 8-339　茵陈蒿

丝状柔毛，顶端叶丛生，生花序枝及花序轴近无毛。叶片一回至三回羽状分裂，下部叶裂片常被丝状短毛，有长柄；中部以上叶裂片细，宽不及 1 mm，先端常钝，近无毛；上部叶叶片羽状分裂、3 裂或不裂，无柄。头状花序多数，在枝端排列成圆锥状，具短梗及细条状苞片；总苞球形，直径 1.5~2 mm，无毛；总苞片 3 或 4 层，无毛，外层的卵圆形，内层的椭圆形，边缘膜质。小花管状，淡黄色；缘花 3~5，雌性，结实；盘花 5~7，两性，不结实。果长圆球形，长约 0.8 mm，无毛；冠毛无。花果期 9—12 月。

本省沿海岛屿均产。生于海滨沙地或海边岩石上。分布于我国台湾和东南沿海地区。

早春采摘的全草可入药，有治脓病、利尿等功效。

6. 猪毛蒿 （图 8-340）

Artemisia scoparia Waldst. et Kit. — *A. capillaris* var. *scoparia* (Waldst. et Kit.) Pamp.

多年生草本。茎直立，高 40~80 cm，红褐色或紫色，上部多分枝，开展或向上斜展，幼枝密被白色丝状弯曲柔毛，后变稀疏，具香气，嫩枝上叶密集簇生。花茎下部叶与不育茎的叶同形，叶片二回或三回羽状全裂，裂片长条形，先端急尖或钝，基部圆形，两面密被绢毛或上面无毛，具长柄；中部叶叶片一回或二回羽状全裂，无毛，裂片细，具短柄；上部叶叶片羽状分裂、3 裂或不裂，无柄。头状花序多数，在茎枝顶端排列成圆锥状，具短梗及细条状苞片；总苞卵球形，直径 1~1.3 mm；总苞片 2 或 3 层，

图 8-340　猪毛蒿

外层的卵形，内层的椭圆形，边缘宽膜质。小花管状，淡黄色；缘花6～8，雌性，结实；盘花4或5，两性，不结实。果椭球形，褐色，无毛；冠毛无。花果期8—11月。

产于全省各地。生于路边草丛中、山坡林下。全国广泛分布。东亚、中亚和欧亚大陆温带至亚热带地区广泛分布。

可药用，根出叶也作中药"茵陈"用，可治黄疸性肝炎、胆囊炎等。

7. 青蒿 （图8-341）

Artemisia caruifolia Buch.-Ham. ex Roxb. — *A. apiacea* Hance

图8-341 青蒿

一年生或二年生草本。茎直立，高40～100cm，上部多分枝，无毛。基生叶及茎下部叶花时枯萎；中部叶叶片长圆形，长5～12cm，宽3～5cm，二回羽状分裂，裂片长圆形，小裂片条形，先端尖，两面均无毛，叶轴呈栉齿状；上部叶叶片小，羽状浅裂。头状花序多数，在花枝上单行着生，排列成圆锥状，具短梗及细条状苞片；总苞球形，直径4～5mm，无毛；总苞片3层，外层的狭长圆形，边缘膜质，中层和内层的椭圆形，边缘宽膜质。小花管状，黄色，均结实；缘花10余朵，雌性；盘花30余朵，两性。果椭球形，褐色，无毛；冠毛无。花果期8—10月。

产于杭州市区、临安、萧山、淳安(千岛湖)、绍兴市区、宁波市区、天台(大雷山)。生于潮湿开垦地上、溪沟边。分布于我国南北各地。日本、朝鲜半岛也有。

8. 黄花蒿 (图8-342)
Artemisia annua L.

一年生草本。植物具特殊气味。茎直立,高40~100cm,中部以上多分枝,无毛。基部及下部叶花时枯萎;茎中部叶叶片卵形,长4~5cm,宽2~4cm,二回或三回羽状深裂,叶轴两侧具狭翅,裂片和小裂片长圆形或卵形,先端尖,基部耳形,两面被短柔毛,具短叶柄;上部叶小,常一回羽状细裂,无叶柄。头状花序多数,排列成圆锥状;总苞半球形,直径1.5~2mm,无毛;总苞片2或3层,外层的狭小,绿色,内层的长椭圆形,中肋宽,边缘宽膜质。小花管状,黄色,均结实;缘花4~8,雌性;盘花多数,两性。果椭球形,光滑;冠毛无。花果期8—10月。

产于安吉、桐乡、杭州市区、临安、桐庐、建德、淳安、余姚、嵊州、定海、天台、兰溪、江山、开化。生于山坡路边、旷野中或农垦地上。分布于我国南北各地。亚洲、欧洲、北美洲也有。

全草可入药,有利尿健脾的功效。

与青蒿的区别在于叶片二回或三回羽裂,末回裂片长3~6mm;头状花序较大,直径4~5mm。

图8-342 黄花蒿

9. 滨艾 滨蒿 （图8-343）
Artemisia fukudo Makino

二年生草本。茎直立，高20～40cm，粗壮，圆柱形，具纵向棱纹，分枝多而纤细，直立或开展。根出叶密集，莲座状，叶片宽扇形，3或4掌状深裂，初被蛛丝状毛，后变为无毛，具长叶柄；茎下部叶叶片三回或四回羽状深裂，裂片疏离，条形，宽约2mm，先端圆钝，初被蛛丝状毛，后变为无毛，叶柄长达10cm；茎上部叶叶片3裂，全缘。头状花序多数，排列成圆锥状或倒圆锥状；总苞宽倒圆锥形，直径4～5mm，被蛛丝状毛或无毛；总苞片3或4层，外层和中层的长卵形，内层的长圆形，边缘膜质。小花管状，均结实；缘花10余朵，雌性；盘花20余朵，两性。果倒卵状长圆球形，无毛；冠毛无。花果期9—10月。

产于奉化、象山、宁海、普陀、定海、岱山、温岭。生于滨海的沙地中。分布于我国台湾。日本、朝鲜半岛也有。

图8-343 滨艾

10. 白苞蒿 四季菜 （图8-344）
Artemisia lactiflora Wall. ex DC.

多年生草本。茎直立，高70～150cm，具纵棱，无毛，多分枝。基部叶和茎下部叶花时枯萎；中部叶叶片倒卵形，长9～15cm，宽5～8cm，一回或二回羽状深裂，顶裂片披针形，边缘具不规则锯齿，先端尾尖或急尖，基部楔形，两面无毛，叶脉不明显，具叶柄及假托叶；上部叶叶片3裂或不裂，边缘具细锯齿，无柄。头状花序多数，排列成圆锥状；总苞钟形或卵球形，直径约2mm；总苞片3或4层，外层的较短，卵形，内层的椭圆形，棕色，边缘膜质，白色。小花管状，白色或黄白色，均结实；缘花4或5，雌性；盘花6或7，两性。果圆柱形，褐色，具细条纹，无毛；冠毛无。花果期8—12月。

产于全省各地。生于山坡路边、林下、溪沟边或林缘。分布于华东、华中及台湾、广东、广西、贵州、云南、陕西、甘肃。亚洲南部也有。

图 8-344 白苞蒿

11. 白莲蒿 （图8-345）

Artemisia stechmanniana Besser — *A. sacrorum* Ledeb.

多年生草本或亚灌木。茎直立，高50～110cm，下部暗紫色，木质化，上部多分枝，幼时被蛛丝状毛，后近无毛。茎下部叶花时枯萎；茎中部叶叶片卵圆形或长圆形，长5～8cm，宽3～5cm，二回羽状深裂，小裂片三角状卵形，形如梳齿，先端急尖，基

图 8-345 白莲蒿

部下延，全缘，羽轴具栉齿状小裂片，上面疏被蛛丝状毛，后脱尽，下面密被灰白色绒毛，叶柄长达2.5cm，具假托叶；上部叶小，叶片羽状浅裂或齿状，近无柄。头状花序多数，具短梗及细条形苞叶，排列成狭圆锥状；总苞近球形，直径约3mm；总苞片3或4层，被蛛丝状毛，外层的卵状披针形，中层和内层的倒长卵形，边缘宽膜质。小花管状，黄色，均结实；缘花4～6，雌性；盘花10～12，两性。果椭球形，无毛；冠毛无。花果期9—11月。

产于长兴(煤山)、临安。生于海拔300m以下的路旁或山坡向阳处。我国除台湾、西藏外，其余各地均有分布。东亚及印度、阿富汗也有。

仔细检查了白莲蒿的模式标本，其叶背具黄色的长蛛丝状毛，中部叶末回裂片条形或狭披针形，长达5mm；头状花序圆筒形，具40余朵小花。浙江的标本叶片末回裂片三角状卵形，形如梳齿，背面被灰白色绒毛；头状花序近球形，具约20朵小花，似有区别。本种也不同于细叶莲蒿 A. gmelinii，主要区别在于后者叶片背面被灰色短柔毛或近无毛；总苞片被微柔毛或近无毛，有待进一步研究。

12. 蒌蒿 （图8-346）
Artemisia selengensis Turcz. ex Besser

多年生草本。茎直立或下部俯卧，高60～120cm，常带紫色，无毛，上部多分枝。茎下部叶花时枯萎；茎中部叶密集，叶片羽状深裂，或不裂，长10～14cm，宽4～6cm，侧裂片1或2对，披针形或条状披针形，先端渐尖，基部渐狭成短柄，无假托叶，上面绿色，无毛，下面密被灰白色薄绒毛，边缘具尖锐锯齿；上部叶叶片常不裂，稀3裂，条形，具齿

图 8-346 蒌蒿

或全缘。头状花序多数,具短梗及细条形苞叶,排列成狭圆锥状,直立或稍下垂;总苞近钟形,直径2～2.5mm;总苞片4层,被绵毛,外层的卵形,中层和内层的长卵形,边缘宽膜质。小花管状,黄色,均结实;缘花8～10,雌性;盘花10余朵,两性。果长卵球形,无毛;冠毛无。花果期8—10月。

产于桐乡、淳安。生于田埂或水库边。分布于东北、华北、华东、华中、西南及广东、陕西、甘肃等。俄罗斯、蒙古、朝鲜半岛也有。

全草可入药,有止血行瘀、化痰止咳等功效。

13. 宽叶山蒿 (图8-347)

Artemisia stolonifera (Maxim.) Kom. — *A. vulgaris* L. var. *stolonifera* Maxim. — *A. migoana* Kitam.

多年生草本。茎直立,高30～80cm,被蛛丝状薄毛,上部花序枝向上斜展。茎下部叶具柄,花时枯萎;茎中部叶叶片卵状椭圆形或倒卵状长圆形,长6～13cm,宽4～7cm,羽状浅裂或缺刻状,具疏锯齿,基部急狭成楔形短柄,具假托叶或无,上面绿色,具疏蛛丝状毛或近无毛,下面被白色绒毛;上部叶

图8-347 宽叶山蒿

渐小，近全缘，或呈苞片状。头状花序多数，常下倾，密集于花序枝顶端，排列成狭圆锥状，具短梗及细条状苞叶；总苞钟形，直径3～4mm；总苞片3层，长圆形，边缘宽膜质，背面绿色，密被绒毛。小花管状，黄色，均结实；缘花10余朵，雌性；盘花10余朵，两性。果椭球形，无毛；冠毛无。花果期9—11月。

产于安吉（龙王山）、临安（西天目山）。生于海拔700～1500m的山坡路边或林中。分布于东北、华北及江苏、安徽、湖北。日本、蒙古、朝鲜半岛及俄罗斯远东地区也有。

14. 矮蒿 （图8-348）
Artemisia lancea Vaniot — *A. feddei* H. Lév. et Vaniot

多年生草本。根状茎粗壮、横生。茎直立，高达1m，具纵棱，中上部多分枝，黄褐色或紫色，密被微柔毛。茎下部叶花时枯萎；中部叶叶片长3～5cm，宽2～3cm，羽状深裂，裂片1～3对，披针形，先端渐尖，基部下延，上面绿色，无毛或被疏毛，下面被灰色短绒毛，全缘，稍反卷，叶脉明显；上部叶小，披针形，基部具1对小裂片。头状花序多数，具短梗及细条形苞叶，排列成尖塔形圆锥状；总苞长圆球形，直径约1mm；总苞片4层，近无毛，外层的卵形，短，中层和内层的近圆形至长椭圆形，边缘宽膜质。小花管状，紫色，均结实；缘花4或5，雌性；盘花3或4，两性。果长椭球形，无毛；冠毛无。花果期9—11月。

产于全省各地。生于海拔900m以下的山坡路旁草丛中、林下或荒地上。分布于东北、华北、华东、西南和西北各地。

图8-348　矮蒿

15. 艾蒿　艾 （图8-349）
Artemisia argyi H. Lév. et Vaniot

多年生草本。茎直立，高可达1m，粗壮，被白色绵毛，上部多分枝。基生叶花时枯萎；茎中下部叶叶片长4～5cm，宽2～4cm，3～5羽状浅裂或深裂，裂片椭圆形或披针形，先端渐尖，基部下延，边缘具不规则牙齿，上面散生白色小腺点和绵毛，下面密被灰白色绒毛，叶脉明显突起，叶柄长约2cm，基部具假托叶；上部叶叶片卵状披针形，3深裂至全裂，顶端花序下的叶常全缘，近无柄。头状花序多数，在茎枝顶端排列成总状或圆锥状；总苞卵球形，直径约2mm；总苞片4或5层，被白色绒毛，外层的披针形，内层的长椭圆状披针形，边缘膜质。小花管状，带紫色，均结实；缘花4～6，雌性；盘花7或8，两性。果椭球形，褐色，无毛；冠毛无。花果期8—11月。

产于全省各地，栽培或逸生。生于海拔1000m以下的村宅旁或路边草丛中。我国南北各地均有分布。日本、蒙古也有。

叶可入药，有散寒止痛、温经止血等功效；也可碾压成艾绒，作针灸燃烧料；全株晒干可熏蚊、杀虫，我国民间端午节有将本种和香蒲 Typha orientalis 悬挂于门上的习俗。

本省尚有1栽培品种蕲艾 'Qiai'，叶片更大。

图 8-349　艾蒿

16. 野艾蒿 （图8-350）
Artemisia lavandulifolia DC.

多年生草本。茎直立，高30～90cm，具纵棱，多分枝，密被短柔毛，后脱落至近无毛。叶大型，具长柄及假托叶；基部叶花时枯萎；茎中部叶叶片长椭圆形，长5～8cm，宽3.5～5cm，二回羽状深裂，裂片1～3对，条状披针形，长3～6cm，宽约7mm，先端渐尖，基部下延，边缘反卷，上面被短柔毛及白色细腺点，下面密被灰白色绵毛，中脉突起；上部叶小，叶片披针形，全缘。头状花序多数，下垂，具短梗及细条形苞叶，在茎枝顶端排列成圆锥状；总苞长

图 8-350　野艾蒿

圆球形，直径约3mm，被蛛丝状毛；总苞片4层，外层的卵圆形，较短，内层的椭圆形，边缘膜质。小花管状，红褐色，均结实；缘花6或7，雌性；盘花8～10，两性。果椭球形，无毛；冠毛无。花果期7—10月。

产于全省各地。生于路边草丛中、林下山坡、荒地上等。分布于东北、华北、华东及陕西、甘肃。朝鲜半岛及俄罗斯远东地区也有。

17. 南艾蒿
Artemisia verlotiorum Lamotte

多年生草本。植物体具香气。茎直立，高50～80cm，具纵棱，中上部多分枝，初时被短柔毛，后渐脱落变疏。基部叶花时枯萎；茎中部叶叶片卵形或宽卵形，长5～10cm，宽3～8cm，羽状全裂，侧裂片3或4对，披针形或条状披针形，长3～5cm，宽3～5mm，先端尖，边缘反卷，不分裂或具浅齿，上面近无毛，下面密被灰白色绵毛，具短柄或无；上部叶叶片小，披针形或椭圆状披针形，不分裂。头状花序多数，直立，无梗，在茎枝顶端排列成圆锥状；总苞椭球形或长圆球形，直径2～2.5mm；总苞片3层，初疏被蛛丝状毛，后变为无毛，外层的卵形，较短，内层的椭圆状倒卵形，边缘宽膜质。小花管状，紫色，均结实；缘花3～6，雌性；盘花8～15，两性。果长圆球形，无毛；冠毛无。花果期8—10月。

产于永嘉（沙头、四海山）。生于海拔900m以下的山沟或草丛中。分布于东北、华北、华东、华中、华南及贵州、云南、陕西、甘肃。亚洲、欧洲、非洲至大洋洲均有分布。

本种与野艾蒿较难区分，但其茎成熟时沿棱上依然有毛，大多稀疏，稀密集；总苞椭球形或长圆球形，总苞片边缘无毛。

18. 阴地蒿 （图8-351）
Artemisia sylvatica Maxim.

多年生草本。茎直立，高1m以上。基部叶和茎下部叶花时枯萎；茎中部叶叶片宽卵形，长9～15cm，宽5～9cm，羽状深裂，侧裂片2或3对，羽状浅裂，顶裂片长披针形，长达7cm，先端渐尖，基部微心形，全缘或具齿，上面无毛，下面具灰白色绒毛，

图8-351　阴地蒿

具叶柄及假托叶；上部叶叶片披针形，不分裂或稀3裂。头状花序多数，具短梗，排列成疏总状或圆锥状；总苞钟形，直径约2mm；总苞片3或4层，被蛛丝状薄毛，外层的卵形，内层的椭圆形，膜质。小花管状，黄色，均结实；缘花4～6，雌性；盘花8～14，两性。果狭卵球形，黄褐色，无毛；冠毛无。花果期9—11月。

产于杭州市区、诸暨、龙泉（城北黄鹤）。生于海拔100～500m的路边灌草丛中。分布于东北、华北、华东、华中及贵州、云南、陕西、甘肃。俄罗斯、蒙古、朝鲜半岛也有。

19. 红足蒿 （图8-352）
Artemisia rubripes Nakai

多年生草本。茎直立，高30～110cm，被微柔毛。茎下部叶花时枯萎；茎中部叶叶片长6～15cm，宽4～9cm，常二回羽状深裂，偶一回羽状分裂，侧裂片2或3对，狭披针形，先端渐尖，又常作3裂或不裂，边缘无齿，稍反卷，上面近无毛，下面密被灰白色蛛丝状毛，具短叶柄及假托叶；上部叶叶片3裂或不裂，条形。头状

图8-352 红足蒿

花序多数，具短梗及细条形苞叶，排列成塔状圆锥形，直立或开展；总苞圆筒形或钟形，直径约1.5mm；总苞片3层，稍被蛛丝状毛，外层的卵形，较短，边缘膜质，内层的卵状长圆形，边缘膜质。小花管状，黄色，均结实；缘花约9朵，雌性；盘花10余朵，两性。果狭卵球形，无毛；冠毛无。花果期8—10月。

产于普陀、天台、磐安、遂昌。生于海拔350～1000m的林下草丛或灌丛中。分布于东北、华北、华东。日本、俄罗斯、蒙古、朝鲜半岛也有。

20. 五月艾　印度蒿　五月蒿　（图8-353）
Artemisia indica Willd.

多年生草本。茎直立，高40～100cm，圆柱形，具纵向棱纹，基部木质化。茎下部叶叶片一回羽状分裂；中部叶叶片椭圆形，长3～8cm，宽2～7cm，3～7裂，裂片椭圆形，长约2cm，宽约1cm，先端尖，基部楔形，两面均被灰白色或淡灰色绒毛；上部叶叶片卵状披针形，羽状分裂。头状花序多数，在茎端排列成总状或圆锥状；总苞卵球形，直径约3mm；总苞片3层，初时稍被绒毛，后变为无毛，外层的卵状三角形，草质，先端尖，内层的卵形，膜质，先端钝。小花管状，黄色，均结实；缘花4或5，雌性；盘花6～8，两性。果圆柱形，褐色；冠毛无。花果期9—10月。

产于安吉、德清、杭州市区、临安。生于山坡路旁或灌草丛中。除西北地区外，全国各地均有分布。东亚、东南亚、南亚也有。

图8-353　五月艾

21. 魁蒿 （图8-354）
Artemisia princeps Pamp.

图8-354 魁蒿

多年生草本。茎直立，高40～100cm，被蛛丝状毛，下部的常脱落，中部以上多分枝。茎下部叶花时枯萎；茎中部叶叶片长7～9cm，宽4～7cm，羽状深裂，裂片5～7，长圆形或长圆状披针形，宽达1cm，先端急尖，基部楔形，边缘具疏牙齿或全缘，上面无毛，下面密被灰白色蛛丝状毛，中脉不明显，叶柄长约1cm；上部叶叶片3裂或不裂，叶柄基部有假托叶。头状花序多数，常下垂，在茎枝顶端排列成圆锥状；总苞长卵球形，直径2～2.5mm，被蛛丝状薄毛；总苞片3或4层，外层的卵形，较短，边缘膜质，内层的长卵形，边缘宽膜质。小花管状，黄色或紫色，均结实；缘花4或5，雌性；盘花7～9，两性。果椭球形，黄褐色，无毛；冠毛无。花果期8—10月。

产于开化，杭州植物园有栽培。生于路边山坡上。几乎遍布全国。

22. 蒙古蒿 （图8-355）
Artemisia mongolica (Fisch. ex Besser) Nakai —— *A. vulgaris* L. var. *mongolica* Fisch. ex Besser

多年生草本。根状茎木质化。茎直立，高40～120cm，具纵棱，被蛛丝状毛，后渐脱落。茎下部叶花时枯萎；茎中部叶叶片卵状椭圆形，羽状深裂，侧裂片2对，常羽状浅裂或不裂，顶裂片常3裂，裂片条形或披针形，宽3～5mm，基部渐狭成柄，边缘反卷，上面绿色，无毛或稍被蛛丝状毛，下面密被灰白色蛛丝状毛，有假托叶；上部叶叶片3裂或不裂，披针形，全缘。头状花序多数，密集，排列成圆锥状；总苞长圆球形，直径约2mm，被蛛丝状毛；总苞片3或4层，外层

图8-355 蒙古蒿

的宽卵形,较短,内层的卵状椭圆形,边缘宽膜质。小花管状,黄色,均结实;缘花5~7,雌性;盘花8~12,两性。果长圆状倒卵球形,无毛;冠毛无。花果期9—11月。

产于杭州(宝石山下)、武义(牛头山)。生于路边草丛中或山坡上。分布于东北、华北、华东、华南及贵州、四川。日本、俄罗斯、蒙古、朝鲜半岛也有。

23. 暗绿蒿 深绿蒿
Artemisia atrovirens Hand.-Mazz.

多年生草本。茎直立，高40～80cm，多分枝，具纵向棱纹，被腺毛或脱落至近无毛。基部叶和下部叶花时枯萎；茎中部叶叶片宽卵形，长5～7cm，宽5～6cm，羽状全裂，裂片2或3对，裂片倒卵状椭圆形或椭圆形，宽达1cm，先端急尖，基部楔形，全缘，叶片干后变为暗绿色，上面具白色细腺点，下面密被灰白色蛛丝状毛，叶脉明显，叶柄长2～3cm；上部叶叶片小，3深裂至全裂，近无柄。头状花序多数，在枝端排列成圆锥状；总苞圆柱形，直径1.5～2mm，近无毛；总苞片3或4层，外层的卵形或长卵形，内层的长卵形，边缘膜质。小花管状，黄色，均结实；缘花3～6，雌性；盘花5～8，两性。果圆柱形，长约2mm；冠毛无。花果期8—11月。

产于普陀。生于路边草丛中。分布于华东、华中及广东、广西、贵州、陕西、甘肃。

本种茎、枝被腺毛等特征与中南蒿 *A. simulans* 近似，主要区别在于叶片干后变为暗绿色，上面有白色细腺点，裂片倒卵状椭圆形或椭圆形，宽达1cm，总苞圆柱形，外面近无毛，而后者叶片上面无细腺点但具短柔毛，裂片披针形，宽约3mm，总苞半球形，具绵毛，两者容易区别。

24. 中南蒿
Artemisia simulans Pamp.

多年生草本。主根粗壮，侧根多。茎直立，高80～100cm，多分枝，具纵向棱纹，被腺毛及柔毛，后柔毛渐脱落。基部叶花时枯萎；茎中部叶叶片卵形或长卵形，长4～7cm，宽3～6cm，羽状全裂，裂片2～4对，披针形，宽约3mm，先端渐尖，基部渐狭，全缘，上面具短柔毛，下面密被灰白色蛛丝状毛，叶脉明显，叶柄长约0.5cm；上部叶叶片小，3～5深裂或不分裂，近无柄。头状花序多数，在枝端排列成圆锥状；总苞半球形，具绵毛；总苞片3或4层，外层的长卵形或椭圆状倒卵形，内层的狭卵形，边缘膜质。小花管状，黄色，均结实；缘花3～5，雌性；盘花8～12，两性。果倒长卵球形，长约2.5mm；冠毛无。花果期8—11月。

产于开化。生于溪边滩地上。分布于华东、华中及广东、广西、贵州、云南。

25. 南毛蒿
Artemisia chingii Pamp.

多年生草本。主根稍明显，侧根多。茎直立，高达1m，多分枝，具纵向棱纹，密被黏质柔毛及稀疏腺毛。茎中部叶叶片卵形、长卵形或宽卵形，长3.5～5cm，宽2～4cm，羽状深裂，裂片2或3对，椭圆形或椭圆状披针形，宽3～6mm，先端具短尖头，基部宽楔形，全缘而稍反卷，上面具腺毛，下面密被灰白色绵毛，叶脉明显，近无柄；上部叶叶片小，3～5深裂，近无柄。头状花序多数，在枝端排列成狭圆锥状；总苞宽卵球形或长卵球形，具绵毛或脱落至近无毛；总苞片3或4层，外层的卵形或长卵形，内层的长卵形，边缘膜质。小花管状，黄色或紫色，均结实；缘花3～5，雌性；盘花约8朵，两性。果倒卵球形；冠毛无。花果期8—10月。

据记载，本省西部有产，但编者未见标本。分布于江苏、安徽、湖北。

72 芙蓉菊属 Crossostephium Less.

多年生草本，因木质化而呈亚灌木。小枝及叶密被灰色短柔毛。叶互生；叶片全缘或2～5裂。头状花序盘状，有短梗，在枝端排列成有叶的总状或圆锥状；总苞半球形；总苞片3层，近等长，外层的草质，内层的边缘宽膜质；花序托半球形、蜂窝状。缘花雌性，1层，顶端2或3齿裂；盘花管状，两性，顶端5齿裂，结实，花药基部钝，顶端有长圆形附器，花柱分枝，顶端截形。果长圆球形，基部狭，通常具5棱；冠毛鳞片状，顶端撕裂状。

1种，分布于我国东南部；浙江也有。

芙蓉菊（图8-356）

Crossostephium chinense (L.) Makino —— *Artemisia chinensis* L.

亚灌木。茎直立，高10～30cm，上部多分枝，密被灰色短柔毛。叶聚生于枝顶；叶片质地厚，狭匙形或狭倒披针形，长2～4cm，宽4～5mm，先端钝，基部渐狭，全缘或稀3～5裂，两面密被灰色短柔毛，几无柄。头状花序直径约7mm，具细梗，生于枝端叶腋，常排列成具叶的总状；总苞半球形；总苞片3层，外层和中层的等长，椭圆形，先端钝或急尖，草质，内层的较短小，长圆形，几无毛，边缘宽膜质。缘花1层，顶端2或3齿裂，具腺点，雌性；盘花管状，顶端5齿裂，外面密生腺点，两性，结实。果长圆球形，基部渐狭，常具5棱，被腺点；冠毛呈冠状，撕裂。花果期全年均有。

产于嘉兴、舟山、宁波、台州、温州的沿海和岛屿。生于海边崖上或岩石缝间。分布于我国东南沿海，华中时有栽培。日本、菲律宾、中南半岛等也有栽培。

民间作草药用，有治小儿惊风的功效。

图8-356 芙蓉菊

73 山芫荽属 Cotula L.

一年生草本。茎多分枝。叶互生；叶片羽状分裂或全裂。头状花序小，具梗，单生于枝端或叶腋，或与叶成对生，具异形花；总苞半球形或钟状；总苞片2或3层，少数，不等大，长圆形，草质，绿色，边缘常狭膜质；花序托平坦或突起，无托毛。缘花数层，无花冠或为极小2齿状，雌性，能育；盘花筒状，黄色，顶端4或5裂，两性，能育，花药基部钝，花柱分枝或不分枝，分枝者顶端截形或钝。果长圆球形或倒卵球形，压扁，具腺点，边缘宽厚的翅常延伸于果顶端，呈芒尖状或几无翅，基部（尤以缘花的果基部）有花序托乳突伸长所形成的果柄；冠毛无。

约55种，分布于南半球，非洲南部及太平洋岛屿种类最多。我国有2种；浙江有1种。

芫荽菊 （图8-357）
Cotula anthemoides L.

一年生小草本。茎具多数铺散分枝，多少被淡褐色长柔毛。叶互生；叶片二回羽状分裂，两面疏生长柔毛或几无毛；基生叶叶片倒披针状长圆形，长3～5cm，宽1～2cm，有稍膜质扩大的短柄，第一回裂片约5对，下部的渐小而直展，末次裂片多为浅裂的三角状短尖齿或半裂的三角状披针形小裂片，顶端具短尖头；茎中部叶叶片长圆形或椭圆形，长1.5～2cm，宽0.7～1cm，末回裂片形态与基生叶相似，基部半抱茎。头状花序单生于枝端或叶腋，或与叶成对生，直径约5mm；梗纤细，长5～10mm，被长柔毛或近无毛；总苞盘状；总苞片2层，长圆形，绿色，具1红色中脉，边缘膜质，顶端钝或短尖，内层的显著短小。缘花雌性，多数，无花冠，结实；盘花两性，少数，花冠管状，黄色，顶端4裂，结实。果扁平，倒卵状长圆球形，边缘有粗厚的宽翅，被腺点。花果期9月至次年3月。

原产于非洲及尼泊尔、印度、巴基斯坦、中南半岛。我国华南和西南有归化。温州也有归化，扩散能力强。

图8-357 芫荽菊

74 裸柱菊属 Soliva Ruiz et Pav.

一年生矮小草本。基部披散。叶互生；叶片通常羽状全裂，裂片极细。头状花序无梗，聚生于缩短的茎上，具异形花；总苞半球形；总苞片2层，近等长，边缘膜质；花序托平坦，无托毛。缘花无花冠，数层，雌性，能育；盘花管状，顶端4齿裂，稀2或3齿裂，两性，通常不育，花药基部钝，顶端具附器，花柱2裂或微凹，截形。缘花的果扁平，边缘有翅，顶端有宿存花柱；冠毛无。

8种，分布于美洲、大洋洲。我国有2种，有归化；浙江有1种。

裸柱菊 （图8-358）

Soliva anthemifolia (Juss.) R. Br. —— *Gymnostyles anthemifolia* Juss.

一年生矮小草本。茎极短，平卧。叶互生；叶片长5～10cm，二回至三回羽状分裂，裂片细条形，全缘或3裂，被长柔毛或近无毛；具叶柄。头状花序近球形，无梗，聚生于茎基部，直径6～12mm；总苞片2层，长圆形或披针形，边缘干膜质。缘花无花冠，多数，雌性，结实；盘花管状，少数，顶端3齿裂，基部渐狭，两性，常不结实。果扁平，倒披针形，有厚翅，长约2mm，顶端圆形，具长柔毛，花柱宿存，下部翅上有横皱纹。花果期全年。

原产于南美洲。我国南方各地均有归化，为入侵植物。全省各地均有归化，生于路边草丛、花坛中、荒地上等。

图8-358 裸柱菊

75 石胡荽属 Centipeda Lour.

一年生、二年生匍匐状小草本。全体微被蛛丝状毛或无毛。叶互生；叶片全缘或具锯齿。头状花序小，单生于叶腋，无梗或有短梗，具异形花；总苞半球形；总苞片2层，平展，长圆形，近等长，具透明的狭边；花序托平坦，无托毛。缘花细管状，多层，顶端2或3齿裂，雌性，结实；盘花管状，少数，顶端4浅裂，两性，结实，花药基部钝，顶端无附器，花柱分枝短，顶端钝或截形。果具4棱，边缘有长毛；冠毛无。

10种，主要分布于澳大利亚和新西兰，少数种类分布于南美洲、亚洲至太平洋岛屿。我国仅有1种，全国各地均有分布；浙江也有。

石胡荽 鹅不食草 （图8-359）
Centipeda minima (L.) A. Braun et Asch. —— *Artemisia minima* L.

一年生小草本。茎多分枝，高5～20cm，匍匐状，微被蛛丝状毛或无毛。叶互生；叶片楔状倒披针形，长7～20mm，宽3～5mm，先端钝，基部楔形，边缘具数锯齿，无毛或下面微被蛛丝状毛及腺点。头状花序小，直径3～4mm，扁球形，单生于叶腋，无梗或具极短的梗；总苞半球形；总苞片2层，外层的较大，椭圆状披针形，绿色，边缘透明膜质。缘花细管状，多层，顶端2或3微裂，雌性；盘花管状，淡紫红色，顶端4深裂，两性，结实。果圆柱形，具4棱，棱上有长毛；冠毛鳞片状，或缺。花果期6—11月。

图8-359 石胡荽

产于全省各地。生于海拔150～800m的路边或花坛杂草丛中、田边或溪沟边。全国各地广泛分布。东亚、东南亚至大洋洲也有。

全草可入药，为中药"鹅不食草"，有通窍散寒、祛风利湿、散瘀消肿等功效。

76 斑鸠菊属 Vernonia Schreb.

草本、灌木或乔木，稀攀缘状。叶互生，稀对生；叶片全缘或具齿，羽状脉，稀近基出脉3，两面或下面常具腺；具柄或无柄。头状花序排列成疏散圆锥状、伞房状或总状，有时数个密集成圆球状，稀单生；总苞钟形、圆柱形、卵形或近球形；总苞片数层；花序托平。全部小花管状，顶端5裂，两性；花药基部钝或箭形，具小耳；花柱分枝钻形，被微毛。果圆柱形或陀螺形，具棱；冠毛通常2层。

约1000种。分布于美洲、亚洲和非洲的热带与温带地区。我国有31种，主要分布于东南沿海及华南、西南；浙江有2种。

1. 夜香牛 （图8-360）

Vernonia cinerea (L.) Less. — *Conyza cinerea* L.

一年生或多年生草本。茎直立，上部分枝，具条纹，贴生灰色短柔毛，具腺点。下部叶和中部叶叶片菱状卵形、菱状长圆形或卵形，长3～6.5cm，宽1.5～3cm，先端急尖或稍钝，基部楔形，渐狭成具翅的柄，边缘具疏锯齿或波状齿，上面被疏短毛，下面被灰白色或淡黄色短柔毛，

图8-360 夜香牛

两面均具腺点，叶柄长1～2.5cm；上部叶叶片渐小，长圆状披针形或条形。头状花序多数，在枝端排列成伞房圆锥状；梗长5～15mm，密被短柔毛；总苞钟形；总苞片4层，条形至披针形，先端渐尖，密被短柔毛及腺；花序托平，具边缘有细齿的窝孔。全部小花管状，淡红紫色，外面被短柔毛及腺，两性，结实。果圆柱形，密被短毛及腺点；冠毛白色，糙毛状。花果期7—10月。

产于衢州、丽水、温州及杭州市区、桐庐、建德、淳安、宁波市区（北仑）、鄞州、奉化、象山、宁海、三门、仙居、温岭等地。生于山坡荒地上、林缘路边。分布于华南及江西、福建、湖北、湖南、四川、云南。东南亚、非洲及日本、印度、斯里兰卡、澳大利亚、太平洋群岛也有。

全草可入药，有疏风散热、拔毒消肿、安神镇静、消积化滞等功效。

2. 台湾斑鸠菊 （图8-361）
Vernonia gratiosa Hance

攀缘藤本。茎长达3m，多分枝，密被灰褐色绒毛。叶互生；叶片长圆形至披针状长圆形，长6～12cm，宽1.5～4cm，先端短渐尖，基部宽楔形，全缘或具疏小尖头，侧脉7～9对，上面被疏短毛或近无毛，下面被灰绿色或灰褐色密柔毛；叶柄长4～10mm，密被柔毛。头状花序数个，直径10～15mm，在枝端或叶腋排列成圆锥状；梗长2～12mm；总苞钟状；总苞片约4层，先端尖，外面及边缘被褐色密柔毛；花序托稍突起，有蜂窝状小孔。小花管状，约10个，紫色，管部密被微毛，裂片条状披针形，无毛。果略压扁，圆柱形，具10纵肋，被微毛；冠毛污褐色或红褐色，外层的刚毛状，常脱落，内层的糙毛状。花果期8月至次年4月。

产于平阳、泰顺。生于海拔200m以下的山坡灌丛中。分布于我国福建、台湾。

图8-361 台湾斑鸠菊

与夜香牛的区别在于本种为攀缘藤本，植株密被灰褐色绒毛；花序托被锈色柔毛；果具10纵肋，冠毛污褐色或红褐色。

77 地胆草属 Elephantopus L.

多年生草本。茎直立，密被糙毛或柔毛。叶互生。头状花序密集成复头状，基部被数个叶状苞片包围，具坚硬的花序梗，在茎和枝端排列成伞房状；总苞圆锥形；总苞片2层，长圆形，先端急尖或具小刺头；花序托无毛。小花管状，顶端5裂，两性，结实；花药基部短箭形，具钝耳；花柱分枝丝状，被微毛。果长圆柱形，具10肋，被短毛；冠毛1层，刺毛状。

约30种，产于泛热带地区，多数分布于南美洲。我国有2种，分布于西南至东南；浙江有2种。

1. 地胆草 （图8-362）
Elephantopus scaber L.

多年生草本。茎直立，高20～60cm，常多数二歧分枝，密被白色贴生长硬毛。全部叶片上面被疏长糙毛，下面密被长硬毛和腺点；基生叶花时宿存，莲座状，叶片匙形或倒披针形，长5～18cm，宽2～4cm，先端圆钝或具短尖头，基部渐狭成宽短柄，边缘具圆齿状锯齿；茎生叶少数而小，倒披针形或长圆状披针形。头状花序多数，在茎或

图8-362 地胆草

枝端密集成复头状，再排列成复伞房状，复头状花序基部有3枚叶状苞叶，绿色，宽卵形或长圆状卵形，先端渐尖，具明显突起的脉，被长糙毛和腺点；总苞圆锥形，直径2mm；总苞片2层，长圆状披针形，先端渐尖而具刺尖，被短糙毛和腺点。小花管状，4朵，淡紫色，两性。果长圆状条形，具棱，被短柔毛；冠毛污白色，具4～6硬刺毛，基部宽扁。花果期8—10月。

产于温州、丽水及温岭、玉环等地。生于山坡疏林、灌草丛中、田边地头。分布于华南及江西、福建、湖南、贵州、云南。亚洲、美洲、非洲的各热带地区广泛分布。

全草可入药，有清热解毒、消肿利尿等功效。

2. 白花地胆草 （图8-363）
Elephantopus tomentosus L.

多年生草本。茎直立，高80～100cm，被白色开展长柔毛，具腺点。全部叶片边缘具小尖锯齿，上面皱而具疣状突起，被短柔毛，下面密被长柔毛和腺点；基生叶花时凋萎；下部叶叶片长圆状倒卵形，长8～20cm，宽3～5cm，先端尖，基部渐狭成具翅的柄，稍抱茎；上部叶渐小，叶片椭圆形至长圆状椭圆形，近无柄。头状花序12～20个在枝端密集成复头状，再排列成疏伞房状，复头状花序基部有3枚卵状心形的叶状苞叶；总苞长圆形，直径1.5～2mm；总苞片2层。小花4，管状，白色，无毛。果长条形，具10肋，被短柔毛；冠毛污白色，具5硬刚毛，基部急宽成三角形。花期8月至次年5月。

产于苍南（南关岛）。生于山坡荒地上或灌丛中。分布于我国福建、台湾、广东等沿海地区。热带地区广泛分布。

与地胆草的区别在于茎被开展的长柔毛；叶散生于茎上，基部叶花时常凋谢，茎叶长圆状倒卵形或椭圆形；花冠白色。

图8-363 白花地胆草

78 帚菊属 Pertya Sch. Bip.

多年生草本或灌木。通常有长枝和短枝之分。长枝上的叶互生，短枝上的叶数枚簇生；具柄。头状花序顶生、腋生或生于簇生叶丛中；总苞钟形、狭钟形或圆筒形；总苞片少层至多层，先端圆钝、短尖或刺尖；花序托平坦或蜂窝状，无毛。小花管状，檐部稍扩大，5深裂，裂片狭长，两性，结实。果圆柱形，具纵棱，被绢毛；冠毛糙毛状，白色至褐色。

约25种，分布于日本、泰国、阿富汗。我国有17种；浙江有4种。

近年来，张彩飞在对浙江的本属标本进行研究时，还发现了以下几个疑似新种：(1)昂山帚菊 P. maoshanensis Cai F. Zhang et T.G. Gao（产于龙泉、文成）；(2)腺毛帚菊 P. glandulosa Cai F. Zhang et T.G. Gao（产于龙泉，福建也有）；(3)革叶帚菊 P. coriacea Cai F. Zhang et T.G. Gao（产于庆元、云和、乐清、平阳、苍南）。这些种均未正式发表，暂附于此，有待进一步研究。

分种检索表

1. 头状花序单生于短枝簇生叶丛中；头状花序具4～6小花 ·················· **1. 长花帚菊 P. glabrescens**
1. 头状花序生于长枝上。
  2. 叶片被有亮黄色或亮褐色小圆球形腺体；头状花序具多数小花。
    3. 头状花序具20～30小花；总苞坛状，总苞片9～12层 ············ **2. 多花帚菊 P. multiflora**
    3. 头状花序具8～12小花；总苞钟状，总苞片约7层 ············ **3. 腺叶帚菊 P. pubescens**
  2. 叶片近无毛，不被或仅幼时被有亮黄色小圆球形腺体；头状花序仅具1小花 ················
     ·· **4. 聚头帚菊 P. desmocephala**

1. 长花帚菊 卵叶帚菊 （图8-364）
Pertya glabrescens Sch. Bip. — *P. scandens* (Thunb.) Sch. Bip.

亚灌木。长枝上的叶互生，叶片卵形，长2.5～3.5cm，宽1.5～2.5cm，先端锐尖或钝，基部圆，边缘具锯齿，两面几无毛，基出脉3，具短柄；短枝上的叶3或4枚簇生，叶片椭圆形或狭椭圆形，长4～6.5cm，宽1.5～2.5cm，先端渐尖，基部楔形，边缘具细锯齿，上面仅中脉被疏

图8-364　长花帚菊

短粗毛，下面无毛，基出脉3；叶柄长2～4mm。头状花序无梗，小花4～6，单生于短枝的簇生叶丛中；总苞圆筒形，直径约8mm；总苞片约7层，先端钝，背面疏被短毛，外层的阔卵形，中层的长圆形，最内层的狭长圆形；花序托无毛，直径约1.5mm。全部小花两性，檐部不等5深裂，裂片与花冠管近等长，被疏短毛；花药顶端急尖，基部具被毛长尾。果纺锤形，被白色绢毛与腺毛；冠毛红褐色。花期7—8月。

产于淳安、宁海、天台、仙居、莲都、遂昌、龙泉、景宁、乐清、苍南。生于林缘或路边林下。分布于江西、福建。日本也有。

2. 多花帚菊（图8-365）
Pertya multiflora Cai F. Zhang et T.G. Gao

亚灌木。小枝四棱形，纤细，紫红色至棕色，粗糙。长枝上的叶互生，去年枝的短枝上的叶2或3枚簇生；长枝上的叶片卵形至近椭圆形，长5～9cm，宽3～4cm，略革质，先端尖，基部钝，叶缘具点状齿，基出脉3，密被"丁"字形长柔毛和具亮褐色腺体，叶柄长1～4mm；短枝上的叶片卵形、狭卵形至披针形，长4～8cm，宽1.5～3cm，先端尖，基部尖，叶柄长0.6～1.25cm。头状花序具20～30小花，单生或成对聚生于长枝顶端；总苞坛状，压平后为宽钟状，长（17）20～32mm，宽10～17mm；总苞片9～12层，呈覆瓦状排列，略革质，先端钝至略尖，背面具纵纹，密被缘毛。小花管状，两性，檐部显著膨大成灯笼状，近等5深裂，裂片极度弯卷。果纺锤形，具10棱，密被绢毛；冠毛粗糙，2层，银白色至浅棕色。

图8-365　多花帚菊

产于建德、宁海、武义、天台、临海。生于林下灌丛中或乱石坡上。浙江特有种。模式标本采自建德（千丈岩）。

3. 腺叶帚菊（图8-366）
Pertya pubescens Ling

亚灌木。高1～2m。长枝上的叶互生，叶片阔卵形或卵形，长5～8cm，宽4～7cm，纸质，先端长渐尖，基部阔心形，有时平截，边缘有疏离的针刺状尖齿，幼时两面被较密"丁"字形长柔毛，下面具亮褐色腺体，毛随叶变老而变硬，其在主脉上尤甚，基出脉3。头状花序具（8）9～12小花，单生，有时2或3个于上部叶腋内排列成团伞状；总苞狭钟形；总苞片7或8层，先端钝或内层的略尖，背部和边缘密被绢质柔毛，有纵纹；花序托扁平。小花管状，两性，檐部不等5深裂，裂片条形。果纺锤形，具10棱，被贴生绢毛；冠毛粗糙，污黄色。

产于建德、淳安、衢州市区（衢江）、开化、常山、武义、莲都、松阳、乐清、瑞安。生于路边、沟边草丛中或林缘。分布于安徽、江西。模式标本采自衢州（雷公岭）。

图 8-366　腺叶帚菊

4. 聚头帚菊　单花帚菊　（图8-367）

Pertya desmocephala Diels — *P. cordifolia* Mattf. var. *desmocephala* (Diels) Z. Wei et Y.B. Zhang

亚灌木。高0.5～1m。全部叶片薄纸质，两面疏被"丁"字形长柔毛，后脱落至几无毛，仅主脉上疏被毛。长枝上的叶互生，中上部叶叶片宽卵形，长4～8cm，宽2～6.5cm，先端短尖、渐尖或尾尖，基部圆钝或宽楔形，叶缘具2或3点状齿，基出脉3，叶柄长3～7mm；去年枝的短枝上的叶4或5枚簇生，叶片卵圆形至近椭圆形，长3～3.5cm，宽1.7～2cm，先端尖，基部圆形，叶缘每边具3～5点状齿，叶柄长0.6～1cm。头状花序具1小花，2～9个在长枝叶腋处聚生成团伞状；总苞狭圆柱形；总苞片7层，背面先端被疏柔毛，具缘毛；花序托无毛。小花管状，两性，檐部不等5深裂，裂片略弯卷。果纺锤形，具10棱，密被长柔毛；冠毛粗糙，污白色至淡褐色，有腺体。

产于开化、江山、遂昌、松阳、龙泉、庆元。生于路边或林缘。分布于江西、福建、广东。模式标本采自龙泉。

图 8-367　聚头帚菊

79 兔儿风属 Ainsliaea DC.

多年生草本。茎直立，单生，稀分枝。叶互生，莲座状或密集于茎中部，稀散生于茎上；叶片全缘或具锯齿。头状花序单个或多个成束排列成穗状、总状或圆锥状；总苞狭筒状；总苞片多层，由外向内渐长；花序托无毛。小花管状，顶端5裂，裂片不等长，两性，结实；花药基部箭形，有长尾；花柱分枝短，顶端钝。果圆柱状；冠毛1层，羽毛状。

约50种，分布于东亚、南亚、东南亚。我国有40种，主要分布于长江以南各地；浙江有2种。

1. 杏香兔儿风 （图8-368）
Ainsliaea fragrans Champ. ex Benth. —— *A. ningpoensis* Matsuda

多年生草本。茎直立，高25～60cm，被褐色长柔毛或脱落。叶聚生于茎基部，莲座状；叶片卵状长圆形，长3～10cm，宽2～6cm，先端圆钝，基部心形，全缘或具疏离的芒状齿，有向上弯拱的缘毛，上面无毛或被疏毛，下面有时紫红色，被较密长柔毛；叶柄长，密被长柔毛。头状花序具3小花，在茎上部排列成长穗状，具短梗；总苞狭筒状，直径3～3.5mm；总苞片约5层，外层的短，卵形，内层的狭长圆形，背部具纵纹，无毛。全部小花管状，白色，两性，结实。果棒状圆柱形，具8棱，密被硬毛；冠毛多层，淡褐色，羽毛状。花果期11—12月。

产于全省各地。生于山坡林下、路边草丛中。分布于华东、华中、华南、西南。日本也有。

全草可入药，有清热解毒、利尿、散结等功效。

图8-368 杏香兔儿风

2. 灯台兔儿风　铁灯兔儿风　（图8-369）

Ainsliaea kawakamii Hayata —— *A. hui* Diels ex Mattf. —— *A. macroclinidioides* acut. non Hayata

多年生草本。茎直立，高25～65cm，密被褐色长柔毛或脱落。叶聚生于茎中部；叶片宽卵形至卵状披针形，稀椭圆形，长3～8cm，宽2～4cm，先端急尖，基部圆形或浅心形，边缘近全缘或具芒状齿，上面近无毛，下面疏被长柔毛；叶柄长3～8cm，被毛或脱落。头状花序具3小花，在茎上部排列成长穗状，近无梗；总苞圆筒状，直径3～4mm；总苞片约6层，外层的短，卵形，内层的狭长圆形，背部有纵纹，无毛。全部小花管状，白色，两性，结实。果近圆柱形，具纵棱，密被硬毛；冠毛1层，污白色，羽毛状。花果期8—11月。

产于全省各地。生于山坡林下、路边草丛中。分布于安徽、福建、湖南、台湾、广东。

与杏香兔儿风的区别在于叶聚生于茎中部，叶缘无缘毛。

图8-369　灯台兔儿风

2a. 长圆叶兔儿风　（图8-370）

var. **oblonga** (Koidz.) Y.L. Xu et Y.F. Lu —— *A. oblonga* Koidz. —— *A. macroclinidioides* Hayata var. *oblonga* (Koidz.) Hatus.

与灯台兔儿风的区别在于叶片长圆形至披针形，长5～8cm，宽1.5～2.5（3）cm，基部狭楔形，下延，叶柄长1.5～3.5cm。

本变种曾被误定为三脉兔儿风 *A. trinervis* Y.C. Tseng，区别在于本变种叶片长圆形至披针

图8-370　长圆叶兔儿风

形，宽1.5～2.5（3）cm，两面疏被褐色长柔毛，稀脱落至无毛；基出脉3，中脉基部的1对侧脉弧形上升于中部网结处，中部的1对侧脉明显，向上几达叶片顶部；头状花序在茎上部排列成长穗状，稀圆锥状。两者明显不同。

产于温州及庆元、景宁等地。生于低海拔山坡林下、山沟岩缝间。分布于福建（武夷山）。日本南部也有。

80 扶郎花属（火石花属） Gerbera L.

多年生草本。叶基生；叶片倒披针形、长圆形、倒卵形、卵形或近圆形，羽状分裂。花葶单生。头状花序顶生；总苞倒圆锥状或宽钟状；总苞片多层。缘花舌状，1层，雌性；盘花管状二唇形，上唇3裂，下唇2裂，两性；花药基部长尾状。果纺锤形，喙细长，具肋；冠毛细刚毛状。

约30种，分布于非洲、亚洲。我国有7种；浙江栽培1种。

非洲菊　扶郎花 （图8-371）
Gerbera jamesonii Bolus

多年生草本。全株被细毛。叶基生；叶片长椭圆形至长圆形，长12～25cm，宽5～8cm，先端短尖或略钝，基部渐狭，羽状浅裂或深裂，上面无毛，下面被短柔毛，中脉两面均突起，侧脉两面明显；叶柄长12～20cm，被长柔毛。花葶单生，高25～60cm。头状花序单生于花葶顶端，直径8～10cm；总苞钟形，直径约2cm；总苞片4或5层，外层的卵状披针形，内层的条状披针形；花序托扁平，裸露，蜂窝状。缘花舌状，1层，舌片长圆形，淡红色至紫红色，或白色及黄色，雌性；盘花管状二唇形，两性，花药基部长尾状，花柱分枝短，顶端钝。果圆柱形，密被白色短柔毛；冠毛浅褐色，略粗糙。花期5月。

原产于非洲。我国各地的庭园普遍栽培。本省的庭园、温室普遍栽培。

图8-371　非洲菊

81 兔耳一枝箭属 Piloselloides (Less.) C. Jeffrey ex Cufod.

多年生草本。叶基生；叶片倒卵形至长圆形，全缘。花葶1至数个，直立，无苞片。头状花序顶生；总苞盘状；总苞片2层；花序托扁平。缘花2层，外层的具明显舌片，内层的管状二唇形，雌性，结实；盘花管状二唇形，两性，上唇3裂，下唇2裂，结实，花药基部长尾状。果纺锤形，喙细长，具肋；冠毛细刚毛状。

2种，分布于非洲、亚洲、大洋洲。我国有1种；浙江也有。

兔耳一枝箭 毛大丁草 （图8-372）

Piloselloides hirsuta (Forssk.) C. Jeffrey ex Cufod. — *Arnica hirsuta* Forssk. — *Gerbera piloselloides* (L.) Cass.

多年生草本。全株被绒毛。叶基生，莲座状；叶片倒卵形或长圆形，稀卵形，长5～10cm，宽2.5～5cm，先端圆，基部渐狭或钝，全缘，上面疏被粗毛，老时脱毛，下面密被绒毛，边缘有灰锈色睫毛；叶柄短。花葶单生，有时数个丛生，高15～30cm，顶端呈棒状增粗，无苞片。头状花序顶生；总苞盘状；总苞片2层，条形或条状披针形，被锈色绒毛。缘花2层，外层的舌状，内层的管状二唇形，雌性，结实；盘花管状二唇形，两性，结实，花药基部长尾状，花柱分枝略扁，顶端钝。果纺锤形，具肋，被白色细刚毛，顶端具长喙；冠毛橙红色，微粗糙。花果期4—5月。

产于丽水及临海、洞头、乐清、永嘉、苍南、泰顺。生于林缘、草丛中或旷野荒地上。分布于华东、西南及湖北、湖南、广东、广西等地。非洲及日本、越南、泰国、老挝、缅甸、印度尼西亚、印度、尼泊尔、澳大利亚也有。

全草可入药，有清火消炎的功效。

图8-372 兔耳一枝箭

82 大丁草属 Leibnitzia Cass.

多年生草本。叶基生；叶片提琴状羽状分裂。花茎直立，具苞片。头状花序单生，有异形花和同形花之分；总苞宽钟形或筒形；总苞片数层，条形，外层的较短；花序托平，具微凹点。异形花春天开放，缘花舌状，1层，二唇形，上唇舌状，雌性，盘花管状，二唇形，上唇3裂，下唇2裂，两性；同形花秋天开放，仅具管状花。果纺锤形，具纵条纹和细毛；冠毛刺毛状。

6种，分布于南亚、东北亚、中美洲至北美洲。我国有4种，广泛分布；浙江有1种。

大丁草 （图8-373）
Leibnitzia anandria (L.) Nakai. —— *Tussilago anandria* L.

多年生草本。春型植株矮小，花葶高8～19cm。叶基生；叶片宽卵形或椭圆状宽卵形，长2～6cm，宽1～3cm，先端钝，基部心形或羽裂，边缘具圆波状齿和小牙齿，两面被白色绵毛；叶柄长2～4cm或更长。头状花序单生，直径约2cm；总苞倒圆锥形；总苞片3层，外层的较短，条形，内层的条状披针形，先端钝；缘花舌状，1层，紫色，雌性；盘花管状，两性。秋型植株高大，花葶高达30cm，叶片倒披针状椭圆形或椭圆状宽卵形，长8～15cm，宽4～6.5cm，通常琴状羽裂；缘花管状二唇形，雌性，无舌片。果纺锤形，被短毛，具纵肋；冠毛污白色，粗糙。花期春、秋季。

产于安吉、临安、桐庐、建德、淳安、诸暨、鄞州、余姚、宁海、普陀、开化、江山、金华市区、磐安、武义、临海、缙云、遂昌、松阳、龙泉、庆元、乐清、永嘉、瑞安、文成等地。生于海拔1500m以下的山坡草地上、林缘路边。除新疆、西藏外，我国南北各地均有分布。亚洲东北部也有。

图8-373 大丁草

83 腺梗菜属（和尚菜属） Adenocaulon Hook.

多年生或一年生草本。茎直立，分枝，上部常有腺毛。叶互生；叶片全缘或具疏锯齿，下面密被蛛丝状毛；具长叶柄。头状花序小，在茎枝端排列成圆锥状；总苞钟形或半球形；总苞片1层，等长，草质；花序托短圆锥状或平，无托片。全部小花管状；缘花雌性；盘花两性，花柱不裂，棍棒状。果棍棒状，被头状具柄的腺体；无冠毛。

约5种，分布于亚洲东部、美洲。我国有1种，广泛分布；浙江也有。

腺梗菜 和尚菜 （图8-374）
Adenocaulon himalaicum Edgew.

多年生草本。茎直立，高30～60cm，中部以上分枝，被绒毛。基生叶或有时下部叶花时凋萎；下部叶叶片肾形或圆肾形，长5～8cm，宽7～12cm，先端急尖或钝，基部心形，边缘具不等形波状大牙齿，上面沿脉被微柔毛，下面密被蛛丝状毛，基出脉3，叶柄长5～17cm，具翼；中部叶叶片三角状圆形，长4～13cm，宽8～14cm，向上叶片较小；最上部叶叶片披针形，全缘，无柄。头状花序多数，具短梗，排列成圆锥状；总苞半球形，直径2.5～5mm；总苞片5～7，宽卵形，全缘，果时向外反曲。全部小花管状；缘花白色，雌性，结实；盘花淡白色，两性，不结实。果棒状，被多数头状具柄的腺体；无冠毛。花果期6—11月。

产于淳安、衢州市区（衢江）。生于山谷沟边、阴湿林下。分布于全国各地。亚洲东北部及印度、尼泊尔也有。

图8-374 腺梗菜

一六七　菊科 Asteraceae

84 天名精属 Carpesium L.

多年生草本。茎直立，多分枝。叶互生。头状花序顶生或腋生，通常下垂；总苞盘状、钟状或半球形；总苞片3或4层，干膜质，或外层的草质；花序托平，无托毛。全部小花管状，黄色；缘花雌性，1至多层，圆筒状；盘花两性，上部扩大成漏斗状，花药基部箭形，尾细长，花柱2深裂。果细长，有纵条纹，顶端收缩成喙状，喙顶具软骨质环状物；无冠毛。

约20种，分布于亚洲、欧洲。我国有16种，主要分布于西南山区；浙江有5种。

分种检索表

1. 总苞外层苞片草质或叶状，与内层苞片近等长或更长，常与苞叶无明显区别。
   2. 基生叶花前凋萎；叶片长椭圆形，宽4～6cm；总苞直径1～1.8cm；外层苞片披针形，叶状…………………………………………………………………………………………… 1. 烟管头草 C. cernuum
   2. 基生叶宿存；叶片披针形，宽1.2～2.2cm；总苞直径0.8～1.2cm；外层苞片条状披针形…………………………………………………………………………………………… 2. 舌叶天名精 C. glossophyllum
1. 总苞外层苞片短，干膜质或顶端稍带草质，与苞叶有明显区别。
   3. 头状花序单生于茎端及叶腋，近无梗，排列成穗状。
      4. 下部茎叶宽椭圆形或长椭圆形，基部楔形；外层总苞片卵圆形，先端钝……………………………………………………………………………………………………… 3. 天名精 C. abrotanoides
      4. 下部茎叶广卵形，基部心形或截形；外层总苞片卵状披针形，先端尖…………………………………………………………………………………………… 4. 浙江天名精 C. zhejiangense
   3. 头状花序单生于茎、枝顶端，有梗，排列成总状……………………………… 5. 金挖耳 C. divaricatum

1. 烟管头草 （图8-375）
Carpesium cernuum L.

多年生草本。茎直立，高50～80cm，下部密被白色长柔毛及卷曲短柔毛，上部被疏柔毛，多分枝。基生叶花前凋萎；茎下部叶较大，叶片长椭圆形或匙状长椭圆形，长6～12cm，宽

图8-375　烟管头草

4～6cm，先端急尖或钝，基部渐狭成有翅的长叶柄，边缘具波状齿，上面被倒伏柔毛，下面被白色长柔毛，两面均有腺点；中部叶叶片椭圆形至长椭圆形，先端尖，基部楔形，具短柄；上部叶叶片渐小，椭圆形至椭圆状披针形，近全缘。头状花序单生于茎枝端，基部具多枚苞叶；总苞半球形，直径1～1.8cm；总苞片4层，外层的叶状，披针形，与内层的等长或稍长，草质，密被长柔毛，先端钝，通常反折，中层和内层的长圆形至条形，干膜质。缘花黄色，雌性，中部较宽，两端稍收缩，无毛；盘花黄色，两性，向上稍扩大，檐部5齿裂，无毛。果条形，多棱。花果期7—10月。

产于宁波、衢州及湖州市区（吴兴）、临安、桐庐、淳安、浦江、天台、缙云、乐清、永嘉、苍南、泰顺等地。生于山坡荒地上、路边草丛中、沟边、林缘。分布于东北、华北、华东、华中、华南、西南及陕西、甘肃。欧洲、东北亚、西亚及越南、菲律宾、印度尼西亚、印度、巴基斯坦、巴布亚新几内亚、澳大利亚也有。

2. 舌叶天名精 （图8-376）
Carpesium glossophyllum Maxim.

多年生草本。茎直立，高20～50cm，分枝少，密被开展的灰黄色长柔毛。基生叶宿存，叶片狭椭圆形至披针形，长5.5～10.5cm，宽1.2～2.2cm，先端急尖，下部渐狭，下延成翅短柄或几无柄，边缘近全缘，上面密被基部膨大的灰黄色长柔毛，下面疏被灰黄色长柔毛及腺体，沿脉毛较密；茎生叶稀疏，下部叶与基生叶相似，上部叶渐小，叶片披针形至条状披针形，无柄。头状花序少数，单生于茎枝端或腋生而具长梗，苞片3～5，条状披针形，两面密被灰黄色长柔毛及腺体；总苞直径8～12mm；总苞片4层，外层的草质，与苞片相似，中层的匙形，先端圆钝，边缘撕裂状，内层的狭矩圆形，干膜质，先端圆钝，上部边缘撕裂状。小花淡黄绿色，无毛；缘花雌性，檐部稍扩大，3～5裂；盘花两性，檐部漏斗状，5齿裂。果长约4mm。花果期8—10月。

产于缙云（大洋山）。生于山坡路边草丛中。日本南部、韩国济州岛也有。

图8-376　舌叶天名精

3. 天名精 （图8-377）
Carpesium abrotanoides L.

多年生草本。茎直立，高30～90cm，多分枝，下部近无毛，上部密被短柔毛。茎下部叶叶片宽椭圆形或长椭圆形，长8～16cm，宽4～7cm，先端锐尖或钝，基部楔形，边缘具不规则钝齿，两面密被短柔毛，具细小腺点，叶柄长5～15mm，密被短柔毛；茎上部叶叶片长椭圆形或椭圆状披针形，先端尖，基部宽楔形，无柄或具短柄。头状花序多数，单生于茎端或沿茎、枝一侧着生于叶腋，排列成穗状，近无梗；总苞钟形或半球形，直径6～8mm；总苞片3层，外层的较短，卵圆形，先端钝或短渐尖，膜质或顶端草质，具缘毛，背面被短柔毛，内层的长圆形，先端钝或具不明显的啮蚀状小齿。缘花狭筒状，1至多层，雌性，结实；盘花筒状，向上稍扩大，檐部5齿裂，两性。果细长圆柱形，顶端有短喙。花果期6—10月。

产于嘉兴、宁波及杭州市区（西湖山区）、临安、淳安、诸暨、普陀、衢州市区（衢江）、常山、武义、台州市区（椒江）、庆元、乐清、永嘉、苍南等地。生于山坡荒地上、路边草丛中、溪边、林缘。分布于华东、华中、华南、西南及河北、陕西。欧洲、东北亚、西亚及越南、缅甸、印度、尼泊尔、不丹也有。

图8-377 天名精

4. 浙江天名精 （图8-378）
Carpesium zhejiangense Y.L. Xu, H.W. Zhang et Y.F. Lu

多年生草本。茎直立，高50～80cm，被稀疏或稍密短柔毛并杂以少数开展长毛。茎下部叶和中部叶叶片广卵形，长9～12cm，宽6.5～12cm，先端锐尖或短渐尖，基部心形或截形，上面被稀疏倒伏的硬毛，下面被稀疏短柔毛，中脉及侧脉被极稀疏白色长毛，具白色球状小腺点，边缘具不规则粗齿，叶柄长3～8cm，无翅，密被短柔毛；上部叶叶片椭圆形或椭圆状披针形，先端渐尖，基部楔形，近全缘，具短柄或无柄。头状花序单生于茎、枝端及沿茎、枝生于叶腋，排列成穗状，几无梗；总苞半球形，直径8～10mm；总苞片4层，外层的短，卵状披针形，先端草质，锐尖，背面被疏毛，内层的干膜质，长圆状披针形。缘花狭筒状，顶端稍收缩，雌性；盘花筒状，向上稍扩大，檐部5齿裂，两性。果长约3mm。花果期8—11月。

产于临安（昌化）、安吉（龙王山）。生于海拔1000m以上的林缘路边。模式标本采自临安（昌化）。

图8-378　浙江天名精

5. 金挖耳（图8-379）

Carpesium divaricatum Siebold et Zucc.

多年生草本。茎直立，高20～70cm，中部以上分枝，被白色柔毛。下部叶叶片卵形或卵状长圆形，长5～12cm，宽3～7cm，先端急尖或钝，基部圆形或稍呈心形，有时呈宽楔形，边缘

图8-379　金挖耳

具不规则粗齿，上面被基部球状膨大的柔毛，下面被白色柔毛，叶柄较叶片短或近等长；中上部叶渐小，叶片长椭圆形至长圆状披针形，先端渐尖，基部楔形，叶柄短。头状花序单生于茎枝顶端，具梗，排列成总状，基部有2～4苞叶，披针形或椭圆形，其中2枚较大；总苞卵球形，直径6～10mm；总苞片4层，外层的短，宽卵形，干膜质或先端草质，背面被柔毛，中层的狭长圆形，干膜质，先端钝，内层的条形。缘花管状，顶端4或5齿裂，雌性；盘花筒状，向上稍扩大，檐部5齿裂，两性。果细长圆柱形，顶端具短喙。花果期7—8月。

产于全省各地。分布于东北、华东、华中、华南、西南等地。日本、朝鲜半岛也有。

85 旋覆花属 Inula L.

草本或亚灌木。叶互生。头状花序单生，或排列成伞房状或圆锥状；总苞半球状、倒卵圆状或宽钟状；总苞片多层，呈覆瓦状排列；花序托平或稍突起，有许多小窝孔，无托片。缘花舌状，黄色，稀白色，2或3层，舌片长1～4.5cm，稀较短，顶端具2或3齿，雌性，结实；盘花管状，黄色，顶端5齿裂，两性，结实，花药基部附器圆形或稍尖，花柱分枝稍扁，顶端钝或截形。果近圆柱形，通常有4或5棱；冠毛糙毛状。

约100种，分布于欧洲、非洲、亚洲，以地中海地区为主。我国有14种；浙江有2种。《浙江植物志》记载，浙江药圃曾栽培过土木香 I. helenium L.，现仅见个别百草园有栽培，故本志不再记录。

1. 旋覆花 （图8-380）
Inula japonica Thunb.

多年生草本。茎直立，高20～60cm，不分枝。基部叶及下部叶花时枯萎；中部叶叶片长圆形、长圆状披针形或披针形，长4～13cm，宽1.5～4cm，先端稍尖，基部狭窄，半抱茎，边缘具小尖头状疏齿或全缘，两面被疏毛，下面有腺点，中脉和侧脉有较密的长毛，无柄；上部叶渐狭小，叶片条状披针形。头状花序直径3～4cm，排列成疏散伞房状；梗细长；总苞半球形；总苞片约6层，条状披针形，最外层的常叶质而较长，有缘毛，内层的除绿色中脉外干膜质，渐尖，有腺点和缘毛。缘花舌状，1层，黄色，舌片条形，长1～1.3cm，雌性，结实；盘花管状，两性，结实。果圆柱形，具10沟，顶端截形，被疏短毛；冠毛1层，灰白色，与管状花近等长。花果期6—11月。

产于杭州及绍兴市区、诸暨、宁波市区（北仑）、鄞州、慈溪、奉化、象山、宁海、普陀、衢州市区（衢江）、开化、浦江、磐安、天台、台州市区（椒江）、龙泉、庆元、温州市区（鹿城）、瑞安、平阳、苍南。生于山坡路旁、湿润草地上、河岸和田埂上。分布于东北、华北、华东及河南、湖北、广东、广西、四川、陕西、甘肃。亚洲东北部也有。

根及叶可入药，可治刀伤、疔毒，煎服可平喘镇咳；花可入药，有健胃祛痰的功效。

图 8-380　旋覆花

2. 线叶旋覆花 （图 8-381）

Inula linariifolia Turcz.

多年生草本。茎直立，高 30～80cm，被短柔毛，杂有腺体。基部叶和下部叶花时常宿存，条状披针形，长 5～15cm，宽 0.7～1.5cm，先端渐尖，下部渐狭成长柄，边缘常反卷，具不明显小锯齿，上面无毛，下面有腺点，被蛛

图 8-381　线叶旋覆花

丝状短柔毛或长伏毛；中部叶渐无柄，微抱茎；上部叶渐狭小，叶片条状披针形至条形。头状花序直径1.5~2.5cm，在枝端单生或几个排列成伞房状花序；梗短或细长；总苞半球形；总苞片约4层，近等长，条状披针形，具腺点和短柔毛，有时最外层的叶状，较总苞稍长，内层的较狭，先端尖，除中脉外干膜质，有缘毛。缘花舌状，舌片长圆状条形，黄色，长约1cm，雌性，结实；盘花管状，两性，结实。果圆柱形，有细沟，被短粗毛；冠毛1层，白色，与管状花等长。花果期7—10月。

产于杭州及安吉、桐乡、余姚、象山、普陀、衢州市区（衢江）、开化、永康、台州市区（椒江）、天台、临海、龙泉、温州市区（鹿城）、泰顺。生于海拔150~500m的山坡、荒地、路旁、河岸边。分布于东北、华北及江苏、安徽、河南、湖北、陕西。亚洲东北部也有。

可药用，功效大致同旋覆花。

与旋覆花的区别在于叶片条状披针形，基部渐狭，不抱茎，边缘反卷；头状花序直径1.5~2.5cm。

86 羊耳菊属 Duhaldea DC.

灌木或多年生草本。叶互生。头状花序单生、几个或多数密集成顶生聚伞状；总苞近钟状。缘花舌状，黄色至白色，1层，舌瓣长短不一，有时近无舌片，顶端3或4裂，雌性；盘花管状，黄色至白色，两性，结实，花药基部附器截形。果椭球形，被毛；冠毛糙毛状，污白色。

约15种，分布于亚洲中部、东部、东南部。我国有7种；浙江有1种。

羊耳菊 （图8-382）

Duhaldea cappa (Buch.-Ham. ex D. Don) Pruski et Anderb.— *Conyza cappa* Buch.-Ham. ex D.Don — *Inula cappa* (Buch.-Ham. ex D. Don) DC.

亚灌木。茎直立，高40~150cm，粗壮，多分枝，被污白色或浅褐色的绢状或绵状密茸毛。叶片长圆形或长圆状披针形，长10~16cm，先端钝或急尖，基部圆形或近楔形，边缘有小尖头状细齿，上面被密糙毛，下面被白色或污白色绢状厚茸毛，网脉明显；叶

图8-382 羊耳菊

柄长约0.5cm。头状花序多数，倒卵圆形，直径5～8mm，于茎枝端排列成聚伞圆锥状，被绢状密茸毛，苞叶条形；总苞近钟形；总苞片约5层，条状披针形，外层的较短，先端稍尖，外面被污白色或带褐色绢状茸毛。缘花舌状，1层，顶端3或4裂，或无舌片而具4退化雄蕊；盘花管状，顶端有三角状卵圆形裂片，两性，结实。果长圆柱形，被白色长绢毛；冠毛污白色。花果期6—11月。

产于龙泉、庆元、景宁、青田、瑞安、文成、平阳、苍南、泰顺等地。生于低山丘陵地、荒地上及灌木丛中。分布于江西、福建、广东、广西、四川、贵州、云南等地。越南、泰国、缅甸、马来西亚、印度也有。

全草或根可入药，有祛痰定喘、活血调经等功效，还可治跌打损伤。

87 六棱菊属 Laggera Sch. Bip. ex Benth.

一年生或多年生草本。茎直立。叶互生，无柄，叶片全缘或有齿刻，基部沿茎下延成茎翅。头状花序腋生或顶生，排列成圆锥状；总苞钟状或近半球形；总苞片多层，坚硬，外层的较短，内层的较长，干膜质；花序托平，无毛。缘花舌状，多层，舌片顶端3或4裂，雌性；盘花管状，多数，顶端5裂，两性，花药基部箭形，小耳钝或急尖。果圆柱形；冠毛刚毛状，白色。

约17种，分布于非洲热带地区、亚洲。我国有2种，分布于长江以南各地；浙江有1种。

六棱菊 （图8-383）

Laggera alata (D. Don.) Sch. Bip. ex Oliv. — *Erigeron alatus* D. Don.

多年生草本。茎直立，高40～100cm，全株密被淡黄色腺状柔毛，茎翅全缘，宽2～5mm。中下部叶叶片长圆形或匙状长圆形，长8～18cm，宽2～7.5cm，先端钝，基部渐狭，沿茎下延成茎翅，边缘有疏细齿，两面密被贴生、扭曲的头状腺毛，侧脉8～10对；茎

图8-383 六棱菊

上部或枝生叶较小，叶片狭长圆形或条状披针形。头状花序多数，下垂，在枝端排列成大型圆锥状；总苞钟形；总苞片约6层，外层的叶状，长圆形或卵状长圆形，先端急尖或渐尖，内层的条形，干膜质。缘花舌状，多数，淡紫色，顶端3或4齿裂，通常无毛，雌性；盘花管状，多数，淡紫色，顶端5齿裂，被疏乳头状腺点并杂有疏短柔毛，两性。果圆柱形，具10棱，疏被白色柔毛；冠毛刚毛状，白色。花果期9—11月。

产于桐庐、淳安、开化、松阳、龙泉、永嘉、平阳、苍南、泰顺等地。生于山坡荒地上、路边草丛中。分布于华南及江西、福建、湖北、湖南、贵州、云南。南亚、东非及越南、泰国、老挝、缅甸、印度尼西亚、菲律宾、马达加斯加也有。

88 艾纳香属 Blumea DC.

一年生或多年生草本、亚灌木或藤本。茎直立，被毛。叶互生；叶片边缘具锯齿或稀羽状分裂。头状花序排列成圆锥状，稀密集成球状或穗状；总苞半球形、圆柱形或钟形；总苞片多层，背面被柔毛；花序托平。缘花细管状，雌性，顶端2～4齿裂；盘花管状，上部稍扩大，少数，两性，檐部5浅裂，花药5，基部戟形，具尾，花柱分枝条形，具乳头状突起。果圆柱形，通常有棱；冠毛1层，糙毛状。

约50种，分布于亚洲、非洲热带地区及澳大利亚、太平洋群岛。我国有30种，分布于长江流域以南各地；浙江有7种。文献资料记载，泰顺（洋溪林场）分布有裂苞艾纳香 *B. martiniana* Vaniot，该种总苞片背面被疏毛或无毛，顶端钝，呈条裂或撕裂状，冠毛淡黄褐色或污黄色，编者未见标本，故本志不予收录。

分种检索表

1. 茎攀缘状；外层总苞片卵形或卵状长圆形；花序托被密长柔毛；冠毛白色 ⋯ **1. 东风草 B. megacephala**
1. 茎直立；总苞片3或4层，外层披针形或条状披针形；花序托被疏短毛或无毛。
  2. 叶片琴状分裂，基部不扩大 ⋯⋯⋯⋯⋯⋯⋯⋯⋯⋯⋯⋯⋯⋯⋯⋯⋯⋯⋯⋯⋯ **2. 六耳铃 B. sinuata**
  2. 叶片不分裂，边缘仅具粗锯齿、细齿、硬尖齿或重锯齿。
    3. 花冠紫红色；果近有角至表面圆滑；叶片倒卵形 ⋯⋯⋯⋯⋯⋯⋯⋯ **3. 柔毛艾纳香 B. axillaris**
    3. 花冠黄色；果具明显纵棱。
      4. 花序托无毛。
        5. 叶片较大，长12～20cm，宽4～6.5cm；叶脉9～11对；叶缘具疏细齿或小尖头⋯⋯⋯⋯⋯⋯⋯⋯⋯⋯⋯⋯⋯⋯⋯⋯⋯⋯⋯⋯⋯⋯⋯⋯⋯⋯⋯⋯⋯⋯⋯⋯⋯⋯⋯⋯⋯ **4. 台湾艾纳香 B. formosana**
        5. 叶片较小，长6～12cm，宽2～4cm；叶脉5或6对；叶缘具密齿。
          6. 叶主要茎生，椭圆形，边缘有规则的硬尖齿；总苞片先端紫红色⋯⋯ **5. 毛毡草 B. hieraciifolia**

6. 叶主要基生，倒卵状匙形或倒披针形，边缘有不规则的密细齿；总苞片绿色或上部麦秆黄色 ············
·· 6. 拟毛毡草 **B. sericans**

4. 花序托被毛；叶缘具重锯齿；头状花序直径8～12mm，具长达2cm的梗 ································
·· 7. 长圆叶艾纳香 **B. oblongifolia**

1. 东风草 （图8-384）

Blumea megacephala (Randeria) C.T. Chang et Tseng

攀缘状草质藤本或基部木质。茎圆柱形，多分枝。下部叶和中部叶叶片卵形、卵状长圆形或长椭圆形，长7～10cm，宽2.5～4cm，先端短尖，基部圆形，边缘有疏细齿或点状齿，上面有光泽，两面被疏毛或无毛，侧脉5～7对，网状脉极明显，具短柄；上部叶较小，具短柄。头状花序直径1.5～2cm，通常1～7个在腋生小枝顶端排列成总状或近伞房状，再排成大型具叶的圆锥状；梗长1～3cm；总苞半球形；总苞片5或6层，外层的卵形，先端钝或有时具短尖头，背面被密毛；花序托平，密被白色长柔毛。缘花细管状，黄色，雌性；盘花管状，上部稍扩大，黄色，两性。果圆柱形，具10棱，被疏毛；冠毛白色，糙毛状。花果期8—12月。

产于温州及三门。生于山坡灌丛、路边草丛中、林缘。分布于华南、西南及江西、福建、湖南。日本、泰国、越南也有。

图8-384 东风草

2. 六耳铃 （图8-385）

Blumea sinuata (Lour.) Merr. — *Gnaphalium sinuatum* Lour.

多年生草本。茎直立，高50～150cm，上部被开展的长柔毛，并杂有腺毛。基部叶花时宿存；下部叶叶片倒卵状长圆形或倒卵形，长10～30cm，宽4～6cm，先端短尖，下半部琴状分裂，顶裂片大，卵形或卵状长圆形，侧裂片2或3对，边缘具不规则锯齿或粗齿，基部渐狭，下延成翅，上面被糙毛，下面被疏柔毛，有长2～4cm具狭翅的柄；中部叶与下部叶同形，较小，无柄。头状花序多数，排列成顶生大型圆锥状；总苞圆柱形至钟形；总苞片5或6层，常带紫色，外层的条形，先端稍钝，背面密被短柔毛，有时有腺毛；花序托平，蜂窝状，被短柔毛。小花管状，黄色；缘花多数，雌性，顶端2或3裂，无毛；盘花少数，两性，顶端5裂，被疏毛。果圆柱形，具10棱，被疏毛；冠毛糙毛状，白色。花果期10月至次年5月。

图8-385 六耳铃

产于泰顺（龟湖交溪）。生于海拔约100m的路边荒地上、溪边草丛中。分布于华南及福建、贵州、云南。南亚及印度尼西亚、马来西亚、缅甸、越南、菲律宾、新几内亚岛、太平洋群岛也有。

3. 柔毛艾纳香 （图8-386）

Blumea axillaris (Lam.) DC. — *B. mollis* (D. Don) Merr. — *Conyza axillaris* Lam.

多年生草本。茎直立，高15～60cm，被开展的长柔毛，并杂有腺毛。下部叶叶片倒卵形，长4～9cm，宽2～4cm，先端圆钝，基部渐狭，边缘具不规则密细齿，两面被绢状长柔毛，侧脉5～7对，叶柄长1～2cm；中部叶叶片倒卵形至卵状长圆形，较小，具短柄；上部叶渐小，近无柄。头状花序多数，直径3～5mm，通常3～5个密集成聚伞状，再排列成圆锥状；无梗或具短梗；总苞圆柱形；总苞片近4层，草质，紫红色，外层的条形，先端渐尖，背面被密柔毛，杂有腺体；花序托扁平，无毛。全部小花管状，花冠紫红色；缘花多数，雌性；盘花少数，两性，顶端5浅裂，具乳头状突起及短柔毛。果圆柱形，被短柔毛；冠毛1层，糙毛状，白色。花果期几乎全年。

产于江山、临海、松阳、龙泉、庆元、云和、苍南、泰顺等地。生于田野、路边草丛中。分布于华南、西南及江西、福建、湖南。非洲、南亚及阿富汗、柬埔寨、缅甸、越南、泰国、菲律宾、印度尼西亚、澳大利亚、太平洋群岛也有。

图 8-386　柔毛艾纳香

4. 台湾艾纳香　（图 8-387）
Blumea formosana Kitam.

多年生草本。茎直立，高 40～100cm，被白色长柔毛。茎中部叶叶片倒卵状长圆形，长 12～20cm，宽 4～6.5cm，先端急尖或钝，基部长渐狭，边缘疏生点状细齿或小尖头，上面被短柔毛，下面被紧贴的白色绒毛，并杂有腺体，侧脉 9～11 对，近无柄；上部叶渐小，叶片长圆形或长圆状披针形；最上部叶片苞叶状。头状花序少至多数，排列成顶生圆锥状；梗长 5～10mm；总苞球状钟形；总苞片 4 层，外层的条状披针形，背面密被柔毛并杂有腺体，中层的条状长圆形，内层的条形，先端尾尖；花序托平，无毛。缘花细管状，雌性，黄色，顶端 3 齿裂，无毛；盘花管状，两性，黄色，顶端 5 浅裂，裂片有密腺点。果圆柱形，具 10 棱，被白色腺状粗毛；冠毛 1 层，糙毛状，白色。花果期 8—11 月。

产于宁波、衢州、丽水、温州及建德、武义、三门、临海、仙居等地。生于路边草丛中、林缘、山坡旷野中、山谷林下。分布于华南及江西、福建、湖南。

编者根据志书记载并查阅了台湾艾纳香主模式标本照片，本种的冠毛为红褐色或棕红色，而浙江的标本冠毛均为白色，略有不同。

图8-387　台湾艾纳香

5. 毛毡草 （图8-388）

Blumea hieraciifolia (Spreng.) DC. — *Conyza hieraciifolia* Spreng.

多年生草本。茎直立，高50～70cm，被开展的密绢毛状长柔毛，并杂有腺毛。叶主要茎生；下部叶和中部叶叶片椭圆形或长椭圆形，长7～10cm，宽2～3.5cm，先端急尖，基部渐狭，下延，边缘有硬尖齿，上面被白色短毛，下面被密绢毛状绒毛或绵毛，侧脉5或6对，近无柄；上部叶较小，无柄。头状花序多数，2～7个簇生再排列成圆锥状；总苞钟形；总苞片4或5层，外层的条状披针形，先端渐尖，紫红色，背面被白色绒毛，中层的条状长圆形，内层的条形；花序托稍突起，无托毛。全部小花管状，黄色；缘花多数，雌性，顶端3裂，无毛；盘花少数，两性，顶端5裂，有疏毛，杂有腺体。果圆柱形，具10棱，被毛；冠毛糙毛状，白色。花果期12月至次年4月。

产于建德、庆元、景宁、苍南等地。生于田边、路边灌草丛中。分布于华南、西南及江西、福建。日本、泰国、缅甸、印度尼西亚、菲律宾、印度、巴基斯坦、尼泊尔、新几内亚岛也有。

图 8-388　毛毡草

6. 拟毛毡草　丝毛艾纳香　（图 8-389）

Blumea sericans (Kurz) Hook. f. — *B. barbata* DC. var. *sericans* Kurz

多年生草本。茎直立，高 40～80cm，被白色密绢毛状绒毛。叶主要基生，近莲座状；基部叶叶片倒卵状匙形或倒披针形，长 6～12cm，宽 2～4cm，先端钝，基部长渐狭，下延成具长翅的柄，边缘具不规则密齿，上面被白色绒毛，后渐脱落，下面被绢毛状绒毛，侧脉 5 或 6 对，明显；茎生叶疏生，向上渐小，匙状长圆形。头状花序多数，2～7 个簇生，再排列成狭圆锘状；总苞圆柱形或钟形；总苞片约 4 层，外层的条状长圆形，先端急尖或渐尖，绿色或上部麦秆黄色，背面被白色密绒毛；花序托稍突起，无毛。全部小花管状，黄色；缘花多数，雌性，顶端 3 或 4 裂，无毛；盘花少数，两性，顶端 5 裂，被疏毛，杂有乳头状腺点。果圆柱形，具 10 棱，被疏毛；冠毛糙毛状，白色。花果期 4—8 月。

一六七　菊科 Asteraceae

产于松阳、龙泉、庆元、平阳、苍南等地。生于路边草丛中、田边、荒地上。分布于华南及江西、福建、湖南、贵州。越南、缅甸、印度尼西亚、菲律宾、印度也有。

图 8-389　拟毛毡草

7. 长圆叶艾纳香 （图 8-390）

Blumea oblongifolia Kitam.

多年生草本。茎直立，高 50～150 cm，被长柔毛。中部叶叶片长圆形，长 9～13 cm，宽 4～6 cm，先端急尖或钝，基部楔形，边缘有不规则重锯齿，上面被短柔毛，下面多少被长柔毛，侧脉 5～7 对，近无柄；上部叶渐小，叶片长圆形或长圆状披针形，无柄。头状花序多数，直径 8～12 mm，排列成顶生开展的疏圆锥状；梗长达 2 cm；总苞球状钟形；总苞片约 4 层，外层的条状披针形，先端尾状渐尖，背面密被长柔毛，中层和内层的条形或条状披针形；花序托蜂窝状，被白色粗毛。全部小花管状，黄色；缘花多数，雌性，顶端 3 或 4 裂，无毛；盘花少数，两性，顶端 5 裂，被白色疏毛和腺体。果圆柱形，具棱，疏被白色粗毛；冠毛糙毛状，白色。花果期 8 月至次年 4 月。

产于宁波、温州及温岭、玉环、龙泉、庆元、景宁等地。生于山坡灌丛、路边草丛中。分布于江西、福建、广东、广西、台湾。印度、缅甸、越南也有。

图 8-390　长圆叶艾纳香

89 火绒草属　Leontopodium R. Br. ex Cass.

多年生草本或亚灌木。簇生或丛生，全株被绵毛，稀垫状。叶基生或互生；叶片全缘。头状花序小，数个簇生，无梗，下面有数个叶状苞；总苞钟状；总苞片小，数层，外层的被绵毛；花序托突起，无托片和托毛。缘花细管状，雌性，结实；盘花管状，雄性或两性，不结实，花药基部有尾状小耳。果稍扁，长圆球形；冠毛1层，刺毛状，基部稍连合成环。

约58种，分布于亚洲、欧洲。我国有37种，主要分布于西部、西南部地区；浙江有1种。

岩生薄雪火绒草　（图8-391）
Leontopodium japonicum Miq. var. **saxatile** Y.S. Chen

多年生草本。茎直立，上部被灰白色绒毛。叶稠密；叶片椭圆形，长20～30mm，宽6～11mm，先端急尖，上面被蛛丝状毛，下面被灰白色薄茸毛，基出脉3，在上面明显。头状花序排列成紧密复伞房状；苞叶多数，较上部叶小，卵圆形，两面密被灰白色绒毛；总苞钟状，密被灰白色茸毛；总苞片3层，干膜质。缘花细管状，雌性，结实；盘花雄性或两性，雄花花冠狭漏斗状，两性花花冠细管状，不结实。果长圆球形，具乳头状突起或短粗毛；冠毛1层，白色。花果期6—10月。

产于临安（清凉峰）、安吉（龙王山）、天台（华顶）。生于海拔1000～1800m的山顶矮灌草丛中。分布于安徽（黄山）。

《浙江植物志》记载的薄雪火绒草 *L. japonicum* Miq. 即为本变种。

一六七　菊科 Asteraceae

图 8-391　岩生薄雪火绒草

模式变种薄雪火绒草茎稍粗壮；叶密生茎顶，叶片倒卵状披针形至披针形；头状花序较大。分布于华北、华中、华东地区。日本也有。

⑨⓪ 香青属　Anaphalis DC.

多年生草本。全株密被白色绵毛或腺毛。叶互生。头状花序排列成伞房状或复伞房状；总苞钟状；总苞片多层，白色、黄色或稀红色；花序托蜂窝状，无毛。雌雄同株或异株，两性花不孕；缘花细管状，雌性；盘花管状，两性，花药基部箭形，有细长尾部，花柱2浅裂，顶端截形。果近圆柱形，有腺和乳头状突起；冠毛1层，白色，彼此分离。

约110种，主要分布于亚洲热带和亚热带地区，少数分布于亚洲温带地区、北美、欧洲。我国有54种，主要分布于西部、西南部；浙江有1种。

香青（图8-392）

Anaphalis sinica Hance —— *A. sinica* Hance form. *pterocaula* (Franch. et Sav.) Ling

多年生草本。根状茎木质。茎直立，丛生，高20～50cm，被白色绵毛。全部叶上面被薄绵毛，下面被薄绵毛，并杂有腺毛，具1中脉或离基三出脉；下部叶花时枯萎；中部叶叶片长圆形、

图 8-392　香青

倒披针状长圆形或条形，长5～7cm，宽0.2～1.5cm，先端渐尖或急尖，基部渐狭，沿茎下延成狭或稍宽的翅，全缘；上部叶较小，叶片披针状条形或条形。头状花序密集成复伞房状；总苞钟形或倒圆锥形，直径4～6mm；总苞片6或7层，外层的卵圆形，浅褐色，被蛛丝状毛，内层的舌状长圆形，乳白色，最内层的较狭，具长爪部。雌株头状花序有多层雌花，中央有1～4朵雄花；雄株头状花序托有繸状短毛。果长椭球形，被小腺点；雄花冠毛上部渐宽扁，有锯齿。花果期6—10月。

产于杭州、丽水、温州及安吉、诸暨、嵊州、余姚、奉化、衢州市区（衢江）、开化、金华市区（婺城）、东阳、磐安、天台、临海等地。生于山坡草地上、岩石缝间、路边、林缘。分布于华北、华东、华中、西南及广西、陕西、甘肃。日本、朝鲜半岛也有。

91 蜡菊属 Xerochrysum Tzvelev

一年生至多年生草本。全株通常被白色绵毛或茸毛。叶互生；叶片具腺毛，全缘。头状花序单生于茎端，直径2～5cm；总苞半球形；总苞片多层，压紧、疏松或开展，干膜质，内层的宽披针形，先端尖，有光泽，黄色、白色、粉红色、橘红色及红色。缘花细管状，黄色，雌性；盘花管状，多数，黄色，顶端4或5裂，两性。果4或5棱；冠毛1层或多层，分离或基部多少连合成环。

6种，分布于澳大利亚。我国栽培1种；浙江也有。

蜡菊 麦秆菊 （图8-393）
Xerochrysum bracteatum (Vent.) Tzvelev — *Xeranthemum bracteatum* Vent.

一年生草本。茎直立，高20～120cm。叶片披针形至条形，长5～12cm，先端渐尖，基部渐狭成短叶柄，全缘。头状花序直径2～5cm，单生于枝顶；总苞片呈覆瓦状排列，外层的短，内层的宽披针形，白色、红色、黄色、粉色或紫色，先端尖，具光泽。小花多数，管状，黄色，长不及总苞片的一半，外层的为雌性。果无毛；冠毛羽状糙毛。花果期5—8月。

原产于澳大利亚。全国各地广泛栽培。全省各地的庭园常见栽培。

可供观赏。

图8-393 蜡菊

92 合冠鼠麹草属 Gamochaeta Wedd.

一年生或多年生草本。茎直立或向上斜展，被白色绵毛或绒毛。叶互生。头状花序小，簇生成团伞状，再排列成穗状或圆锥状；总苞半球形或钟形；总苞片2～4层，褐色；花序托平，无毛。缘花细管状，紫色，雌性；盘花管状，紫色，两性，花药基部箭形，花柱分枝圆柱形,有多数乳头状突起。果椭球形;冠毛1层,白色或污白色,基部连合成环。

约53种,分布于美洲和加勒比地区,有些种类分布于亚洲、大洋洲、欧洲等地。我国有7种,主要分布于华南、西南;浙江有1种。

匙叶合冠鼠麴草　　匙叶鼠麴草　（图8-394）
Gamochaeta pensylvanica (Willd.) Cabrera —— *Gnaphalium pensylvanicum* Willd.

一年生草本。茎直立或向上斜展,高20～40cm,被白色绵毛。下部叶叶片倒披针形或匙形,长2～7cm,宽1～1.5cm,先端圆钝,基部长渐狭,下延,全缘或微波状,上面被疏毛,下面密被灰白色绵毛,侧脉2或3对,细弱,无柄;中部叶叶片倒卵状长圆形或匙状长圆形,长2.5～3.5cm,先端圆钝,基部渐狭,下延;上部叶渐小。头状花序多数,成束簇生,再排列成紧密的穗状;总苞卵形,直径约3mm;总苞片2层,污黄色或麦秆黄色,膜质,外层的卵状长圆形,内层的条形;花序托干时除边缘外完全凹陷,无毛。缘花细管状,多数,雌性;盘花管状,少数,无毛,两性。果长圆柱形,有乳头状突起;冠毛绢毛状,污白色,基部连合成环。花果期12月至次年5月。

产于丽水、温州及安吉、杭州市区、富阳、临安、桐庐、诸暨、普陀、开化、浦江、磐安、临海等地。分布于华南、西南及江西、福建、湖南。非洲、欧洲、亚洲、中美洲至南美洲及澳大利亚、墨西哥也有。

图8-394　匙叶合冠鼠麴草

一六七　菊科 Asteraceae

93 鼠麹草属 Gnaphalium L.

一年生或多年生草本。茎直立或向上斜展，被白色绵毛或绒毛。叶互生。头状花序小，一个或几个簇生；总苞半球形或钟形；总苞片2～4层，褐色；花序托平，无毛。缘花细管状，紫色，雌性；盘花管状，紫色，两性，花药基部箭形，花柱分枝圆柱形，有多数乳头状突起。果椭球形；冠毛1层，基部分离，白色或污白色。

约80种，广泛分布于全球。我国有16种，分布于南北各地；浙江有2种。

1. 细叶鼠麹草 （图8-395）
Gnaphalium japonicum Thunb.

多年生草本。茎直立，不分枝或自基部发出数条匍匐的小枝，花时高8～25cm，密被白色绵毛。基生叶花时宿存，莲座状，叶片条状披针形或条状倒披针形，长3～10cm，宽0.3～0.7cm，先端具短尖，基部渐狭下延，边缘多少反卷，上面绿色，疏被绵毛，下面厚被白色绵毛，叶脉1条；茎生叶向上渐小，叶片条形。头状花序少数，在枝端密集成球状，无梗；总苞近钟形，直径2～3mm；总苞片3层，外层的宽椭圆形，干膜质，红褐色，先端钝，背面被疏毛，中层的倒卵状长圆形，上部带红褐色，内层的条形，红褐色。缘花丝状，多数，雌性；盘花管状，少数，两性。果椭球形，密被棒状腺体；冠毛粗糙，白色。花果期4—7月。

产于全省各地。生于路边、荒地上、林缘。分布于华东、华中、西南及广东、广西、陕西。东亚及澳大利亚、新西兰也有。

图8-395　细叶鼠麹草

2. 多茎鼠麴草 （图8-396）

Gnaphalium polycaulon Pers.

一年生草本。茎直立，高20~40cm，被白色绵毛。下部叶叶片倒披针形，长2~4cm，宽0.4~0.8cm，先端急尖，基部长渐狭，下延，全缘或微波状，两面被白色绵毛或上面脱落，侧脉不明显，无柄；中上部叶叶片倒卵状长圆形，长1~2cm，宽0.2~0.4cm，先端具短尖头，基部渐狭，无柄。头状花序在茎枝端密集成穗状；总苞卵形，直径2mm；总苞片2层，污黄色或麦秆黄色，膜质，外层的长圆状披针形，内层的条形；花序托干时平或仅中央凹陷，无毛。缘花细管状，多数，雌性；盘花管状，少数，无毛，两性。果圆柱形，具乳头状突起；冠毛绢毛状，污白色。花果期1—6月。

产于杭州市区、临安、淳安、宁波市区、余姚、普陀、金华市区、磐安、武义、天台、临海、遂昌、松阳、庆元、云和、景宁、乐清、永嘉、文成、苍南等地。生于山坡荒地上、路边草丛中、林缘。分布于华南及福建、贵州、云南。非洲热带和亚热带地区、美洲热带地区及日本、泰国、印度、巴基斯坦、澳大利亚也有。

与细叶鼠麴草的区别在于下部叶花时枯萎，中上部叶叶片倒卵状长圆形，两面被白色绵毛或上面脱落；头状花序在茎枝端密集成穗状花序。

图8-396 多茎鼠麴草

94 拟鼠麴草属 Pseudognaphalium Kirp.

茎直立或向上斜展，被白色绵毛或绒毛。叶互生。头状花序小，簇生，排列成伞房状；总苞半球形或钟形；总苞片2～4层，金黄色、白色、粉色、黄褐色或褐色；花序托平，无毛。缘花细管状，黄色，雌性；盘花管状，黄色，两性，花药基部箭形，花柱分枝圆柱形，有多数乳头状突起。果椭球形；冠毛1层，分离，白色或污白色。

约90种，全球广泛分布。我国有6种；浙江有3种。

分种检索表

1. 总苞片通常淡白色而带有不显著的淡黄色或黄白色；粗壮草本；叶片具明显3脉 ··· **1.宽叶拟鼠麴草 P. adnatum**
1. 总苞片金黄色或柠檬黄色。
  2. 矮小草本；茎自基部分枝；叶片匙形或匙状倒披针形；冠毛基部连合成2束 ···· **2.拟鼠麴草 P. affine**
  2. 粗壮草本；基部不分枝，上部斜直出分枝；叶片条形或宽条形；冠毛基部分离 ··· **3.秋拟鼠麴草 P. hypoleucum**

1. 宽叶拟鼠麴草　宽叶鼠麴草　（图8-397）

Pseudognaphalium adnatum (DC.) Y.S. Chen — *Anaphalis adnata* DC.

多年生草本。茎直立，粗壮，高30～50cm，密被紧贴的白色绵毛。基生叶花前凋落；中部叶及下部叶叶片倒披针状长圆

图8-397　宽叶拟鼠麴草

形或倒卵状长圆形，长4～9cm，宽1～2.5cm，先端急尖，基部长渐狭，下延抱茎，全缘，两面密被白色绵毛，具3脉，无柄；上部花序枝的叶小，叶片条形，两面密被白色绵毛。头状花序少数，直径5～6mm，在枝端密集成头状，再排列成大型伞房状；总苞近球形，直径5～6mm；总苞片3或4层，干膜质，淡黄色或黄白色，外层的倒卵形或倒披针形，先端圆钝，内层的长圆形或狭长圆形。缘花细管状，顶端3或4齿裂，具腺点，雌性；盘花管状，顶端5裂，具腺点，两性。果圆柱形，具乳头状突起；冠毛白色。花果期7—10月。

产于宁波、丽水、温州及临安、淳安、开化、江山、磐安、武义、仙居。生于山坡路边、林缘。分布于华东、华南、西南及河南、湖南、甘肃。越南、泰国、缅甸、菲律宾、印度、尼泊尔、不丹也有。

2. 拟鼠麴草 （图8-398）

Pseudognaphalium affine (D. Don) Anderb. — *Gnaphalium affine* D. Don

二年生草本。茎直立，通常自基部分枝，高10～40cm，全体密被白色绵毛。下部叶和中部叶叶片匙状倒披针形或倒卵状匙形，长2～6cm，宽0.3～1cm，先端圆形，具小短尖，基部下延，全缘，两面被白色绵毛；无柄。头状花序较多，在枝顶密集成伞房状，近无梗；总苞钟形，直径2～3mm；总苞片2或3层，金黄色或柠檬黄色，膜质，有光泽，外层的倒卵形或匙状倒卵形，背面基部被绵毛，先端圆，基部渐狭，内层的长匙形，背面通常无毛，先端钝；花序托中央稍凹陷，无托毛。缘花细管状，多数，顶端3齿裂，雌性；盘花管状，较少，顶端5浅裂，无毛，两性。果倒卵球形或倒卵状圆柱形，有乳头状突起；冠毛粗糙，污白色，基部连合成2束。花期3—11月。

产于全省各地。生于田埂边、荒地上、林缘、路边。全国各地均产。东亚、西亚及越南、缅甸、菲律宾、印度尼西亚、印度、巴基斯坦、尼泊尔、不丹、澳大利亚也有。

茎、叶可入药，有镇咳、祛痰等功效，内服还有降血压的疗效；嫩茎、叶可作蔬菜食用。

图8-398 拟鼠麴草

3. 秋拟鼠麹草 （图8-399）

Pseudognaphalium hypoleucum (DC.) Hilliard et B.L. Burtt — *Gnaphalium hypoleucum* DC.

一年生草本。茎直立，高30～70cm，基部通常木质，上部多分枝，密被白色绒毛或老时较疏。下部叶叶片条形或宽条形，长4～8cm，宽0.3～0.7cm，先端渐尖，基部狭，稍抱茎，全缘，上面绿色，有稀疏短柔毛，下面密被白色绒毛；中上部叶较小。头状花序多数，在茎枝端密集成伞房状；无梗或有短梗；总苞球形，直径4mm；总苞片4或5，金黄色，有光泽，膜质或上半部膜质，外层的卵形，被绒毛，内层的倒卵形至条形，无毛。缘花细管状，多数，顶端3裂，雌性；盘花管状，较少，顶端5裂，裂片卵形，无毛，两性。果长圆球形，顶端平截，有细点，无毛；冠毛绢毛状，基部分离，污黄色，易脱落。花果期8—12月。

产于杭州、宁波、丽水、温州及新昌、定海、普陀、开化、江山、衢州市区（衢江）、磐安、永康、武义、天台等地。生于路边草丛中、山坡荒地上、林缘。分布于华东及湖南、台湾、广东、四川、云南。东亚及越南、泰国、缅甸、印度尼西亚、菲律宾、印度、巴基斯坦、尼泊尔、不丹、伊朗也有。

图8-399 秋拟鼠麹草

95 金盏菊属 Calendula L.

一年生或多年生草本。茎直立，被腺状柔毛。叶互生；叶片全缘或具波状齿。头状花序顶生；总苞宽钟状；总苞片1或2层，披针形至条状披针形，先端渐尖，边缘干膜质；花序托平或突起，无毛。缘花舌状，常2或3层，雌性，结实；盘花管状，檐部5浅裂，两性，不育，花药基部箭形，柱头不分裂，球形。果形状不一，通常内弯；无冠毛。

约20多种，主要分布欧洲西部、西亚和地中海地区。我国常见栽培1种；浙江也有。

金盏菊 （图8-400）
Calendula officinalis L.

一年生草本。茎直立，高30～60cm，被柔毛和腺毛，通常上部分枝。基生叶叶片长圆状倒卵形或匙形，长15～20cm，全缘或具疏细齿，无柄；茎生叶叶片长椭圆形或长椭圆状倒卵形，长5～15cm，宽1～3cm，先端钝，稀急尖，边缘波状具不明显细齿，基部多数抱茎。头状花序单生于枝端，直径3～5cm；总苞宽钟形；总苞片2层，披针形，外层的稍长于内层的，先端渐尖。缘花舌状，通常3层，舌片黄色或橙黄色，长于总苞的2倍，宽达4～5mm，雌性，结实；盘花管状，檐部5浅裂，两性，不结实。果显著内弯，顶端具喙，两侧具翅，背部具不规则横皱褶。花果期4—9月。

原产于西班牙。我国各地的庭园广泛栽培。全省各地的庭园普遍栽培。

可供观赏。

图8-400 金盏菊

96 蓝刺头属 Echinops L.

多年生草本，稀为一年生。茎直立，上部常分枝，被蛛丝状绵毛，常杂有褐色长单毛或腺毛。头状花序仅含1小花，多数，在茎枝顶端排列成球形或卵球形的复头状，外围具苞叶；总苞片3～5层，膜质或革质，外层的总苞片短，中层的较长，内层的有时短于中层的，通常全部总苞片分离，有时中下部连合，间或最内层的合生成管状，全部总苞片边缘有长或短的缘毛。全部小花两性；花冠管状，白色、蓝色或紫色，5裂；花药基部附器钻形或箭形；花柱分枝短，在分枝处以下有毛环。果倒圆锥形，有细纵肋，密被伏贴的顺向长直毛；冠毛多数，短冠片状或刚毛状，基部连合或分离。

约120种，分布于亚洲、非洲和欧洲，主产于中亚。我国有17种，南北各地均产；浙江有1种。

华东蓝刺头　格利蓝刺头　（图8-401）
Echinops grijsii Hance —— *E. cathayanus* Kitag.

多年生草本。根状茎木质。茎直立，高30～65cm，上部稍有分枝，基部残存棕褐色的纤维状撕裂的叶柄，茎、枝密被蛛丝状绵毛。叶纸质，两面异色，上面绿色，下面白色或灰白色，密被蛛丝状绵毛；基生叶及茎下部叶有长柄，叶片椭圆形、长椭圆形至卵状披针形，长10～15cm，宽4～6.5cm，羽状深裂，侧裂片4或5对，具刺状缘毛；中上部叶叶片披针形或长椭圆形，渐小，羽状分裂，无柄或具短柄。复头状花序单生于枝端或茎顶，直径2～4cm；头状花序长10～20cm；外层总苞片刚毛状，匙形，先端急尖，具缘毛，内层的狭长椭圆形，先端刺状渐尖，

图8-401　华东蓝刺头

上部边缘具短缘毛。小花蓝色或白色，长约1cm，花冠5深裂，裂片细长，花冠管外面具腺点。果倒圆锥状，长约1cm，密被顺向伏贴的棕黄色长直毛；冠毛短冠状，大部结合。花果期9—11月。

产于嵊州(城关)。生于海拔约200m的山坡草丛中。分布于辽宁、山东、河南、江苏、安徽、福建、台湾、湖北、广西。

根可入药，有治疮的功效。

97 苍术属 Atractylodes DC.

多年生草本。根状茎横生或结节状。叶互生；叶片分裂或不分裂，具柄。头状花序同形，单生于茎枝顶端，基部具叶状苞片；总苞钟状、宽钟状或圆柱状；总苞片多层，呈覆瓦状排列，先端钝或圆形，全缘，常具缘毛；花序托平坦，具稠密的托片。小花两性，或为雌花，雄蕊退化；花冠管状，黄色或紫红色，檐部5深裂；花丝无毛，分离，花药基部附器箭形；花柱分枝短，三角形，外面被短柔毛。果压扁，倒卵圆柱形或卵圆柱形，顶端截形，密被顺向伏贴的长柔毛，基底着生面平整；冠毛1层，羽毛状，基部连合成环状。

约6种，分布于东亚。我国有4种，南北各地均有分布；浙江有2种。

1. 苍术　茅术　（图8-402）

Atractylodes lancea (Thunb.) DC. — *Atractyis lancea* Thunb.

多年生草本。根状茎结节状，平卧或斜生。茎直立，高25～65cm，圆形而具纵棱，常无毛，不分枝或上部稍有分枝。叶互生；基生叶叶片常3浅裂，基部楔形，常无柄抱茎，开花前凋落；

图8-402　苍术

中部叶叶片椭圆形或椭圆状披针形，长4.5～6.5cm，宽1.5～2.5cm，先端急尖，基部圆形，全缘或羽状浅裂，边缘具细刺状锯齿，两面近无毛，无柄；上部叶叶片较小，披针形或长椭圆形，无柄。头状花序顶生，直径约2cm；叶状苞片羽状深裂，几与花序等长；总苞钟形；总苞片5～7层，外层的较短，卵形或卵状披针形，中层的长卵形至长椭圆形，内层的长椭圆形至条形，全部总苞片先端钝，边缘疏被蛛丝状毛。小花白色或淡紫红色，长约1cm。果倒卵圆柱形，密被白色长柔毛；冠毛棕黄色，羽毛状，基部连合成环。花果期6—10月。

产于临安、淳安、天台、莲都，也常见栽培。生于山坡灌丛或林中。分布于东北、华北、华东、华中及陕西、甘肃。日本、俄罗斯、朝鲜半岛也有。

根状茎可入药，有健脾燥湿的功效。

2. 白术 （图8-403）
Atractylodes macrocephala Koidz. — *Atractyis macrocephala* (Koidz.) Nemoto

多年生草本。根状茎结节状，肥大。茎直立，高20～50cm，无毛，中上部常有分枝。叶互生，两面绿色，无毛；下部叶叶片3～5羽状深裂至全裂，有时不裂，长椭圆形，边缘或裂片边缘具刺状缘毛或刺齿，叶柄长3～6cm；中上部叶叶片渐小，椭圆形，边缘具刺状缘毛或刺齿，无柄。头状花序顶生，直径4～5cm；叶状苞片针刺状，羽状全裂；总苞宽钟形；总苞片9或10层，外层的长卵形或三角形，较短，中层的长卵形至披针

图8-403 白术

形，最内层的宽条形，全部总苞片先端钝，边缘具蛛丝状毛。小花紫红色，长约1.5cm。果倒卵圆锥形，密被白色长柔毛；冠毛污白色，羽毛状，基部连合成环。花果期8—10月。

产于临安、淳安、嵊州、磐安、天台、遂昌、龙泉、泰顺等地，也有栽培。分布于华东、华中及贵州。

根状茎可入药，功效同苍术，为"浙八味"之一，本省栽培规模较大，临安於潜的"於术"是地方性的道地药材。

与苍术的区别在于头状花序直径4～5cm，花紫红色；下部叶叶片3～5羽状深裂至全裂。苍术的头状花序直径约2cm，花白色或淡紫红色；下部叶叶片3浅裂。

98 牛蒡属 Arctium L.

二年生草本。茎直立，多分枝。叶互生；叶片通常大型而不分裂；具柄。头状花序少数或多数在茎枝顶端排列成伞房状或圆锥状；总苞卵球形，无毛或被绒毛；总苞片多层，多数，呈覆瓦状排列，条状钻形至披针形，先端有钩刺；花序托平，密被托毛，托毛初时平展，后变扭曲。小花管状，两性，结实；花冠5浅裂；花药基部附器箭形，有尾，花丝无毛；花柱分枝细条形，外弯，分枝处下部有毛环。果压扁，倒卵球形或长椭球形，顶端平截，具多数细脉纹或棱，基底着生面平整；冠毛多层，短，不等长，短刺状或糙毛状，基部分离，极易脱落。

11种，分布于亚洲、欧洲和北非。我国有2种，几乎遍布全国；浙江有1种。

牛蒡（图8-404）
Arctium lappa L.

二年生草本。根粗大，肉质。茎直立，高1～2m，粗壮，通常带紫红色或紫色，分枝向上斜展，被稀疏的乳突状短毛及长绒毛，并混生棕黄色的小腺点。基生叶叶片宽卵形，长达30cm，宽达20cm，具长柄，两面异色，上面绿色，具稀疏的短糙毛及黄色小腺点，下面灰白色或淡绿色，被薄绒毛或稀疏绒毛，具黄色小腺点；茎生叶与基生叶近同形，毛被亦相同，基部平截或浅心形，向上渐变小。

图8-404 牛蒡

头状花序直径3~4cm，少数或多数在茎枝顶端排列成疏松的伞房状或圆锥状；梗粗壮；总苞卵球形，直径1.5~2cm；总苞片多层，多数，外层的三角状或披针状钻形，中层和内层的披针状或条状钻形，近等长，顶端有软骨质钩刺。小花紫红色，花冠管状，长约1.4cm，外面无腺点，5裂，裂片狭三角形。果两侧压扁，倒长卵球形或偏斜倒长卵球形，长5~7cm，浅褐色，有多数细脉纹和深褐色斑点；冠毛多层，浅褐色，短糙毛状，不等长，分散脱落。花果期6—9月。

产于建德、余姚、嵊州、兰溪、磐安、庆元、舟山及临安、天台、缙云、平阳等地有栽培。生于海拔300~900m的村宅边。分布于我国南北各地。东亚、东南亚、欧洲也有。

果实可入药，称"牛蒡子"，有疏散风热、散结解毒等功效；根可入药，有清热解毒、疏风利咽等功效，也可食用。

99 泥胡菜属 Hemisteptia Bunge ex Fisch. et C.A. Mey.

一年生草本。茎单生，直立，上部分枝。叶互生；叶片羽状分裂，两面异色；具柄或无柄。头状花序同形，常数个在茎枝顶端排列成疏散的伞房状；总苞宽钟状或半球形；总苞片多层，呈覆瓦状排列，外面近顶端具小鸡冠状突起；花序托平坦，被稠密的托毛。全部小花管状，两性，结实，先端4或5深裂，但多少粘连成二唇形；花药基部箭形，附器尾状，稍撕裂；花柱分枝呈短棍棒状，分枝处下部有毛环。果压扁，楔状或偏斜楔形，具13~16粗细不等的尖细纵肋，无毛，顶端斜截形，基底着生面平整；冠毛2层，异形，外层冠毛羽毛状，基部连合成环，整体脱落，内层冠毛鳞片状，极短，着生一侧，宿存。

1种，产于东亚、南亚至澳大利亚。我国有1种；浙江也有。

泥胡菜 （图8-405）

Hemisteptia lyrata (Bunge) Fisch. et C.A. Mey. —— *Cirsium lyratum* Bunge

根肉质，圆锥状。茎直立，高25~70cm，有纵棱纹，疏被蛛丝状毛，上部常分枝。基生叶具柄，叶片长椭圆形或倒披针形，花时通常枯萎；茎中下部叶与基生叶同形，长7~20cm，宽2~5cm，羽状深裂或琴状分裂，侧裂片通常4~6对，长椭圆状披针形，上面绿色无毛，下面密被白色蛛丝状毛，具短柄；上部叶小，叶片披针形至条形，不裂或浅裂，无柄。头状花序在茎枝顶端排列成疏松伞房状；具长梗；总苞宽钟状或半球形，直径1.5~3cm；总苞片多层，呈覆瓦状排列，外层的卵形，先端具小鸡冠状突起，内层的条形，较长，具小鸡冠状突起或无。小花紫红色，花冠长约1.4cm，5深裂，裂片条形。果压扁，楔状或偏斜楔形，深褐色，具13~16粗细不等的纵肋；冠毛二型，白色，2层，外层冠毛羽毛状，基部连合成环，整体脱落，内层冠毛极短，鳞片状，宿存。花果期5—8月。

图 8-405　泥胡菜

产于全省各地。生于路边、草丛或旷野中。分布于我国南北各地。日本、越南、印度、澳大利亚、朝鲜半岛也有。

常作饲料。

100 云木香属 Aucklandia Falc.

多年生草本。茎直立，不分枝，被短柔毛或无毛。叶互生；基生叶羽状分裂，叶柄具翅，茎上叶片边缘具不规则锯齿，具短柄或无柄。头状花序单生，有时数个簇生于茎顶端或叶腋；具梗或无梗；总苞半球形；总苞片多层，近革质，呈覆瓦状排列，先端具刺；花序托具托毛。小花两性，结实；花冠管状；花药基部箭形，尾部流苏状；花柱分枝细条形，顶端圆钝，分枝下部具毛环。果压扁，长圆球形，具4棱，顶端狭，无毛，基底着生面平整；冠毛2层，羽毛状，等长，基部连合成环。

1种，产于印度和巴基斯坦。我国华南、西南地区常有栽培；浙江也有。

云木香 (图8-406)

Aucklandia costus Falc. — *A. lappa* (Decne.) Ling

多年生草本。主根粗壮，圆柱形，木质。茎直立，高达1m，无毛，不分枝。基生叶叶片三角形，长30～75cm，宽15～25cm，先端圆钝，基部下延，边缘具不规则锯齿，齿端具短刺尖，上面深绿色，下面淡绿色，无毛或于叶脉上被短柔毛，叶柄长；下部叶叶片3～5羽状深裂至全裂，有时不裂，长椭圆形，边缘或裂片边缘具刺状缘毛或刺齿，叶柄长，具翅或呈羽裂状；中部叶叶片卵形或卵状三角形，具柄或无柄；上部叶叶片渐变小。头状花序单生于茎端或叶腋，或2～5个簇生，直径3～4cm，具梗或无梗；总苞半球形；总苞片7层，卵状披针形至狭披针形，无毛或外面疏被短柔毛。小花两性，暗紫色，顶端5裂，结实。果长圆球形，具4棱，无毛；冠毛2层，淡褐色，羽毛状，等长，基部连合成环。花果期6—9月。

原产于印度。广西、四川、云南等地有栽培。莲都、缙云、龙泉、云和、景宁也有栽培。

根可入药，有行气止痛、温中和胃等功效。

图8-406 云木香

101 风毛菊属 Saussurea DC.

一年生、二年生或多年生草本，有时为亚灌木状。茎矮小至高大，有时退化，有茎者被绵毛或多节柔毛，或无毛。叶互生；叶片全缘或羽状分裂。头状花序多数或少数于茎枝端排列成伞房状、圆锥状或总状，或集生于茎端，极少单生；总苞球形、钟形、卵球形、陀螺形或圆柱形；总苞片多层，呈覆瓦状排列，紧贴、直立、开展或先端反折，先端具附器或无；花序托平坦或突起，常密被刚毛状托片。小花两性，同形，结实；花冠管部细丝状，檐部5裂至中部；花药基部箭形，尾部撕裂；花柱顶部2分枝，分枝长，顶端钝或稍钝，分枝下部具毛环。果圆柱形、椭球形或棍棒形，平滑或具横皱纹，顶端截形，有具齿小冠或无小冠；冠毛常2层，外层冠毛短，刚毛状或短羽毛状，易脱落，内层冠毛长，羽毛状，基部连合成环，整体脱落。

400余种，分布于亚洲与欧洲的温带地区。我国有近300种，遍布全国，以西南高山地带种类最多，分化强烈；浙江有7种。

分种检索表

1. 总苞片先端具扩大的膜质附器；茎通常具狭翅；下部叶叶片羽状深裂 ············ **1.风毛菊 S. japonica**
1. 总苞片先端无扩大的膜质附器；茎无翅；叶片通常不裂（或在羽叶风毛菊 S. maximowiczii 中羽状全裂或深裂）。
   2. 果黑色，具横皱纹，顶端有具齿小冠；头状花序直径1.5～4cm ········ **2.三角叶风毛菊 S. deltoidea**
   2. 果淡黄色至紫褐色，无横皱纹，顶端无小冠；头状花序直径0.7～1.5cm。
      3. 基生叶及茎下部叶羽状全裂或深裂；根及根状茎纤维状撕裂 ···· **3.羽叶风毛菊 S. maximowiczii**
      3. 叶片不裂；根及根状茎非纤维状撕裂。
         4. 总苞片先端具草质附器；茎及叶背均无毛 ················· **4.心叶风毛菊 S. cordifolia**
         4. 总苞片先端无附器；茎被脱落性蛛丝状绵毛或兼有锈色柔毛；叶背至少沿脉被绵毛或柔毛。
            5. 总苞片6或7层，先端渐尖而外展或外弯；茎和叶背被脱落性蛛丝状绵毛和短柔毛 ··· **5.黄山风毛菊 S. hwangshanensis**
            5. 总苞片5或6层，先端具芒刺尖或无，直立或斜展；茎被锈色柔毛，叶背至少沿脉被锈色柔毛。
               6. 除最内层总苞片外，其他总苞片先端具芒刺尖，外面被绵毛 ···· **6.庐山风毛菊 S. bullockii**
               6. 总苞片上部具小齿裂，先端无芒刺尖，外面密被短柔毛和金黄色细小腺点 ··· **7.天目风毛菊 S. tienmoshanensis**

1. 风毛菊 （图8-407）

Saussurea japonica (Thunb.) DC. — *Serratula japonica* Thunb.

二年生草本。茎直立，高50～120cm，具狭翅，疏被短柔毛和细小腺点，上部多分枝。基部和下部叶叶片长圆形至椭圆形，长15～35cm，宽5～9cm，先端圆钝，基部下延成具翅的柄，两面具短细毛和细小腺点，羽状深裂，裂片6～8对，披针形或长圆状披针形，叶柄长2～5cm；上部叶叶片椭圆形、披针形或条形，全缘或少有分裂，近无柄或渐狭成具翅短柄。头状花序多数，直径约1cm，在茎枝端排列成密伞房状；梗长5～12mm，基部具1钻形苞片；总苞圆筒状，直径5～6mm，被蛛丝状毛；总苞片6层，外层的卵形，短小，先端钝，中层和内层的条状披针形，先端具扩大的紫红色膜质附器，附器具齿。小花管状，多数，紫红色，结实。果长椭球形，棕色，无毛；冠毛2层，淡棕色。花果期8—10月。

产于安吉、杭州市区、临安、桐庐、建德、淳安、嵊州、东阳、开化、天台、缙云、乐清。生于海拔200～1200m的山顶灌丛、路边草丛中、溪边林下。分布于华北、华东、华中、西北及广东、辽宁。日本、朝鲜半岛也有。

图8-407　风毛菊

2. 三角叶风毛菊（图8-408）

Saussurea deltoidea (DC.) Sch. Bip. — *Aplotaxis deltoidea* DC.

多年生草本。茎直立，高40～200cm，具纵棱纹，被白色蛛丝状绵毛，上部更密。叶常为纸质，有时呈具1或2对小裂片的大头羽裂状；茎中下部叶叶片长圆形、卵状心形或三角状心形，长10～25cm，宽3～7.5cm，先端渐尖，基部心形或楔形下延，边缘具不规则波状齿，上面被微柔毛，下面密被灰白色绵毛，叶柄有翅；茎上部叶叶片小，披针形或卵状披针形，先端渐尖，基部楔形，毛被同中下部叶片，叶柄长5～20mm。头状花序直径1.5～4cm，单生于茎枝端；总苞半球形或宽钟形，长约1.5cm；总苞片5~7层，外层的卵形或长卵形，绿色或先端紫色，先端开展或反折，篦齿状，中层和内层的披针形或条形，绿色或先端紫色，先端开展，篦齿状。小花管状，多数，白色，长1.2~1.5cm。果短圆柱形，近四棱状，表面黑色，具横皱纹，长约4mm，先端有具齿小冠；冠毛白色。花果期8—11月。

产于临安、淳安、江山、开化、常山、天台、缙云、遂昌、龙泉、庆元、景宁、永嘉、平阳、文成、泰顺。生于海拔800~1500m的山坡草丛中、溪边。分布于华中及福建、江西、台湾、广东、贵州、云南、西藏、陕西。缅甸、泰国、老挝、尼泊尔也有。

图8-408　三角叶风毛菊

3. 羽叶风毛菊 （图8-409）
Saussurea maximowiczii Herder

多年生草本。根状茎粗，纤维状撕裂。茎直立，高55~80cm，具浅棱纹，无毛。基生叶叶片长圆形，羽状全裂或深裂，具长柄，花时脱落；茎下部叶叶片长圆形，长12~20cm，宽7~10cm，羽状全裂或深裂，两面绿色，无毛，具长柄，侧裂片4~6对，先端具小尖头，边缘常具疏小锯齿，齿端具小尖，顶裂片长披针形，近全缘；中部叶与下部叶相似但渐小；上部叶更小，无柄，不裂。头状花序多数，直径7~9mm，在茎枝端排列成伞房状；总苞圆柱形，直径约7mm，具白色微柔毛；总苞片7层，外层的卵形，短小，先端急尖具小尖头，中层的长圆形，先端稍钝具小尖头，内层的长椭圆形，先端钝。小花管状，多数，紫色，结实。果圆柱形，淡黄色，无毛，具钝肋；冠毛2层，白色。花果期9—10月。

产于莲都（峰源林场）。生于海拔1100m的山坡草丛中。分布于东北及内蒙古。日本、俄罗斯、朝鲜半岛也有。

图8-409 羽叶风毛菊

4. 心叶风毛菊 （图8-410）
Saussurea cordifolia Hemsl. — *S. dutaillyana* Franch.

多年生草本。根状茎木质，粗壮。茎直立，高40~60cm，具浅棱纹，无毛。基生叶花时脱落；茎下部和中部叶叶片宽卵状心形，长8~15cm，宽6~10cm，先端渐尖，基部心形或深心形，边缘具粗锐齿，上面具短细毛，下面近无毛，叶柄长达18cm，基部扩大稍抱茎；茎上部叶叶片较小，卵形，先端渐尖，基部心形，边缘具粗锐齿，两面毛被同中下部叶片，具短柄。头状

花序多数，直径约1cm，在茎枝端排列成疏伞房状；总苞卵球形，直径约1cm，近无毛或被极疏的蛛丝状毛；总苞片5层，外层的宽卵形，短小，先端具短草质附器，反折，中层和内层的卵状椭圆形或披针形，先端具反折的附器或无。小花管状，多数，白色，结实。果圆柱形，褐色，无毛；冠毛2层，淡棕色。花果期9—11月。

产于新昌、磐安、景宁、青田。生于山谷路旁。分布于华中及陕西、安徽、四川、贵州。

本种的标本外层及中层总苞片先端具易脱落的附器，总苞片近无毛，与心叶风毛菊模式标本的特征相符。

锈毛风毛菊 S. dutaillyana Franch. 现被作为本种的异名，其总苞片先端也具有附器，唯茎上部疏被脱落性的锈色多节毛，似有区别。

图8-410 心叶风毛菊

5. 黄山风毛菊 （图8-411）
Saussurea hwangshanensis Ling

多年生草本。根状茎粗壮，木质，匍匐或斜生。茎直立，高40～150cm，具纵棱纹，被灰白色脱落性蛛丝状绵毛和锈色柔毛。茎基部和中下部叶叶片卵形或宽卵形，长8～15cm，宽6～10cm，先端渐尖或长渐尖，基部心形，边缘具粗而开展的锐锯齿，上面密被短硬毛，下面除中脉疏被柔毛外无毛，叶柄长达25cm，无毛或被极疏柔毛，基部膨大；茎上部叶叶片渐小，卵形、宽卵形或三角状卵形，先端渐尖，基部心形或近圆形，毛被同中下部叶片，具短柄或无柄。头状花序3～8，在茎端排列成伞房状；总苞钟形或宽钟形，直径10～15mm，密被蛛丝状绵毛；总苞片6或7层，草质，外层的卵状披针形，外面密被短柔毛和绵毛，先端具绿色长尖，外展或外弯，中层和内层的披针形，上部被短柔毛和绵毛，先端外展或外弯。小花管状，多数，紫红色。

果圆柱形,褐色,长3～3.5mm,无毛;冠毛2层,淡褐色或污白色。花果期9—10月。

产于临安(昌化)。生于路边草丛中、林下溪边。分布于安徽。

《中国植物志》记载,本种总苞片4或5层,总苞片先端钝或圆形,但发表时原始文献描述为总苞片7层,模式标本也显示总苞片7层,先端尖而外弯。从浙江和少数安徽黄山的标本看,本种总苞片6或7层,且总苞片先端渐尖,外弯。

图8-411　黄山风毛菊

6. 庐山风毛菊 (图8-412)
Saussurea bullockii Dunn

多年生草本。根状茎粗壮,斜生。茎直立,高50～200cm,具纵棱纹,被灰白色蛛丝状绵毛和短柔毛,下部的常脱落。叶片薄革质或坚纸质;基部叶和中下部叶叶片卵形、三角状卵形或宽卵形,长8～18cm,宽6～15cm,先端渐尖,基部心形,两侧呈圆耳状,边缘具波状锐齿,上面被短硬毛,下面除中脉疏被绵毛外无毛,叶柄长8～20cm,基部扩大半抱茎;上部叶渐小,叶片卵形或卵状三角形,先端渐尖,基部心形或圆形,毛被与中下部者相似,具短柄。头状花序多数,直径10～15mm,在茎端排列成圆锥状;总苞倒圆锥形或钟形,被脱落性绵毛,长16～18mm;总苞片5或6层,外层的宽卵形或卵圆形,上部及边缘带紫色,先端具芒刺尖,中层和内层的椭圆形至长圆状披针形,先端直立,具芒刺尖(最内层的无)。小花管状,多数,淡紫

图8-412 庐山风毛菊

色,长13mm。果圆柱形,淡褐色,长5~6mm,无毛;冠毛2层,污白色。花果期7—10月。

产于安吉、临安、桐庐、嵊州、诸暨、江山、天台、临海、莲都、缙云、云和、松阳、遂昌、龙泉、庆元、乐清、文成、泰顺。生于海拔780~1700m的路边草丛中、山坡草地上、林下灌丛中。分布于陕西、安徽、福建、江西、湖北、湖南、广东。

浙江的标本特征正如《中国植物志》所记载,外层总苞片宽卵形,具小尖头,中层的渐变狭至披针形,也具小尖头,最内层的先端也为渐尖,但无小尖头,所有总苞片均密被蛛丝状毛。这与存于英国皇家植物园(邱园)的后选模式标本和合模式标本的总苞片上部及边缘呈紫色,往往不具小尖头,近无毛有较大区别,特附于此。

7. 天目风毛菊 (图8-413)
Saussurea tienmoshanensis Chen

多年生草本。根状茎粗壮,木质,斜生。茎直立,高40~100cm,具纵棱纹,上部密被锈色短柔毛,下部无毛或近无毛。叶片纸质;基部叶和中下部叶叶片卵形或宽卵形,长9~15cm,宽6~15cm,先端渐尖,稀长渐尖,基部心形,两侧呈圆耳状,边缘具浅锐齿或三角状锐锯齿,上面被短硬毛，下面被锈色短柔毛，沿脉较密，叶柄长5~20cm，基部扩大；上部叶渐小，叶片卵形或长卵形，先端渐尖，基部心形或浅心形，毛被同中下部叶片，具长1~4cm的柄或近无柄，柄上密被锈色短柔毛。头状花序多数，直径约8mm，在茎端排列成伞房状或圆锥状；总苞倒圆锥形或钟形，密被锈色短柔毛，长13~15mm；总苞片5或6层，外层的卵形，直立或斜展，上部及边缘带紫色，先端小齿状，密被锈色短柔毛和金黄色小腺点，中层的椭圆形至长圆形，先端小齿状，上部密被锈色短柔毛和金黄色小腺点，最内层的条状披针形，先端小齿状，上部密被锈色短柔毛和金黄色小腺点。小花管状，多数，淡紫色或白色。果圆柱形，深褐色，长4~5mm，无毛；冠毛2层，污白色。花果期9—11月。

图8-413　天目风毛菊

产于临安（天目山、千顷塘）。生于海拔800~1200m的林下草丛中。模式标本采自临安（西天目山）。

《浙江植物志》所记载的锈毛风毛菊即为本种。本种曾被并入庐山风毛菊，但其总苞片先端具小齿裂，具芒刺尖，外面上部密被锈色短柔毛和金黄色细小腺点，区别十分明显，故本志仍将其作为独立的种处理。

102 飞廉属 Carduus L.

一年生或二年生草本。茎直立，常有翼。叶互生；叶片不分裂或羽状分裂，边缘及顶端有针刺；近无柄。头状花序一型，常单生于茎顶；总苞卵球形、圆柱形、钟形、倒圆锥形、球形或扁球形；总苞片多层，呈覆瓦状排列，直立，紧贴，向内层渐长，最内层的膜质，无毛或有毛，顶端有刺尖；花序托平坦或稍突起，被密长托毛。小花两性，结实；花冠管状或钟状，5深裂，裂片条形或披针形，其中1枚较其他4枚长；花药基部箭形或耳状，附器撕裂；花柱分枝短，分枝处下方具毛环。果压扁，长椭球形至倒卵球形，光滑，具5～10细棱，基底着生面平整，或稍偏斜，顶端截形或斜截形；冠毛多层，糙毛状或锯齿状，不等长，基部连合成环，整体脱落。

约95种，分布于亚洲、欧洲和非洲热带地区。我国有3种，南北各地均有分布；浙江有1种。

丝毛飞廉　飞廉　（图8-414）
Carduus crispus L.

二年生草本。主根直伸或斜生。茎直立，高30～70cm，有纵棱，并有数列绿色纵向具齿刺的翅。叶互生，向上渐变小；叶片椭圆状披针形，长5～10cm，宽2～4cm，羽状深裂，边缘具齿，齿端具刺尖，基部下延，上面绿色，被微毛或无毛，下面被蛛丝状毛，后渐脱落至无毛；具翅柄。头状花序1～3，顶生，直径1～2cm，具刺和蛛丝状毛；总苞卵圆球形；总苞片多层，外层的短而狭，针状，中层的条状披针形，先端刺状，外弯，内层的条形，膜质，略带紫色。小花两性；花冠白色，管状，5深裂。果压扁，长椭球形，淡褐色，具细棱，顶端平

图8-414　丝毛飞廉

截，基部收缩；冠毛多层，白色或污白色，糙毛状，基部连合成环，整体脱落。花果期5—9月。

产于安吉、杭州市区、临安、普陀。生于路边荒地上。分布于我国南北各地。欧洲及蒙古、朝鲜半岛也有。

全草可入药，有散瘀止血、清热利湿等功效。浙江所见的植物，花色均为白色。

《浙江种子植物检索鉴定手册》记载，浙江还有节毛飞廉 C. acanthoides L.，与本种的区别在于植株蓝绿色，叶片两面异色，叶背具薄的蛛丝状绵毛，叶及茎上的刺发达，但这些性状在2个种之间均有过渡，至今未见典型的标本，特附于此。

103 水飞蓟属 Silybum Adans.

一年生或二年生草本。茎直立，无毛或被蛛丝状毛。叶互生；叶片上面有白色花斑。头状花序单生于枝顶，下垂或倾斜，同形；总苞球形或卵球形；总苞片6层，呈覆瓦状排列，向内层渐长，中层和外层的上部转变成叶质附器状，其边缘有针刺，内层的全缘，无叶质附器；花序托平坦，肉质，密被托毛。小花管状，两性，紫色，极少白色；花药基部箭形，附器细条状撕裂；花柱2裂，分枝处下部具毛环。果压扁，长椭球形或长倒卵球形，基底着生面平整，顶端具果缘；冠毛多层，羽毛状，向中层或内层渐长，基部连合成环，易脱落。

2种，分布于亚洲西部、欧洲南部和非洲北部。我国南北各地栽培1种；浙江也常见栽培。

水飞蓟（图8-415）

Silybum marianum (L.) Gaertn. — *Carduus marianus* L.

二年生草本。茎直立，高1m以上，圆柱形，有棱，多分枝，被蛛丝状毛或脱毛。基生叶莲座状，叶片长圆形至椭圆状倒披针形，长30～45cm，宽10～25cm，先端急尖，基部下延成叶柄，羽状浅裂至全裂，上面绿色，有光泽，具白斑，下面疏被白毛或无毛；中部叶及上部叶叶片渐小，披针形，无柄。头状花序单生于茎顶，具梗，直径3～6cm；总苞宽卵球形；总苞片革质，无毛，6层，外层较内层短，上部具叶质附器，先端具长刺，内层的边缘无针刺，上部无叶质附器。小花两性；花冠红紫色，少有白色，5裂；花丝短而宽，上部分离，下部由于被黏质柔毛而连合；花柱伸出花冠外。果压扁，长椭球形或长倒卵球形，褐色或黑褐色，长约7mm，具纵棱纹；冠毛多层，羽毛状，白色，向中层或内层渐长，基部连合成环，整体脱落。花果期5—7月。

原产于欧洲。我国各地的植物园、公园均有栽培。海宁、嘉善、杭州市区等地常有栽培。

可作园林观赏或为蜜源植物；种子可入药，有改善肝功能、保护肝细胞膜等功效。

图8-415 水飞蓟

104 蓟属 Cirsium Mill.

一年生、二年生或多年生植物，无茎或为高大草本。茎分枝或不分枝。叶互生；叶片通常羽状分裂或具锯齿，边缘有针刺，无柄或具柄。头状花序全部为两性花或全部为雌花，直立、下垂或下倾，在茎、枝顶端排列成伞房状、圆锥状、总状或近头状，少有单生；总苞钟状至球形，无毛或被蛛丝状毛，或被多细胞的长节毛；总苞片多层，呈覆瓦状排列，边缘全缘，无针刺或有缘毛状针刺；花序托密被长托毛。小花红色、红紫色，极少为黄色或白色，

5裂；花药基部耳状，附器撕裂；花柱分枝基部有毛环。果稍压扁，光滑，通常有纵条纹，顶端截形或斜截形，基底着生面平整；冠毛多层，向内层渐长，羽毛状，基部连合成环，整体脱落。

300余种，分布于北温带地区，以我国和日本种类为多。我国有近50种，全国各地广泛分布；浙江有9种。

分种检索表

1. 雌雄异株；果时冠毛通常长于花冠 ·· **1.刺儿菜 C. arvense var. integrifolium**
1. 雌雄同株，全部小花两性；果时冠毛短于或近等长于花冠。
  2. 茎中部叶叶片不裂，边缘具细密的针刺。
    3. 叶片椭圆形、卵状椭圆形至卵形，宽在5cm以上，两面同色 ············ **2.钟氏蓟 C. tsoongianum**
    3. 叶片长椭圆形、披针形或倒披针形，宽在2.5cm以内，两面异色 ········ **3.条叶蓟 C. lineare**
  2. 茎中部叶叶片羽状分裂，边缘疏具发达外张的针刺。
    4. 内层总苞片先端膜质扩大 ·· **4.绿蓟 C. chinense**
    4. 全部总苞片先端急尖或渐尖，无膜质扩大。
      5. 花期秋季至初冬；头状花序下垂。
        6. 茎生叶叶片两面疏被多节柔毛，卵形至长椭圆形，羽状浅裂至中裂；总苞片斜展 ············
           ·· **5.浙江垂头蓟 C. zhejiangense**
        6. 茎生叶叶片两面无毛，披针形至椭圆状披针形，羽状浅裂至深裂；总苞片直立 ············
           ·· **6.沼生垂头蓟 C. paludigenum**
      5. 花期春夏季；头状花序直立。
        7. 叶片两面同色，疏被多节柔毛 ·· **7.蓟 C. japonicum**
        7. 叶片两面异色，上面绿色，被多节柔毛，下面灰白色，密被蛛丝状毛及长柔毛。
          8. 头状花序排成伞房状；总苞直径约2cm ·································· **8.野蓟 C. maackii**
          8. 头状花序排成明显的总状；总苞直径2.3～3cm ·············· **9.总序蓟 C. racemiforme**

1. 刺儿菜 （图8-416）

Cirsium arvense (L.) Scop. var. **integrifolium** Wimm. et Grab. — *C. setosum* (Willd.) Besser ex M. Bieb.

多年生草本，雌雄异株。茎直立，高30～50cm，上部分枝，被蛛丝状毛，后脱落而稀疏。基生叶和茎中下部叶叶片椭圆形、长椭圆形或椭圆状披针形，长7～10cm，宽1.5～2.5cm，先端圆钝，基部楔形，近全缘或具疏锯齿，两面绿色，被疏或密的蛛丝状毛；无叶柄。头状花序常单生于茎顶或几个排列成伞房状，直立，雌头状花序较雄头状花序大；总苞卵球形、长卵球形或卵圆球形，直径1.5～2cm；总苞片约6层，外层的甚短，向内渐变长，先端长渐尖，顶端具针刺。小花单性；花冠紫红色或白色，雄花花冠长约1.8cm，雌花的长约2.4cm，5裂。果稍压扁，椭球形或长卵球形，淡黄色，顶端斜截；冠毛污白色，羽毛状，长于花冠，基部连合成环，整体脱落。

花果期4—7月。

产于全省各地。生于荒地上、河道边、田边或山坡上。除西藏、云南等地以外，全国各地均有分布。东亚、欧洲东部和中部也有。

为常见杂草；全草可入药，有利尿、止血等功效。

变型白花刺儿菜form. *albiflorum* Kitag. — *C. setosum* form. *albiflorum* (Kitag.) Kitag.在此不予分出。

图8-416 刺儿菜

2. 钟氏蓟 杭蓟 天目山蓟 （图8-417）

Cirsium tsoongianum Ling — *C. lineare* Sch. Bip. var. *tsoongianum* (Ling) Ling — *C. tianmushanicum* Shih

多年生草本。茎直立，高达1m，上部分枝，疏被蛛丝状毛，或脱落至近无毛。基生叶花时凋落；茎生叶叶片椭圆形、卵状椭圆形至卵形，长10～15cm，宽5.5～7cm，上部的为狭椭圆形，先端渐尖，基部楔形，边缘有细锯齿，齿端具内弯的短针刺，上面绿色，疏被短多节毛，下面淡绿色，疏被多节毛或兼有蛛丝状毛，叶柄长2～2.5cm，有翼。头状花序少数或多数在茎枝顶端排列成伞房状，直立；总苞卵球形，直径2～2.5cm；总苞片8层，外层和中层的三角状披针形至椭圆形，先端具针刺，内层的条状披针形，先端具针刺。小花两性；花冠白色或淡粉紫色，长约

2cm，5裂。果稍压扁，倒长卵球形，浅黄色，顶端斜截；冠毛污白色，羽毛状，基部连合成环，整体脱落。花果期4—6月。

产于临安（天目山）、宁海。生于海拔600～1200m的林下、林缘路边或溪沟边。

在宁海吴家洋有较大面积栽培，当地村民用作草药，名"山岩参"。

本种的叶片为椭圆形、卵状椭圆形至卵形，茎上部叶叶片狭椭圆形，与条叶蓟 C. lineare 有明显区别。与杭蓟 C. tianmushanicum 的模式标本比较后发现，两者完全一致，应予以合并。

图 8-417 钟氏蓟

3. 条叶蓟　线叶蓟　（图8-418）

Cirsium lineare Sch. Bip. — *C. lineare* form. *pallidum* Kitam. — *Carduus linearis* Thunb. — *Cirsium hupehense* Pamp.

多年生草本。根直伸。茎直立，高50～120cm，上部分枝，疏被蛛丝状毛和多节毛，或后期毛脱落至近无毛。茎下部叶和中部叶叶片长椭圆形、披针形或倒披针形，长6～12cm，宽1.8～2.5cm，先端急尖至尾状渐尖，基部渐狭成长或短的翼柄，不分裂，边缘具细密的针刺，上面绿色，被长或短的多节毛，下面色淡呈淡白色，被蛛丝状毛，或脱落至近无毛；上部叶叶片渐小，毛被同中下部叶片，无柄。头状花序少数至多数，在茎枝顶端排列成疏伞房状，极少单生，直立；总苞卵球形或长卵球形，直径1.5～2cm；总苞片约6层，外层向内层渐变长，先端渐尖，顶端具针刺，最内层的先端膜质扩大，红色。小花两性，结实；花冠紫红色，管状，先端不等5深裂。果稍压扁，倒长卵球形，顶端截形；冠毛浅褐色，羽毛状，基部连合成环，整体脱落。花果期9—10月。

产于杭州市区、临安、建德、淳安、鄞州、余姚、嵊州、江山、开化、磐安、永康、武义、天台、临海、台州市区（椒江）、仙居、缙云、遂昌、松阳、龙泉、庆元、景宁、永嘉、乐清、平阳、文成、泰顺。生于海拔1600m以下的山坡路边草丛中。分布于安徽、江西、福建、湖北、四川。日本也有。

以往根据叶片背面明显被白色蛛丝状毛的类型分出湖北蓟 C. hupehense，但采自建德乾潭的标本植株上部的叶片背面具白色蛛丝状毛，而永康（新宅）的标本上部叶叶片的叶背具白色蛛丝状毛，下部的近无毛，可见其有较大变异。

图8-418　条叶蓟

4. 绿蓟 （图8-419）

Cirsium chinense Gardner et Champ.

多年生草本。根直伸。茎直立，高可达1m，中上部分枝，被多节毛，或近顶端混有蛛丝状毛。茎中部叶叶片长椭圆形、长披针形或宽条形，长5～7cm，宽1.5～4cm，羽状浅裂至深裂，边缘具2或3个不等大的刺齿，齿端具针刺，两面均为绿色，具柄；中部以上叶片常不裂，长椭

图 8-419　绿蓟

圆形至条形，边缘有针刺，无叶柄。头状花序少数几个排列成伞房状，稀为单生，直立；总苞卵球形，直径约2cm；总苞片5或6层，外层的短而向内渐变长，先端急尖，顶端具针刺，内层的先端膜质扩大。小花两性，结实；花冠紫红色，管状，先端不等5裂。果稍压扁，倒长卵球形，顶端斜截；冠毛污白色，羽毛状，基部连合成环，整体脱落。花果期7—10月。

产于淳安、江山（仙霞岭）、庆元（安南）。生于海拔400～800m的山坡路边或草丛中。分布于辽宁、内蒙古、山东、江苏、江西、福建、湖北、广东、广西、四川。

浙江以往有些叶片不裂的标本也鉴定为本种，实为条叶蓟。本种茎中部叶片为羽状浅裂至深裂，两面同色。

5. 浙江垂头蓟（图8-420）
Cirsium zhejiangense Z.H. Chen et X.F. Jin

多年生草本。块根纺锤形，斜生。茎直立，高40～70cm，有纵棱，不分枝或上部分枝，疏被蛛丝状毛或近无毛。基生叶莲座状，具柄，花时凋落；茎生叶叶片卵形至长椭圆形，长8～20cm，宽3.5～12cm，羽状浅裂至中裂，基部渐狭成具翼长柄或耳形，边缘疏锯齿，齿端具针刺，上面深绿色，疏被褐色长柔毛，下面淡绿色，疏被柔毛，沿脉较密。头状花序3～5个排列成伞房状，稀单生于茎顶，下垂；总苞碗形或广钟形，直径1.5～3cm；总苞片5或6层，向外斜展，外层的短而向内渐变长，上部边缘具睫毛或无，上部背面密被细腺毛，顶端具针刺。小花两性；花冠粉紫色或紫色，长18～20mm，5裂。果稍压扁，倒长卵球形，褐色，顶端斜截；冠毛羽毛状，浅褐色，基部连合成环，整体脱落。花果期8—11月。

产于安吉、临安、新昌、鄞州、奉化、宁海、衢州市区（衢江）、磐安、仙居、松阳、文成、泰顺。生于海拔500～1100m的路边、林下、沟边或草丛中。模式标本采自磐安（灵江源）。

图8-420 浙江垂头蓟

6. 沼生垂头蓟 （图8-421）

Cirsium paludigenum Y.F. Lu, Z.H. Chen et X.F. Jin

多年生草本。块根纺锤形，直伸或斜生。茎直立，高45～110cm，有纵棱，常不分枝，疏被蛛丝状毛或近无毛。基生叶莲座状，叶片羽状中裂或不裂，两面无毛，具柄；茎生叶较基生叶小，叶片披针形或椭圆状披针形，长6～15cm，宽0.7～4.5cm，上面深绿色，下面淡绿色或灰绿色，两面无毛，羽状浅裂至深裂，边缘疏具锯齿，齿端具针刺，基部渐狭成具翼长柄或抱茎。头状花序2～4个排列成总状，稀单生于茎顶，下垂；总苞钟形，直径2～3.5cm；总苞片5或6层，直立，外层的短而向内渐变长，上部边缘具长睫毛，背面密被细腺毛，顶端具针刺。小花两性；花冠粉紫色或紫色，长1.9～2.2cm，5裂。果稍压扁，长圆球形，褐色，顶端斜截；冠毛浅褐色，羽毛状,基部连合成环,整体脱落。花果期9—11月。

产于景宁、青田、平阳、苍南、文成。生于海拔1000～1200m的亚高山沼泽中。模式标本采自文成(金珠林场)。

图8-421 沼生垂头蓟

7. 蓟 大蓟 日本蓟 (图8-422)
Cirsium japonicum DC. — *C. japonicum* var. *multilobum* Ling, syn. nov.

多年生草本。块根纺锤形。茎直立,高30～60cm,分枝或上部分枝,密被多节毛。基生叶花时存在,叶片卵形至长椭圆形,长8～20cm,宽2.5～10cm,羽状深裂至全裂,边缘具不等锯齿,齿端具针刺,基部下延成翼柄;茎中部叶叶片长圆形,羽状深裂,齿端具针刺,基部抱茎;上部叶渐小。头状花序少数至多数排列成伞房状,顶生或腋生,直立;总苞钟形,直径约3cm;

总苞片多层，外层向内层渐变长，先端渐尖，顶端具针刺。小花两性，结实；花冠紫红色或紫色，少有白色，管状，先端不等5裂。果稍压扁，倒长卵球形，顶端斜截；冠毛浅褐色，羽毛状，基部连合成环，整体脱落。花果期5—8月。

产于全省各地。生于路边草丛中、田边荒地上。我国各地遍布。日本、朝鲜半岛也有。

本种的白花变型不予分出。白花变型 form. *albiflorum* G.Y. Li et D.Y. Ou 为 form. *albiflorum* Akasawa 的晚出名。

图 8-422 蓟

8. 野蓟 （图8-423）

Cirsium maackii Maxim. — *C. japonicum* subsp. *maackii* (Maxim.) Nakai — *C. japonicum* var. *maackii* (Maxim.) Matsum.

多年生草本。块根纺锤形，多分枝。茎直立，高20～60cm，有纵棱，分枝或不分枝，密被蛛丝状毛和多节毛。基生叶莲座状，具柄，花时存在，叶片长椭圆形至披针形，长15～25cm，宽6～8cm，羽状中裂至深裂，边缘具针刺；茎生叶叶片椭圆形至长圆状椭圆形，羽状中裂至深裂，基部渐狭成具翼长柄或扩大半抱茎，边缘具疏锯齿，齿端具针刺，上面绿色，疏被褐色长柔毛，下面灰白色，密被蛛丝状毛及长柔毛。头状花序单生于茎顶，或几个排列成伞房状，直立；总苞钟形，直径约2cm；总苞片5层，外层的短而向内渐变长，边缘具睫毛，上部背面密被细腺毛，顶端具针刺。小花两性；花冠紫红色，长约20mm，5裂。果稍压扁，倒披针形，淡黄色，顶端截形；冠毛羽毛状，白色，基部连合成环，整体脱落。花果期8—11月。

产于舟山及安吉、杭州市区、临安、义乌。生于海拔100～1500m的山顶草丛中。分布于东北及河北、山东、江苏、安徽、四川。朝鲜半岛及俄罗斯远东地区也有。

图8-423　野蓟

9. 总序蓟 （图8-424）

Cirsium racemiforme Ling et Shih

多年生草本。茎直立，高达1.8m，粗壮，上部分枝，密被蛛丝状毛及长多节毛。基生叶花时脱落；茎中上部叶叶片椭圆形或长椭圆形，长9～20cm，宽4～7cm，上面绿色，被短多节毛，下面灰白色，密被厚蛛丝状毛，羽状浅裂，边缘疏具刺齿及针刺，基部扩大成半抱茎。头状花序4～8个排列成总状，直立；总苞钟形，直径2.5～3cm；总苞片6层，外层和中层的三角形至三角状披针形，先端急尖，外面有短粗毛，内层的条形至条状披针形，先端膜质渐尖。小花两性；花冠紫红色，长约2.3cm，不等5浅裂。果稍压扁，倒长卵球形，浅黄色，顶端斜截；冠毛浅褐色，羽毛状，基部连合成环，整体脱落。花果期4—6月。

产于临安（昌化）、浦江、磐安（安文岭外）、遂昌、松阳、景宁、泰顺（天关山），偶有栽培。生于海拔350～1060m的山坡路边。分布于江西、福建、湖南、广西、贵州、云南。

图8-424 总序蓟

105 红花属 Carthamus L.

一年生草本。茎直立，上部分枝，通常被蛛丝状毛。叶互生；叶片羽状分裂或不裂而半抱茎无柄，有时全抱茎。头状花序一型，外围为苞叶包绕，多数或少数在茎枝顶端排列成伞房状，极少单生；总苞球形、卵球形或长椭球状；总苞片多层，具针刺，外层的叶状，质硬，内层的较薄；花序托平坦，具托毛或无。小花两性，极少外层小花为无性；花冠管状，5裂；花药基部箭形，尾部稍撕裂；花柱分枝短，贴合，分枝处下部具毛环。果倒卵球形、四棱形，有光泽，具侧生着生面；冠毛多层或无冠毛，具冠毛者膜片状，不等长。

47种，分布于欧洲、中亚、地中海地区。我国引入栽培1种；浙江也有栽培。

红花（图8-425）
Carthamus tinctorius L.

一年生草本。茎直立，高30～70cm，无毛，上部分枝。叶互生；上部叶渐变小，叶片长椭圆形或卵状披针形，长7～15cm，宽2.5～6cm，先端急尖，基部渐狭而抱茎，边缘羽状齿裂，齿端具针刺，两面无毛。头状花序多数，直径3～4cm，外围为苞叶包绕，具梗，在枝端排列成伞房状；总苞近球形，直径约2.5cm；总苞片4层，外层的呈叶状，卵状披针形，绿色，边缘具针刺，内层的卵状椭圆形，中部以上全缘，先端长渐尖，稍有短刺。小花两性，结实；花冠管状，初为橘黄色，后变为橘红色，有香气，顶端5裂，裂片条形。果倒卵球形，具4棱，基部稍偏斜有光泽；冠毛膜片状，或缺。花果期5—8月。

原产于中亚。全国各地广泛栽培，亦见逸生。建德等地大规模栽培。

花可入药，有活血通经、祛瘀止痛等功效；种子含油。

图8-425 红花

106 山牛蒡属 Synurus Iljin

多年生草本。茎直立，分枝。叶互生，具柄；叶片大型，卵形或心形，两面异色，上面绿色。头状花序大型，下垂，具同形花；总苞球形或钟形，密被蛛丝状毛；总苞片多层，多数，披针形或条状披针形，质地坚硬；花序托密生长托毛。小花两性，管状；花冠紫色；花药基部附器结合成管,包围花丝,花丝分离,无毛;花柱短2裂,分枝处下部具毛环,毛环以上分枝直立,钝头,贴合。果稍压扁,长椭球形,光滑,顶端平截,具棱,具侧生着生面;冠毛多层,不等长,糙毛状,向内层渐长,基部连合成环,整体脱落。

1种,分布于我国、日本、俄罗斯、蒙古、朝鲜半岛。我国有1种;浙江也有。

山牛蒡 (图8-426)

Synurus deltoides (Aiton) Nakai — *Onopordum deltoides* Aiton — *S. pungens* (Franch. et Sav.) Kitam.

多年生草本。根状茎粗大。茎直立,高达1.5m,单生,具纵棱,上部分枝或不分枝,密被厚绒毛或下部脱落至无毛。基部叶与茎下部叶叶片心形、卵形、宽卵形、卵状三角形或戟形,长10～25cm,宽12～20cm,先端急尖,基部心形、戟形或平截,边缘具不规则的三角形粗大锯齿,两面异色,上面绿色,粗糙,有多细胞节毛,下面灰白色,密被厚绒毛,叶柄长达30cm,有狭翼;茎中上部叶渐小,叶片卵形、椭圆形至披针形,边缘有锯齿或针刺,具短柄或无柄,两面毛被同下部叶片。头状花序直径3～5cm,花时下垂,单生于茎顶;总苞球形,直径3～6cm,密被绒毛或脱落而稀疏;总苞片多层,多数,向内层渐长,外层和中层的披针形,先端长渐尖,平展或下弯,内层的细条状披针形。小花两性,结实;花冠紫红色,长约2.5cm,5裂,裂片不等大,三角形。果长椭球形,浅褐色,长约7mm,顶端截形,棱上具细锯齿;冠毛褐色,多层,不等长,基部连合成环,整体脱落。花果期6—11月。

产于宁波及安吉、临安、桐庐、淳安、开化、武义、磐安、临海、缙云、永嘉、文成。生于海拔550～1500m的山坡灌草丛中、林下。分布于东北、华北、华中及安徽、江西、四川、云南、陕西、甘肃。日本、俄罗斯、蒙古、朝鲜半岛也有。

图8-426 山牛蒡

107 漏芦属 Rhaponticum Vaill.

多年生草本。茎直立，分枝或不分枝。叶互生；叶片羽状分裂，稀不分裂，全缘或边缘有锯齿。头状花序单生或数个生于茎枝顶端；总苞球形至钟形；总苞片多层，呈覆瓦状排列，向内层渐长，具膜质边缘，先端具膜质附器；花序托平坦，密被托毛。小花两性，结实；花冠管状，粉红色至紫色，5裂；花药基部附器箭形，分离；花柱分枝细长，稀不分枝，分枝处下部具毛环。果形状多样，有细条纹或细纹不明显，顶端截形，具侧生着生面；冠毛多层，刚毛状，不等长，基部不连合成环。

约26种，分布于亚洲、欧洲、非洲、大洋洲。我国有4种，南北各地均有分布；浙江有1种。

华漏芦　华麻花头　（图8-427）

Rhaponticum chinense (S. Moore) L. Martins et Hidaldo —— *Serratula chinensis* S. Moore

多年生草本。根圆柱形，侧根纤细。茎直立，高40~100cm，具细棱，被柔毛，上部分枝。基生叶叶片宽卵形至长圆状披针形，长4~13cm，宽1.5~7cm，先端急尖或渐尖，基部楔形，边缘具细锯齿，齿端有胼胝体，上面绿色，下面淡绿色，两面被微糙毛及黄色小腺点；具长柄。头状花序1~4生于茎枝顶端，排列成不明显伞房状；梗稍膨大；总苞宽钟形，直径1~3cm；总苞片6或7层，外层的小，卵形至长椭圆形，外被柔毛，中层的长圆形，内层的条形，先端圆钝，无毛，具干膜质的边缘。小花两性；花冠紫色，5裂。果长圆球形，黑褐色；冠毛多层，刚毛状，褐色或带紫色，不等长，基部不连合成环，分散脱落。花果期6—10月。

产于淳安、武义、莲都、云和、松阳、遂昌、龙泉、庆元、景宁、文成、泰顺。生于海拔300~900m的林下、路边、竹林下、溪沟边。分布于华东、华中及广东、广西、四川、陕西、甘肃。

根可入药，有透疹、解毒等功效。

图8-427　华漏芦

108 蓝花矢车菊属 Cyanus Mill.

一年生或多年生草本。茎直立。叶片不裂至羽状分裂。头状花序小或较大，单生于枝端，或在茎枝顶端通常排列成圆锥状、伞房状或总状；总苞卵球形；总苞片多层，呈覆瓦状排列，质地坚硬，先端附器具长下延部分，边缘具睫毛或齿；花序托有托毛。小花花色多种，边缘花无性或雌性，常为细丝状或细毛状；中央盘花两性，结实，花药基部箭形，花柱分枝短，分枝处下部具毛环。果无肋棱，或有细脉纹，常被柔毛或脱毛，具侧生着生面，顶端截形；冠毛二型，2列，多层，刺毛状或糙毛状，外列长于内列。

25～30种，分布于欧洲、中亚、地中海地区。我国引种栽培1种；浙江也有。

蓝花矢车菊　矢车菊　蓝芙蓉　（图8-428）
Cyanus segetum Hill — *Centaurea cyanus* L.

一年生或二年生草本。主根伸长，圆锥形。茎直立，高30～60cm，上部多分枝，幼时被薄蛛丝状卷毛。基生叶叶片长椭圆状披针形，长6～10cm，宽5～7mm，先端急尖，基部渐狭，全缘或琴状羽裂，上面疏被蛛丝状毛或近无毛，下面被蛛丝状毛；茎中上部叶叶片条形，长5～10cm，宽3～5mm，全缘或有锯齿，无柄。头状花序单生于枝顶，直径2～4cm；总苞钟形，直径约1cm；总苞片外层短，边缘篦齿状，被白色绵毛，内层的椭圆形，边缘篦齿状。缘花近舌状，偏漏斗形，6裂，紫色、蓝色、淡红色或白色；盘花两性，结实，花冠管状，顶端5裂。果椭球形，被毛；冠毛刺毛状，与果近等长。花期4—5月。

原产于欧洲。我国各地广泛栽培，青海、新疆偶见逸生。本省常见栽培。

可供观赏。

图8-428　蓝花矢车菊

109 珀菊属 Amberboa (Pers.) Less.

一年生或二年生草本。茎直立，分枝或不分枝。叶片不裂、琴状分裂或羽状分裂，有时全缘或具齿。头状花序单生于枝端，或少数在茎枝顶端通常排列成伞房状；总苞球形或卵球形；总苞片多层，呈覆瓦状排列，质地坚硬，全缘，先端具膜质半圆形附器；花序托有托毛。小花花色多样，1轮边缘花无性或雌性，不育；中央盘花两性，结实，花药基部箭形，花柱分枝长，分枝处下部具毛环。果被毛；冠毛一型，鳞片状，先端变宽且粗糙，稀无冠毛。

25～30种，分布于欧洲、中亚、地中海地区。我国引种栽培1种；浙江也有。

珀菊 香矢车菊 （图8-429）
Amberboa moschata (L.) DC. — *Centaurea moschata* L.

一年生草本。主根粗壮，圆锥形。茎直立，高30～55cm，无毛，具分枝。基生叶叶片长圆状披针形，长7～12cm，宽2～4cm，先端急尖，基部楔形，边缘具牙齿，两面无毛，具长柄；茎中上部叶较小，叶片羽状深裂，裂片边缘具牙齿，近无柄。头状花序单生于枝顶，直径约2cm，具长梗；总苞球形或卵球形，被细毛；总苞片外层短，卵圆形，全缘，内层的卵状椭圆形，全缘，顶端具膜质半圆形附器。缘花近舌状，漏斗形，多裂，白色、黄色或紫色，有香气；盘花两性，结实，花冠管状，顶端5裂，花柱伸出。果椭球形，密被白柔毛；冠毛鳞片状，稀无冠毛。花期5—8月。

原产于中亚。全国各地常见栽培，甘肃有逸生。杭州市区、诸暨等地广泛栽培。

可供观赏。

图 8-429　珀菊

110 稻槎菜属 Lapsanastrum Pak et K. Bremer

一年生、二年生或多年生草本，具乳汁。茎直立或铺散，多分枝。叶片边缘有锯齿或羽状深裂或全裂。头状花序小，具长梗，在茎枝顶端排列成疏松的伞房状或圆锥状；总苞圆柱状钟形或钟形；总苞片2层，外层的小，3～5，卵形，内层的长，条形或条状披针形；花序托平坦，无托毛。全部小花舌状，黄色，两性，顶端平截，具5齿；花药基部箭形；花柱分枝纤细。果长椭球形、长椭圆状披针形或长圆球形，稍压扁，具多条细小纵肋，顶端圆钝或平截；无冠毛。

4种，分布于我国、日本、朝鲜半岛。我国4种均产，以南方地区为多；浙江有2种。

1. 稻槎菜 （图8-430）

Lapsanastrum apogonoides (Maxim.) Pak et K. Bremer —— *Lapsana apogonoides* Maxim.

一年生或二年生矮小草本。茎纤细，高10～20cm，自基部发出数条簇生的分枝及莲座状叶丛，疏被细毛。基生叶叶片长4～10cm，宽1～3cm，大头羽状全裂，顶裂片卵圆形，先端圆钝或急尖，裂片向下渐变小，上面绿色，下面淡绿色，两面无毛，叶柄长1～2cm；茎生叶少数，具短柄或近无柄。头状花序小，具梗，果时下垂或歪斜，在茎枝顶端排列成疏松伞房状；总苞圆筒状钟形，长约5mm；总苞片2层，外层的5，卵状披针形，内层的5或6，椭圆状披针形，无毛。全部小花舌状，黄色，多数，两性。果稍压扁，长圆球形，淡黄色，长约4.5mm，每侧各有5～7条细肋，肋上有微粗毛，顶端两侧各有1下垂的长钩刺；无冠毛。花果期4—5月。

产于全省各地。生于田埂边、路边草坪中。分布于华东及湖北、湖南、广东、广西、台湾、云南、陕西。日本、朝鲜半岛也有。

图8-430 稻槎菜

2. 矮小稻槎菜 （图8-431）

Lapsanastrum humile (Thunb.) Pak et K. Bremer —— *Prenanthes humilis* Thunb. —— *Lapsana humilis* (Thunb.) Makino

二年生草本。茎纤细，高10～30cm，多分枝，疏被柔毛。叶基生；叶片长5～10cm，宽1～3cm，大头羽状深裂或全裂，顶裂片卵形或三角状卵形，先端急尖，两侧裂片向下渐变小，上面绿色，下面淡绿色，两面疏被糠秕状毛；叶柄长约2cm。头状花序小，直径约6mm，具梗，在茎枝顶端排列成伞房状，果时常下垂；总苞果时卵球形，长3.5～4mm；总苞片2层，外层的5枚，小，卵形，内层的5或6枚，较大，椭圆状披针形，先端尖或圆钝。全部小花舌状，黄色，顶端具5齿裂，两性，结实。果稍压扁，长圆球形，褐色，长2～3mm，每侧具4或5细肋，无毛，顶端平截或微凹，两侧无钩刺状附器。花果期4—5月。

产于临安（天目山、顺溪坞）、开化（平坑）。生于山麓地边、荒地上。分布于江苏、安徽、福建。日本、朝鲜半岛也有。

与稻槎菜的区别在于总苞果时卵球形；果顶端平截或微凹，无钩刺。

图8-431 矮小稻槎菜

111 猫儿菊属 Hypochaeris L.

多年生草本，极少为一年生。茎单生，不分枝或少分枝，有叶或无叶，常有基生的莲座状叶丛。植株含1~3个头状花序，头状花序大或中等大小，卵球状、宽半球形或钟形，单生于茎顶或枝端，具多数同形舌状两性小花；总苞圆筒形、钟形或半球形；总苞片多层，呈覆瓦状排列；花序托平坦，有托片，托片长膜质，条形，基部包围舌状小花，长于果。全部小花舌状，两性，结实，黄色，舌片顶端截形，5齿裂；花药基部箭形；花柱分枝纤细，顶端微钝。果圆柱形或长椭球形，具多条纵肋，有时纵肋少数，顶端具喙，喙细或短，或顶端截形而无喙；冠毛1层，羽毛状。

约60种，分布于南美洲、亚洲、地中海地区。我国有6种，多种为引入归化种；浙江有1种，逸生或归化。

欧洲猫儿菊 （图8-432）
Hypochaeris radicata L.

多年生草本。根粗壮，直伸。茎直立，高40~80cm，有纵棱，常有分枝，无毛。基生叶叶片黄绿色，长圆形、长圆状披针形至倒披针形，长8~15cm，宽1~5cm，先端圆钝，基部浅裂至深裂或不裂，边缘具锯齿，齿尖针刺状，两面密被硬毛，具翼柄；茎生叶1或2，退化成鳞片状，疏生，长1~2mm，宽约1mm。头状花序常单生于茎端，直径3~4cm，无毛，含多数小花；总苞片3或4层，外层的无毛，质硬，中层的长圆形，深绿色，先端紫黑色。全部小花舌状，金黄色，先

图8-432 欧洲猫儿菊

端具5齿。果近圆柱形,黑褐色,长4~6mm,具10细纵肋,肋上具小刺突,先端具细长的喙,喙长8~10mm;冠毛浅褐色。花果期5—9月。

原产于欧洲。亚洲和美洲多地有引种栽培。我国台湾有归化。湖州市区(吴兴)、临安、建德、台州市区(黄岩)等地有归化。

112 毛连菜属 Picris L.

一年生、二年生或多年生草本,具乳汁。全株被钩状硬毛或硬刺毛。茎直立,分枝。叶互生,或基生;叶片全缘或边缘有锯齿,极少羽状分裂。头状花序在茎枝顶端排列成伞房状或圆锥状,具长梗,有时增粗;总苞钟状或坛状;总苞片约3层,呈覆瓦状排列或不明显覆瓦状排列;花序托平坦,无托毛或具短托毛。全部小花舌状,多数,黄色,舌片顶端截形,5齿裂;花药基部箭形;花柱分枝纤细。果稍扁,椭球形或纺锤形,具5~14纵肋,肋上有横皱纹或小刺突,无喙或具极短的喙;冠毛2层,外层冠毛短或极短,糙毛状,内层冠毛长,羽毛状(侧毛不交错),基部连合成环。

约50种,分布于亚洲、欧洲、非洲和大洋洲。我国有7种,南北各地均产;浙江仅有1种。

日本毛连菜 (图8-433)

Picris japonica Thunb. — *P. hieracioides* L. subsp. *japonica* (Thunb.) Hand.-Mazz.

多年生草本。茎直立,高30~100cm,有纵沟纹,上部多分枝,被钩状的硬毛。基生叶花时枯萎,脱落;茎下部叶叶片倒披针形至椭圆状倒披针形,长10~20cm,宽1~4cm,先端渐尖,基部渐狭成有翼的长或短柄,边缘具疏齿,两面被钩状硬毛;中部叶叶片披针形,无柄,基部稍抱茎,两面被钩状硬毛;上部叶渐小,叶片条状披针形,两面被钩状硬毛。头状花序多数,具

图8-433 日本毛连菜

长梗，在茎枝顶端排列成伞房状，具条形苞叶；总苞筒状钟形；总苞片3层，黑绿色，被硬毛，外层的条形，先端渐尖，内层的条状披针形，先端渐尖，边缘膜质。全部小花舌状，黄色，舌片基部被稀疏的短柔毛。果纺锤形，棕褐色，具纵肋和横皱纹；冠毛污白色，外层冠毛极短，糙毛状，内层冠毛长，羽毛状。花果期6—10月。

产于长兴、临安（天目山、龙塘山）、建德（梅城）、东阳。生于路边草丛中。分布于东北、华北、华东、华中及广西、贵州、云南、西藏。日本、俄罗斯、蒙古、哈萨克斯坦也有。

113 鸦葱属 Scorzonera L.

多年生草本，少为亚灌木或一年生草本，具乳汁。茎直立或自基部铺散，具分枝，无毛或被蛛丝状毛、糙硬毛。叶互生或基部丛生；叶片不分裂，全缘或微波状，或羽状半裂或全裂。头状花序一型，含多数舌状小花，单生于茎顶，或少数在茎枝顶端排列成伞房状；总苞圆筒状或钟状；总苞片多层，呈覆瓦状排列，外层的短小而内层的长；花序托蜂窝状，无托毛。全部小花舌状，黄色，顶端平截，5齿裂；花药基部箭形；花柱分枝细，顶端急尖或微钝。果长圆球形，无毛，有时被微柔毛或长柔毛，具多条纵肋，顶端微收窄，截形，无喙；冠毛多层，羽毛状（侧毛彼此交错），基部连合成环，整体脱落或不脱落。

约180种，分布于亚洲、欧洲和北非。我国有24种，以东北、华北和西北为多；浙江有1种。

华北鸦葱 笔管草
Scorzonera albicaulis Bunge

多年生草本。根圆柱状或倒圆锥状。茎直立，单生或少数簇生，高50～80cm，上部分枝，被白色蛛丝状毛，基部无或具少数纤维状残鞘。基部叶丛生，叶片狭披针形或条状披针形，长15～30cm，宽5～8mm，先端渐尖，基部渐狭，全缘，被蛛丝状毛或无毛，叶柄基部稍扩大，抱茎；茎生叶与基生叶同形，多数，互生，基部稍扩大，抱茎。头状花序2～5，在茎枝顶端排列成伞房状；总苞圆柱形，长达4.5cm；总苞片3～5层，外层的短，三角状卵形，中层的倒卵形，内层的条状披针形，全部总苞片被蛛丝状毛，后变为无毛，顶端急尖或钝。全部小花舌状，黄色，两性。果长圆柱形，长约2.5cm，具多条纵肋，无毛；冠毛污黄色，羽毛状，基部连合成环。花果期5—7月。

产于杭州市区、临安。生于海拔900m以下的山坡路边、田边或草丛中。分布于华北及黑龙江、江苏、安徽、河南、湖北、贵州、四川、陕西。蒙古、朝鲜半岛及俄罗斯远东地区也有。

据报道，本省还有鸦葱 S. austriaca 的分布，与本种的主要区别在于茎基部被纤维状撕裂的鞘状残迹，茎生叶不发达，鳞片状；头状花序单生。编者仅看到采自临安（昌化）海拔980m的地边和杭州（具体产地不详）共2号标本，植株基部有少量纤维状残留物，但花茎有叶，头状花序2～4个，认为仍是华北鸦葱。浙江可能不产鸦葱。

114 蒲公英属 Taraxacum F.H. Wigg.

多年生草本，无茎，具乳汁。叶基生呈莲座状；叶片匙形、倒披针形或披针形，羽状深裂、浅裂或具波状齿，稀全缘，具叶柄或无。头状花序单生于花葶顶端，花葶直立，自基部抽，1至数个，无叶，通常在上部被蛛丝状长柔毛；总苞钟形或长圆球形；总苞片数层，外层的较短，先端通常外折，最内层的直立而狭，近相等；花序托平坦，无托毛。全部小花舌状，常为黄色，舌片顶端平截，具5齿，两性，结实；花药基部箭形；花柱分枝细长，具微毛。果稍扁，长圆球形，有棱，无毛，具小瘤状突起或小刺，先端具细长的喙；冠毛多数，刚毛状，白色。

2500种，主要分布于北半球高纬度地带。我国有116种，遍布全国；浙江连同栽培的有3种。

本属植物常存在无融合生殖现象，形成的新植株，个体间不进行基因交流，生物学种难以确定。此外，还存在天然杂交现象，导致种间界限难以划分。这些都给分类研究带来极大困难。

分种检索表

1. 总苞片先端紫红色，具明显的小角，花时常开展；果暗褐色；叶片上面被明显的蛛丝状毛 ·· **1.蒲公英 T. mongolicum**
1. 总苞片绿色或鲜绿色，无角或角不明显，花时外层的反卷；果浅黄褐色或红褐色至紫红色；叶片上面近无毛而光亮。
   2. 果浅黄褐色；叶片羽状深裂至浅裂，不间断；总苞片无角 ············· **2.药用蒲公英 T. officinale**
   2. 果红褐色至紫红色；叶片羽状深裂至全裂，侧裂片彼此间断；总苞片具不明显的小角 ············ ·· **3.红果蒲公英 T. erythrospermum**

1. 蒲公英 蒙古蒲公英（图8-434）

Taraxacum mongolicum Hand.-Mazz. — *T. argute-denticulatum* H. Koidz. — *T. hangzhouense* H. Koidz. — *T. hondae* H. Koidz.

多年生草本。根圆柱形，黑褐色。叶基生；叶片宽倒卵状披针形或倒披针形，长5～12cm，宽1～2.5cm，先端钝或急尖，基部渐狭，边缘具细齿、波状齿、羽状浅裂或倒向羽状深裂，顶裂片较大，三角状戟形，近全缘，侧裂片较小，宽三角形，具细齿，上面疏被蛛丝状毛，下面近无毛；叶柄具翅，长1～1.5cm，被蛛丝状毛。花葶与叶等长或稍长，上部紫黑色，密被白色蛛丝状长毛。头状花序直径约3.5cm；总苞钟形；总苞片2或3层，花时开展，草质，外层的卵状披针形或披针形，基部淡绿色，上部紫红色，先端背部具小角状突起，具膜质白色狭边，上部边缘密被白色长缘毛，内层的条状披针形，先端紫红色，具小角状突起。全部小花舌状，多数，鲜黄色，稀为白色。果稍扁，长椭球形，暗褐色，有纵棱与小横瘤，中部以上横瘤有刺状突起，喙长约8mm；冠毛刚毛状，白色。花果期4—6月。

全省广泛分布，在温州等地较少见。生于路边草丛中、田边、山坡上等。几乎遍布全国。

图8-434 蒲公英

2. 药用蒲公英　药蒲公英　西洋蒲公英（图8-435）
Taraxacum officinale F.H. Wigg.

多年生草本。叶基生；叶片狭倒卵形或长椭圆形，稀为倒披针形，长4～15cm，宽1～3cm，先端钝或急尖，基部渐狭，大头羽状深裂或羽状浅裂，稀不裂而具波状齿，顶裂片三角形或长三角形，全缘或具齿，侧裂片较小，不间断，三角形至三角状条形，先端急尖或渐尖，全缘或具齿，无毛或沿主脉疏被蛛丝状短毛；叶柄具翅。花葶多数，长于叶，密被白色蛛丝状毛。头状花序直径2.5～4cm；总苞宽钟形；总苞片2或3层，草质，外层的宽披针形或披针形，反卷，先端背部渐尖而无角，无或具极狭膜质白边，内层的条状披针形，先端无角。全部小花舌状，多数，鲜黄色。果倒长椭球形，浅黄褐色，有纵棱与小横瘤，中部以上横瘤有刺状突起，喙长7～10mm；冠毛刚毛状，白色。花果期6—7月。

原产于欧洲。我国新疆也有分布。宁波市区、象山、余姚、诸暨、临海、玉环、庆元常见栽培，或逸生。

图 8-435　药用蒲公英

3. 红果蒲公英

Taraxacum erythrospermum Andrz. ex Besser —— *Leontodon laevigatus* Willd. —— *T. laevigatum* (Willd.) DC.

多年生草本。叶基生；叶片长椭圆形，长 3～8cm，宽 0.5～1.5cm，先端急尖，基部渐狭，大头羽状深裂至全裂，顶裂片小，狭戟形，稀为三角形，全缘或具尖锐锯齿，每侧裂片 3～8，间断，较小，条形或长三角形，稀三角形，倒向，先端急尖，边缘具尖锐小齿或条形小裂片；叶柄具翅。花葶 2～10，等长或稍长于叶，花时下弯，果实下弯或直立，上部密被白色绒毛。头状花序直径 1.5～3.5cm；总苞钟形；总苞片 2 或 3 层，外层的浅绿色，披针状卵圆形或披针形，先端钝或渐尖，无角，边缘膜质，无毛或上部具缘毛，内层的绿色，先端无角或具小角。全部小花舌状，多数，鲜黄色，边缘的舌片具紫色条纹。果倒长椭球形，红褐色至紫红色，上部 1/3 具多数尖锐小瘤，以下在棱上具横瘤，喙长 5～8mm；冠毛刚毛状，白色或污白色。花果期 5—7 月。

原产于欧洲、中亚。我国新疆有野生。公园、花圃有栽培。

115 苦苣菜属 Sonchus L.

一年生或多年生草本，具乳汁。茎直立，不分枝或分枝。叶基生或互生；叶片边缘有齿缺或羽状分裂，裂片常具尖齿，基部常耳状抱茎。头状花序排列成疏松伞房状或圆锥状，稀单生，含小花70朵以上；总苞圆筒状或钟状；总苞片2～4层，呈覆瓦状排列，外层的较内层的为短，最内层的边缘膜质；花序托平坦或有小凹点，无托毛。全部小花舌状，黄色，顶端平截，具5齿，两性，结实。果稍扁，卵球形或椭球形，顶端无喙，具数条至20条纵肋，平滑或有多数小钝齿；冠毛多数，二型，其一为较粗的直毛，另一为极细的柔毛。

约90种，分布于亚洲、欧洲、非洲、大洋洲及太平洋岛屿。我国有5种，全国各地均有分布；浙江有3种。

分种检索表

1. 多年生草本，具根状茎；果稍压扁，每面具3～5纵肋 ··· **1. 苣荬菜 S. wightianus**
1. 一年生、二年生草本，无根状茎；果压扁，每面具3肋。
  2. 茎中部叶叶片羽状深裂，基部扩大成急尖的耳状抱茎；果的纵肋间具横皱纹 ··· **2. 苦苣菜 S. oleraceus**
  2. 茎中部叶叶片不分裂或羽状浅裂，基部扩大成圆耳状抱茎；果的纵肋间无横皱纹 ·· **3. 续断菊 S. asper**

1. 苣荬菜 南苦苣菜（图8-436）

Sonchus wightianus DC. — *S. lingianus* Shih

多年生草本。根有分枝，多少具根状茎或具匍匐根状茎。茎直立，高30～150cm，圆柱形，具纵沟纹，不分枝或上部分枝，无毛或密被腺毛。基生叶多数，簇生；茎下部叶叶片长圆状倒披针形，长8～20cm，宽2～6cm，先端圆钝或渐尖，基部渐狭，叶柄具狭翅；茎中部叶叶片边缘通常有稀疏的缺刻或羽状浅裂，裂片三角形，少有不裂，边缘有不规则波状或刺状尖齿，基部呈圆形耳状抱茎；上部叶小，条形，上面绿色，下面略呈灰白色。头状花序直径2～4.5cm，排列成伞房状；具梗，梗上具腺毛或无毛；总苞钟状，直径1～1.8cm，被腺毛或无毛；总苞片3或4层，外层的短小，卵圆形，内层的狭长，披针形，先端钝。全部小花舌状，被长柔毛。果稍扁，长椭球形，具3～5纵肋，肋间具横皱纹，微粗糙，淡褐色；冠毛白色，易脱落。花果期8—10月。

产于全省各地。生于山坡上、路边、荒地上、草丛、旷野中。几乎遍布全球。

本种的形态变异极大，体细胞倍性也多样。有四倍体（$2n=36$）植株头状花序和花序梗无腺毛的类型被鉴定为短裂苦苣菜 *S. uliginosus* M.B.［或作亚种 *S. arvensis* L. subsp. *uliginosus* (M.B.) Nyman］，而六倍体（$2n=54$）植株被鉴定为匍茎苦菜 *S. arvensis* L.。在尚未完全弄清三者之间的关系时，编者将 *S. uliginosus* 和 *S. arvensis* 暂附于此，未作分类处理。

一六七　菊科 Asteraceae

图 8-436　苣荬菜

模式标本采自云和的南苦苣菜 *S. lingianus* Shih 是一个极端的叶片完全不裂的个体，编者同意将其并入本种。

2. 苦苣菜 （图 8-437）
Sonchus oleraceus L.

一年生或二年生草本。根圆锥状，须根纤维状。茎直立，中空，高 50～90cm，不分枝或上部分枝，具棱，下部无毛，中上部及顶端疏被短柔毛及褐色腺毛。茎下部叶叶片长圆形至倒披针形，长 15～20cm，宽 3～8cm，羽状深裂，裂片对称，狭三角形或卵形，边缘有不规则的尖齿，顶裂片大，宽心形、卵形或三角形，侧裂片狭三角形或卵形，不对称，先端渐尖，基部扩大抱茎，边缘具刺状尖齿；茎中上部叶渐狭，无柄，基部具急尖的耳状抱茎，边缘具不规则锯齿。头状花序直径约 2cm，具长梗，梗被腺毛，排列成伞房状；总苞钟形或圆筒形；总苞片 2 或 3 层，外层的披针形，内层的条形，先端渐尖，边缘膜质。全部小花舌状，多数，黄色。

图 8-437　苦苣菜

果压扁,倒卵状椭球形,两面各具3纵肋,肋间具粗糙细横缢;冠毛白色。花果期3—11月。

原产于欧洲、地中海地区。全国各地均有归化。全省各地有归化,生于山坡路边、荒地上、草丛中。

3. 续断菊　花叶滇苦菜　(图8-438)
Sonchus asper (L.) Hill — *S. oleraceus* var. *asper* L.

一年生草本。根纺锤形或圆锥形,褐色。茎直立,高30～50cm,分枝或不分枝,无毛或上部被腺毛。茎下部叶叶片长椭圆形或倒卵形,长5～13cm,宽1～5cm,先端渐尖,基部下延成翅柄,边缘不规则羽状分裂,或具密而不等长的刺状齿;中上部叶片无柄,基部具扩大圆耳抱茎。

头状花序数个,具梗,在茎端密集排列成伞房状;总苞钟状,直径8～11mm;总苞片2或3层,草质,绿色或暗绿色,外层的披针形,内层的条状披针形,先端钝,边缘膜质。全部小花舌状,多数,黄色。果压扁,倒长卵球形,淡褐色,两面各具3纵肋,肋间无横皱纹;冠毛白色。花果期3—10月。

原产于欧洲、地中海地区。山东、江苏、湖北、广西、台湾、四川、西藏、新疆均有归化。全省各地也有归化,生于路边、荒地上或林缘草丛中。

浙江还有羽状分裂的类型,植株低矮,茎生叶密集,叶缘的刺长5～7mm,曾被命名为 *S. oleraceo-asper* Makino,也有研究推测其可能是苦苣菜和续断菊的杂交种。目前尚未弄清 *S. oleraceo-asper* 的分类地位,只能暂附于此。

图8-438　续断菊

116 山柳菊属　Hieracium L.

多年生草本,具乳汁。茎单生或少数茎簇生,分枝或不分枝,通常被粗毛,稀无毛。叶互生;叶片不分裂,边缘具各式锯齿或全缘,稀羽状分裂;有柄或无柄。头状花序一型,少数或多数在茎枝顶端排列成伞房状或圆锥状,有时单生于茎端,含多数舌状小花;总苞钟状或圆筒状；总苞片3或4层，呈覆瓦状排列，向内层渐长；花序托平坦，通常无托毛。全部小花舌状，多数，黄色，极少淡红色或淡白色，舌片顶端截形，5齿裂；花药基部箭形；花柱分枝细，圆柱形。果稍扁，圆柱形或长圆球形，具10～15等形的纵肋，顶端截形，无喙；冠毛1或2层，糙毛状，淡黄色或白色，易折断。

约800种，分布于欧洲、亚洲、美洲、非洲。我国有6种，以新疆种类最多；浙江仅1种。

山柳菊 伞花山柳菊 （图8-439）
Hieracium umbellatum L.

多年生草本。茎直立，高30～100cm，粗壮或纤细，上部分枝或不分枝，基部常淡红紫色，被柔毛或近无毛。基生叶及茎下部叶花时枯萎；茎中上部叶互生，无柄，叶片披针形至狭条形，长3～10cm，宽0.5～1.5cm，先端急尖，基部楔形，边缘具锯齿或全缘，下面沿脉及边缘被短毛。头状花序少数或多数，具梗，在茎枝顶端排列成伞房状，极少单生；总苞钟状，黑绿色；总苞片3或4层，外层向内层渐长，外层的披针形，先端钝，上面被短毛，内层的条状长椭圆形。全部小花舌状，黄色，顶端5齿裂。果圆柱形，黑紫色，基部渐狭，具10细肋，顶端截形，无毛；冠毛1层，淡黄色，糙毛状。花果期7—10月。

产于衢州市区（衢江）、江山、松阳、遂昌、龙泉（凤阳山）、庆元（百山祖）、景宁。生于海拔1100～1300m的山坡路边。分布于东北、华北、华中、西北各地。欧洲及日本也有。

图8-439 山柳菊

莴苣属 Lactuca L.

一年生、二年生或多年生草本,具乳汁。茎直立,常肉质,不分枝或上部分枝。叶片分裂或不分裂。头状花序在茎枝顶端排列成伞房状或圆锥状;总苞果时长卵球形至宽卵球形;总苞片3~5层,呈覆瓦状排列,外层较内层的短;花序托平坦,无托毛。全部小花舌状,黄色,7~25朵,舌片顶端截形,5齿裂;花药基部箭形,耳尖锐;花柱分枝细。果背腹压扁,倒卵球形、椭球形或长椭球形,淡褐色至黑褐色,两侧有1~10细肋,顶端收缩成细丝状的长喙,有时边缘宽扁成翅状,则喙短而粗;冠毛2层,白色,微粗糙。

50余种,主要分布于东亚至中亚、欧洲和北美洲。我国有12种,南北各地均产;浙江有5种。

石铸曾依据果边缘扁化成翅状,先端具短粗喙,总苞片质厚的类群从本属中分出翅果菊属 Pterocypsela Shih,但未得到分子系统学研究结果的支持。目前而言,较广义的莴苣属依然广泛采用。

分种检索表

1. 果每面具1~3纵肋,边缘具宽翅。
  2. 茎中部叶叶片卵形或卵状三角形;内层总苞片5或6 ································· 1. 毛脉翅果菊 L. raddeana
  2. 茎中部叶叶片条形、条状披针形至长圆形;内层总苞片8。
    3. 茎被毛;叶片羽状深裂或全裂,下面中脉被长毛 ································· 2. 台湾翅果菊 L. formosana
    3. 茎无毛;叶片不分裂或羽状分裂,下面中脉无毛 ································· 3. 翅果菊 L. indica
1. 果每面具5~8纵肋,边缘无翅。
  4. 茎生叶常不分裂;茎及叶片无毛 ································· 4. 莴苣 L. sativa
  4. 茎生叶不分裂或羽状分裂;茎基部及叶片下面中脉具刺 ································· 5. 野莴苣 L. serriola

1. 毛脉翅果菊 高大翅果菊 高莴苣 （图8-440）

Lactuca raddeana Maxim. — *L. elata* Hemsl — *L. raddeana* var. *elata* (Hemsl.) Kitam. — *Pterocypsela elata* (Hemsl.) Shih

一年生或二年生草本。茎直立,高60~100cm,不分枝,常有多节长糙毛,或脱落至无毛。叶片纸质,卵形或卵状三角形,有时上部的为菱状披针形或狭倒卵形,长5~12cm,宽2~6cm,先端急尖,基部近截形,常下延成长翼柄而稍抱茎,边缘齿裂或下部叶叶片有时羽状分裂,上面绿色,下面粉绿色,沿脉有长糙毛,或无毛。头状花序多数,排列成狭圆锥状;总苞圆柱形;总苞片4层,外层的卵形,内层的5或6枚,绿色,条状披针形,先端钝。全部小花舌状,黄色,顶端5齿裂。果扁平,倒卵状长圆球形,棕褐色,每面具3纵肋,边缘有宽翅,先端具极短的喙;冠毛白色。花果期4—9月。

产于安吉、杭州市区、临安、建德、淳安、宁波市区(北仑)、余姚、宁海、衢州市区(衢江)、开化、东阳、磐安、天台、临海、仙居、缙云、遂昌、庆元、文成、泰顺。生于海拔1500m以下的溪边、路边草丛中、山坡林下。分布于东北、华北、华东、华中、西南。日本、俄罗斯、越南、朝鲜半岛也有。

一直以来,浙江的标本均被鉴定为高大翅果菊,与本种的主要区别在于叶片形状和叶片分裂情况。而这些性状以及茎、叶的毛被呈现连续变异的情况,有时同一号标本也会被鉴定为不同的种,因此,编者认为这种归并处理是合理的。

图8-440 毛脉翅果菊

2. 台湾翅果菊　台湾莴苣　(图8-441)

Lactuca formosana Maxim. — *Pterocypsela formosana* (Maxim.) Shih

一年生或二年生草本。主根圆锥形。茎直立,高40～90cm,单生或上部多分枝,有毛。叶片披针形或长圆状披针形,长7～15cm,宽5～7cm,先端急尖或渐尖,基部呈耳状抱茎,耳缘具锯齿,边缘羽状分裂,裂片边缘具小齿,顶裂片较大,侧裂片略下弯,两面具毛,中脉疏被长毛。头状花序多数,直径1.5～3cm,具梗,排列成伞房状;总苞圆筒状,直径4～6mm;总苞片3或4层,无毛,外层的卵状长圆形,内层的8枚,披针形或条形。全部小花舌状,淡黄色,顶端5齿裂。果压扁,卵状椭球形,黑褐色,边缘具宽翅,每面具3肋,中肋显著,喙细长,长约2mm;冠毛白色,刚毛状,近等长。花果期5—10月。

产于杭州市区、临安、萧山、淳安、天台、义乌、武义、龙泉。生于路边、山坡林下。分布于华东、华南、华中及云南、陕西、宁夏等。

图 8-441 台湾翅果菊

本种与翅果菊（特别是裂叶的类型）很难区分，以往的文献记载，区别在于果实先端喙细长，长 2mm，叶片背面沿脉有小刺毛。邱胜等对产于温州、金华等地的 6 个居群的植株毛被、叶片大小和分裂程度、果实的喙长度进行了统计分析，发现台湾翅果菊的果实的喙均未达 1.5mm，其他性状亦有过渡，故也建议并入翅果菊。但是基于细胞学的研究显示两者区别明显，台湾翅果菊核型的对称性更高，在此编者仍保留此种，以待进一步研究。

3. 翅果菊　山莴苣　（图 8-442）

Lactuca indica L. — *Pterocypsela indica* (L.) Shih — *L. laciniata* (Houtt.) Makino — *P. laciniata* (Houtt.) Shih

一年生或二年生草本。茎直立，高可达 1.5m，单一或上部分枝，无毛。叶互生，多变异，下部者早落；中部叶叶片条形、条状披针形或长圆形，长 10～30cm，宽 1～5.5cm，先端渐尖，基部抱茎，不分裂或倒向羽状分裂，稀二回羽裂，叶片或裂片具微波状齿，下面常被白粉，无毛或下面中脉上稍有毛，无叶柄；上部叶逐渐变小，叶片条形或条状披针形，不分裂或羽状分裂。头状花序多数，直径约 2cm，具梗，排列成圆锥状；总苞钟状；总苞片 3 或 4 层，外层的卵形，内层的 8，卵状披针形，先端钝，上缘带紫色，无毛。全部小花舌状，淡黄色或白色，先端 5 齿裂。果压扁，椭球形或宽卵球形，深褐色至黑色，边缘具宽翅，每面各有 1 纵肋，顶端喙短粗，长约 1mm；冠毛白色。花果期 8—11 月。

产于全省各地。生于路边草丛中、村边荒地上、田埂边、溪边。分布于我国南北各地。东亚、东南亚也有。

基于居群的观察,多裂翅果菊 L. laciniata 与翅果菊的主要区别在于叶片的分裂程度,但很不稳定,同一居群甚至同一个体上,都会出现叶片不裂或分裂的,编者认为两者合并是合理的。

在丽水地区,常有1栽培类型,茎肥大,茎皮可作蔬菜炒食,称为"苦荬皮";叶可炒食或作饲料。

图 8-442　翅果菊

4. 莴苣（图8-443）
Lactuca sativa L.

一年生或二年生草本,含白色乳汁。茎高达1m,粗壮,上部花序多分枝,无毛,灰白色。基生叶丛生,叶片长圆形、倒卵圆形或椭圆状倒披针形,长10～30cm,宽2.5～5cm,先端圆钝或急尖,不分裂或分裂,平滑或有皱纹,无叶柄;中部叶叶片长圆形或三角状卵形,长3～6cm,先端急尖,基部心形,耳状抱茎。头状花序多数,直径4～8mm,具梗,在茎枝顶端排列成伞房状;

总苞卵球形；总苞片多层，外层的3，卵形或披针形，内层的10～12，披针形至长圆状条形，边缘膜质。全部小花舌状，黄色，舌片顶端5齿裂。果微压扁，纺锤形或长圆状倒卵球形，灰褐色，每面具5～7纵肋，上部有开展的柔毛，喙细长，与果本体等长或稍短；冠毛白色。花果期6—10月。

可能原产于地中海地区至中亚。我国广泛栽培。全省各地均有。

可作蔬菜，叶片富含维生素A、维生素B_9、维生素C和维生素K，亦可作饲料。

常见栽培的还有莴笋'Angustata'（var. *angustata*）、生菜'Romana'、卷心莴笋'Capitata'以及食用上部叶片者油麦菜（散叶莴苣）var. *longifolia*。

图8-443　莴苣

5. 野莴苣　毒莴苣　（图8-444）
Lactuca serriola L.

二年生草本。茎直立，高40～80cm，单生，基部带紫红色，有白色硬刺，上部分枝，黄白色。基部叶或茎下部叶叶片披针形或长披针形，长5～15cm，宽1～2cm，基部渐狭，不分裂而近全缘，稀边缘有凹缺状锯齿或羽状浅裂，下面沿中脉常有淡黄色的刺毛，无柄；中上部叶渐小，叶片条形、条状披针形或长椭圆形，全缘，基部箭形，下面沿中脉具刺。头状花序多数，在茎枝顶端排列成圆锥状；总苞长卵球形；总苞片5层，外面无毛，外层的三角形或椭圆形，先端急尖或钝，内层的条状长椭圆形，先端渐尖。全部小花舌状，7～15朵，黄色，顶端5齿裂。果压

图 8-444 野莴苣

扁，倒披针形，浅褐色，每面具6～8细肋，上部有上指的短糙毛，顶端收缩成长约3mm的细丝状喙；冠毛白色。花果期6—8月。

原产于欧洲、东亚、中亚。我国台湾和新疆有归化。宁波及德清、临安、富阳、建德、淳安、诸暨、岱山、金华市区（婺城）、温州市区（鹿城）等地均已入侵，常生于路边、荒地上。

本种为入侵植物，应加以注意。

118 假还阳参属 Crepidiastrum Nakai

一年生、二年生或多年生草本，或为亚灌木，具乳汁。茎具叶，直立或向上斜展，多分枝或不分枝。叶有时集中于枝端或互生，基生叶呈莲座状；叶片不分裂或羽状浅裂；具叶柄。头状花序多数排列成伞房状，含多数舌状小花；总苞圆柱状；总苞片2或3层，不呈覆瓦状排列，外层的极短，内层的最长，长5～8mm；花序托平坦，无托毛。全部小花舌状，黄色或白色，舌片顶端截形，5齿裂；花药基部箭形；花柱分枝细长。果圆柱形或纺锤形，微扁，具10～15纵肋，顶端截形，无喙或具短喙；冠毛1层，白色，糙毛状。

约15种，主要分布于东亚和中亚。我国有9种，南方各地均有分布；浙江有3种。

分种检索表

1. 植株为亚灌木；叶片不分裂；果顶端无喙⋯⋯⋯⋯⋯⋯⋯⋯⋯⋯⋯⋯⋯⋯⋯⋯⋯⋯⋯ **1. 假还阳参 C. lanceolatum**
1. 一年生、二年生或多年生草本；叶片羽状分裂；果顶端具短喙，喙长为果的1/5～1/3。

2. 植株秋季开花;果顶端的喙长0.2~0.5mm;茎中上部叶叶片最宽处在近中部 ·· **2.黄瓜假还阳参 C. denticulatum**

2. 植株春季开花;果顶端的喙长0.6~1mm;茎生叶叶片最宽处在近基部 ·· **3.尖裂假还阳参 C. sonchifolium**

1. 假还阳参 （图8–445）

Crepidiastrum lanceolatum (Houtt.) Nakai — *Prenanthes lanceolata* Houtt.

亚灌木。茎短,粗壮,木质,具少数分枝,分枝顶端的叶呈莲座状,花枝侧生,匍匐状。基生叶叶片匙形或卵形,长5~15cm,宽1~4cm,先端钝或圆形,基部收窄成翅状柄,全缘,稍厚,两面无毛;茎生叶彼此疏离,下部的匙状长圆形至条状披针形,中部的长圆形至披针形,上部的卵形至卵状长圆形,长4~5cm,宽0.5~2cm,先端钝,基部抱茎。头状花序多数,直径约1.5cm,具梗,在枝端排列成伞房状;总苞圆筒形,直径3~5mm,长5~6mm;总苞片2层,外层的短小,披针形,内层的长,披针形,先端钝,无毛。全部小花舌状,8~12朵,黄色,花冠管外面被柔毛。果稍扁,长圆球形,具10~15纵肋,顶端平截,无喙;冠毛1层,白色,脱落。花果期9—11月。

产于嘉兴、宁波、舟山、台州、温州的沿海岛屿。生于海岸坡上、滨海路边或滨海岩石上。分布于我国江苏、台湾。日本也有。

图8-445 假还阳参

2. 黄瓜假还阳参 黄瓜菜 苦荬菜 （图8-446）
Crepidiastrum denticulatum (Houtt.) Pak et Kawano —— *Prenanthes denticulata* Houtt. —— *Ixeris denticulata* (Houtt.) Nakai ex Stebbins —— *I. denticulata* form. *subintegra* Ling —— *Paraixeris denticulata* (Houtt.) Nakai

一年生或二年生草本。茎直立，高30～80cm，无毛，质硬，多分枝。基生叶花时枯萎，叶片卵形、长圆形或披针形，长5～10cm，宽2～4cm，先端急尖，基部渐狭成柄，边缘波状齿裂或羽状分裂，裂片具细锯齿；茎生叶叶片长卵形或倒长卵形，长3～9cm，宽1.5～4cm，两面无毛，先端急尖，基部微抱茎，耳状，具不规则锯齿。头状花序多数，直径1.3～1.5cm，具梗，在茎枝顶端排列成伞房状；总苞圆筒形，长6～9mm；总苞片2层，先端急尖，外层的极短小，卵形，内层的8，较长，条状披针形。全部小花舌状，黄色，顶端5齿裂。果压扁，纺锤形，黑色或黑褐色，具11～14钝肋，具短喙，喙长0.2～0.5mm；冠毛白色，糙毛状。花果期9—11月。

产于全省各地。生于路边荒地上、田野中、山坡上。分布于我国南北各地。日本、俄罗斯、蒙古、越南、朝鲜半岛也有。

图8-446 黄瓜假还阳参

3. 尖裂假还阳参 抱茎苦荬菜 （图8-447）
Crepidiastrum sonchifolium (Maxim.) Pak et Kawano —— *Youngia sonchifolia* Maxim. —— *Ixeris sonchifolia* (Maxim.) Hance —— *Ixeridium sonchifolium* (Maxim.) Shih

多年生草本。茎直立，高25～60cm，自基部分枝，分枝纤细，无毛。基生叶花时存在，叶片长圆形，长3～7cm，宽1.5～2cm，先端圆钝或急尖，基部楔形下延，边缘具锯齿或不规则羽状

深裂，具短柄；茎生叶叶片条状披针形至卵状长圆形，长3～6cm，宽1～2cm，先端渐狭成尾尖，基部宽而呈耳状抱茎，边缘具齿或羽状深裂，无柄。头状花序小，直径约1cm，具梗，多数或少数在茎枝顶端排列成伞房状；总苞圆筒形，长约6mm；总苞片2层，外层的5，短小，卵形，内层的8，较长，条状披针形，先端急尖。全部小花舌状，黄色，顶端5齿裂。果稍压扁，纺锤形，黑色，有10钝肋，具短喙，喙长0.6～1mm；冠毛1层，白色，糙毛状。花果期4—7月。

产于全省各地。生于路边草丛中、荒地上、山坡林下、溪边。分布于我国各地。朝鲜半岛及俄罗斯远东地区也有。

图 8-447　尖裂假还阳参

119 黄鹌菜属 Youngia Cass.

一年生、二年生或多年生草本，具乳汁。茎直立，基部或上部分枝，被柔毛或无毛。基生叶丛生，平铺地面，叶片通常倒披针形、琴状或羽状分裂，有时全缘或具深波状齿或细齿，无毛或具疏柔毛；中部叶少，互生，多退化，具柄或无柄。头状花序排列成总状、疏散圆锥状、伞房状或聚伞状；总苞圆筒状；总苞片2层，基部外层的小，无毛或被疏柔毛，内层的长；花序托平坦，无托毛。全部小花舌状，黄色或有时外侧稍带红色，舌片顶端5齿裂，两性，结实；花药通常绿色，基部箭形；花柱分枝细，黄色。果稍扁平，纺锤形或长圆球形，顶端通常无明显的喙，具10～15不等形的纵肋，其中3～5条较明显，被小刺毛或无；冠毛1或2层，白色或淡黄色，不易脱落。

约30种，分布于东亚。我国有28种，南北各地均有分布；浙江有6种。

一六七　菊科 Asteraceae

分种检索表

1. 植株体较矮小，高30cm以下；基生叶戟形或卵形，不分裂……………………… **1. 戟叶黄鹌菜 Y. longipes**
1. 植株体高大，高可达1m；叶片羽状分裂。
　2. 叶片二回羽状分裂，或至少含有二回小裂片………………………………… **2. 多裂黄鹌菜 Y. rosthornii**
　2. 叶片一回羽状分裂。
　　3. 茎中部叶片常退化或不发育……………………………………………………… **3. 黄鹌菜 Y. japonica**
　　3. 茎中部叶片数枚，发育良好，羽状深裂至羽状全裂。
　　　4. 果红色或暗红色，顶端收缩成短粗的喙状物；叶片的顶裂片宽卵状三角形或三角状戟形………
　　　………………………………………………………………………………… **4. 红果黄鹌菜 Y. erythrocarpa**
　　　4. 果黑褐紫色或深褐紫色，顶端无喙；叶片的顶裂片戟形、不规则戟形、圆卵形至披针形。
　　　　5. 基生叶侧裂片1或2对；头状花序含5～8小花；总苞长5～6mm，内层总苞片5 ………
　　　　……………………………………………………………… **5. 九龙山黄鹌菜 Y. jiulongshanensis**
　　　　5. 基生叶侧裂片1～8对；头状花序含11～25小花；总苞长6～7mm，内层总苞片8 ………
　　　　………………………………………………………………… **6. 异叶黄鹌菜 Y. heterophylla**

1. 戟叶黄鹌菜（图8-448）

Youngia longipes (Hemsl.) Babc. et Stebbins —— *Crepis longipes* Hemsl.

一年生草本，全株无毛。茎直立，高15～30cm，自下部分枝。基生叶叶片心状戟形，有时卵形，长3.5～8cm，宽1.5～3.5cm，先端急尖，边缘有稀疏小尖头或三角状浅锯齿，两面无毛，具长柄；茎生叶数枚，大多不发达，叶片披针形或条

图8-448　戟叶黄鹌菜

形,先端渐尖,两面无毛,具短柄。头状花序小,含15～20朵小花,多数在茎枝顶端排列成伞房状;总苞圆柱状,长5～6mm;总苞片2层,外层的小,卵形,先端急尖,内层的披针形,先端急尖,内面具伏贴的细毛。全部小花舌状,黄色。果纺锤形,淡红色,长约2mm,向顶端渐狭,无喙,具12～14不等的纵肋,肋上有小刺毛;冠毛白色。花果期5—6月。

产于临安(昌化)、余姚(四明山)。生于海拔500～700m的路边或草丛中。分布于湖北。

2. 多裂黄鹌菜 （图8-449）

Youngia rosthornii (Diels) Babc. et Stebbins — *Crepis rosthornii* Diels — *C. faponica* Benth. form. *foliosa* Mastuda

一年生草本,全株无毛。茎直立,高40～80cm,上部多分枝。基生叶叶片长椭圆形,长15～20cm,宽4～8cm,两面无毛,二回羽状全裂,第一回侧裂片5～7对,椭圆形至倒披针形,大头羽状全裂,第二回顶裂片椭圆形,边缘具不规则锯齿,侧裂片小,1对,具柄;茎中下部叶与基生叶同形并等样分裂,具短柄或几无柄;茎上部叶叶片条形,全缘,近无柄。头状花序小,含约20朵小花,多数在茎枝顶端排列成伞房状;总苞圆柱状,长约6mm;总苞片2层,外面无毛,外层的小,近卵形,先端急尖或钝,内层的披针形,先端急尖,具白色膜质狭边,内面被伏贴细毛。全部小花舌状,黄色,花冠管外面有稀疏的微柔毛。果纺锤形,深褐紫色,长约2mm,向顶端渐窄,无喙,具14或15不等的纵肋,肋上有小刺毛;冠毛白色。花果期6—7月。

产于遂昌(九龙山)、泰顺(乌岩岭)。生于路边草丛中。分布于湖北、广东、四川。

图8-449 多裂黄鹌菜

3. 黄鹌菜 （图 8-450）

Youngia japonica (L.) DC. — *Prenanthes japonica* L.

一年生草本。茎直立，高 20～60cm，近上部分枝，被细柔毛或无毛。基部叶叶片长圆形、倒卵形或倒披针形，长 8.5～10cm，宽 0.5～2cm，大头羽裂或羽状浅裂至深裂，顶裂片较侧裂片大，椭圆形，先端渐尖，基部楔形，侧裂片向下渐小，边缘具深波状齿裂，无毛或具疏短柔毛，有柄或无柄。花茎上无叶，有时有 1 或 2 枚茎生叶，退化至羽状分裂。头状花序小，含 10～20 朵小花，具细梗，多数排列成聚伞圆锥状；总苞圆筒形，长 4～5mm，果时钟状；总苞片 2 层，外层的 5，极小，三角形或卵形，内层的 8，披针形，先端急尖或钝，边缘膜质，内面具紧贴柔毛，外面基部具硬的龙骨状突起，先端反折。全部小花舌状，黄色，舌片长 4.5～7.5mm，顶端平截，5 齿裂。果稍扁平，纺锤形，棕红色或褐色，长 1.5～2mm，具 11～13 纵肋，其中有 2～4 条较粗，具细刺；冠毛白色。花果期 4—9 月。

产于全省各地。生于山坡路边、林缘、林下、荒地上。我国南北各地均有分布。东亚、东南亚也有。

图 8-450　黄鹌菜

3a. 卵裂黄鹌菜

var. **elstonii** Hochr. — *Y. japonica* subsp. *elstonii* (Hochr.) Babc. et Stebbins — *Y. pseudosenecio* (Vaniot) Shih — *Lactuca pseudosenecio* Vaniot

与黄鹌菜的主要区别在于茎生叶数枚，发育良好，基生叶羽状深裂或稍呈大头羽裂。花果期4—7月。

产于杭州市区、临安、建德。生于田边或潮湿荫蔽处。分布于华东及湖北、湖南、广东、广西、贵州、四川、云南、陕西、甘肃。

3b. 长花黄鹌菜

subsp. **longiflora** Babc. et Stebbins — *Y. longiflora* (Babc. et Stebbins) Shih

与黄鹌菜的区别在于总苞长6～8mm，内层总苞片内面无毛；果长2～2.5mm。花果期5—6月。

产于安吉、杭州市区（三台山）。生于草丛中。分布于华东及湖北、湖南、广东、广西、台湾、贵州、四川。

长花黄鹌菜其实作黄鹌菜的变种更为合适，但为了避免产生更多的等级，本志仍保留亚种等级。

4. 红果黄鹌菜　（图8-451）

Youngia erythrocarpa (Vaniot) Babc. et Stebbins — *Lactuca erythrocarpa* Vaniot

一年生草本，全株无毛。茎直立，高20～70cm，不分枝或自基部分枝。基生叶叶片倒披针形，长4～7cm，宽1.5～2.5cm，大头羽状全裂，基部截形，两面疏被柔毛，叶柄长达5cm，顶裂片宽卵状三角形或三角状戟形，先端急尖或钝，边缘有锯齿，侧裂片2或3对，先端急尖，边缘有锯齿；茎生叶多数，与基生叶同形并等样分裂，基部有短柄，上部者不分裂，无柄或具短柄。头状花序小，含10～13朵小花，具细梗，多数排列成圆锥状；总苞圆柱形，长4～6mm，果时钟

图8-451　红果黄鹌菜

形;总苞片2层,无毛,外层的5,卵形,先端急尖,内层的5,披针形,先端急尖,边缘具膜质狭边。全部小花舌状,黄色,长约6mm。果红色或暗红色,长约2.5mm,具11~14粗细不等的纵肋,顶端收缩成短粗的喙状物;冠毛白色。花果期4—9月。

产于杭州市区、临安、建德、诸暨、开化、磐安、仙居、遂昌、乐清、泰顺。生于路边林下、溪边、林缘、草丛中。分布于华东及湖北、贵州、四川、陕西、甘肃等地。

5. 九龙山黄鹌菜 (图8-452)
Youngia jiulongshanensis X. Cai, Y.L. Xu et X.F. Jin

一年生草本。茎直立,高20~50cm,常不分枝,下部疏被柔毛或无毛。基生叶叶片长椭圆形,大头羽状深裂,长2.5~7cm,宽1.5~3cm,两面无毛,顶裂片圆卵形或宽卵形,先端圆钝,边缘具锯齿,侧裂片小,1或2对,具长柄;茎中下部叶多数,叶片椭圆形至椭圆状披针形,羽状全裂,两面无毛,具柄;茎上部叶叶片条状披针形,不裂或稍分裂,两面无毛,具短柄。头状花序具5~8小花,多数在茎枝顶端排列成疏散的伞房状;总苞圆柱状,长5~6mm;总苞片2层,外面无毛,外层的小,卵形,先端急尖,内层的5枚,条形,先端急尖。全部小花舌状,黄色,花冠管外面有稀疏的微柔毛。果纺锤形,深褐紫色,长约2mm,向顶端渐狭,无喙,具12~14不等的纵肋,肋上有小刺毛;冠毛白色。花果期6—7月。

产于遂昌、庆元。生于海拔600~1100m的路边草丛中或沟边石缝间。模式标本采自遂昌(九龙山岩坪)。

图8-452 九龙山黄鹌菜

6. 异叶黄鹌菜 （图8-453）
Youngia heterophylla (Hemsl.) Babc. et Stebbins —— *Crepis heterophylla* Hemsl.

一年生或二年生草本。茎直立，高30～100cm，上部分枝，疏被多细胞节毛。基生叶叶片椭圆形或倒披针状长椭圆形，大头羽状深裂或几全裂，稀不分裂，长12～25cm，宽6～7cm，下面紫红色，上面绿色，两面疏被短柔毛，顶裂片戟形、不规则戟形、卵形或披针形，全缘或有锯齿，齿顶有小尖头，侧裂片小，1～8对，具长柄；茎中下部叶多数，叶片与基生叶同形并等样分裂，或戟形不裂；茎上部叶通常大头羽状3全裂，或戟形至狭披针形，不裂。头状花序含11～25朵小花，多数在茎枝顶端排列成伞房状；总苞圆柱状，长6～7mm；总苞片2层，外面无毛，外层的小，卵形，先端急尖，内层的8，披针形，先端急尖，内面多少有短糙毛。全部小花舌状，黄色，花冠管外面有稀疏的短柔毛。果纺锤形，黑褐紫色，长约3mm，向顶端渐狭，顶端无喙，具14或15粗细不等的纵肋，肋上有小刺毛；冠毛白色。花果期4—8月。

产于临安、开化、遂昌、龙泉、泰顺。生于海拔200～800m的山坡路边或草丛中。分布于江西、湖北、湖南、广东、广西、贵州、四川、云南、陕西、甘肃。

图8-453 异叶黄鹌菜

120 小苦荬属 Ixeridium (A. Gray) Tzvelev

多年生草本。有时有根状茎，或匍匐茎，具乳汁。茎直立或向上斜展，上部分枝，或有时自基部分枝。叶互生；叶片羽状分裂或不分裂，基生叶花时宿存，少有枯萎脱落。头状花序多数或少数，在茎枝顶端排列成伞房状或圆锥状；总苞圆柱状；总苞片2～4层，外层的短小，内层的5～8，较长；花序托平坦，无托毛。全部小花舌状，5～20余朵，黄色，极少白色或紫红色；花药基部附器箭形；花柱分枝细。果压扁或几压扁，近纺锤形，褐色，稀黑色，具10纵肋，上部通常有上指的小硬毛，顶端急尖成细丝状的喙；冠毛1层，白色或褐色，不等长，糙毛状。

约15种，分布于东亚至东南亚。我国有8种，以南方地区居多；浙江有4种。

分种检索表

1. 内层总苞片5；头状花序具5～7小花。
    2. 总苞长5～6.5mm；果顶端渐狭成长约1mm的喙；基生叶叶片不分裂，茎生叶叶片基部稍抱茎 ·· **1. 狭叶小苦荬 I. beauverdianum**
    2. 总苞长6～9mm；果顶端渐狭成长约0.5mm的喙；基生叶叶片具钻状锯齿或羽状分裂，稀不分裂 ·· **2. 小苦荬 I. dentatum**
1. 内层总苞片8；头状花序具7～11小花。
    3. 植株无匍匐茎；基生叶叶片同形；总苞长5～6mm ·············· **3. 褐冠小苦荬 I. laevigatum**
    3. 植株具长匍匐茎；基生叶叶片异形；总苞长8～9mm ·········· **4. 二型叶小苦荬 I. dimorphifolium**

1. 狭叶小苦荬　纤细苦荬菜　细叶苦荬菜　（图8-454）

Ixeridium beauverdianum (H. Lév.) Spring. — *Lactuca beauverdiana* H. Lév. — *I. gracile* auct. non (DC.) Pak et Kawano

多年生草本，全株无毛。根状茎极短。茎直立，高30～40cm，上部分枝或自基部分枝。基生叶叶片长椭圆形至条状披针形，长6～13cm，宽7～10mm，先端渐尖，基部楔形下延，不分裂，具长柄；茎中部

图8-454　狭叶小苦荬

叶2～4，叶片狭披针形至条形，长5～10cm，宽3～7mm，先端渐尖或尾尖，基部稍抱茎，全缘或基部边缘有缘毛。头状花序多数，具细梗，在茎枝顶端排列成伞房状或圆锥状；总苞圆筒状，长5～6.5mm；总苞片2层，外层的2或3，短小，卵形，内层的5，条状，较长。全部小花舌状，5或6，黄色，顶端5齿裂。果纺锤形，褐色，具10细肋，顶端渐成细丝状的喙，喙弯曲，长约1mm；冠毛淡黄色，微糙毛状。花果期6—8月。

产于临安、缙云、云和、遂昌、龙泉、庆元、景宁、瑞安、文成、泰顺。生于海拔500～1100m的田边、路边、沟边沙地上等。分布于华中、华南、西南及陕西、甘肃。日本、越南、泰国、不丹、尼泊尔、印度也有。

浙江的标本特征为内层总苞片5，长5～6.5mm，与细叶小苦荬 *I. gracile* 明显不同，而细叶小苦荬总苞片7或8，长7～8mm。采自临安的标本［经79（3）-010号］特征为总苞片8，长7～8mm，狭卵状披针形，是否可定为细叶小苦荬，特附于此，待进一步研究。

2. 小苦荬　齿缘苦荬菜　（图8-455）

Ixeridium dentatum (Thunb.) Tzvelev — *Prenanthes dentata* Thunb. — *Ixeris dentata* (Thunb.) Nakai

多年生草本，全株无毛。根状茎短缩。茎直立，高20～50cm，单生，上部分枝或自基部分枝。基生叶叶片长倒披针形至椭圆形，长4～13cm，宽0.5～2cm，不分裂，先端急尖或钝，基部下延成柄，边缘具钻形锯齿或稍羽状分裂，稀全缘；茎生叶2或3，叶片披针形或长圆状披针形，不分裂，长3～9cm，宽1～2cm，先端渐尖，基部略呈耳状抱茎，耳缘具缘毛状锯齿。头状花序多数，直径约1.5cm，具梗，在茎枝顶端排列成伞房状；总苞圆筒形，长6～9mm；总苞片2层，外层的短小，卵形，内层的5，较长，条状披针形，先端急尖。全部小花5～7，舌状，黄色，少白色，顶端5齿裂。果稍压扁，纺锤形，褐色，具10细肋，上部沿脉有微刺毛，顶端渐狭成长约0.5mm的细喙；冠毛淡棕色，微糙毛状。花果期4—6月。

产于全省各地。生于路边草丛中、林缘荒地上、林下、山谷中。分布于东北、华东及山东、广东。

图8-455　小苦荬

3. 褐冠小苦荬　平滑苦荬菜　（图8-456）

Ixeridium laevigatum (Blume) Pak et Kawano —*Prenanthes laevigata* Blume — *Ixeris laevigata* (Blume) Sch. Bip. ex Engl. et Maxim.

多年生草本，全株无毛。茎直立，高30～50cm，单生或簇生，上部分枝。基生叶叶片披针形至倒披针形或长圆形，长8～30cm，宽1.5～3.5cm，先端急尖，基部渐狭成长叶柄，边缘具短尖头状细锯齿或全缘，叶柄常具睫毛；茎生叶少数，叶片披针形或条状披针形，先端急尖或渐尖，基部渐狭成短柄。头状花序多数，具梗，在茎枝顶端排列成伞房状；总苞圆筒形，长5～6mm，暗绿色；总苞片2层，外层的短小，卵状披针形，先端渐尖，内层的8，较长，条状披针形，先端渐尖。全部小花10或11，舌状，黄色，顶端5齿裂。果长圆锥状，褐色，具10钝肋，上部沿肋有微刺毛，上部渐狭成长约2mm的细丝状的喙；冠毛褐色或淡黄色，微粗糙。花果期6—7月。

产于建德、定海、普陀、云和、庆元、乐清、洞头、瑞安、平阳、文成、泰顺。生于海拔150～950m的山坡灌丛、路旁草丛中。分布于华南及福建。东亚、东南亚至太平洋岛屿也有。

图8-456　褐冠小苦荬

4. 二型叶小苦荬　（图8-457）

Ixeridium dimorphifolium Y.L. Xu, Y.F. Lu et X. Cai

多年生草本，全株无毛。匍匐茎伸长，横走。茎直立，高20～30cm，基部以上稀疏分枝。基生叶莲座状，二型，先出的叶片近圆形至椭圆形，长0.9～1.8cm，宽0.7～1.1cm，先端圆

图8-457　二型叶小苦荬

钝，具小突尖，基部宽楔形至圆形，全缘，但中下部边缘有稀疏的缘毛状锯齿，叶柄长1～3cm，后出的叶片狭椭圆形至披针形，长3～5cm，宽0.6～1cm，先端急尖，基部渐狭成2～6cm的柄，全缘或有时下部边缘有少数缘毛状锯齿；茎生叶1～3，叶片条状披针形，长4～9cm，宽0.6～0.7cm，先端渐尖，基部渐狭，稍箭形，不抱茎，全缘，近基部边缘有少数缘毛状锯齿。头状花序多数，在茎枝顶端排列成伞房状，具梗；总苞狭圆筒形，长8～9mm；总苞片2层，背面无毛，外层的5，宽卵形，先端尖，内层的8，条状披针形，先端具缘毛。全部小花舌状，7～10，黄色，顶端5齿裂。果近纺锤形，褐色，具10细肋，上部沿肋有微刺毛，顶端渐狭成长约1.5mm的细喙；冠毛淡黄褐色，微糙毛状。

产于遂昌、庆元。生于海拔500～1500m的路边草丛中、林下或湿地中。模式标本采自遂昌（杨梅坑）。

121 苦荬菜属　Ixeris (Cass.) Cass.

一年生、二年生或多年生草本，具乳汁。茎近直立，常有白粉，多分枝。叶互生；叶片全缘、具锯齿或羽状分裂；无柄或具柄。头状花序多数或少数，在茎枝顶端排列成伞房状；总苞圆筒形，无毛；总苞片2～4层，外层的短小，内层的常8，较长；花序托平坦，无托毛。小

一六七　菊科 Asteraceae

花舌状，12～25朵，或更多，黄色，稀白色或淡紫色，舌片5齿裂；花药基部附器箭形；花柱分枝细。果稍压扁，纺锤形，具10等形的尖翅肋，顶端渐尖成喙；冠毛1层，白色或黄褐色，不等长，糙毛状。

约8种，分布于东亚和南亚。我国有6种，南北各地均有；浙江有5种。

分种检索表

1. 茎匍匐或植株具匍匐茎；头状花序1～5，少数。
    2. 叶片掌状3～5分裂；果先端具较短粗的喙，喙长约1mm；外层总苞片不等长，约为总苞的一半，花后无变化 ··· 1. 沙苦荬 I. repens
    2. 叶片不裂，或疏具齿，少有羽状浅裂；果顶端渐狭成长1.5～3mm的细丝状的喙；外层总苞片短小，常不及总苞的1/4，花后多少增厚成龙骨状。
        3. 内层总苞片长12～14mm；果长7～8mm，顶端的喙长2～3mm ············· 2. 剪刀股 I. japonica
        3. 内层总苞片长8～10mm；果长4～6mm，顶端的喙长约1.5mm ····· 3. 圆叶苦荬菜 I. stolonifera
1. 茎直立，不具匍匐茎，但多分枝；头状花序多数或少数。
    4. 茎生叶基部箭形；头状花序直径1.5cm以内；果顶端的喙长约1.5mm ····· 4. 苦荬菜 I. polycephala
    4. 茎生叶基部稍抱茎；头状花序直径2～2.5cm；果顶端的喙长约3mm ····· 5. 中华苦荬菜 I. chinensis

1. 沙苦荬　沙苦荬菜　匍匐苦荬菜　（图8-458）

Ixeris repens (L.) A. Gray —— *Prenanthes repens* L. —— *Chorisis repens* (L.) DC.

多年生草本，光滑无毛。根状茎横走。茎匍匐，有多数茎节。叶互生；叶片3～5角状心形，质地厚，长4～12cm，宽2.5～5cm，两面无毛，掌状3～5浅裂、深裂或全裂，裂片宽椭圆形，先端圆钝，边缘具不明显牙齿，2或3浅裂，有时全缘，叶柄长达8cm。头状花序单生，有长梗，

图8-458　沙苦荬

或 2～5 个排列成腋生的疏松伞房状；总苞狭钟形，长 10～13mm；总苞片 2 或 3 层，外面无毛，外层的短小，卵形或椭圆形，先端急尖或渐尖，内层的 6～8，较长，长圆状披针形，先端钝。全部小花舌状，黄色，顶端 5 齿裂。果稍压扁，纺锤形，褐色，无毛，具 10 钝肋，顶端渐狭成长约 1mm 的喙；冠毛白色，微粗糙。花果期 5—10 月。

产于杭州市区、象山、定海、普陀。生于海滨沙滩上。分布于辽宁、河北、山东、江苏、福建、广东、台湾、海南。日本、越南、朝鲜半岛及俄罗斯远东地区也有。

2. 剪刀股 （图 8-459）
Ixeris japonica (Burm. f.) Nakai — *Lapsana japonica* Burm. f.

多年生草本，全株无毛。茎基部平卧，高 15～35cm，基部有匍匐茎，节上生不定根与叶。基生叶花时存在，叶片匙状倒披针形至倒卵形，长 5～15cm，宽 1～3cm，先端圆钝，基部渐狭成长柄或短柄，边缘有锯齿、羽状半裂至深裂；茎生叶 1 或 2，叶片长椭圆形或长倒披针形，不分裂，无柄或渐狭成短柄。头状花序直径 1.5～2cm，具梗，在茎枝顶端排列成伞房状；总苞钟状；总苞片 2 或 3 层，外层的极短，卵形，先端急尖，内层的 8，长 12～14mm，长椭圆状披针形或长披针形，先端钝，花后呈龙骨状增厚。全部小花约 24，舌状，黄色，顶端 5 齿裂。果近纺锤形，红褐色或黄褐色，无毛，具 10 尖翅肋，顶端急尖成细喙，喙长 2～3mm，细丝状；冠毛白色，不等长，微糙。花果期 4—6 月。

产于全省各地。生于低海拔的路边、田边、草丛中或溪沟边、江堤上。分布于东北、华东及广东、广西、台湾。日本、朝鲜半岛也有。

全草可入药，有清热解毒的功效。

图 8-459　剪刀股

3. 圆叶苦荬菜 小剪刀股 （图8-460）

Ixeris stolonifera A. Gray — *Lactuca stolonifera* (A. Gary) Benth. ex Maxim.

多年生草本，全株无毛。茎匍匐，纤细，常有分枝。基生叶花时存在，与茎生叶相似，叶片卵圆形、宽卵形或宽椭圆形，长1～5cm，宽0.8～2.3cm，先端圆钝，全缘或有疏锯齿，两面无毛；叶柄长达1.5cm。花茎细，高8～15cm，通常无叶。头状花序1～3，直径2～2.5cm，具梗；总苞圆筒形，长8～10mm；总苞片2或3层，外层的极短，卵形，先端渐尖，内层的9或10枚，长8～10mm，长椭圆状条形，先端急尖或钝，边缘白色膜质。全部小花15～26，舌状，黄色，顶端5齿裂。果长纺锤形，褐色，无毛，有10尖翅肋，顶端急狭成长约1.5mm的细丝状的喙；冠毛白色，不等长，微糙。花果期4—6月。

产于余姚、瑞安、文成（石垟）、苍南（天井）、泰顺。生于荒地上、路边或草坪中。分布于江苏、安徽、江西、台湾。日本、朝鲜半岛也有。

图8-460　圆叶苦荬菜

4. 苦荬菜 多头苦荬菜 多头莴苣 （图8-461）

Ixeris polycephala Cass. — *Lactuca polycephala* (Cass.) Benth. — *L. matsumurae* Makino var. *dissecta* Makino — *I. polycephala* form. *dissecta* (Makino) Ohwi — *I. dissecta* (Makino) Shih

一年生或二年生草本，全株无毛。茎直立，高15～60cm，上部分枝，或自基部分枝。基生叶

图 8-461 苦荬菜

花时存在，叶片条状披针形，长 6～25cm，宽 0.5～1.5cm，先端渐尖，基部楔形下延，不分裂，稀羽状分裂，具短柄；茎生叶叶片宽披针形或披针形，长 6～12cm，宽 7～13mm，先端渐尖，基部箭形抱茎，不分裂或疏锯齿，无叶柄。头状花序多数，密集，直径 1～1.5cm，具梗，在茎枝顶端排列成伞房状；总苞花时钟形，果时呈圆筒形，长 4～5mm；总苞片 3 层，外层的 5，极短小，卵形，先端急尖，内层的 8，卵状披针形，先端渐尖。全部小花舌状，黄色，10～20 余朵，顶端 5 齿裂。果压扁，纺锤形，黄褐色，无毛，具 10 尖翅肋，顶端收缩成长约 1.5mm 的细丝状喙；冠毛白色，微糙，不等长。花果期 4—7 月。

产于全省丘陵山地。生于山坡草丛中、路边、江边、溪沟边或田边。分布于华东至西南及山东、陕西等。东亚、东南亚也有。

变型深裂苦荬菜 form. *dissecta* (Makino) Ohwi，有时也作为种级 *I. dissecta*，区别仅在于基生叶和茎下部叶篦齿状羽裂（产于杭州云栖，生于溪边潮湿地带）。鉴于本种变异范围大，叶片是否分裂不稳定，应予以归并。

全草可入药，有清热解毒的功效。

5. 中华苦荬菜（图8-462）

Ixeris chinensis (Thunb.) Nakai — *Prenanthes chinensis* Thunb. — *Ixeridium chinense* (Thunb.) Tzvelev

多年生草本。根状茎细长，横走。茎直立，高10～40cm，基部及以上多分枝。基生叶叶片条状披针形、披针形或倒披针形，长7～20cm，宽1～2cm，先端渐尖或圆钝，基部下延成翼柄，不分裂，有时具齿或不规则羽状深裂，两面无毛，叶柄长1～3cm；茎生叶2～4，叶片条状披针形或披针形，长5～7cm，宽5～8mm，先端渐尖，基部稍抱茎，全缘或具齿。头状花序直径2～2.5cm，具梗，排列成疏散的伞房状或圆锥状；总苞圆筒形，长6～8mm；总苞片2或3层，外层的极小，卵形，先端急尖，内层的披针形，先端急尖或钝。全部小花舌状，小花淡黄色。果狭披针形，红褐色，具10钝肋，肋上有上指的小刺毛，顶端急狭成长约3mm的细丝状的喙；冠毛白色，微糙。花果期3～9月。

产于安吉、杭州市区、临安、建德、淳安、诸暨、岱山、磐安、洞头。生于海拔100～1100m的山坡阳处、田边、路边草丛中等。分布于我国南北各地。日本、俄罗斯、朝鲜半岛也有。

本种叶片形态变异很大，且有二倍体、三倍体或四倍体3种细胞型，通常划分成3个亚种。二倍体的植株鉴定为中华苦荬菜 *I. chinensis* subsp. *chinensis*，三倍体、四倍体的植株被鉴定为 subsp. *strigosum*，介于两者之间，特别是总苞长8～9mm的被鉴定为 subsp. *versicolor*，其中后两者彼此较难区分。编者尚未完全掌握中华苦荬菜形态、倍性、地理分布之间的关系，暂时仍按形态学进行划分。

全草可入药，有清热利湿、解毒排脓、活血化瘀等功效；嫩株可作饲料。

图8-462　中华苦荬菜

5a. 光滑苦荬

subsp. **strigosa** (H. Lév. et Vaniot) Kitam. — *Lactuca strigosa* H. Lév. et Vaniot — *Ixeridium strigosum* (H. Lév. et Vaniot) Tzvelev — *Ixeris chinensis* var. *strigosa* (H. Lév. et Vaniot) Ohwi — *I. strigosa* (H. Lév. et Vaniot) Pak et Kawano

与中华苦荬菜的主要区别在于总苞长9～11mm，花白色或淡紫色，茎生叶1或2。

产于长兴、杭州市区、临安、余姚、衢州市区（衢江）、天台、磐安、松阳、遂昌。生于路边、石缝间。分布于东北、华北及江苏、安徽等。日本、蒙古、朝鲜半岛及俄罗斯远东地区也有。

5b. 多色苦荬　兔子菜

subsp. **versicolor** (Fisch. ex Link) Kitam. — *I. versicolor* (Fisch. ex Link) DC. — *Prenanthes graminea* Fisch. — *Ixeridium gramineum* (Fisch.) Tzvelev — *Ixeris graminea* (Fisch.) Nakai — *Lagoseris versicolor* Fisch. ex Link

与中华苦荬菜的主要区别在于总苞长8～9mm，花黄色；茎生叶1或2。

产于杭州市区、临安、开化。生于荒地上、路边草丛中。分布于我国南北各地。蒙古、朝鲜半岛及俄罗斯远东地区也有。

122 耳菊属　Nabalus Cass.

多年生草本，具乳汁。茎直立，上部分枝。叶片不分裂或羽状分裂。头状花序小，具5～25舌状小花，多数在茎枝顶端排列成圆锥状；总苞圆筒状或狭钟形；总苞片3或4层，由外向内渐变长，三角形或长披针形；花序托平坦，无托毛。全部小花舌状，黄色、淡紫色、白色或绿色，舌片顶端截形，5齿裂；花药基部箭形；花柱分枝细长。果纺锤状或圆柱状，红色或褐色，顶端截形，无喙，每面有4或5纵肋及其间亦具细肋；冠毛2或3层，褐色，细锯齿状或糙毛状。

约15种，分布于东亚和北美。我国有2种，主要分布于东北、西北和华北；浙江有1种。

盘果菊　福王草　（图8-463）

Nabalus tatarinowii (Maxim.) Nakai — *Prenanthes tatarinowii* Maxim.

多年生草本。茎直立，高达1.5m，上部多分枝，无毛。基生叶花时枯萎；茎中下部叶叶片不分裂或大头羽状全裂，不分裂者卵状心形，长8～12cm，宽6～10cm，全缘或具不等锯齿，齿端具小尖，具长叶柄，分裂者顶裂片卵状心形至三角状戟形，长5～15cm，宽6～13cm，侧裂片通常1对，椭圆形至斜卵状披针形，具小尖头；茎上部叶渐小，等样分裂，具短柄。头状花序含5朵小花，多数，在茎枝顶端排列成圆锥状；总苞圆筒状，长约1.1cm；总苞片3层，外面被稀疏卷毛，外层的短小，卵形至长卵形，先端急尖或钝，内层的长，条形或披针形，先端钝或圆形。全部小花舌状，粉红色或淡紫色。果长椭球形，紫褐色，顶端截形，无喙，具5纵肋；冠毛2或3层，褐色或土红色，细锯齿状。花果期8—9月。

产于临安（龙塘山）。生于林缘。分布于东北、华北、西南和西北各地。朝鲜半岛及俄罗斯东北部地区也有。

图8-463　盘果菊

123 紫菊属 Notoseris Shih

多年生草本，具乳汁。茎直立，上部分枝。叶片分裂或不分裂；有柄或无柄。头状花序小型，排列成伞房状或圆锥状；总苞狭钟状，直立、下垂或下倾；总苞片3层，或可多达5层，紫红色，中层和外层的短而内层的长，全部总苞片先端钝、圆形或急尖；花序托平坦，无托毛。全部小花舌状，紫色或紫红色，舌片顶端5齿裂；花药基部箭形；花柱分枝细。果背腹压扁，长倒披针形，紫色，顶端截形，无喙，每侧具6~9纵肋，被糙毛；冠毛2层，白色，纤细，微糙毛状，易脆折。

11种，分布于我国，喜马拉雅地区也有。我国有10种，大多分布于西南地区；浙江有2种。

1. 黑花紫菊 （图8-464）
Notoseris melanantha (Franch.) Shih —— *Lactuca melanantha* Franch.

多年生草本。茎直立，高可达1.5m，不分枝或上部分枝，密被棕褐色多细胞节毛。基生叶花时枯萎；茎中下部叶叶片大头羽状浅裂或深裂，顶裂片三角状戟形，侧裂片2对，两面无毛，边缘具不等锯齿，具柄；茎中上部叶叶片与中下部者同形并等样分裂，顶裂片三角状戟形或戟形，长8～10cm，宽6～9cm，或不裂者三角状戟形，两面无毛，边缘具不等锯齿，具柄。头状花序小花5，多数，排列成长圆锥状，花序分枝及花序梗密被多细胞节毛；总苞圆筒状，长约1.2cm；总苞片3层，无毛，中层和外层的小，披针形或条状披针形，内层的长，披针形或条状披针形，先端急尖或钝。全部小花舌状，紫色。果长倒披针形，紫色，长约5mm，每侧具7纵肋；冠毛2层，白色。花果期7—10月。

产于龙泉（凤阳山）、庆元（百山祖）。生于海拔1000～1400m的林缘路边。分布于华中及广东、广西、台湾、云南。

图8-464 黑花紫菊

2. 光苞紫菊（图8-465）

Notoseris macilenta (Vaniot et H. Lév.) N. Kilian — *Prenanthes macilenta* Vaniot et H. Lév.

多年生草本。茎直立，高可达1m，上部分枝，无毛或被腺毛。基生叶花时枯萎；茎中下部叶叶片卵形、三角状卵形或稀为近圆形，不分裂，长7～20cm，宽4.5～15cm，上面无毛，下面被腺毛，先端急尖或渐尖，基部心形、截形或楔形，边缘具锯齿，叶柄长达15cm；茎上部叶叶片与中下部者同形，但渐变小，先端渐尖，基部楔形，具短柄或近无柄。头状花序小花5，多数，排列成圆锥状；总苞圆筒状，长约1.2cm；总苞片3层，无毛，中层和外层的小，三角状卵形或条状披针形，内层的长，披针形或条状披针形，先端急尖。全部小花舌状，紫红色。果长披针形，黑紫色，长5～6mm，每侧具7纵肋，具微糙毛；冠毛2层，白色。花果期7—10月。

产于龙泉（凤阳山）。生于海拔1400m左右的林缘路边。分布于华中及江西、广西、云南。

菊科植物特别是菊苣族中，以往同一属中根据叶片是否分裂可以建立不同的种，对莴苣属、假福王草属、苦苣菜属的相关种的观察发现，叶片分裂情况并不稳定。本种与黑花紫菊的主要区别在于叶片完全不分裂，而且分布区也极为接近，可能应该并入其中。因为掌握的材料有限，这里作为独立的种暂附于此，有待进一步研究。

图8-465　光苞紫菊

124 假福王草属 Paraprenanthes Chang ex Shih

一年生或多年生草本，具乳汁。茎直立，上部分枝。叶片不分裂或羽状分裂。头状花序小，具4～15舌状小花，多数或少数在茎枝顶端排列成圆锥状或伞房状；总苞圆筒状，花后绝不扩大；总苞片3或4层，外面通常淡红紫色，外层的短小，先端急尖或钝，内层的长；花序托平坦，无托毛。全部小花舌状，红色或紫色，舌片顶端截形，5齿裂，喉部有白色短柔毛；花药基部箭形；花柱分枝细。果纺锤状，稍粗厚，黑色，向上渐狭，顶端白色，无喙，每面有4～6纵肋；冠毛2层，纤细，白色，微糙毛状。

12种，分布于东亚和东南亚。我国有12种，主要分布于西南、南方地区；浙江有2种。

1. 假福王草 （图8-466）

Paraprenanthes sororia (Miq.) Shih — *Lactuca sororia* Miq. — *L. sororia* form. *glabra* Ling — *P. pilipes* (Migo) Shih — *L. sororia* var. *pilipes* (Migo) Kitam. — *Mycelis sororia* (Miq.) Nakai var. *nudipes* Migo

多年生草本。茎直立，高达1.5m，上部多分枝，无毛或中部以上密被多节毛。基生叶花时枯萎；茎下部叶叶片大头羽状深裂或几全裂，顶裂片大，宽三角状戟形、三角状心形、三角形或宽卵状三角形，侧裂片1或2对，两面无毛，边缘有小尖头状锯齿，有长的具翅叶柄；茎中上部叶渐小，叶片不分裂或羽状浅裂，两面无毛，具柄。头状花序约含10朵小花，多数，在茎枝顶端排列成圆锥状；总苞圆筒状，长约1.1cm；总苞片3层，外面无毛，有时淡紫红色，外层的短小，卵形至披针形，先端急尖，内层的长，条状披针形，先端钝或圆形。全部小花舌状，粉红色或淡紫红色。果纺锤状，黑色，稍粗厚，顶端狭，淡黄白色，每面具4～6纵肋；冠毛2层，白色，微糙毛状。花果期6—9月。

产于全省丘陵山地。生于海拔100～1100m的林下路边、溪边、草丛中。分布于华东、华中、华南至西南。日本、越南也有。

图8-466 假福王草

2. 林生假福王草 （图8-467）

Paraprenanthes diversifolia (Vaniot) N. Kilian — *Lactuca diversifolia* Vaniot — *P. sylvicola* Shih

一年生草本。茎直立，高0.5～1.5m，上部分枝，分枝纤细，无毛。基生叶及茎中下部叶叶片三角状戟形或卵状戟形，长5.5～15cm，宽4.5～9cm，两面无毛，先端急尖或渐尖，边缘具波状浅锯齿，基部戟形或心形或截形，叶柄长5～9cm，具翅或无；茎上部叶与基生叶、茎中下部叶同形，或三角形、椭圆状披针形，两面无毛，具柄或无柄。头状花序约含11朵小花，多数或少数，在茎枝顶端排列成总状或狭圆锥状；总苞圆筒状；总苞片2或3层，外面无毛，外层的短小，卵状三角形或长三角形，先端急尖，内层的条状长椭圆形，先端急尖或钝。全部小花舌状，紫红色或蓝紫色。果微压扁，纺锤状，粗厚，向顶端渐狭，顶端白色，每面具5或6细肋；冠毛2层，白色，糙毛状。花果期5—8月。

产于杭州市区（云栖）、缙云（大洋山）、遂昌、松阳、庆元、文成。生于海拔900m以下的竹林下或林下。分布于华东、华中及广西、云南、陕西。

与假福王草的区别在于内层总苞片8；叶片不分裂，三角状戟形或卵状戟形。

图 8-467　林生假福王草

中名索引

A

矮蒿	364,376
矮小稻槎菜	461
矮小蛇根草	79
艾	376
艾菜	352
艾蒿	364,376
艾纳香属	207,213,409
暗绿蒿	365,383

B

八仙花	121
巴东荚蒾	118,128
巴东忍冬	175
巴戟天属	40,71
白苞蒿	364,372
白背蒲儿根	288
白背三七草	273
白蟾	57
白花败酱	190,192
白花除虫菊	354
白花刺儿菜	446
白花地胆草	391
白花鬼针草	326
白花金钮扣	337
白花金腺荚蒾	134
白花苦灯笼	54
白花蛇舌草	80,82
白酒草	257
白酒草属	206,208,257
白莲蒿	364,373
白马骨	68
白蕊巴戟	73
白舌紫菀	235,239
白纸扇	49
白术	429
白子菜	272,273
百日菊	314,315
百日菊属	206,210,314
败酱	190,192
败酱科	190
败酱属	190
斑花败酱	193
斑鸠菊属	206,212,388
斑鸠菊族	206
半边莲	35
半边莲科	17
半边莲属	17,18,35
半边月	163
薄雪火绒草	416
薄叶假耳草	88
薄叶新耳草	87,88
抱茎苦荬菜	479
北京忍冬	165,170
北美一枝黄花	216
笔管草	464
滨艾	364,372
滨蒿	372
滨菊属	206,211,356
波状蔓虎刺	90

C

菜豆树	5
菜豆树属	1,5
苍耳	309
苍耳属	206,210,309
苍术	428
苍术属	207,213,428
糙叶大头橐吾	300
槽裂木属	39,44
茶荚蒾	137
昌化拉拉藤	104
长花黄鹌菜	484
长花帚菊	392
长筒荚蒾	127
长序鸡屎藤	73
长叶荚蒾	119,136
长叶轮钟草	19
长叶蓬子菜	102
长圆叶艾纳香	410,415
长圆叶兔儿风	396
常绿荚蒾	135
匙叶合冠鼠麹草	420
匙叶鼠麹草	420
匙叶紫菀	235,245
齿叶橐吾	299,300
齿缘苦荬菜	488
翅果菊	472,474
翅果菊属	472

中 名 索 引

重瓣栀子	57	大花糯米条	157	东南山梗菜	35,37
臭春黄菊	348	大蓟	451	毒莴苣	476
臭味新耳草	87	大狼把草	330	短柄忍冬	165,179
除虫菊	305,354	大狼杷草	325,330	短刺虎刺	65,67
雏菊	220	大丽菊	318	短梗挖耳草	10,13,37
雏菊属	205,208,219	大丽菊属	206,210,318	短冠东风菜	232
川续断	197,200	大卵叶虎刺	65	短裂苦苣菜	468
川续断科	197	大麻叶泽兰	265,266	短小蛇根草	79
川续断属	197	大盘山忍冬	165,168	堆心菊	306
穿根藤	64	大头橐吾	299	堆心菊属	206,210,305
穿叶异檐花	32	大吴风草	297	盾子木	70
串叶松香草	322	大吴风草属	206,210,297	盾子木属	40,70
串珠虎刺	66	大叶白纸扇	50	多花百日菊	314,315
春飞蓬	250,252	大叶虎刺	67	多花帚菊	392,393
春黄菊	349	大叶拉拉藤	100,103	多茎鼠麴草	422
春黄菊属	206,211,348	大叶猪殃殃	103	多裂翅果菊	475
春黄菊族	206	袋果草	30	多裂黄鹌菜	481,482
春俏菊	361	袋果草属	17,30	多色苦荬	496
刺苞菊族	207	单花帚菊	394	多头苦荬菜	493
刺儿菜	445	淡红忍冬	165,175	多头莴苣	493
粗糙飞蓬	250,251	党参	21	多型马兰	224
粗糙一枝黄花	216	党参属	17,20	多须公	268
粗叶耳草	80,83	倒卵叶忍冬	165,166		
粗叶木属	40,60	稻槎菜	460	**E**	
翠菊	227	稻槎菜属	207,214,460	鹅不食草	387
翠菊属	206,208,226	灯台兔儿风	396	耳草属	40,79
		地胆草	390	耳菊属	207,215,496
D		地胆草属	206,212,390	耳叶鸡屎藤	73
大滨菊	356	地中海荚蒾	118,126	二型叶小苦荬	487,489
大波斯菊	323	滇楸	2,4	二叶葎	82
大丁草	399	东风菜	231		
大丁草属	206,212,399	东风菜属	206,208,231	**F**	
大花鬼针草	325,326	东风草	409,410	法国冬青	130
大花金鸡菊	319,321	东南荚蒾	144	法兰西马松	158
大花六道木	157	东南茜草	97,99	饭汤子	119,137

飞廉	442	沟核茶荚蒾	139	蒿菜	353
飞廉属	207,213,442	沟核饭汤子	139	蒿属	206,212,363
飞廉族	207	钩藤	41	蒿子杆	352
飞蓬属	206,208,249	钩藤属	39,41	合冠鼠麴草属	207,213,419
非洲菊	397	钩突挖耳草	10,12	合轴荚蒾	118,124
费城飞蓬	252	狗骨柴	59	和尚菜	400
粉花凌霄	9	狗骨柴属	40,58	和尚菜属	206,400
粉花凌霄属	1,9	狗舌草	289	荷兰菊	247
粉团花	133	狗舌草属	206,209,289	褐冠小苦荬	487,489
粉团荚蒾	133	狗娃花	229	黑果荚蒾	119,139
丰花草	91	狗娃花属	206,208,227	黑花紫菊	498
丰花草属	40,91	菰腺忍冬	166,181	黑心金光菊	338
风铃草属	17,30	瓜叶菊	285	衡山荚蒾	119,141
风毛菊	434	瓜叶菊属	206,209,285	红白忍冬	181
风毛菊属	207,213,434	瓜叶向日葵	340,341	红凤菜	272,274
风箱树	47	管状花亚科	205	红果黄鹌菜	481,484
风箱树属	39,46	贯月忍冬	166,186	红果蒲公英	465,467
蜂斗菜	271	光苞紫菊	499	红花	454
蜂斗菜属	206,209,271	光萼荚蒾	146	红花除虫菊	355
凤阳山荚蒾	119,148	光萼台中荚蒾	119,146	红花菰腺忍冬	183
扶郎花	397	光萼新耳草	89	红花属	207,214,454
扶郎花属	206,212,397	光滑苦荬	496	红王子锦带	162
芙蓉菊	384	广东蛇根草	78	红腺忍冬	181
芙蓉菊属	206,212,384	广东新耳草	89	红雪果	152
福王草	496	鬼针草	325	红芽大戟	93
		鬼针草属	206,210,325	红芽大戟属	40,93
G		贵州忍冬	179	红足蒿	364,379
甘菊	357,360	果香菊	350	厚萼凌霄	8
高大翅果菊	472	果香菊属	206,211,350	厚叶双花耳草	84
高大一枝黄花	216			壶花荚蒾	118,123
高茎紫菀	235,242	**H**		湖北蓟	448
高山蓍	346	海岛荚蒾	118,137	蝴蝶荚蒾	119,132
高莴苣	472	海南槽裂木	44	蝴蝶戏珠花	132
革叶帚菊	392	海仙花	162	虎刺	65
格利蓝刺头	427	杭蓟	446,447	虎刺属	40,65

花叶滇苦菜	470	**J**		尖裂假还阳参	478,479
花叶锦带	162			剪刀股	491,492
华北鸦葱	464	鸡儿肠	223	碱菀	230
华大花忍冬	166,183	鸡屎藤	73,74	碱菀属	206,208,230
华东蓝刺头	427	鸡屎藤属	40,73	剑叶耳草	80,85
华东杏叶沙参	25,28	鸡树条	149	剑叶金鸡菊	319,320
华漏芦	457	鸡仔木	45	渐尖奇蒿	366
华麻花头	457	鸡仔木属	39,45	江南山梗菜	35,38
华西忍冬	167	吉利子	167	江浙狗舌草	290
华泽兰	265,268	极香荚蒾	129	疆千里光属	206,209,290
桦叶荚蒾	140	戟叶黄鹌菜	481	接骨草	114
黄鹌菜	481,483	荠苨	25	接骨木	114,115
黄鹌菜属	207,214,480	蓟	445,451	接骨木属	113,114
黄瓜菜	479	蓟属	207,213,444	节毛飞廉	443
黄瓜假还阳参	478,479	加拿大苍耳	310	桔梗	22
黄花败酱	190	加拿大蓬	253	桔梗科	17
黄花蒿	364,371	加拿大一枝黄花	216	桔梗属	17,22
黄花狸藻	11,16	荚蒾	119,142,143	睫毛牛膝菊	317
黄花六道木	158	荚蒾属	113,117	金光菊	339
黄花龙芽	190	假臭草	270	金光菊属	206,211,338
黄花双六道木	158	假臭草属	206,209,270	金花忍冬	173
黄金菊	296	假耳草	87	金鸡菊属	206,210,319
黄金树	2,3	假耳草属	87	金剑草	97,98
黄金银花	173	假繁缕	112	金毛耳草	80,83
黄晶菊	361	假繁缕科	111	金钮扣	336
黄秋英	324	假繁缕属	111	金钮扣属	206,211,336
黄蓉菊属	206,210,296	假福王草	500	金钱豹	19
黄山风毛菊	434,438	假福王草属	207,215	金钱豹属	17,18
黄山蟹甲草	281	假盖果草属	40,94	金球菊	362
黄细心状假耳草	89	假还阳参	477,478	金挖耳	401,404
灰毡毛忍冬	185	假还阳参属	207,214,477	金腺荚蒾	118,134
火绒草属	207,213,416	假九节	62	金叶大花六道木	158
火石花属	206,397	假蓬	257	金叶亮叶忍冬	170
藿香蓟	262	假缬草	93	金银花	180
藿香蓟属	206,209,262	尖萼乌口树	55	金银木	174

金银忍冬	165,174	苦苣菜属	207,214,468	梁子菜	279
金盏菊	426	苦糖果	172	两色金鸡菊	319
金盏菊属	207,213,426	苦叶菜	192	两色三七草	274
金盏菊族	207	宽叶拟鼠麴草	423	两似蟹甲草	281,283
金盏银盘	325,327	宽叶山蒿	364,375	亮叶忍冬	165,169
锦带花	162	宽叶鼠麴草	423	裂苞艾纳香	409
锦带花属	114,161	宽叶缬草	195	林生假福王草	501
京红久忍冬	166,187	款冬	205	林荫千里光	292,293
九节	62,63	魁蒿	365,381	林泽兰	265,267
九节风	115	阔叶丰花草	92	林猪殃殃	100,101
九节木	63	阔叶荚蒾	140	凌霄	7
九节属	40,62	阔叶四叶葎	105	凌霄属	1,7
九龙山黄鹌菜	481,485			刘寄奴	366
九龙山紫菀	235,238	**L**		流苏子	70
菊蒿属	206,211,354	拉拉藤	107	琉球荚蒾	118,127
菊花	357,358	拉拉藤属	41,100	硫磺菊	324
菊科	205	拉毛果	197,198	六倍利	35
菊芹属	206,209,279	蜡菊	419	六道木属	114,154
菊苣族	205,207	蜡菊属	207,213,418	六耳铃	409,411
菊三七	272	蓝刺头属	207,213,427	六棱菊	408
菊三七属	206,209,272	蓝刺头族	207	六棱菊属	207,212,408
菊属	206,211,357	蓝芙蓉	458	六叶葎	100,106
菊叶三七	272	蓝花参	23	六月霜	366
菊芋	340,341	蓝花参属	17,23	六月雪	69
具毛常绿荚蒾	119,135	蓝花矢车菊	458	六月雪属	40,68
聚花荚蒾	120	蓝花矢车菊属	207,214,458	龙船花	53
聚头帚菊	392,394	蓝盆花属	202	龙船花属	39,52
卷毛新耳草	87,89	蓝叶忍冬	165,174	蒌蒿	364,374
卷心莴笋	476	狼把草	329	漏芦属	207,214,457
		狼杷草	325,329	庐山风毛菊	434,439
K		狸藻科	10	庐山忍冬	168
孔雀草	304	狸藻属	10	卤地菊	345
苦荬菜	479,491,493	醴肠	335	卤地菊属	206,211,345
苦荬菜属	207,214,490	醴肠属	206,211,335	陆英	114
苦苣菜	468,469	联毛紫菀属	206,208,246	鹿角草	331

鹿角草属	206,211,331	毛毡草	409,413	拟大花忍冬	185
路边花	162,163	毛枝常绿荚蒾	135	拟毛毡草	410,414
吕宋荚蒾	119,145	毛枝三脉紫菀	241	拟鼠麴草	423,424
绿蓟	445,448	茅术	428	拟鼠麴草属	207,213,423
卵裂黄鹌菜	484	昴山帚菊	392	牛蒡	430
卵叶茜草	96,97	美国凌霄	8	牛蒡属	207,213,430
卵叶异檐花	32	美洲忍冬	188	牛膝菊属	206,210,317
卵叶帚菊	392	蒙古蒿	365,381	女菀	233
轮花忍冬	188	蒙古蒲公英	465	女菀属	206,208,233
轮叶沙参	25,26	密毛奇蒿	366	糯米条	156
轮钟花属	17,19	绵毛蒿	363,365	糯米条属	114,156
裸冠菊	260	墨旱莲	335		
裸冠菊属	206,209,260	墨苜蓿	95	**O**	
裸菀属	206,208,221	墨苜蓿属	41,95	欧洲荚蒾	150
裸柱菊	386	牡蒿	364,367	欧洲猫儿菊	462
裸柱菊属	206,212,386	木蓣蓣	115	欧洲千里光	292,295
		木茼蒿	351		
M		木茼蒿属	206,211,351	**P**	
马兰	223	墓头回	191	攀倒甑	192
马兰属	206,208,222			盘果菊	496
麦秆菊	419	**N**		盘叶忍冬	166,188
蔓虎刺属	40,90	南艾蒿	364,378	佩兰	265
蔓九节	62,64	南方荚蒾	119,144	蓬子菜	100,102
猫儿菊属	207,214,462	南方狸藻	10,15	蟛蜞菊	343
毛大丁草	398	南方六道木	154	蟛蜞菊属	206,211,342
毛萼忍冬	165,177	南方兔儿伞	280	披针叶荚蒾	136
毛梗豨莶	332	南苦苣菜	468	平滑小苦荬	489
毛果蓬子菜	102	南毛蒿	365,383	婆婆针	325,328
毛核木属	113,152	南美蟛蜞菊	344	珀菊	459
毛鸡屎藤	75	南牡蒿	364,368	珀菊属	207,214,459
毛阔叶四叶葎	105	南茼蒿	353	铺地蜈蚣	83
毛连菜属	207,214,463	南泽兰	264	匍匐苦荬菜	491
毛脉翅果菊	472	南泽兰属	206,209,264	匍茎苦菜	468
毛乌口树	54	泥胡菜	431	匍枝亮叶忍冬	170
毛叶甘菊	360	泥胡菜属	207,213,431	蒲儿根	287

蒲儿根属	206,209,286	全缘叶马兰	223,226	沙苦荬	491
蒲公英	465	缺裂千里光	291	沙苦荬菜	491
蒲公英属	207,214,465			沙参	25,29
普陀狗娃花	228	**R**		沙参属	17,24
		忍冬	113,165,180	山地六月雪	68
Q		忍冬科	113	山东丰花草	92
七子花	151	忍冬属	113,164	山梗菜	35,36
七子花属	113,150	日本粗叶木	60,61	山胡椒菊	256
奇蒿	363,366	日本蓟	451	山黄菊族	206
蕲艾	375	日本荚蒾	137	山黄皮	51
起绒草	197	日本假繁缕	111	山黄皮属	51
千瓣葵	340	日本锦带花	164	山柳菊	471
千里光	292	日本蓝盆花	203	山柳菊属	207,214,470
千里光属	206,210,291	日本毛连菜	463	山牛蒡	456
千里光族	206	日本珊瑚树	130	山牛蒡属	207,214,455
千叶蓍	347	日本蛇根草	78	山莴苣	474
茜草	97	日本续断	197,199	山芫荽属	206,212,385
茜草科	39	绒缨菊	275	山栀子	56
茜草属	41,96	柔垂缬草	195	山猪殃殃	104
茜树	51	柔毛艾纳香	409,411	珊瑚树	118,130
茜树属	39,51	肉叶耳草	80,84	陕西荚蒾	118,122
鞘冠菊属	206,211,361	蕊被忍冬	169	上思粗叶木	60
琴叶紫菀	235,245			少花鸡眼藤	73
青蒿	364,370	**S**		少花狸藻	10,14
琼花	121	三角叶风毛菊	434,435	少蕊败酱	190,193
琼花荚蒾	118,121,149	三裂叶豚草	312	舌叶天名精	401,402
秋分草	218	三脉兔儿风	396	舌状花亚科	205
秋分草属	205,208,218	三脉猪殃殃	109	蛇鞭菊	269
秋拟鼠麹草	423,425	三脉紫菀	235,240	蛇鞭菊属	206,209,269
秋英	323	三叶鬼针草	325	蛇根草	78
秋英属	206,210,323	伞房花耳草	80	蛇根草属	40,77
楸树	2,3	伞房荚蒾	118,131	蛇目菊	319
球核荚蒾	118,125	伞花山柳菊	471	深裂苦荬菜	494
全光菊	205	散生千里光	291	深绿蒿	383
全缘豚草	313	散叶莴苣	476	生菜	476

薯	347	台湾莴苣	473	陀螺紫菀	235
薯属	206,211,346	台湾新耳草	88	橐吾属	206,210,298
石胡荽	387	台中莱蓟	147		
石胡荽属	206,212,387	太平洋亚菊	362	**W**	
蚀齿莱蓟	147	蹄叶橐吾	299,301	挖耳草	10,11
矢车菊	458	天名精	401,403	万寿菊	304
矢镞叶蟹甲草	281,282	天名精属	207,212,401	万寿菊属	206,210,303
梳黄菊	296	天目风毛菊	434,440	微糙三脉紫菀	241
疏花鸡屎藤	73,76	天目琼花	119,149	蝟实	153
鼠麴草属	207,213,421	天目山蓟	446	蝟实属	113,153
鼠麴草族	207	天目山蟹甲草	281,283	温州黄花双六道木	159
双果草属	90	天目续断	197,201	温州六道木	161
双角草	92	天人菊	307	莴苣	205,472,475
双六道木属	114,158	天人菊属	206,210,306	莴苣属	207,214,472
水冬瓜	45	甜叶菊	261	莴笋	476
水飞蓟	443	甜叶菊属	206,209,261	乌口树属	39,54
水飞蓟属	207,213,443	条叶蓟	445,447	无毛淡红忍冬	176
水马桑	162,163	铁灯兔儿风	396	无毛忍冬	165,176
水团花	42	莛梗花	156	无腺林泽兰	268
水团花属	39,42	茼蒿	205,352	无腺腺梗豨莶	335
水杨梅	43	茼蒿菜	352	五星花	77
蒴藋	114	茼蒿属	206,211,352	五星花属	40,76
丝毛艾纳香	414	铜锤玉带草	34	五月艾	365,380
丝毛飞廉	442	铜锤玉带草属	17,18,33	五月蒿	380
四季菜	372	铜铃山紫菀	235,237		
四叶草	104	土木香	405	**X**	
四叶葎	100,104,105	兔儿风属	206,212,395	西洋接骨木	114,116
松香草属	206,210,322	兔儿风蟹甲草	281,284	西洋蒲公英	466
苏门白酒草	250,255	兔儿伞	280	锡金粗叶木	60
宿根天人菊	308	兔儿伞属	206,209,280	豨莶	332,333
		兔耳一枝箭	398	豨莶属	206,211,332
T		兔耳一枝箭属	206,212,398	细梗耳草	80,86
台湾艾纳香	409,412	兔子菜	496	细四叶葎	104
台湾斑鸠菊	389	豚草	311	细叶苦荬菜	487
台湾翅果菊	472,473	豚草属	206,210,310	细叶莲蒿	374

细叶鼠麴草	421,422	香青属	207,213,417	旋覆花族	207
细叶水团花	43	香矢车菊	459	雪球荚蒾	133
细叶小苦荬	488	香丝草	250,254		
细叶猪殃殃	102	向日葵	205,340	**Y**	
虾须草	221	向日葵属	206,211,340	鸦葱	464
虾须草属	206,208,220	向日葵族	206	鸦葱属	207,214,464
狭苞马兰	224	小百日菊	315,316	亚菊属	206,212,362
狭苞橐吾	299,303	小飞蓬	253	烟管头草	401
狭叶双六道木	159	小红参	101,109	芫荽菊	385
狭叶四叶葎	105,106	小花粗叶木	60	岩生薄雪火绒草	416
狭叶小苦荬	487	小花金钱豹	18	岩生千里光	292,294
狭叶栀子	57	小剪刀股	493	羊耳菊	407
下江忍冬	165,167	小苦荬	487,488	羊耳菊属	207,212,407
下田菊	258	小苦荬属	207,214,486	羊角藤	72,73
下田菊属	206,208,258	小蓬草	250,253	羊乳	20
夏威夷紫菀	247,248	小叶猪殃殃	100,102	杨栌	163
仙白草	235,236	小一点红	277	洋蓍草	347
仙居紫菀	235,243	缬草	195	药蒲公英	466
纤花耳草	80,81	缬草属	194	药用蒲公英	465,466
纤细小苦荬	487	蟹甲草属	206,209,281	野艾蒿	364,377
线萼山梗菜	37	心叶风毛菊	434,437	野蓟	445,452
线梗拉拉藤	104	新耳草	87	野菊	357,359
线叶蓟	447	新耳草属	40,87	野塘蒿	254
线叶金鸡菊	320	兴山荚蒾	125	野茼蒿	278
线叶旋覆花	406	杏香兔儿风	395	野茼蒿属	206,209,278
腺梗菜	400	熊耳草	263	野莴苣	472,476
腺梗菜属	206,212,400	绣花针	65	夜香牛	388
腺梗豨莶	332,334	绣球荚蒾	122	一点红	275
腺毛帚菊	392	锈毛风毛菊	438	一点红属	206,209,275
腺叶荚蒾	119,140	须蕊忍冬	165,173	一年蓬	250
腺叶帚菊	392,393	续断	199	一枝黄花	216,217
香果树	48	续断菊	468,470	一枝黄花属	205,208,216
香果树属	39,48	续骨草	115	伊特拉斯坎忍冬	188
香蒲	377	旋覆花	405	宜昌荚蒾	119,147
香青	417	旋覆花属	207,212,405	异毛忍冬	166,184

中 名 索 引

异檐花属	17,31	圆叶苦荬菜	491,493	中华苦荬菜	491,495
异叶败酱	190,191	圆叶毛核木	152	中华沙参	25,27
异叶黄鹌菜	481,486	圆叶挖耳草	10,13	中南蒿	365,383
异叶假盖果草	94	云木香	433	钟氏蓟	445,446
异叶轮草	101,110	云木香属	207,213,432	肿节假盖果草	94
阴地蒿	364,378	云南蕊帽忍冬	169	寻菊木族	206
茵陈蒿	364,368			寻菊属	206,212,392
银胶菊	313	**Z**		猪毛蒿	364,369
银胶菊属	206,210,313	旱禾树	118,129	猪殃殃	101,107
银藤	180	泽兰属	206,209,265	猪殃殃属	100
银叶菊	291	泽兰族	206	壮大聚花荚蒾	117,120
印度蒿	380	窄头橐吾	299,302	子风藤	180
印度羊角藤	72	窄叶裸菀	222	梓属	1
硬骨凌霄	6	毡毛马兰	223,224	梓树	2
硬骨凌霄属	1,6	沼生垂头蓟	445,450	紫斑风铃草	31
硬毛四叶葎	100,105	爪哇接骨草	115	紫背草	276
永嘉双六道木	161	浙江垂头蓟	445,449	紫花野菊	357,358
油麦菜	476	浙江荚蒾	123	紫菊属	207,215,497
鱼眼草	256	浙江拉拉藤	101,108	紫盆花	202
鱼眼草属	206,208,256	浙江七子花	150	紫菀	235,244
鱼眼菊	256	浙江天名精	401,403	紫菀属	206,208,234
羽裂毡毛马兰	225	浙南茜草	96,97	紫菀族	205
羽叶风毛菊	434,437	浙南沙参	27	紫葳科	1
玉荷花	57	浙皖虎刺	65,66	总序蓟	445,453
玉叶金花	49	浙皖荚蒾	119,142	钻形紫菀	247,248
玉叶金花属	39,49	栀子	56	钻叶紫菀	248
郁香忍冬	165,171	栀子属	40,56		

拉丁名索引

A

Abelia 114,156
  × **grandiflora** 157
    'Francis Mason' 158
  anhweiensis 154
  chinensis 156
  dielsii 154
  ionostachya 159
  rupestris var. *grandiflora* 157
  spathulata 161
  uniflora 156
Achillea 206,211,346
  alpina 346
  millefolium 347
  sibirica 346
Acmella 206,211,336
  brachyglossa 337
  paniculata 336
  radicans var. **debilis** 337
Adenocaulon 207,212,400
  himalaicum 400
Adenophora 17,24
  axilliflora 29
  hunanensis subsp. *huadungensis* 28
  petiolata subsp. **huadungensis** 25,28
  sinensis 25,27
  stricta 25,29
  tetraphylla 25,26
    var. **austrozhejiangensis** 27
  trachelioides 25
  verticillata 26
Adenostemma 206,208,258
  lavenia 258
    var. *latifolium* 258
Adina 39,42
  metcalfii 44
  pilulifera 42
  pohlyephala var. *glabra* 44
  racemosa 45
  rubella 43
Ageratum 206,209,262
  conyzoides 262
  houstonianum 263
Aidia 39,51
  cochinchinensis 51
Ainsliaea 206,212,395
  fragrans 395
  hui 396
  kawakamii 396
    var. **oblonga** 396
  macroclinidioides 396
    var. *oblonga* 396
  ningpoensis 395
  oblonga 396
  trinervis 396
Ajania 206,212,362
  pacifica 362

Alomia spilanthoides	260	var. *tomentella*	366
Amberboa	207,214,459	*apiacea*	370
moschata	459	**argyi**	364,376
Ambrosia	206,210,310	'Qiai'	377
artemisiifolia	311	**atrovirens**	365,383
trifida	312	**capillaris**	364,368
form. **integrifolia**	313	var. *scoparia*	369
Anaphalis	207,213,417	**caruifolia**	364,370
adnata	423	*chinensis*	384
sinica	417	**chingii**	365,383
form. *pterocaula*	417	**eriopoda**	364,368
Anotis		*feddei*	376
boerhavioides	89	**fukudo**	364,372
chrysotricha	83	*gmelinii*	374
formosana	89	**indica**	365,380
hirsuta	88	**japonica**	364,367
ingrata	87	**lactiflora**	364,372
kwangtungensis	89	**lanaticapitula**	363,365
Anthemideae	206	**lancea**	364,376
Anthemis	206,211,348	**lavandulifolia**	364,377
cotula	348	*migoana*	375
nobilis	350	*minima*	387
tinctoria	349	**mongolica**	365,381
Aplotaxis deltoidea	435	**princeps**	365,381
Arctium	207,213,430	**rubripes**	364,379
lappa	430	*sacrorum*	373
Argyranthemum	206,211,351	**scoparia**	364,369
frutescens	351	**selengensis**	364,374
Arnica		**simulans**	365,383
hirsuta	398	**stechmanniana**	364,373,374
japonica	299	**stolonifera**	364,375
Artemisia	206,212,363	**sylvatica**	364,378
annua	364,371	**verlotiorum**	364,378
anomala	363,366	*vulgaris*	
var. *acuminatissima*	366	var. *mongolica*	381

var. *stolonifera*	375
Asperula	
hoffmeisteri	106
maximowiczii	110
Aster	206, 208, 234
ageratoides	235, 240
var. **lasiocladus**	241
var. *scaberulus*	240, 241
angustifolia	222
annuus	250
baccharoides	235, 239
chekiangensis	235, 236
chinensis	227
fastigiatus	233
hispidus	229
indicus	223
jiulongshanensis	235, 238
lasiocladus	241
marchandii	232
novi-belgii	247
panduratus	235, 245
var. *crenatifolius*	245
pannonicum	230
procerus	235, 242
sandwicensis	248
scaber	231
sinoangustifolius	222
spathulifolius	235, 245
subulatus	248
tataricus	235, 244
tonglingensis	235, 237
turbinatus	235
var. *chekiangensis*	236
xianjuensis	235, 243
Asteraceae	205
Astereae	205
Asteromoea	
indica var. *stenolepis*	224
shimadae	224
Athroismeae	206
Atractyis	
lancea	428
macrocephala	429
Atractylodes	207, 213, 428
lancea	428
macrocephala	429
Aucklandia	207, 213, 432
costus	433
lappa	433
Austroeupatorium	206, 209, 264
inulifolium	264

B

Bellis	205, 208, 219
perennis	220
Bidens	206, 210, 325
alba	325, 326
bipinnata	325, 328
biternata	325, 327
frondosa	325, 330
pilosa	325
var. *bipinnata*	328
var. *radiata*	326
tripartita	325, 329
Bignoniaceae	1
Blumea	207, 213, 409
axillaris	409, 411
barbata var. *sericans*	414
formosana	409, 412
hieraciifolia	409, 413

martiniana	409	*lanceolata*	20
megacephala	409,410	*lancifolia*	19
mollis	411	*pilosula*	21
oblongifolia	410,415	**Campsis**	1,7
sericans	410,414	**grandiflora**	7
sinuata	409,411	**radicans**	8
Borreria pusilla	91	*Canthium dubium*	59
		Caprifoliaceae	113
C		*Caprifolium hemsleyanum*	166
Cacalia		**Cardueae**	207
bicolor	274	**Carduus**	207,213,442
bulbifera var. *piligera*	281	*acanthoides*	443
hwangshanica	281	**crispus**	442
matsudae	283	*linearis*	447
Calendula	207,213,426	*marianus*	443
officinalis	426	**Carlineae**	207
Calenduleae	207	**Carpesium**	207,212,401
Callistephus	206,208,226	**abrotanoides**	401,403
chinensis	227	**cernuum**	401
Campanula	17,30	**divaricatum**	401,404
biflora	32	**glossophyllum**	401,402
carnosa	30	**zhejiangense**	401,403
grandiflora	22	**Carthamus**	207,214,454
lancifolia	19	**tinctorius**	454
marginata	23	**Catalpa**	1
nobilis	31	**bungei**	2,3
perfoliata	32	*duclouxii*	4
punctata	31	**fargesii**	2,4
tetraphylla	26	form. *duclouxii*	4
Campanulaceae	17	**ovata**	2
Campanumoea	17,18	**speciosa**	2,3
javanica		*Centaurea*	
subsp. **japonica**	18	*cyanus*	458
subsp. *javanica*	19	*moschata*	459
var. *japonica*	18	**Centipeda**	206,212,387

minima	387	form. *pallidum*	447
Cephalanthus	39,46	var. *tsoongianum*	446
pilulifer	42	*lyratum*	431
tetrandrus	47	**maackii**	445,452
Chamaemelum	206,211,350	**paludigenum**	445,450
nobile	350	**racemiforme**	445,453
Chorisis repens	491	*setosum*	445
Chrysanthemum	206,211,357	form. *albiflorum*	446
cinerariifolium	354	*tianmushanicum*	446,447
coccineum	355	**tsoongianum**	445,446,447
coronarium	352	**zhejiangense**	445,449
frutescens	351	**Codonopsis**	17,20
indicum	357,358,359	**lanceolata**	20
lavandulifolium	357,360	**pilosula**	21
var. *tomentellum*	360	**Coleostephus**	206,211,361
maximum	356	**multicaulis**	361
morifolium	357	*Conyza*	
multicaule	361	*axillaris*	411
pacificum	362	*bonariensis*	254
segetum	353	*canadensis*	253
zawadskii	357,358	*cappa*	407
Chrysogonum peruvianum	315	*cinerea*	388
Cichorieae	205,207	*hieraciifolia*	413
Cineraria fischeri	301	*japonica*	257
Cirsium	207,213,444	*squamata*	248
arvense var. **integrifolium**	445	*sumatrensis*	255
form. *albiflorum*	446	**Coptosapelta**	40,70
chinense	445,448	**diffusa**	70
hupehense	447,448	**Coreopsis**	206,210,319
japonicum	445,451	*alba*	326
form. *albiflorum*	452	*biternata*	327
subsp. *maackii*	452	**grandiflora**	319,321
var. *maackii*	452	**lanceolata**	319,320
var. *multilobum*	451	**tinctoria**	319
lineare	445,447	*Cornus japonica*	137

Cosmos	206,210,323	var. *salicifolius*	67
bipinnatus	323	*Democritea serissoides*	68
sulphureus	324	**Dendranthema**	
Cotula	206,212,385	**indicum**	359
anthemoides	385	**lavandulifolium**	360
Crassocephalum	206,209,278	var. **tomentellum**	360
crepidioides	278	**morifolium**	357
Crepidiastrum	207,214,477	**zawadskii**	358
denticulatum	478,479	**Diabelia**	114,158
lanceolatum	477,478	**ionostachya**	159
sonchifolium	478,479	var. **wenzhouensis**	161
Crepis		**serrata**	158
faponica form. *foliosa*	482	from. **wenzhouensis**	159
heterophylla	486	**spathulata**	161
longipes	481	*stenophylla* var. *wenzhouensis*	161
rosthornii	482	**Dichrocephala**	206,208,256
Crossostephium	206,212,384	*auriculata*	256
chinense	384	**integrifolia**	256
Cupia mollissima	54	*Diervilla floribunda*	163
Cyanus	207,214,458	*Diodia teres*	92
segetum	458	*Diplopappus baccharoides*	239
Cyclocodon	17,19	**Diplospora**	40,58
lancifolius	19	**dubia**	59
Cynocrambe japonica	111	**Dipsacaceae**	197
		Dipsacus	197
D		*asperoides*	200
Dahlia	206,210,318	**asper**	197,200
pinnata	318	*fullonum*	197
Damnacanthus	40,65	**japonicus**	197,199
giganteus	65,67	**sativus**	197,198
indicus	65	**tianmuensis**	197,201
macrophyllus	65,66	**Doellingeria**	206,208,231
major	65	**marchandii**	232
shanii	66	**scabra**	231
subspinosus	67	*Doronicum wightii*	294

Duhaldea	207,212,407
cappa	407

E

Echinopeae	207
Echinops	207,213,427
cathayanus	427
grijsii	427
Eclipta	206,211,335
prostrata	335
Elephantopus	206,212,390
scaber	390
tomentosus	391
Emilia	206,209,275
coccinea	275
prenanthoidea	277
sonchifolia	275
var. *javanica*	276
Emmenopterys	39,48
henryi	48
Erechtites	206,209,279
hieraciifolius	279
Erigeron	206,208,249
alatus	408
annuus	250
bonariensis	250,254
canadensis	250,253
var. *glabratus*	253
japonicum	257
philadelphicus	250,252
strigosus	250,251
sumatrensis	250,255
Erythrochaete dentata	300
Eschenbachia	206,208,257
japonica	257
Eupatorieae	206
Eupatorium	206,209,265
caespitosum	265
cannabinum	265,266
chinense	265,268
var. *tripartitum*	265
fortunei	265
inulifolium	264
japonicum	268
var. *tripartitum*	268
lindleyanum	265,267
var. **eglandulosum**	268
var. *trifoliatum*	267
rebaudianum	261
Euryops	206,210,296
chrysanthemoides	296
pectinatus	296

F

Farfugium	206,210,297
japonicum	297

G

Gaillardia	206,210,306
aristata	308
pulchella	307
Galinsoga	206,210,317
parviflora	317
Galium	41,100
aparine	
var. *echinospermum*	107
var. *tenerum*	107
argyi	99
asperuloides subsp. *hoffmeisteri*	106
bungei	100,104

var. **angustifolium**	105,106	
var. **bungei**	105	
var. **hispidum**	100,105	
var. **trachyspermum**	105	
chekiangense	101,108	
comari	103,104	
dahuricum	100,103	
elegans	101,109	
gracile		
form. *angustifolium*	106	
form. *hispidum*	105	
hoffmeisteri	100,106	
kamtschaticum	109	
maximowiczii	101,110	
miltiorrhizum form. *angustata*	106	
niewerthi	103,104	
paradoxum	100,101	
spurium	101,107	
trachyspermum	105	
var. *hispidum*	105	
trifidum	100,102	
verum	100,102	
var. *asiaticum*	102	
var. *trachycarpum*	102	
Gamochaeta	207,213,419	
pensylvanica	420	
Gamolepis chrysanthemoides	296	
Gardenia	40,56	
grandiflora	56	
jasminoides	56	
var. **fortuniana**	57	
var. *radicans*	56	
stenophylla	57	
Gentiana scandens	74	
Gerbera	206,212,397	

jamesonii	397
piloselloides	398
Glebionis	206,211,352
carinata	352
coronaria	205,352
segetum	353
Glossocardia	206,211,331
bidens	331
Glossogyne tenuifolia	331
Gnaphalieae	207
Gnaphalium	207,213,421
affine	424
hypoleucum	425
japonicum	421
pensylvanicum	420
polycaulon	422
sinuatum	411
Gymnaster angustifolia	222
Gymnocoronis	206,209,260
spilanthoides	260
Gymnostyles anthemifolia	386
Gynura	206,209,272
bicolor	272,274
crepidioides	278
divaricata	272,273
japonica	272

H

Hedyotis	40,79
biflora var. *parvifolia*	84
boerhavioides	89
caudatifolia	80,85
chrysotricha	80,83
corymbosa	80
diffusa	80,82

var. *longipes*	82		*cappa*	407
hispida	83		*helenium*	405
hui	85		**japonica**	405
lindleyana	89		*lineariifolia*	406
strigulosa	80,84		Inuleae	207
telleniflora	80,81		**Ixeridium**	207,214,486
tenuipes	80,86		**beauverdianum**	487
verticillata	80,83		*chinense*	495
Helenium	206,210,305		**dentatum**	487,488
autumnale	306		**dimorphifolium**	487,489
Heliantheae	206		*gracile*	487,488
Helianthus	206,211,340		*gramineum*	496
annuus	205,340		**laevigatum**	487,489
cucumerifolius	340,341		*sonchifolium*	479
debilis subsp. *cucumerifolius*	341		*strigosum*	496
decapetalus var. *multiflorus*	340		**Ixeris**	207,214,490
tuberosus	340,341		**chinensis**	491,495
Hemisteptia	207,213,431		subsp. *chinensis*	495
lyrata	431		subsp. **strigosa**	495
Heptacodium	113,150		subsp. *strigosum*	495
jasminoides	150		subsp. **versicolor**	495,496
miconioides	150,151		var. *strigosa*	496
subsp. **jasminoides**	150		*dentata*	488
Heteropappus	206,208,227		*denticulata*	479
arenarius	228		form. *subintegra*	479
hispidus	229		*dissecta*	493,494
Hieracium	207,214,470		*graminea*	496
umbellatum	471		**japonica**	491,492
Hippia integrifolia	256		*laevigata*	489
Hololeion maximowiczii	205		**polycephala**	491,493
Hypochaeris	207,214,462		from. *dissecta*	493,494
radicata	462		**repens**	491
			sonchifolia	479
I			**stolonifera**	491,493
Inula	207,212,405		*strigosa*	496

versicolor	496		var. *elata*	472
Ixora	39,52		**sativa**	205,472,475
chinensis	53		'Angustata'	476
			'Capitata'	476
J			'Romana'	476
Jacobaea	206,209,290		var. *angustata*	476
maritima	291		var. *longifolia*	476
			serriola	472,476
K			*sororia*	500
Kalimeris	206,208,222		form. *glabra*	500
indica	223		var. *pilipes*	500
var. **polymorpha**	224		*stolonifera*	493
var. **stenolepis**	224		*strigosa*	496
integrifolia	223,226		**Laggera**	207,212,408
shimadai	223,224		**alata**	408
form. **pinnatifida**	225		*Lagoseris versicolor*	496
Knoxia	40,93		*Lapsana*	
roxburghii	93		*apogonoides*	460
valerianoides	93		*humilis*	461
Kolkwitzia	113,153		*japonica*	492
amabilis	153		**Lapsanastrum**	207,214,460
			apogonoides	460
L			**humile**	461
Lactuca	207,214,472		**Lasianthus**	40,60
beauverdiana	487		*hartii*	61
diversifolia	501		**japonicus**	60,61
elata	472		var. *lancilimbus*	61
erythrocarpa	484		*lancilimbus*	61
formosana	472,473		*micranthus*	60
indica	205,472,474		**sikkimensis**	60
laciniata	474,475		*tsangii*	60
matsumurae var. *dissecta*	493		**Leibnitzia**	206,212,399
polycephala	493		**anandria**	399
pseudosenecio	484		**Lentibulariaceae**	10
raddeana	472		*Leontodon laevigatus*	467

Leontopodium	207,213,416	*elisae*	165,170
japonicum	416	*etrusca*	188
var. **saxatile**	416	**fragrantissima**	165,171
Leucanthemum	206,211,356	subsp. **standishii**	172
maximum	356	**guillonii**	166,184
Liatris	206,209,269	var. **macranthoides**	185
spicata	269	*gynochlamydea*	169
Ligularia	206,210,298	subsp. **dapanshanensis**	165,168
chekiangensis	301	*heckrottii*	187
dentata	299,300	*hemsleyana*	166
fischeri	299,301	*henryi*	175
intermedia	299,303	var. *trichosepala*	177
japonica	299	**hypoglauca**	166,181
var. **scaberrima**	300	form. **pulchra**	183
stenocephala	299,302	**japonica**	113,165,180
Liguliflorae	205	form. *chinensis*	181
Linnaea dielsii	154	form. *macrantha*	180
Lobelia	17,18,35	var. **chinensis**	181
chinensis	35	*koehneana*	173
davidii	35,38	**korolkowii**	165,174
erinus	35	**ligustrina**	
melliana	35,37	'Baggesen's Gold'	170
nummularia	34	subsp. **yunnanensis**	165,169
sessilifolia	35,36	var. *yunnanensis*	169
Lobeliaceae	17	**maackii**	165,174
Lonicera	113,164	form. *podocarpa*	174
× *americana*	188	*macrantha*	184,185
× **heckrottii**	166,187	var. *heterotricha*	184,185
acuminata	165,175	**modesta**	165,167
var. *depilata*	176	var. **lushanensis**	168
caprifolium	188	*nitida*	169
chinensis	181	**omissa**	165,176
chrysantha	173	**pampaninii**	165,179
subsp. **koehneana**	165,173	*pekinensis*	170
var. *koehneana*	173	**sempervirens**	166,186

sinomacrantha	166,183
standishii	172
tragophylla	166,188
trichosepala	165,177
webbiana	167
subsp. **hemsleyana**	165,166
Lycium japonicum	69

M

Martinia polymorpha	224
Melanthera	206,211,345
prostrata	345
Mitchella	40,90
undulata	90
Miyamayomena	206,208,221
angustifolia	222
Morinda	40,71
citrina var. *chlorina*	73
nanlingensis var. *pauciflora*	72
umbellata	72
subsp. *obovata*	72,73
Mussaenda	39,49
esquiroli	50
pubescens	49
shikokiana	50
Mutisieae	206
Mycelis sororia var. *nudipes*	500

N

Nabalus	207,215,496
tatarinowii	496
Nardosmia japonica	271
Nauclea	
racemosa	45
rhynchophylla	41
tetrandra	47
Neanotis	40,87
boerhavioides	87,89
hirsuta	87,88
var. *glabricalycina*	89
ingrata	87
Notoseris	207,215,497
macilenta	499
melanantha	498

O

Oldenlandia	
corymbosa	80
hirsuta	88
strigulosa	84
verticillata	83
Onopordum deltoides	456
Ophiorrhiza	40,77
cantonensis	78
japonica	78
pumila	79
Othonna maritima	291

P

Paederia	40,73
cavaleriei	73
foetida	73,74
var. **tomentosa**	75
laxiflora	73,76
scandens	74
tomentosa	75
Pandorea	1,9
jasminoides	9
Paraixeris denticulata	479
Paraprenanthes	207,215,500

diversifolia	501	*glandulosa*	392
pilipes	500	*maoshanensis*	392
sororia	500	**multiflora**	392,393
sylvicola	501	**pubescens**	392,393
Parasenecio	206,209,281	*scandens*	392
ainsliaeiflorus	281,284	Petasites	206,209,271
ambiguus	281,283	**japonicus**	271
hwangshanicus	281	Picris	207,214,463
matsudae	281,283	*hieracioides* subsp. *japonica*	463
rubescens	281,282	**japonica**	463
Parthenium	206,210,313	Piloselloides	206,212,398
hysterophorus	313	**hirsuta**	398
Patrinia	190	Platycodon	17,22
angustifolia	191	**grandiflorus**	22
heterophylla	190,191	Pratia	17,18,33
var. *angustifolia*	191	*begonifolia*	34
monandra	190,193	**nummularia**	34
punctiflora	193	Praxelis	206,209,270
var. *robusta*	193	**clematidea**	270
scabiosifolia	190	*Prenanthes*	
villosa	190,192	*chinensis*	495
Pentas	40,76	*dentata*	488
lanceolata	77	*denticulata*	479
Peracarpa	17,30	*graminea*	496
carnosa	30	*humilis*	461
Pericallis	206,209,285	*japonica*	483
hybrida	285	*laevigata*	489
Pertusadina	39,44	*lanceolata*	478
hainanensis	44	*macilenta*	499
metcalfii	44	*repens*	491
Pertya	206,212,392	*tatarinowii*	496
cordifolia var. *desmocephala*	394	Pseudognaphalium	207,213,423
coriacea	392	**adnatum**	423
desmocephala	392,394	**affine**	423,424
glabrescens	392	**hypoleucum**	423,425

Pseudopyxis	40,94		*chekiangensis*		99
heterophylla subsp. **monilirhizoma**		94	**ovatifolia**		96,97
subsp. **heterophylla**		94	**Rubiaceae**		39
monilirhizoma		94	**Rudbeckia**		206,211,338
Psychotria		40,62	**hirta**		338
asiatica		62,63	**laciniata**		339
rubra		63	*serotina*		338
serpens		62,64			
tutcheri		62	**S**		
Pterocypsela		472	**Sambucus**		113,114
elata		472	*chinensis*		114
formosana		473	**javanica**		115
indica		474	subsp. **chinensis**		114
laciniata		474	subsp. *javanica*		115
Pyrethrum			**nigra**		114,116
cinerariifolium		354	**williamsii**		114,115
coccineum		355	**Saussurea**		207,213,434
frutescens		351	**bullockii**		434,439
lavandulifolium		360	**cordifolia**		434,437
			deltoidea		434,435
R			*dutaillyana*		437,438,441
Radermachera		1,5	**hwangshanensis**		434,438
sinica		5	**japonica**		434
Randia cochinchinensis		51	**maximowiczii**		434,437
Rhaponticum		207,214,457	**tienmoshanensis**		434,440
chinense		457	**Scabiosa**		202
Rhynchospermum		205,208,218	**atropurpurea**		202
verticillatum		218	**japonica**		203
Richardia		41,95	**Scorzonera**		207,214,464
scabra		95	**albicaulis**		464
Rubia		41,96	*austriaca*		464
akane		99	**Senecio**		206,210,291
alata		97,98	*ainsliaeiflorus*		284
argyi		97,99	*cineraria*		291
austrozhejiangensis		96,97	*divaricatus*		273

exul	291	**Silphium**	206,210,322
hieraciifolius	279	**perfoliatum**	322
japonicus	272	*trilobata*	344
var. *scaberrimus*	300	**Silybum**	207,213,443
kirilowii	289	**marianum**	443
latouchei	288	**Sinoadina**	39,45
nemorensis	292,293	**racemose**	45
oldhamianus	287	**Sinosenecio**	206,209,286
pierotii	290	**latouchei**	288
rubescens	282	**oldhamianus**	287
savatieri	287	**Solidago**	205,208,216
scandens	292	**altissima**	216
var. *incisus*	292	**canadensis**	216
stenocephalus	302	**decurrens**	216,217
vulgaris	292,295	**Soliva**	206,212,386
wightii	292,294	**anthemifolia**	386
Senecioneae	206	**Sonchus**	207,214,468
Serissa	40,68	*arvensis*	468
foetida	69	subsp. *uliginosus*	468
japonica	69	**asper**	468,470
serissoides	68	*lingianus*	468,469
Serratula		**oleraceus**	468,469
chinensis	457	var. *asper*	470
japonica	434	*oleraceo-asper*	470
spicata	269	*uliginosus*	468
Sheareria	206,208,220	**wightianus**	468
nana	221	**Spermacoce**	40,91
polii	221	**alata**	92
Sigesbeckia	206,211,332	*latifolia*	92
glabrescens	332	**pusilla**	91
orientalis	332,333	*roxburghii*	93
form. *glabrescens*	332	*shandongensis*	92
form. *pubescens*	334	**Sphagneticola**	206,211,342
pubescens	332,334	**calendulacea**	343
form. **eglandulosa**	335	**trilobata**	344

Spilanthes			acutisepala	55
debilis	337		incana	54
paniculata	336		**mollissima**	54
Stevia	206,209,261		**Tecomaria**	1,6
rebaudiana	261		capensis	6
Symphoricarpos	113,152		**Tephroseris**	206,209,289
orbiculatus	152		kirilowii	289
Symphyotrichum	206,208,246		pierotii	290
novi-belgii	247		**Theligonaceae**	111
squamatum	247,248		**Theligonum**	111
subulatum	247,248		japonicum	111
var. *squamatum*	248		macranthum	112
Syneilesis	206,209,280		*Thysanospermum diffusum*	70
aconitifolia	280		*Tricalysia dubia*	59
australis	280		**Triodanis**	17,31
Synurus	207,214,455		biflora	32
deltoides	456		perfoliata	32
pungens	456		subsp. *biflora*	32
			var. *biflora*	32
T			**Tripolium**	206,208,230
Tagetes	206,210,303		pannonicum	230
erecta	304		vulgare	230
patula	304		Tubiflorae	205
Tanacetum	206,211,354		**Turczaninovia**	206,208,233
cinerariifolium	205,354		fastigiata	233
coccineum	355		*Tussilago*	
Taraxacum	207,214,465		anandria	399
argute-denticulatum	465		farfara	205
erythrospermum	465,469		japonica	297
hangzhouense	465		*Typha orientalis*	377
hondae	465			
laevigatum	467		**U**	
mongolicum	465		**Uncaria**	39,41
officinale	465,466		rhynchophylla	41
Tarenna	39,54		**Utricularia**	10

aurea	11,16
australis	11,15
bifida	10,11
caerulea	10,12,13
exoleta	14
gibba	10,14
orbiculata	13
striatula	10,13
warburgii	10,12

V

Valeriana	194
fauriei	195
flaccidissima	195
officinalis	195
var. *latifolia*	195
Valerianaceae	190
Verbesina	
calendulacea	343
lavenia	258
prostrata	335
Vernonia	206,212,388
cinerea	388
gratiosa	389
Vernonieae	206
Viburnum	113,117
awabuki	118,130
betulifolium	140,142
chunii	118,134
form. **album**	134
subsp. *chengii*	134
corymbiflorum	118,131
dilatatum	119,142,143
var. *glabriusculum*	142
erosum	119,147
subsp. *ichangense*	147
fengyangshanense	119,148
fordiae	119,144
formosanum	147
subsp. **leiogynum**	119,146
glomeratum	120
subsp. **magnificum**	117,120
hengshanicum	119,141
henryi	118,128
ichangense	147
japonicum	118,137
keteleeri	118,121
'Sterile'	122
lancifolium	119,136
lobophyllum	140
var. **silvestrii**	119,140
luzonicum	119,145
macrocephalum form. *keteleeri*	121
melanocarpum	119,139
odoratissimum	118,129
var. *awabuki*	130
opulus	150
subsp. **calvescens**	119,149
var. *calvescens*	149
plicatum	
form. *tomentosum*	132
var. *tomentosum*	132
propinquum	118,125
sargentii	149
var. *calvescens*	149
schensianum	118,122
subsp. **chekiangense**	123
var. *chekiangense*	123
sempervirens	135
var. **trichophorum**	119,135

setigerum	119,137	**orientale**	310
var. **sulcatum**	139	*sibiricum*	309
suspensum	118,127	**strumarium**	309
sympodiale	118,124	*Xeranthemum bracteatum*	419
taiwanianum	123	**Xerochrysum**	207,213,418
thunbergianum	119,132	**bracteatum**	419
'Plenum'	133	*Xylosteon maackii*	174
tinus	118,126		
tomentosum	132	**Y**	
urceolatum	118,123	**Youngia**	207,214,480
veitchii subsp. *magnificum*	120	**erythrocarpa**	481,484
wrightii	119,142	**heterophylla**	481,486
		japonica	481,483
W		subsp. *elstonii*	484
Wahlenbergia	17,23	subsp. **longiflora**	484
marginata	23	var. **elstonii**	484
Wedelia		**jiulongshanensis**	481,485
chinensis	343	*longiflora*	484
prostrata	345	**longipes**	481
Weigela	114,161	*pseudosenecio*	484
'Red Prince'	162	**rosthornii**	481,482
coraeensis	162	*sonchifolia*	479
floribunda	162,163		
florida	162	**Z**	
'Variegata'	162	**Zabelia**	114,154
japonica	164	**dielsii**	154
var. **sinica**	162,163	**Zinnia**	206,210,314
rosea	162	*bidens*	331
		elegans	314,315
X		**haegeana**	315,316
Xanthium	206,210,309	**peruviana**	314,315
canadense	310		

附 录

照片提供作者名录（非本卷编著者）

丁炳扬 虾须草（1），荷兰菊（2），蛇鞭菊（3），假臭草（3），白子菜（右上），红凤菜（左），小一点红（右），矢镞叶蟹甲草（右），两似蟹甲草（左），白背蒲儿根（4），齿叶橐吾（3），鹿角草（2），矮蒿（2），地胆草（右），腺叶帚菊（右），羊耳菊（右），六棱菊（左、右），东风草（中），台湾艾纳香（左），岩生薄雪火绒草（1），多茎鼠麴草（右下），宽叶拟鼠麴草（2），秋拟鼠麴草（3）。共39张。

王军峰 硬骨凌霄（右下），美国凌霄（左上），少花狸藻（3），黄花狸藻（中），长叶轮钟草（左），羊乳（左），党参（2），蓝花参（右），荠苨（左上、左下），轮叶沙参（左上），穿叶异檐花（右），卵叶异檐花（下），铜锤玉带草（右上），半边莲（右），江南山梗菜（左上），细梗耳草（2），日本假繁缕（左下），异叶败酱（2），白花败酱（中），柔垂缬草（右下），天目续断（2），紫盆花（1），银叶菊（左），羽叶风毛菊（左）。共31张。

李根有 浙南茜草（左上），西洋接骨木（左上、左下），圆叶毛核木（右上），蝟实（3），大花六道木（3），大盘山忍冬（右上、右下），华大花忍冬（左上），盘叶忍冬（左、中），九龙山紫菀（中）。共17张。

叶喜阳 贯月忍冬（左上、右），京久红忍冬（2），欧洲千里光（左下、右上），长圆叶兔儿风（右），大丁草（右上），线叶旋覆花（3），蜡菊（2）。共13种。

高亚红 白子菜（左下、中），两似蟹甲草（右），银叶菊（右），白花地胆草（2），杏香兔儿风（右中、右上），大丁草（右下），金盏菊（2）。共11张。

谢文远 苦糖果（中），雏菊（1），岩生千里光（2），加拿大苍耳（2），羽叶风毛菊（右），绿蓟（3），矮小稻槎菜（右）。共11张。

朱鑫鑫 魁蒿（3），蒙古蒿（5）。共8张。

刘 西 浙南茜草（左下），大盘山忍冬（左、中），杏香兔儿风（左下、右下），兔耳一枝箭

注：括号中的数字为张数。

(3)。共8张。

吴棣飞 早禾树(右),金叶亮叶忍冬(2),黄山蟹甲草(1),瓜叶菊(左上、右上),长圆叶兔儿风(左)。共7张。

陈贤兴 风箱树(左),丰花草(2),墨苜蓿(1),粗叶耳草(2)。共6张。

李修鹏 金叶大花六道木(右上、右下),匍枝亮叶忍冬(2)。共4张。

张宏伟 紫花野菊(3),茵陈蒿(左)。共4张。

蔡　鑫 九龙山黄鹌菜(4)。共4张。

叶立新 肿节假盖果草(3)。共3张。

张芬耀 狭叶双六道木(上右、下左),永嘉双六道木(右上)。共3张。

周世良 永嘉双六道木(左上、左下、右下)。共3张。

周建军 红足蒿(3)。共3张。

徐晔春 除虫菊(1),红花除虫菊(2)。共3张。

梅旭东 红花菰腺忍冬(2),心叶风毛菊(左上),庐山风毛菊(2)。共3张。

刘凤清 女菀(2)。共2张。

吴东浩 毛毡草(右上、右下)。共2张。

张方钢 天人菊(中),黄秋英(上)。共2张。

张华安 芫荽菊(2)。共2张。

陈又生 臭春黄菊(2)。共2张。

林海伦 白花金腺荚蒾(1),矮小稻槎菜(左)。共2张。

钟建平 狭叶双六道木(上左、下右)。共2张。

俞肖剑 黑心金光菊(2)。共2张。

浦锦宝 大花金鸡菊(2)。共2张。

方　腾 贯月忍冬(左下)。

冯佳浩 银胶菊(右上)。

朱遗荣　楸树（右上）。

刘胜龙　华大花忍冬（下左）。

孙海平　菜豆树（1）。

林　峰　台湾斑鸠菊（右下）。

胡仁勇　红凤菜（右）。

徐克学　毛毡草（1）。

徐绍清　海仙花（右）。